FERMAT's
LAST
THEOREM

페르마의 마지막 정리
FERMAT's LAST THEOREM

1998년 5월 15일 1판 1쇄 발행
2003년 2월 25일 2판 1쇄 발행
2014년 7월 1일 3판 1쇄 발행
2022년 7월 25일 4판 1쇄 발행
2024년 9월 30일 4판 7쇄 발행

지은이 | 사이먼 싱
옮긴이 | 박병철
펴낸이 | 양승윤

펴낸곳 | (주)와이엘씨
　　　　서울특별시 강남구 강남대로 354 혜천빌딩 15층
　　　　Tel.555-3200 Fax.552-0436

출판등록 | 1987. 12. 8. 제 1987-000005호
http://www.ylc21.co.kr

값 22,000원
ISBN 978-89-8401-255-4 03410

* 영림카디널은 (주)와이엘씨의 출판 브랜드입니다.
* 소중한 기획 및 원고를 이메일 주소(editor@ylc21.co.kr)로 보내주시면, 출간 검토 후 정성을 다해 만들겠습니다.

FERMAT's LAST THEOREM

Fermat

$x^n + y^n = z^n$

페르마의
마지막 정리

사이먼 싱 지음 | **박병철** 옮김

영림카디널

우리 시대 젊은이들에게 단 한 권의 수학 책을 추천해야 한다면, 단연 《페르마의 마지막 정리》를 권하겠다. 이 책은 내 젊은 시절 가장 각별한 '단 한 권의 수학책'이었기 때문이다. 나는 수학의 아름다움, 그리고 수학자의 치열한 열정을 이 책에서 제대로 배웠다.

16년 전이던가, 이 책을 처음 집어든 그날의 밤이 지금도 기억난다. 물리학도가 신경과학 실험을 하자니 연구 방향을 제대로 못 잡고 잦은 실수가 많았던 때다. 그날도 실험이 제대로 되지 않아 연구에 회의를 느끼며 선배 형들과 술을 한잔 걸치고 기숙사 방으로 들어섰다. 자정이 넘어 침대에 누웠으나 잠이 오지 않아 뒤척이다가 다시 불을 켜고 책꽂이에 있던 책 하나를 펼쳤다. 읽어야겠다고 사두었으나 시간이 통 나질 않아 한동안 책꽂이에 묵혀두었던 《페르마의 마지막 정리》였다.

첫 장을 펼치자마자 '피타고라스의 정리'부터 정수론을 거쳐 현대수학의 역사가 한 편의 드라마처럼 펼쳐졌다. 숱한 수수께끼에 도전한 천재 수학자들의 역사가 매장마다 쉴 새 없이 등장했다가 이내 다음 장에서 다른 천재에게 그 자리를 내주었고, 그 어느 수학자보다 독특하고 매력적이었던 앤드루 와일즈에 이르러 책은 클라이맥스에 이른다. 어느새 날이 밝았고 아침이 홀쩍 넘어섰지만 자리에서 일어나지 못한 채 꼬박 밤을 새워 책의 마지막 장까지 덮었다. 사소한 실험 실패에 좌절했던 내 자신의 초라함도 이내 잊고, 한 천재 수학자의 위대한 증명 속에 '그래, 나도 이런 학문의 즐거움을 맛보기 위해 과학을 시작했었지!'라는 위안을 얻으며 다시 실험에 매진했던 기억이 지금도 어제 일처럼 생생하다.

이 책의 미덕은 〈페르마의 마지막 정리〉라는 수학 난제가 처음 제기되고 숱한 수학자들이 도전했다가 결국 앤드루 와일즈에 의해 증명된 하나의 이야기 안에 지난 수백 년간의 수학의 역사가 오롯이 담겨 있다는 사실이다. 수학에 흥미를 느끼는 가장 좋은 방법은 수학을 '숫자의 학문'이 아니라 '수의 세계를 이해하려는 수학자들의 역사'로 이해하는 것이다. 수학이 무엇을 하는 학문인지 궁금하다면 이 책에서 답을 찾을 수 있다.

으레 그렇듯 수식은 늘 복잡하고 증명은 항상 난해하다. 하지만 그것을 물끄러미 바라보는 시간이 쌓이고 반복되는 어느 순간 갑자기 '수의 아름다움'이 선물처럼 머릿속에 스친다. 이 책은 그런 즐거움을 주는 책이다. 너무나 단순하고 간결해서 오히려 그 증명의 실마리를 종잡을 수 없었던 난제를 엉뚱한 곳에서 실마리를 얻어 증명해나가는 과정은 그 자체로 한 편의 드라마였다. 사이먼 싱은 천재 스토리텔러다. 이 수학 책은 그 어떤 영화보다 극적이며, 어떤 드라마보다 뭉클하다. 수학 교과서 앞에서 종종 '왜 우리가 이런 걸 배워야 하는지 모르겠어!'를 연발했던 사람이라면, 이 책에서 수학에 대한 편견을 깨볼 것을 권한다.

내게도 과학자로서 꿈이 있다면, 앤드루 와일즈처럼, 우주와 자연의 경이로움을 드러내는 데 있어 가장 중요한 문제를 푸는 데 내 인생을 거는 것이다. 신경과학의 가장 중요한 난제를 푸는 데 내 인생을 8년, 아니 그 이상을 도전해 보고 싶다. 내게도 과학 글쓰기를 하는 작가로서 꿈이 있다면,

사이먼 싱처럼, 한 사람의 인생을 뒤흔들어놓을 수 있는 책을 세상에 남기는 것이다. 한 권의 책 안에 인류의 지적 유산이 고스란히 담긴 책을 한 권이라도 남기도 싶다. 《페르마의 마지막 정리》는 항상 손닿을 곳에 꽂아두어 나의 열정을 날마다 일깨워 주는 죽비 같은 책이다.

정재승
(KAIST 바이오및뇌공학과 교수)

일러두기

• 〈페르마의 마지막 정리〉에 대한 앤드루 와일즈의 '증명'은 국제 학술지 《아날스 오브 매스매틱스(Annals of Mathematics)》에 게재되었다. 《Annals of Mathematics》는 전 세계 수학자들의 연구논문을 전문적으로 수록하는 학술지로서, 수록된 논문의 수준이나 지명도에서 볼 때 세계 최고의 수준을 유지하고 있다. 이 책에 소개될 와일즈의 '증명법'은 '수백 가지의 계산이 수천 개의 논리로 거미줄처럼 얽혀 있어' 엄청나게 방대하고 복잡하기 이를 데 없다. 이에 관하여 보다 구체적인 정보를 원하는 독자는 각 대학 및 공공 도서관에 비치된 Andrew Wiles, 〈Modular elliptic curves and Fermat's Last Theorem〉, 《Annals of Mathematics》, 141, The Johns Hopkins University Press, 1995를 참고하기 바란다.

• 〈페르마의 마지막 정리〉는 "임의의 두 정수를 각각 n승(n은 3 이상의 정수)하여 더한 결과는 다른 제3의 정수의 n승으로 표현될 수 없다."이다. 이를 수식으로 표현하면 "$x^n + y^n = z^n$(n은 3 이상의 정수)을 만족하는 정수해 x, y, z는 존재하지 않는다."이다. 그런데 x, y, z 세 개의 정수 중 x 또는 y가 0인 경우, 〈페르마의 방정식〉은 $y^n = z^n$, 또는 $x^n = z^n$이 되어 $y = z$, 또는 $x = z$라는 무한히 많은 해가 존재하게 된다. 그러나 이것은 〈페르마의 마지막 정리〉를 수식으로 표현하면서 예외적으로 발생된 단순해(trivial solution)로서, 원래 〈페르마의 마지막 정리〉는 이 경우를 포함하고 있지 않다(x, y, z가 모두 0인 경우도 마찬가지이다. 단, x, y, z 중 두 개가 0인 경우는 정수해가 없다는 것이 명백하므로 따로 고려할 필요가 없다).

이런 예외적인 경우를 제외하고, 〈페르마의 마지막 정리〉는 x, y, z가 양의 정수일 때뿐만 아니라 음의 정수일 때에도 여전히 성립한다. 예를 들어 지수 n이 홀수인 경우, $x^n + y^n = z^n$(x, y, z는 양의 정수)에서 y 대신 $-y$로 숫자를 대치했을 때 $x^n + (-y)^n = z^n$은 $x^n - y^n = z^n$, 즉 $y^n + z^n = x^n$이 되어 이것은 또 다른 〈페르마의 방정식〉 형태가 됨을 알 수 있다. 따라서 〈페르마의 마지막 정리〉를 가장 엄밀하게 표현하는 방법은 다음과 같다.

"$x^n + y^n = z^n$(n은 3 이상의 정수)를 만족하는 정수해 x, y, z는 존재하지 않는다. 단, x, y, z 중 하나가 0이거나 모두 0인 경우는 제외한다."

차례

프린스턴 대학의 수학과는 넓은 공간에 비해 비교적 조용한 분위기였다. 그날 오후, 모인 사람은 그리 많지 않았지만, 나는 그들 중에 누가 앤드루 와일즈(Andrew Wiles)인지 가려낼 수가 없었다. 얼마 후 약간 수줍은 듯한 얼굴 하나가 시야에 들어왔다. 그는 차를 마시면서 주위 사람들과 대화를 나누고 있었다. 그곳에는 전 세계의 내로라하는 수학자들이 모두 모여 오후 4시에 시작될 의식을 기다리고 있었다.

지난 일주일 동안 나는 매우 특별한 경험을 했다. 살아 있는 수학의 대가(大家)들을 만나보았고 그들의 세계를 조금이나마 이해하기 시작했다. 그러나 정작 앤드루 와일즈는 만날 수가 없었다. 나는 그에게 BBC 방송국의 다큐멘터리 프로그램 〈호라이즌(Horizon)〉에 출연하여 자신의 연구 업적에 관해 설명해 줄 것을 요청할 계획이었다. 그런데 일주일이 치난 오늘에야 그를 처음 만나게 된 것이다. 그는 최근에 역사상 최대의 수학 난제를 해결한 사람이었다. 〈페르마의 마지막 정리(Fermat's Last Theorem)〉를 그가 증명해 낸 것이다. 내가 먼저 말을 꺼내자 와일즈는 약간 심기가 불편한 듯한 반응을 보였다. 그는 정직하고 친절한 사람이었지만 될 수 있는 한 나를 피하려고 하는 것 같았다. 그는 현재로선 연구에만 몰두하길 원하며, 지금이 가장 중요한 시기이므로 문제가 모두 해결된 뒤에 내 부탁을 들어주겠다고 했다. 당시 그는 일생을 바쳐왔던 그의 노력이 물거품이 될 위기에 직면해 있었다. 수학계에 공개한 그의 증명에서 오류가 발견되었기 때문이었다.

〈페르마의 마지막 정리〉에 얽힌 이야기는 매우 독특하다. 나는 앤드루 와일즈를 처음 만나고 나서야 비로소 〈페르마의 마지막 정리〉를 증명한 것이 얼마나 위대한 업적인지를 실감하게 되었다. 내가 이 소식을 처음 접한 것은 1993년, 그러니까 와일즈가 자신의 증명을 최초로 공개했을 때였다. 그때 전 세계 매스컴들은 앞다투어 이 사실을 보도했다. 그 당시 나는 〈페르마의 마지막 정리〉에 대하여 아는 것이 별로 없었지만, 무언가 대단한 일이 이루어진 것만은 분명해 보였다. BBC 방송국의 〈호라이즌〉 제작팀도 이 낌새를 눈치챘다. 그 뒤 일주일 동안 나는 많은 수학자와 대화를 나누었다. 증명에 직접 관계된 사람들과 앤드루의 주변 인물들, 그리고 역사적인 발표 현장에 참석했던 사람들까지 일일이 찾아다니면서 기사를 수집했다. 사람들은 〈페르마의 마지막 정리〉에 얽힌 역사적 사실부터 수학적 개념에 이르기까지 매우 친절하고 자세하게 설명해 주었다. 그들의 설명을 들으면서, 나는 와일즈의 증명을 완전하게 이해하는 사람이 전 세계적으로 열 명이 채 안 되는 이유를 실감하게 되었다.

〈페르마의 마지막 정리〉는 고대 그리스의 수학에 뿌리를 둔, 정수론의 최고봉이었다. 나는 여러 수학자와의 대화를 통해 수학이 가진 심미적 아름다움에 눈을 뜨기 시작했다. 그것은 자연을 서술하는 최선의 언어로서 전혀 손색이 없었다. 와일즈는 정수론의 최첨단 이론들을 모두 동원하여 이 역사 깊은 수수께끼의 해답을 찾을 수 있었다. 프린스턴에 있는 와일즈의 친구 말에 따르면, 와일즈는 〈페르마의 마지막 정리〉를 증명하는 동안 외부와의 접촉을 차단한 채 오로지 혼자서 모든 계산을 수행했다고 한다.

와일즈의 증명에 동원된 수학은 가장 어려운 분야의 수학이었지만 〈페르마의 마지막 정리〉 자체는 어린아이도 이해할 수 있을 정도로 간단 명료하다. 피에르 드 페르마(Pierre de Fermat, 1607~1665)는 르네상스의 전통을 이어받은 아마추어 수학자로서, 고대 그리스 수학을 공부하던 중 고대의 수학자들이 전혀 생각하지 못했던 하나의 질문을 떠올렸다. 그 뒤 수세기 동안 이 문제는 역사상 최대의 난제로 군림하면서 수많은 수학자를 실패와 좌절의 늪으로 몰아넣었다. 페르마 본인은 이 문제를 해결했다고 주장했으나 자세한 풀이 과정은 어디에도 남기지 않았다. 350년짜리 수수께끼는 이렇게 해서 탄생했다.

모든 과학 분야를 통틀어, 이토록 간단 명료하면서도 고도의 지성과 사고를 요구하는 문제는 찾아보기 힘들다. 물리학이나 화학, 생물학, 약학, 공학 등의 분야는 17세기 이후 눈부신 발전을 이룩하면서 꾸준하게 발전해왔다. 과학자들은 20세기에 들어서 DNA와 원자의 구조를 규명했고 사람을 달에 보낼 수 있었다. 그러나 〈페르마의 마지막 정리〉는 17세기에 탄생한 이래 지금까지 어느 누구의 정복도 허용하지 않은 채 역사상 최고 난제로서의 입지를 굳혀왔다.

수학은 가장 순수한 형태의 사고로서 일반인들이 볼 때 수학자는 마치 다른 세상에 사는 사람처럼 보이기도 한다. 수학자들과 대화를 나누고 있노라면 그들이 주고받는 대화가 너무나도 정확하여 보통 사람들은 금방 주눅이 들어버릴 것이다. 그들은 질문에 곧바로 대답하는 법이 없다. 나는 내 질문을 받은 수학자들이 머릿속에서 질문의 요지를 분석하고 올바른 답을 찾는 동안 한참을 기다리곤 했다. 그렇게 뜸을 들인 뒤에 그들의 입에서 나오는 답은 한결같이 명료하고 정확했다. 앤드루 와일즈의 친구인 피터 사르낙(Peter Sarnak)에게 그 이유를 물어보았더니 그의 대답인즉 수학자들은 그저 잘못된 서술을 피하려는 것뿐이라고 했다. 물론 그들도 영감이나 직관에 의한 판단을 내릴 때도 있지만, 입 밖으로 나오는 서술만은 항상 완전무결해야 한다는 일종의 의무감에 사로잡혀 있다는 것이다. 수학의 심장부는 '증명'이며, 이것이 바로 수학과 여타 과학 분야 사이의 차이점이다. 다른 과학 분야는 실험 결과를 설명해 줄 만한 가설에 의해 유지되며, 이 가설이 새로운 실험 결과와 상치되면 곧바로 새로운 가설로 대체된다. 그러나 수학의 최종 목적은 완전한 증명이다. 그리고 일단 한번 증명이 이루어지면 그 결과는 아무리 시간이 흘러도 결코 변하지 않는다. 〈페르마의 마지막 정리〉도 여기서 예외일 수 없다. 300여 년 동안 수많은 수학자가 이 정리를 증명하기 위해 일생을 바쳐왔다. 누구든지 해답을 찾아내는 사람은 수학 역사상 최고의 영웅이 될 수 있는 희대의 난제였던 것이다.

급기야 이 문제에는 현상금까지 걸리면서 수학자들 사이에는 치열한 경쟁이 불붙기 시작했다. 그리하여 〈페르마의 마지막 정리〉는 숱한 이야깃거리를 만들어내면서 수학 발전에 큰 역할을 했다. 하버드 대학의 배리 마주르(Barry Mazur)가 말했던 것처럼 페르마는 정수론 분야에 활기찬 생명력을 불어넣었던 것이다.

나는 평소에 별로 관심을 두지 않았던 이 분야와 친숙해지면서 〈페르마의 마지막 정리〉야말로 현대 수학의 발전에 지대한 공헌을 한 일등공신임을 절실하게 깨달았다. 페르마는 현대 정수론의 아버지였다. 그가 활동하던 무렵부터 수학은 본격적으로 발전하여 영역을 넓혀갔으며, 새롭게 개발된 기술은 새로운 수학을 창조해 나갔다. 페르마가 죽은 뒤 수백 년이 흐르는 동안 그의 '마지막 정리'는 현대 수학에 밀려 사람들의 관심에서 점차 멀어지면서 '증명'은 더욱 미궁으로 빠져들었다. 그러나 지금에 와서 확인된 바와 같이 〈페르마의 마지막 정리〉가 갖고 있던 수학적 의미는 결코 사라지지 않았다.

수와 관련된 문제들은 마치 수수께끼와도 같아서 문제 풀기를 좋아하는 수학자들의 성취 동기를 항상 자극해 왔다. 앤드루 와일즈가 선택한 수수께끼는 매우 특별한 것이었기에 그는 이것을 해결하는 데 일생을 바쳤다. 지금부터 30년 전, 꿈 많은 소년이었던 와일즈는 고향의 마을 도서관에서 〈페르마의 마지막 정리〉에 관한 책을 읽은 뒤로 이 〈정리〉를 증명하는 것을 인생의 목표로 삼게 되었다. 1993년에 그는 증명 결과를 세상에 발표하면서 7년에 걸친 외로운 싸움을 끝낼 수 있었으며 전 세계 수학계로부터 쏟아지는 찬사를 한 몸에 받게 되었다. 와일즈가 증명에 사용했던 대부분의 수학적 기술은 그가 처음으로 '증명'에 착수하던 무렵에는 개발되지도 않았던 것들이었다. 그는 또 여러 분야의 수학적 개념들을 하나로 통합하여 다른 수학자들이 생각하지 못했던 '통일된 수학'의 기틀을 마련했다. 배리 마주르의 설명에 따르면 〈페르마의 마지막 정리〉는 현대 수학의 모든 기술들을 총동원해야만 증명할 수 있는 수학의 정점이라고 한다. 그러므로 앤드루의 업적은 전혀 다르게 보였던 수학 분야들을 하나로 통합한 것이라 할 수 있다.

앤드루 와일즈는 〈페르마의 마지막 정리〉를 증명하기 위해 〈다니야마-시무라의 추론(Taniyama-Shimura Conjecture)〉을 증명했다. 이 추론은 완전히 다른 두 개의 수학 분야를 하나로 통합하는 내용이었으므로, 결국 와일즈는 〈페르마의 마지막 정리〉를 증명함과 동시에 '대통일 수학(Grand Unified Mathematics)'을 향한 첫발을 내디딘 셈이다.

페르마에 얽힌 이야기는 극적인 사건과 함께 종결되었다. 앤드루 와일즈에게 그것은 칩거생활의 종결을 의미하기도 했다. 와일즈의 증명에 중요한 역할을 했던 켄 리벳(Ken Ribet)은 농담 반 진담 반으로 이런 말을 했다. "무언가 획기적인 연구를 하고 있는 수학자가 동료 학자에게 도움을 청하는 것은 매우 위험한 일입니다." 와일즈 역시 이런 생각으로 연구가 완성 단계에 이를 때까지 모든 계산을 철저하게 비밀에 부쳤다. 〈페르마의 마지막 정리〉를 한시라도 먼저 증명하려는 경쟁이 너무나 치열했기 때문에 자신의 계산 결과를 공개하는 것은 어느 모로 보나 불리한 행위라고 판단했던 것이다.

일주일 간의 사전 조사를 끝내고 나는 프린스턴으로 직행했다. 그곳에서 들은 수학의 뒷이야기는 그야말로 파란만장했다. 경쟁과 성공, 고립, 천재, 쾌거, 시기, 강한 중압감, 상식과 비극 등 수학으로 야기되는 감정은 대부분 강렬하고 극단적이었다. 일본의 전후세대 수학자로서 〈다니야마-시무라의 추론〉을 창시했던 다니야마 유타카(豊裕山)도 비극적인 자살로 삶을 마감했다. 그의 연구 동료였던 시무라 고로(五良志村)는 먼저 떠난 친구의 마지막 연구를 살려낸 장본인으로서 '수학의 선(善)'이라는 개념을 강조했는데, "선한 것은 옳다."라는 그의 철학은 〈다니야마-시무라의 추론〉의 근간을 이루었다.

1993년, 와일즈가 자신의 증명을 세상에 공개한 뒤 조그만 오류가 발견되었다. 그 뒤 전 세계 수학자들의 이목이 집중된 가운데 와일즈의 비밀스런 수정 작업은 1년간 계속되었다. 갈수록 미궁으로 빠져드는 와중에도 그는 결코 굴복하지 않고 어린 시절부터 품어왔던 꿈을 이루기 위해 최선을 다했다.

내가 프린스턴에 간 것은 와일즈의 증명에서 발견된 오류가 아직 수정되기 전의 일이었다. 나는 그에게 수정이 끝나는 대로 촬영에 임해줄 것을 요청했다. 그러나 런던으로 돌아와 보니 텔레비전 프로그램이 취소되어 있었다. 수정 작업에 별다른 진전이 없자 방송국 간부들이 회의적인 생각을 품었던 것이다. 사람들은 지난 300여 년 동안 그래 왔던 것처럼 와일즈 역시 〈페르마의 마지막 정리〉에 도전했다가 쓰라린 패배를 겪은 수많은 수학자 중 한 사람 정도로 생각했다.

그로부터 1년이 지난 뒤, 반가운 소식이 들려왔다. 앤드루 와일즈가 드디어 페르마와의 싸움에서 승리를 거두었다는 소식이었다. 그리고 다시 1년 뒤에 우리는 프로그램을 찍게 되었으며, 이 책의 저자인 사이먼 싱도 제작에 참여했다. 이 기간에 우리는 앤드루와 개인적인 접촉을 가지면서 7년간의 고독했던 연구생활과 그 뒤에 찾아온 1년간의 지옥 같은 시간에 대하여 자세한 이야기를 들을 수 있었다. 촬영이 끝날 즈음에 와일즈는 지금껏 아무에게도 말하지 않았던 그의 솔직한 심경을 털어놓았다. 어린 시절부터 얼마나 오랫동안 꿈을 간직해 왔으며 그 꿈을 이루기 위해 얼마나 많은 공부를 했는지, 그리고 〈페르마의 마지막 정리〉를 증명하는 데 필요한 수학 기술을 완전한 이해도 없이 무작정 수집해 왔던 일 등, '페르마'로 일관해 온 그의 삶을 자세히 들려주었다. 모든 것이 끝난 지금, 그는 일종의 상실감과 함께 자유로움을 만끽하고 있다고 했다. 그러나 앤드루 와일즈에게 있어서 그것은 인생의 한 장(章)이 끝난 것뿐이었다.

다큐멘터리 필름은 그 뒤 BBC 방송국의 〈호라이즌〉에서 〈페르마의 마지막 정리〉라는 제목으로 방영되었다. 그리고 사이먼 싱은 이때 방영된 내용에 생생한 대화와 풍부한 역사적 사실을 덧붙여, 한 인간의 사고에 대한 위대한 이야기를 이 한 권의 책 속에 담아냈다.

1997년 3월,
BBC 방송국 〈호라이즌〉 편집인
존 린치(John Lynch)

〈페르마의 마지막 정리〉는 수학의 역사와 함께 전해 내려오면서 정수론(整數論, number theory)의 주요 문제들과 밀접한 관계를 유지해 왔다. 그것은 수학이라는 학문에 독특한 영감과 성취욕을 불러일으켰다. 역대 수학의 거장들을 비롯한 수많은 학자는 〈페르마의 마지막 정리〉에 도전장을 던지고 오랜 시간 동안 사투를 벌이면서 숱한 무용담과 오류, 비극 등을 후대에 남겼다.

〈페르마의 마지막 정리〉는 페르마가 현대 수학의 형태로 탄생시키긴 했지만, 그 근원은 2,000년 전의 고대 그리스 수학까지 거슬러 올라간다. 따라서 그 안에는 피타고라스(Pythagoras, 기원전 570~495)부터 복잡하기 이를 데 없는 현대 수학에 이르기까지 고대와 현대의 모든 수학적 아이디어가 한데 얽혀 있다. 이 책의 전체적인 흐름은 피타고라스 학파의 학풍에서 시작하여 마침내 〈페르마의 마지막 정리〉를 증명해 낸 앤드루 와일즈의 이야기로 끝맺는다.

1장은 피타고라스에 관한 이야기로, 〈피타고라스의 정리〉와 〈페르마의 마지막 정리〉 사이의 관계를 서술했다. 또한 이 책의 전반에 걸쳐 언급되는 수학의 기본 개념들도 여기에 소개했다. 2장에서는 고대 그리스 시대부터 페르마가 역사상 최고의 난제를 만들어낸 17세기 프랑스에 이르기까지, 수학사(數學史)의 주된 흐름과 숨겨진 이야기들을 소개했다. 특히 페르마의 기이한 성향과 그의 업적을 독자들에게 제대로 전달하기 위해, 그의 인생역정과 그가 발견한 수학정리들을 소개하는 데 여러 페이지를 할애했다.

3장과 4장에서는 〈페르마의 마지막 정리〉에 도전장을 내밀었던 18~20세기 초의 유명한 수학자들이 차례로 무릎을 꿇게 된 사연들을 소개했다. 이들의 시도는 모두 실패로 끝났지만, 그 과정에서 탄생한 새로운 수학들은 뒷날 〈페르마의 마지막 정리〉가 정복되는 데 중요한 역할을 하게 된다. 이 시대의 수학자들은 진리를 찾기 위해 모든 것을 희생했으며 이들의 노력이 있었기에 수학은 지금의 모습으로 진보할 수 있었다.

5장부터는 〈페르마의 마지막 정리〉와 관련하여 최근 40년 사이에 이루어진 업적들을 주로 다루었다. 특히 6장과 7장에는 전 세계 수학계를 놀라게 한 앤드루 와일즈의 업적이 집중적으로 소개되어 있으며 와일즈와 가졌던 인터뷰의 자세한 내용도 여기 수록되어 있다. 나는 와일즈와 대화를 나누면서 20세기의 지성이 이루어낸 최대의 쾌거를 당사자에게 직접 듣는 영광을 누렸다. 그리고 10년에 걸친 그의 노력과 수학을 향한 열정을 독자들에게 사실대로 전하기 위해 최선을 다했다.

〈페르마의 마지막 정리〉와 관련한 수학적 개념들을 설명할 때 나는 가능한 한 방정식을 쓰지 않으려고 노력했다. 그러나 가끔은 어쩔 수 없이 그 징그러운 x, y, z 등의 변수들을 사용해야 하는 경우도 있었다. 수식을 쓰는 경우에는 수학의 문외한도 이해할 수 있을 정도의 충분한 설명을 곁들였다. 그리고 좀 더 깊이 알고 싶은 독자들을 위해, 본문에서 제시한 문제의 해답을 〈부록〉에 별도로 소개했다.

이 책이 탄생할 때까지 나는 많은 사람에게 도움을 받았다. 무엇보다 바쁜 일정에도 불구하고 지루한 인터뷰에 응해준 앤드루 와일즈에게 깊은 감사를 드린다. 나는 지난 7년 동안 과학 기자로 활동해 왔지만 그처럼 자신의 전공 분야에 깊은 열정이 있는 사람은 거의 만나본 적이 없었다. 그리고 자신의 인생 역정을 솔직하게 이야기해 준 것에 대해서도 고마움을 느낀다.

인터뷰에 응해준 다른 수학자들에게도 역시 감사의 말을 전한다. 그들 중에는 〈페르마의 마지막 정리〉를 증명하는 데 깊이 관여했던 사람도 있으며, 지난 40년간 수학의 혁명적인 발전을 현장에서 지켜본 사람들도 있었다. 심오하고 아름다운 수학 개념들을 재미있고 친절하게 설명해 주었던 그들에게 이 지면을 빌어 심심한 감사를 드리는 바이다. 특히 존 코티스(John Coates)와 존 콘웨이(John Conway), 닉 카츠(Nick Katz), 배리 마주르, 켄 리벳, 피터 사르낙, 시무라 고로, 리처드 테일러(Richard Taylor)에게 고마운 마음을 전하고 싶다.

이 책에는 여러 명의 역사적(수학사적) 인물이 등장한다. 나는 독자들이 이들을 이해하는 데 조금이나마 도움을 주고자 인물이 등장하는 부분에 초상화를 곁들였다. 여기 게재된 그림 및 사진들을 수집하는 데 여러 도서관의 도움을 받았다. 특히 런던 수학학회의 수전 오크스와 영국 학술원의 샌드라 쿰밍, 그리고 워릭 대학의 이언 스튜어트에게 감사를 드린다. 또한 관련 자료들을 찾는 데 도움을 준 프린스턴 대학의 재클린 사바니, 던컨 매칸구스, 제러미 그레이, 폴 발리스터, 그리고 아이작 뉴턴 연구소 관계자 분들께도 깊은 감사를 드린다. 그리고 지난 한해 동안 내게 훌륭한 조언을 해준 패트릭 월쉬, 크리스토퍼 포터, 베르나데트 앨비스, 산지다 오코넬, 그리고 부모님께도 감사드린다.

끝으로 이 책에 인용된 인터뷰 내용은 〈페르마의 마지막 정리〉에 관한 텔레비전 다큐멘터리 프로그램에서 발췌한 것임을 밝혀둔다. 이 자료를 제공해 준 BBC 방송국에 감사드리며, 특히 제작 과정에서 나와 함께 일하며 수학적 관심을 일깨워준 존 린치에게 깊은 감사를 드린다.

1997년
사이먼 싱(Simon Singh)

"이쯤에서 끝내는 게 좋겠습니다."

아이스킬로스(Aeschylos, B.C. 525~456. 고대 그리스 3대 비극 시인 중 한 사람. 운명에 저항하는 인간의 영웅적 자세를 묘사했다: 옮긴이)가 사람들의 기억에서 잊혀진다 해도 아르키메데스(Archimedes, B.C. 287~212. 고대 그리스 자연과학자: 옮긴이)는 영원히 기억될 것이다. 언어는 사라지지만, 수학적 아이디어는 끝까지 살아남을 것이기 때문이다. '영원불멸'한 것은 실제로 존재하지 않으나, 수학자들은 이 단어에 가장 근접한 사람들이라고 할 수 있다.

- 하디(G. H. Hardy, 1877~1947)

열 살 때의 앤드루 와일즈. 이때 〈페르마의 마지막 정리〉를 처음 접했다.

1993년 6월 23일, 케임브리지

그것은 금세기 들어 가장 기억될 만한 수학 강연이었다. 200여 명의 수학자는 마치 얼어붙은 듯 미동도 않은 채 자리에 앉아 있었다. 칠판에 빽빽하게 쓰인 난해한 수식을 완전히 이해하는 사람은 그들 중 4분의 1에 지나지 않았다. 나머지 청중은 그저 역사에 길이 남을 강연의 현장에 참석하는 것만으로도 만족하는 것 같았다.

소문은 강연 전날부터 사방에 퍼져 있었다. 전 세계적으로 널리 알려져 있었던 그 악명 높은 〈페르마의 마지막 정리(Fermat's Last Theorem)〉가 오늘 이 강연회장에서 드디어 증명된다는 소식이 인터넷 전자우편을 통해 떠돌았던 것이다. 〈페르마의 마지막 정리〉는 수학자들 사이에서도 시도 때도 없이 거론되었고, '과연 누가 그 정리를 증명해 낼 것인가?' 하는 것이 초유의 관심사였기 때문에 떠도는 소문은 결코 장난일 수가 없었다. 토론 중에 〈페르마의 정리〉를 증명했다고 환호성을 질러대는 수학자들이 종종 있기는 했지만, 지금까지 어느 누구도 완벽한 증명 방법을 제시하지 못하고 있었다.

그러나 이번에 떠도는 소문은 뭔가 다른 점이 있었다. 케임브리지 대학의 한 연구생이 "앞으로 일주일 안에 〈페르마의 마지막 정리〉가 증명된다."고 호언장담하면서 무려 10파운드의 돈을 걸겠다고 나섰는데, 무언가 심상치 않은 낌새를 알아챈 주변 사람들이 내기에 응하지 않아 '판' 자체가 무산됐다는 것이다. 게다가 내기에 참여한 다섯 명의 학생들마저 모두 〈페르마의 마지막 정리〉가 증명된다는 쪽에 돈을 걸었다고 했다. 지난 300여 년 동안 지구상의 내로라하는 수학자들을 무던히도 괴롭혀왔던 그 악명 높은 수학정리가 비로소 증명될 것이라는 데에 아무도 이의를 달지 않은 것이다.

3단으로 된 칠판을 수식으로 가득 메우고 난 뒤 강연자는 잠시 말을 멈추었다. 그리고는 첫 번째 칠판을 지우고 그 위에 다시 수식을 써나가기 시작했다. 조금씩 결론으로 다가가는 듯이 보이기는 했지만, 강연이 시작된 지 30분이 지나도록 강연자는 결론을 내리지 않고 있었다. 좌석 맨 앞줄에 나란히 앉아 있던 교수들은 침이 마르는 듯한 표정으로 숨을 죽인 채 결론이 나기를 기다렸다. 강의실 뒤쪽에 서 있는 학생들도 선배들의 표정을 살피면서 난해한 강연의 역사적인 결론이 나는 순간을 손에 땀을 쥐며 기다리고 있었다. 과연 이 강의실에서 〈페르마의 마지막 정리〉가 증명될 것인가? 아니면 과거부터 항상 그래 왔듯이, 이 강연 역시 불완전한 증명 개요만 늘어놓고 싱겁게 끝날 것인가?

강연자의 이름은 앤드루 와일즈였다. 그는 내성적인 성격의 영국인으로 1980년대에 미국으로 이주하여 프린스턴 대학 교수가 되었고 당대의 가장 뛰어난 수학자라는 명성을 얻은 천재적인 수학자였다. 그러나 최근 수년 동안 그는 모든 학회 활동과 세미나를 그만두고 사람들 앞에 모습을 드러내지 않았다. 동료들은 와일즈의 연구 인생이 끝장났다고 생각했다. 젊은 수학자가 연구 의욕을 상실하는 것은 결코 이례적인 일이 아니었기 때문이다. 수학자 앨프리드 애들러(Alfred Adler)는 이런 말을 한 적이 있다. "수학자의 연구 수명은 매우 짧다. 25~30세가 연구 활동의 전성기이며, 그 이후에 업적을 남기는 사람은 극히 드물다. 이 왕성한 나이에 업적을 남기지 못했다면, 그 이후에도 역시 마찬가지일 것이다."

하디는 그의 저서 《수학자의 변명(A Mathematician's Apology)》에서 이렇게 적고 있다. "젊은 수학자는 정리를 증명하고, 늙은 수학자는 책을 쓴다. 다른 과학 분야와는 달리 수학이라는 학문은 젊은 학자들의 전유물이다. 모든 수학자는 이 사실을 항상 마음속 깊이 새겨두고 있다. 일례로 영국 학술원(Royal Society) 회원들 중 회원으로 선출되던 시기의 평균 연령을 살펴보면 수학자들의 나이가 가장 젊다." 하디의 가장 뛰어난 제자였던 스리니바사 라마누잔(Srinivasa Ramanujan, 1887~1920)은 젊은 시절에 이룩한 연구 성과를 인정받아 불과 31세의 나이에 영국 학술원 회원으로 선출되었다. 라마누잔은 인도 남부 쿰바코남 출신으로, 그곳에서 정식 교육을 제대로 받지 못했음에도 불구하고 많은 수학정리와 해(解, solution)를 계산해 내어 서구 수학자들을 놀라게 했다. 수학자에게는 화려한 경력보다 직관력과 대담함이 더욱 필요할 때가 많다. 라마누잔은 자신의 계산 결과를 하디 교수에게 보냈고, 그것을 본 수학과 교수들은 깊은 감명을 받아 그를 초청하기로 결정했다. 결국 라마누잔은 가게 점원 일을 그만두고 남인도를 떠나 트리니티 대학에 입학했으며 그곳에서 세계적인 정수론 학자들과 함께 수학 공부를 했다. 그러나 동부 앵글 지방의 추운 기후에 시달리던 그는 33세의 젊은 나이에 결핵으로 세상을 뜨고 말았다.

다른 천재적인 수학자들도 경력이 짧기는 마찬가지이다. 19세기 노르웨이의 수학자였던 닐스 헨리크 아벨(Niels Henrik Abel, 1802~1829)은 겨우 19세의 나이에 수학계에 엄청난 공헌을 했으나, 계속해서 가난에 시달리다가 8년 뒤에 역시 결핵으로 사망했다. 샤를 에르미트(Charles Hermite)는 아벨에 대하여 이렇게 말했다. "그가 수학계에 던진 문제는 적어도 앞으로 500년간 수학자들의 연구 대상이 될 것이다." 아벨이 발견한 수학은 요즈음의 정수론 학자들에게 매우 깊은 영향을 주고 있다. 아벨과 비슷한 시기에 살았던 또 한 명의 천재, 에바리스트 갈루아(Évariste Galois, 1811~1832)도 이미 10대에 수학계에 커다란 업적을 남기고 불과 21세에 요절하고 말았다.

나는 지금 수학자들의 수명이 짧다는 것을 강조하려는 게 아니다. 위에 열거한 사례들로 미루어볼 때, 역시 천재적인 아이디어는 젊은 나이에 주로 떠오르는 게 사실인 것 같다. 그래서 하디는 "나는 쉰 살이 넘은 수학자가 뛰어난 아이디어로 수학계에 공헌하는 모습을 한 번도 본 적이 없다."고 했다. 중년의 나이에 접어든 수학자들은 대부분 연구의 뒷전으로 물러나 강의나 학사 행정에 몰두하며 여생을 보내곤 한다. 와일즈는 이 점에서 볼 때 극히 예외적인 수학자였다. 그의 나이는 이미 마흔이 넘어 있었다. 지난 7년간 그는 사람들의 눈에 띄지 않는 곳에 칩거하면서 단일 문제로는 가장 중요하게 취급되던 수학 문제를 비밀리에 연구해 왔다. 사람들은 와일즈의 연구 인생이 끝났다고 생각했지만, 그는 아무도 모르는 사이에 새로운 수학적 기술을 개발하여 이제 막 세상에 공개하기 직전에 이른 것이다. 외부와 완전히 차단된 상태에서 연구한다는 것은, 말할 것도 없이 커다란 위험을 감수해야 하는 일이다. 수학 역사상 지금까지 이런 전례는 단 한 번도 없었다.

수학을 하면서 무언가 특허를 출원하는 일은 거의 없기 때문에, 대학교 내에서 수학과는 가장 개방된 학과로 알려져 있다. 수학자들은 수학계가 모든 사람에게 개방되어 있고 자유롭게 아이디어를 주고받을 수 있다는 사실을 매우 자랑스럽게 여긴다. 학교에서는 매일같이 수학자들이 모여 다과를 함께 하며 서로의 아이디어를 나누는 것이 거의 관례처럼 되어 있다. 그 결과 대다수의 수학 논문은 두 사람 이상의 공동 명의로 발표되거나 연구진 단위로 발표되어, 논문과 함께 수반되는 학술적 영예를 모든 저자가 골고루 누리게 된다. 그러나 만일 와일즈 교수가 〈페르마의 마지막 정리〉를 정말로 증명해 낸다면 그에 따르는 영예와 상금은 오로지 와일즈 혼자 누리게 될 것이었다. 물론 모든 상황이 그에게 유리하기만 한 것은 아니었다. 그는 모든 연구를 비밀리에 수행하면서 다른 수학자들과 전혀 접촉하지 않았으므로 그의 증명 방법은 혹독한 검증 과정을 거쳐야 했다. 다른 학자들이 제기할지도 모를 논리상의 이견을 와일즈는 어느 누구의 도움도 없이 혼자 방어해 내야만 하는 상황이었다.

완전을 기하기 위해, 와일즈는 좀 더 시간을 두고 자신의 마지막 연구 노트를 다시 한 번 검토하기로 마음을 먹었었다. 그런데 마지막 재검토를 시작하기 직전에 케임브리지 대학의 아이작 뉴턴 연구소에서 자신의 연구 결과를 발표할 수 있는 절호의 기회가 찾아왔다. 결국 그는 재검토를 포기했다.

아이작 뉴턴 연구소에서는 세계적 석학들이 한데 모여 그들이 선정한 최첨단 연구 주제를 놓고 수주 간에 걸친 세미나가 개최되곤 했다. 이 회의장은 소란스러운 학생들에게 방해받지 않기 위해 케임브리지 대학의 변두리에 위치하고 있으며, 학술적인 분위기 속에서 참석자 모두가 자유롭게 의견을 제시할 수 있도록 특별하게 설계되었다. 건물 내부에는 막힌 복도가 전혀 없고, 모든 사무실은 중앙 회의실과 창문 하나를 두고 맞닿아 있기 때문에 회의장에서는 은밀한 대화가 이루어지기 어렵다. 게다가 안에서는 어떤 문이건 잠그지 않는 것이 관례로 되어 있어서, 모든 학자는 완전하게 개방된 상태를 감수해야만 한다. 하지만 그렇다고 해서 부분적인 토론이 금지되어 있는 것은 아니다. 이동 중에는 몇 명의 학자들이 자유롭게 자신의 의견을 주고받을 수 있다. 이런 분위기를 유도하기 위해 3층까지 운행되는 엘리베이터 내부에 칠판이 걸려 있을 정도이다. 건물 내부의 모든 사무실과 연구실에는 적어도 한 개 이상의 칠판이 걸려 있으며 욕실까지 갖추고 있다. 이번에 개최된 세미나의 제목은 〈L-함수와 그 연산법(L-functions and Arithmetic)〉이었다. 순수 이론수학의 한 특정 분야인 이 주제를 놓고 토론하기 위해 세계적인 정수론 학자들이 모두 모여들었다. 그러나 이 'L-함수'가 〈페르마의 마지막 정리〉를 증명하는 비밀무기라는 사실을 알고 있는 사람은 강연자 앤드루 와일즈뿐이었다.

학계의 수많은 거물 앞에서 강연하는 것도 물론 의미 있는 일이었지만, 와일즈가 아이작 뉴턴 연구소를 강연장으로 택한 데에는 또 하나의 이유가 있었다. 케임브리지는 바로 그의 고향이기 때문이었다. 와일즈는 이곳에서 태어나 자라면서 정수론을 향한 열정을 불태웠다. 또한 자신의 여생을 바쳐 몰두한 필생의 연구 작업이 처음 시작된 곳도 바로 이곳, 케임브리지였다.

최후의 문제

1963년, 당시 열 살배기 소년이었던 앤드루 와일즈는 이미 수학에 매료되어 있었다. 그는 당시의 상황을 이렇게 회고하고 있다. "저는 학교에서 수학 문제 푸는 것을 아주 좋아했습니다. 집에 와서는 그 문제를 다시 정리하여 제 나름의 논리를 만들어내곤 했지요. 그러다가 마을 도서관에 있는 어느 책에서 정말로 멋진 문제를 발견했습니다."

어느 날, 학교에서 집으로 돌아가는 길에 그는 무심코 밀턴 가(街)에 있는 도서관 쪽으로 발길을 옮겼다. 대학 도서관과 비교하면 형편없이 작은 도서관이었지만 그곳에는 제법 많은 종류의 기초 수학 서적이 비치되어 있었다. 그 책들 속에는 다양한 종류의 과학적 수수께끼들과 수학 문제들이 해답과 함께 소개되어 있었다. 그는 이 책 저 책을 뒤적이다가 어느 한 곳에 시선을 멈췄다. 그 책에는 문제가 단 한 개밖에 없었고 해답도 제시되어 있지 않았다.

그 책은 에릭 템플 벨(Eric Temple Bell)이 저술한《최후의 문제(The Last Problem)》라는 제목의 수학책이었다. 고대 그리스 시대부터 전해 내려오는 수학 문제를 17세기 수학으로 접근한다는 내용이었는데, 17세기 프랑스의 위대한 수학자였던 피에르 드 페르마가 당대의 수학자들에게 무심코 던졌던 질문 하나가 그 뒤 300여 년간 전 세계 수학자들을 괴롭혀왔으며, 아직도 해답을 찾지 못하고 있다고 적혀 있었다. 아직 해결되지 않은 수학 문제는 여러 개가 있지만 그중에서도 '페르마의 문제'가 특히 관심을 끄는 이유는, 문제 자체가 너무나도 단순하기 때문이었다. 그로부터 30여 년이 지난 뒤, 와일즈는 자신이 〈페르마의 마지막 정리〉와 처음 대면하던 순간을 이렇게 회고했다. "그것은 너무나 단순한 문제였습니다. 열 살배기인 저도 문제의 내용을 정확하게 이해할 수 있었지요. 그런데 그 문제를 푼 수학자가 아무도 없다는 거였습니다. 그 순간 저는 어떤 운명 같은 걸 느꼈어요. 이 문제를 내가 풀어야 한다는 일종의 의무감 같은 거였지요. 그날 이후로 〈페르마의 마지막 정리〉는 한시도 제 머릿속을 떠나지 않았습니다."

그 문제는 언뜻 보기에 아주 쉬워 보였다. 왜냐하면 중학생 정도면 누구나 알고 있는 그 유명한 〈피타고라스의 정리〉에서 파생된 문제였기 때문이다.

> 직각삼각형에서 빗변의 길이를 제곱한 값은 나머지
> 두 변의 길이를 각각 제곱하여 더한 값과 일치한다.

한 편의 음유시와도 같은 이 〈피타고라스의 정리〉는 피타고라스 시대 이후로 거의 모든 인류의 머릿속에 주입되어 왔다. 이것은 너무나도 기초적인 수학정리여서, 요즈음은 초등학교 학생들까지 알고 있을 정도이다. 그러나 이렇게 간단하고 이해하기 쉬운 정리에서 영감을 얻어 파생된 하나의 수학 문제가 수백 년 동안 전 세계 수학자들을 그토록 괴롭혀왔다.

에게 해의 사모스 섬에서 태어난 피타고라스는 수학 역사상 가장 위대하면서도 신비에 싸인 인물로 알려져 있다. 자신이 직접 저술한 책이 한 권도 남아 있지 않은 데다가 그의 행적들은 온갖 전설과 신화로 둘러싸여 있기 때문에 지금도 역사학자들은 피타고라스의 전기 중 과연 어디까지가 진실인지 밝혀내지 못하고 있다. 확실한 것은 그가 수(數)이론의 창시자이며 고대의 '수학 황금기'를 구축했던 위대한 학자라는 사실뿐이다. 그의 천재성 덕분에 숫자는 단순한 계산 도구에서 벗어나 고유한 기능을 발휘할 수 있게 되었다. 피타고라스는 특별한 숫자들의 성질 및 그들 사이의 관계, 그리고 숫자가 생성되는 패턴들을 연구한 끝에 '숫자는 실제 세계와 상관없이 독립적으로 존재한다.'는 사실을 알아냈다. 따라서 그의 연구 결과는 인간의 부정확한 지각 능력으로는 이해하기 어려웠을 것이다. 즉 그는 인간의 사견이나 편견을 초월한 절대적 진리를 발견했고, 이것은 그 이전의 어떤 지식보다도 절대적인 가치가 있었다.

기원전 6세기의 시대를 살았던 피타고라스는 고대 도시 각지를 여행하면서 수학적 능력을 쌓아나갔다. 기록에 따르면 그가 인도와 영국까지 다녀왔다고 하지만 그가 세운 수학적 체계는 대부분 이집트와 바빌로니아에서 수집한 자료들에서 탄생한 것이다. 고대 이집트와 바빌로니아인들은 단순한 산술적 계산의 차원을 넘어 복잡한 회계학적 계산이나 건물의 구조 계산 등 상당히 발달한 수학적 체계를 갖추고 있었다. 그들은 수학을 '실제적인 문제들을 해결하는 수단'으로 보았다. 일례로, 그들이 발견한 기하학의 법칙들 중 일부는 나일 강의 범람으로 유실된 경작지를 재건하는 과정에서 발견된 것이다. 기하학(geometry)이라는 단어는 원래 '지구를 측정한다.'는 뜻이었다.

피타고라스는 다음과 같이 생각했다. '이집트와 바빌로니아 사람들은 경험으로 얻은 일련의 '수학적 처방전'을 토대로 모든 계산을 하고 있다.' 수세대를 통해 전수된 이 처방전들은 항상 올바른 답을 주었기 때문에 그들이 사용하던 방정식의 논리적 타당성을 따지고 드는 사람은 아무도 없었다. 그들에게 중요한 것은 처방전에 따라 행해진 계산이 실제 상황과 잘 맞아떨어진다는 사실뿐이었다. 그것이 '왜' 맞는 결과를 주는지는 문제 삼을 필요가 없었다.

여행을 끝내고 30년이 지난 뒤, 피타고라스는 당시 사용하던 모든 수학 법칙을 집대성하기에 이른다. 그는 자신이 새롭게 통합한 수학 이론과 철학을 전파하기 위해 고향인 사모스 섬을 떠나 또다시 여행길에 올랐다. 아마도 그는 자신의 학문을 가르칠 수 있는 학교를 설립하려 했을 것이다. 그는 숫자를 활용하는 것에 그치지 않고 수 자체를 이해하려고 애썼으며, 젊은 학도들과의 자유로운 교류를 통해 새로운 철학 개념을 발전시키고 싶어 했다. 그런데 그가 사모스 섬을 떠난 뒤 새로 즉위한 폴리크라테스(Polycrates)는 폭정을 휘두르면서 사모스 섬을 외부와 차단하는 폐쇄적인 정책을 펴나갔다. 그는 피타고라스에게 고위 관직을 제안하며 사모스로 돌아오라고 명했다. 그러나 피타고라스는 그것이 자신의 입을 막기 위한 일종의 계략임을 감지하고, 폴리크라테스의 초청을 정중하게 거절했다. 그 대신 사모스 섬으로 돌아와 변두리에 있는 동굴 속에 칩거하면서 어느 누구의 방해도 받지 않은 채 명상에 몰입했다.

피타고라스는 혼자 있는 것을 별로 좋아하지 않았다. 그래서 그는 젊은 소년 하나를 자신의 첫 제자로 입문시켰다. 그 소년의 신분에 대해서는 알려진 것이 없으나, 역사학자들은 소년의 이름도 피타고라스(Pythagoras)였을 것으로 추측하고 있다. 뒤에 이 소년은 운동 선수들은 '최상의 건강 상태를 유지하기 위해 고기를 먹어야 한다.'는 사실을 최초로 주장한 사람이 되었다. 소년의 스승, 즉 '원조' 피타고라스는 자신의 제자가 한 강좌를 들을 때마다 3오볼(Obol, 고대 그리스의 은화)씩 돈을 주었다고 한다. 강의를 듣기 싫어하는 학생에게 지적 호기심을 심어주기 위해 재물까지 동원했던 것이다. 어느 날 피타고라스는 자신의 제자를 시험해 볼 요량으로 "이제 돈이 바닥나서 더 이상 강의를 계속할 수 없다."고 거짓말을 했다. 그랬더니 소년 피타고라스는 "제가 강의료를 지급할 테니 제발 계속해 달라."며 애원했다고 한다. 결국 그 소년은 소정의 과정을 이수한 뒤 제자로 정식 입문하기에 이르렀다. 피타고라스가 사모스 섬에서 나눈 대화는 이것이 전부이다. 한때 잠시 '피타고라스 소모임(Semicircle of Pythagoras)'이라는 학교를 설립한 적이 있었지만, 그는 당대의 사회개혁에 대해 부정적인 시각을 갖고 있었기 때문에 결국 자신의 노모와 단 한 명의 제자를 데리고 사모스 섬을 떠났다.

목적지는 남부 이탈리아 지방이었는데, 당시 그곳은 그리스 영토였다. 그는 크로톤에 정착한 뒤 운 좋게도 그곳 최고의 부자이자 역사상 가장 강한 힘을 가졌다는 밀로(Milo)의 후원을 받게 되었다. 당시 피타고라스는 '사모스의 현인'이라는 별칭으로 그리스에 널리 알려져 있었지만 밀로의 명성은 피타고라스를 압도하고 있었다. 밀로는 엄청난 괴력의 소유자로서, 올림픽과 델포이 경기에서 열두 번이나 우승한 불세출의 운동 선수였다. 그는 운동뿐만 아니라 철학과 수학에도 깊은 관심을 보여 자신의 집 근처에 있는 건물을 피타고라스에게 선뜻 내주었다. 최고의 육체와 창조적 정신을 지닌 당대의 영웅이 피타고라스의 동반자가 된 것이다

피타고라스는 그곳에서 그 유명한 '피타고라스 학회(Pythagorean Brotherhood)'를 창설했다. 600명이 넘는 제자들이 그 밑으로 모여들었는데, 이들은 모두 피타고라스의 가르침을 이해했을 뿐 아니라 나름대로 새로운 아이디어와 수학적 증명을 창안하여 피타고라스의 학문체계를 더욱 발전시켰다. 누구든지 이 학회에 들어오고자 하는 사람은 자신의 재산을 모두 헌납

하도록 했으며 탈퇴 시에는 처음 헌납한 재산의 두 배를 받아나갈 수 있었다. 그리고 회원이 나갈 때마다 기념비를 세워 탈퇴자의 업적을 새겨넣었다. 피타고라스 학회는 남녀평등을 표방했으므로 회원 중에는 여자들도 끼어 있었다. 피타고라스가 가장 총애했던 제자는 밀로의 딸인 테아노(Theano)였는데, 이들은 나이 차에도 불구하고 뒷날 결혼하여 부부가 되었다.

학회를 설립한 직후에 피타고라스는 '철학자(Philosopher)'라는 신조어를 만들어 자신이 세운 학교의 교육이념으로 삼았다. 어느 해엔가 고대 올림픽을 관전하고 있을 때, 프리우스(Phlius)의 왕자 레온(Leon)이 피타고라스에게 "스스로를 어떤 사람이라고 생각하느냐?"는 질문을 던졌다. 피타고라스는 "나는 철학자입니다."라고 간단 명료하게 대답했다. 그러나 레온 왕자는 그 말뜻을 이해할 수 없었다. 그가 피타고라스에게 '철학자'가 뭐하는 사람인지 설명해 달라고 하자 피타고라스는 다음과 같이 말했다.

"레온 왕자여, 인생이란 지금 당신이 보고 있는 운동경기와 비슷합니다. 이렇게 많은 군중이 지켜보는 가운데 어떤 이는 재물을 구하는 일에 몰두하고 또 어떤 이는 명예와 영광을 얻으려는 야망에 빠지기도 합니다. 그러나 그들 중에는 지금 눈앞에서 벌어지고 있는 모든 것을 주의 깊게 바라보면서 이해하려고 애쓰는 사람들도 있습니다. 이것이 바로 인생입니다. 어떤 이는 재물을 탐하고 또 어떤 이는 권력과 권세를 향한 맹목적 정열에 휩싸여 있습니다. 그러나 이들 중 가장 현명한 이는 삶 자체의 의미와 목적을 탐구하는 사람들입니다. 이들은 자연의 숨겨진 비밀을 찾아 헤매고 있습니다. 완전무결한 현자란 있을 수 없겠지만, 이들이 바로 '철학자'입니다. 그들은 지혜를 사랑하고, 자연의 비밀을 탐구하는 열정을 귀하게 여기는 사람들입니다."

피타고라스의 원대한 뜻을 이해하는 사람도 있었지만, 피타고라스 학회의 회원이 아닌 사람들은 피타고라스가 학회를 설립하여 얼마나 성공을 거두었으며, 그의 가르침이 어떤 내용인지 전혀 알지 못했다. 그의 학생들은 자신이 학회에서 발견한 새로운 수학적 증명을 외부에 발설하지 않기로 서약한 사람들이었기 때문이다. 피타고라스가 죽은 뒤에도 이 서약은 철저하게 이행되어, 비밀 서약을 위반한 한 무리의 학생들이 물속에 던져져 익사당하는 비극적 사건이 발생하기도 했다. 이들은 열두 개의 정오각형으로 이루어진 정십이면체를 발견했는데, 공공장소에서 이 사실을 발설하는 바람에 이런 비극적 최후를 맞이했다. 피타고라스 학회가 이토록 철저하게 비밀을 유지했기 때문에 외부 사람들은 그들이 학교 안에서 무언가 신비한 종교적 의식을 치르고 있다고 생각하게 되었다. 이 소문은 날이 갈수록 정도가 심해져서 결국 피타고라스 학회는 일종의 '신비학회(神秘學會)'로 대외적 이미지를 굳혔으며, 이들이 이룩한 수학적 업적들은 제대로 전수되지 않은 채 현재까지도 베일에 싸여 있다.

피타고라스는 회원들의 수학관(數學觀)을 바로잡기 위해 하나의 윤리체계를 세웠다. 그의 학회는 종교적 색채를 띤 단체였으며 그들이 추구하는 이상향이란 다름아닌 수(number)였다. 숫자들 사이의 관계를 이해함으로써 우주의 영적인 비밀을 알아내고, 신에게 더욱 가까이 다가갈 수 있다고 믿었다. 회원들은 특히 자연수(1, 2, 3, …)와 분수($\frac{1}{2}$, $\frac{1}{3}$, …)에 깊은 관심이 있었다. 자연수는 때에 따라 '정수'라고 불리기도 하는데, 분수(두 정수의 비율)와 함께 유리수(rational number, 기약분수로 나타낼 수 있는 수들의 총칭)를 구성한다. 피타고라스 학회 회원들은 무한히 많은 숫자 중에서 이 유리수를 집중적으로 연구했으며, 가장 관심을 둔 것은 '완전수(perfect number)'였다.

피타고라스는 다음과 같이 생각했다. 수의 완전성(Completeness)을 좌우하는 것은 그 수의 약수(어떤 수를 나누어떨어지게 하는 수)들이다. 예를 들어 12의 약수는 1, 2, 3, 4, 6, 12인데 자신을 제외한 약수의 합이 원래의 수보다 크면 '초과수(excessive number)'가 된다. 따라서 12는 자신을 제외한 약수의 합이 16이므로 초과수이다. 반대로 자신을 제외한 약수의 합이 원래 수보다 작으면 '불완전수(defective number)'가 된다. 즉, 10은 자신을 제외한 약수의 합이 1+2+5=8이므로 불완전수이다.

가장 드물면서도 중요한 수는 완전수이다. 자신을 제외한 약수를 더하면 원래의 수와 일치한다. 6은 자신을 제외한 약수를 더하면 1+2+3=6이므로 완전수이다. 6 다음의 완전수는 28이다(1+2+4+7+14=28).

6과 28의 완전성을 인정한 사람은 피타고라스 학회의 회원들만이 아니었다. 이와는 다른 시대, 다른 문화권에 살던 사람들도 '달의 공전주기는 28일이며, 신은 6일 만에 세상을 창조했다.'는 식으로 완전수에 나름대로 의미를 부여했다. 성 아우구스티누스(St. Augustine)는 자신의 저서 《신국론 (The City of God)》에서 "신은 이 세상을 한순간에 창조할 수도 있었지만 우주의 완전함을 계시하려고 일부러 6일이나 시간을 끌었다."고 적고 있다. 아우구스티누스는 6이라는 숫자가 '신이 선택했기 때문에' 완전한 것이 아니라, 원래부터 완전함을 내포하고 있다고 생각했다. 그의 주장은 다음과 같다. "신이 이 세상을 6일 동안 창조했기 때문에 6이라는 숫자가 의미를 갖는 것은 아니다. 6은 그 자체로 이미 완전한 수이다. 따라서 '신이 6일 동안 세상을 창조한 이유는 '6'이 완전한 숫자였기 때문이다.'라고 표현해야 한다. 신의 창조물인 이 세상이 모두 사라진 뒤에도 6은 여전히 완전한 숫자로 남아있을 것이다."

숫자가 커질수록 완전수는 드물게 나타난다. 세 번째 완전수는 496이며, 네 번째는 8,128, 그리고 다섯 번째 완전수는 33,550,336이다. 여섯 번째 완전수는 무려 8,589,869,056이다. 피타고라스는 '완전수의 약수들의 합은 완전수 자체와 같다'는 것 이외에도, 완전수는 여러 가지 특유의 성질

이 있음을 알아냈다. 그중 하나로서 완전수는 항상 연속되는 자연수의 합
으로 표현할 수 있다.

$$6 = 1 + 2 + 3,$$
$$28 = 1 + 2 + 3 + 4 + 5 + 6 + 7,$$
$$496 = 1 + 2 + 3 + 4 + 5 + 6 + 7 + 8 + 9 + \cdots + 30 + 31,$$
$$8,128 = 1 + 2 + 3 + 4 + 5 + 6 + 7 + 8 + 9 + \cdots + 126 + 127.$$

피타고라스는 완전수의 연구에 완전히 매료되었다. 그는 이 독특한 숫자
들을 단순히 나열하는 것만으로는 성이 차지 않았다. 그래서 그는 완전수
가 지닌 더욱 깊은 성질들을 집요하게 파고들었다. 완전수에 관하여 그가
발견한 또 하나의 '완전성'은 '2'라는 숫자와 깊은 관련이 있었다. $4(2 \times 2)$,
$8(2 \times 2 \times 2)$, $16(2 \times 2 \times 2 \times 2)\cdots$ 등의 수들은 2를 연속적으로 곱하여 만들
어진다는 공통점이 있다. 즉 이들은 모두 2^n(n은 지수로서 2를 곱하는 횟수를
나타낸다)으로 표현할 수 있다. 그러나 이렇게 만들어진 숫자들은 결코 완
전수가 될 수 없다. 왜냐하면 이런 수는 자신을 제외한 약수를 모두 더하면
원래의 수보다 항상 1이 작기 때문이다. 즉 '안타까운' 불완전수인 것이다.

$$2^2 = 2 \times 2 \qquad = 4, \quad \text{약수} : 1, 2 \qquad \text{합} = 3$$
$$2^3 = 2 \times 2 \times 2 \qquad = 8, \quad \text{약수} : 1, 2, 4 \qquad \text{합} = 7$$
$$2^4 = 2 \times 2 \times 2 \times 2 \qquad = 16, \quad \text{약수} : 1, 2, 4, 8 \qquad \text{합} = 15$$
$$2^5 = 2 \times 2 \times 2 \times 2 \times 2 = 32, \quad \text{약수} : 1, 2, 4, 8, 16 \quad \text{합} = 31$$

그로부터 2세기가 지난 뒤, 유클리드(Euclid)는 피타고라스의 발견을 한
층 더 우아하게 표현해 냈다. 즉 완전수는 항상 두 자연수의 곱으로 표현

할 수 있는데, 이들 중 하나는 2의 제곱수이고(2^n), 나머지 하나는 그 수에 다시 2를 곱한 뒤 1을 뺀 수($2^{n+1}-1$)라는 것이었다. 이를 식으로 표현하면 다음과 같다.

$$6 = 2^1 \times (2^2 - 1)$$
$$28 = 2^2 \times (2^3 - 1)$$
$$496 = 2^4 \times (2^5 - 1)$$
$$8{,}128 = 2^6 \times (2^7 - 1)$$

오늘날에는 컴퓨터의 도움으로 엄청나게 큰 완전수들을 찾아낼 수 있게 되었다. 컴퓨터가 찾아낸 완전수 중에는 $2^{216{,}090} \times (2^{216{,}091}-1)$이라는 숫자가 있는데 이 수는 자릿수만도 130,000자리나 되며 여전히 유클리드의 법칙을 따른다.

피타고라스는 완전수가 지닌 이 특이하고 다양한 성질에 강한 흥미를 느꼈으며, 그 난해함과 심오함에는 일종의 경외감까지 갖고 있었다. 완전수라는 개념은 언뜻 보기에 단순한 것처럼 보이지만 고대 그리스인들은 '수의 완전성'의 저변에 깔려 있는 심오한 원리를 완전하게 파악하지 못하고 있었다. 예를 들어, 약수의 합이 원래의 수보다 아주 조금 작은 '안타까운' 불완전수는 얼마든지 있지만, 아주 조금 초과하는 이른바 '안타까운 초과수'는 존재하지 않는다. 그리스인들은 약수의 합이 원래의 수보다 1만큼 큰 초과수를 하나도 발견하지 못했으며, 그런 수가 존재하지 않는 이유도 오리무중이었다. 안타까운 초과수를 찾아내지 못했다면, 그런 수가 존재하지 않는다는 것을 논리적으로 증명할 수도 있을 것이다. 그러나 실망스럽게도 그리스인들은 그 증명조차 할 수 없었다. 완전수에서 아주 조금 빗나간 안타까운 초과수가 존재하지 않는다는 것은 사실 수학적으로 별다른 의미가 없다. 그럼에도 불구하고 수많은 사람이 이 문제에 매달렸던 이유는 '그것이 수의 진정한 성질을 규명하는 실마리가 될 수도 있다.'는 희망을 버리지 않았기 때문이다. 피타고라스 학회의 회원들은 이 수수께끼 같은 문제를 집요하게 파고들었으며, 그로부터 2500년이 지난 오늘날에도 '안타까운 초과수의 부재 현상'은 여전히 미지로 남아 있다.

모든 것은 수(數)이다

피타고라스는 숫자들 사이의 상호관계뿐만 아니라 '수와 자연과의 관계'에도 지대한 관심을 보였다. 그는 '자연 현상을 지배하는 모종의 법칙이 분명히 존재하며, 이 법칙들은 수학 방정식으로 표현할 수 있다.'고 생각했다. 그는 음악적 화음과 숫자의 상호관계를 연구하던 중 처음으로 '수와 자연의 상호 연관성'을 발견했다.

초기 헬레니즘 음악에서 가장 중요한 역할을 했던 악기는 4현으로 되어 있는 테트라코드(tetrachord)였다. 피타고라스 이전 시대 음악가들은 두 개의 음을 동시에 냈을 때 서로 조화를 이루는 특별한 음정들을 알고 있었으며, 이 음정에 맞추어 테트라코드를 조율했다. 그러나 초기의 음악가들은 왜 특별한 음정들만 서로 화음을 이루는지 전혀 알지 못했기 때문에 악기를 조율하는 객관적인 기준이라는 것이 없었다. 그들은 오로지 경험을 통해 듣기 좋은 화음을 구별해 냈고, 플라톤은 이 원시적인 조율법을 가리켜 '줄감개 조절법'이라고 불렀다.

피타고라스 학파에 관하여 아홉 권의 책을 저술했던 4세기의 철학자 이암블리코스(Iamblichos)는 피타고라스가 음악적 화성법의 기본 원리를 발견하게 된 동기를 다음과 같이 서술하고 있다.

언젠가 피타고라스는 청력을 보완해 주는 보청기라는 물건을 자신이 과연 만들 수 있는지에 대하여 깊은 생각에 잠겼다. 그가 생각하는 보청기는 컴퍼스나 자, 또는 광학기계들처럼 '역학적인' 물건이었다. 촉각의 세기에서 물체의 '무게'라는 개념이 탄생한 것처럼, 그는 귀로 듣는 소리 역시 숫자로 정량화할 수 있다고 생각했을 것이다. 어느 날 그는 우연히 대장간 앞을 지나다가 쇠를 두드리는 망치 소리를 들었다. 그 소리는 반향음과 어우러져 불규칙한 잡음처럼 들렸으나, 거기에는 단 하나의 조화로운 화음이 섞여 있었다. 신이 그에게 행운의 미소를 던진 것이다.

이암블리코스의 기록에 의하면 피타고라스는 망치 소리를 듣자마자 곧바로 대장간 안으로 달려 들어가 망치의 화음을 분석했다고 한다. 그리고 그는 다음과 같은 사실을 알게 되었다. '하나의 망치가 쇠를 두드리는 소리는 듣기 싫은 굉음에 불과하지만, 여러 개의 망치를 동시에 내려치면 조화로운 화음을 만들어낼 수 있다.' 그는 망치를 분석한 결과 조화로운 소리들 사이에는 간단한 수학적 관계가 성립한다는 결론을 내렸다. 즉 두 망치의 무게비가 간단한 분수로 표시되는 경우에 조화로운 화음이 울린다는 것이다. 실제로 임의의 무게를 가진 망치와 그것의 $\frac{1}{2}$, $\frac{2}{3}$ 또는 $\frac{3}{4}$의 무게를 가진 망치를 동시에 내려쳤더니, 듣기 좋은 화음이 생성되었다. 반면에 두 망치의 무게비가 간단한 분수로 표현되지 않는 경우에는 불쾌한 굉음만 들릴 뿐이었다.

이렇게 해서 피타고라스는 음악의 모든 화성이 간단한 정수비(분수)로 이루어진다는 심오한 진리를 터득하게 되었다. 오늘날의 과학자들은 이암블리코스의 기록을 완전히 신뢰하고 있지 않지만, 분명한 것은 피타고라스가 자신의 화성이론을 현악기에 도입하여 악기의 조율법을 체계화했다는 사실이다. 팽팽하게 당겨진 줄을 튕기면 줄의 길이에 따라 각기 고유한 음정이 생성된다. 그리고 줄 위의 한 지점을 고정한 채 다시 줄을 튕기면 이전과 다른 음정의 소리가 난다(《그림 1》 참조). 이때 원래의 음과 조화를 이루는 화음은 몇몇 특정한 지점을 고정했을 때 생성된다. 예를 들어 정확하게 줄의 중간 지점을 고정한 경우에는 한 옥타브 위의 소리가 나는데, 이 음은 원래의 음과 화성적으로 조화를 이룬다. 이와 비슷하게 줄 길이의 $\frac{1}{3}$, $\frac{1}{4}$, 또는 $\frac{1}{5}$이 되는 지점을 고정하고 줄을 튕기면 다른 화음들이 생성된다. 그러나 원래의 줄 길이와 간단한 정수비로 표현되지 않는 임의의 지점을 고정한 경우에는 화성적으로 전혀 어울리지 않는 음이 생성된다.

피타고라스는 물리적 현상을 지배하는 수학 법칙을 찾아낸 최초의 인간이다. 수학과 과학 사이에 결코 뗄 수 없는 근본적 상관관계가 존재하고 있음을 증명한 것이다. 이 발견이 있은 뒤로 과학자들은 아무리 사소한 물리적 현상이라 해도 그것을 지배하는 수학 법칙을 찾아내려고 애를 썼으며, 그 결과 모든 자연 현상을 '수'로 표현할 수 있다는 충격적인 사실이 서서히 세상에 알려지기 시작했다. 일례로 구불구불하게 흐르는 강의 길이까지도 특별한 숫자와 깊은 인연이 있다. 케임브리지 대학 지구과학과의 한스 헨리크 슈퇼룸(Hans-Henrik Stølum) 교수는 발원지에서 하류까지 강물이 흐르는 경로를 따라가면서 측정한 길이와 지도상에서 측정한 직선 거리의 비율을 계산했다. 물론 이 비율은 강에 따라 조금씩 다른 값을 보이긴 했지만 평균치를 구해보니 3보다 조금 큰 값이 나왔다. 다시 말해서, 강의 실제 길이는 직선 거리보다 세 배가 조금 넘는 정도로 길다는 뜻이다. 그가 실제로 얻은 값은 3.14였다. 여러분도 짐작하다시피, 이 숫자는 원의 둘레와 지름 사이의 비율, 즉 원주율 π(파이)와 거의 같은 값이다.

π라는 수는 원래 원의 기하학적 성질에서 발견되었다. 그런데 신기하게도 이 수는 과학의 거의 모든 분야에서 약방의 감초처럼 빠지지 않고 나타난다. 흐르는 강물의 경우 π는 질서와 혼돈이 서로 주도권을 다투며 경쟁

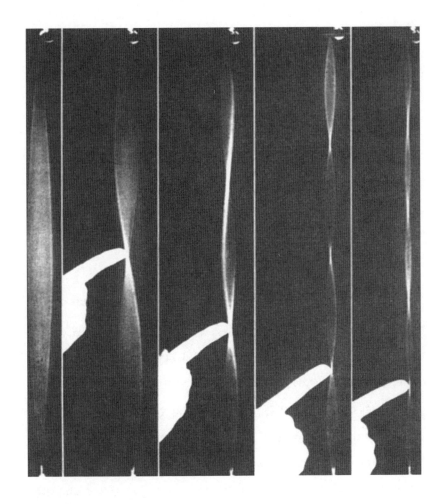

〈그림 1〉 양 끝이 고정된 현은 기본 진동에 해당하는 음을 낸다. 현의 중앙 부위를 고정한 채 줄을 튕기면 기본음보다 한 옥타브 높은 음이 생성된다. 원래 줄 길이와 간단한 정수비($\frac{1}{3}$, $\frac{1}{4}$, $\frac{1}{5}$ …)를 이루는 지점을 고정하면, 기본음과 화성적으로 어울리는 다른 음들을 찾을 수 있다.

하는 상황을 상징적으로 나타내는 수이다. 아인슈타인(Einstein)은 강의 경로가 시간이 갈수록 더욱 구불구불해진다는 사실을 처음으로 지적했다. 즉 초창기에 비교적 곧은길을 흐르던 강도 약간의 굽은 길을 만나면 바깥쪽 유속이 빨라져 그곳에 침식작용이 일어나고, 그 결과 강의 경로는 점점 구부러지게 된다는 것이다. 많이 구부러질수록 바깥쪽 유속은 그만큼 빨라질 것이고, 침식작용이 가속화되어 강의 경로는 점차 지그재그형으로 변해간다. 그러나 어느 시점에 이르면 이 혼돈의 과정을 중단시키는 자연 현상이 일어난다. 강의 곡률이 어느 이상으로 커지면 흐르는 강물이 급격하게 굽은 길을 돌지 못하고 그대로 강변에 충돌하여 서서히 지름길을 만들어 나가는 것이다. 얼마간의 시간이 흐르면 강물은 다시 곧은길을 흐르게 되고, 그 옆에는 소의 뿔처럼 생긴 호수가 형성되는데, 지리학자들은 이런 호수를 우각호(牛角湖)라 부른다. 이렇듯 두 개의 상반된 효과가 오랜 세월을 거치며 균형을 이루는 과정에서 강줄기의 전체 길이와 직선 길이 사이의 비율, 즉 π라는 숫자가 모습을 드러낸다. 완만한 경사를 흐르는 강들은 대부분 π와 매우 가까운 비율인 것으로 알려져 있다. 브라질이나 시베리아의 툰드라 지대를 흐르는 강이 대표적인 예라고 할 수 있다.

피타고라스는 음악의 화음부터 행성의 궤도에 이르기까지, 이 세상 모든 곳에 '수'가 숨겨져 있다고 생각하던 끝에, 결국 '모든 것은 수이다.'라는 결론에 도달했다. 그리고 그는 우주 내에서 일어나는 모든 현상을 서술할 수 있는 수학적 언어를 개발하기 위해 모든 힘을 기울였다. 그 이후로, 수학상의 획기적인 발전이 이루어질 때마다 과학자들은 자연 현상을 더욱 훌륭하게 서술할 수 있는 새로운 어휘를 얻게 되었다. 수학의 발전이 과학혁명을 불러온 것이다.

아이작 뉴턴은 만유인력 법칙을 발견한 불세출의 물리학자였지만, 동시에 천재적인 수학자이기도 했다. 그는 미적분학을 완성하여 수학사에 위대한 업적을 남겼다. 후대의 물리학자들은 중력 법칙에 관련된 문제들을 해결하면서 미적분학의 덕을 톡톡히 보았다. 뉴턴의 고전적 중력이론은 아인슈타인이 일반상대성이론을 발표할 때까지 무려 250년 동안 확고부동한 진리로 자리를 굳혀왔다. 일반상대성이론은 중력의 성질을 더욱 구체적으로 규명했는데, 이것은 중력 현상을 이해하는 '또 하나의' 방법이라고 할 수 있다. 아인슈타인이 새로운 아이디어를 제시할 수 있었던 것은 복잡 미묘한 과학적 아이디어를 구현해 주는 고등수학이 그때 이미 개발되어 있었기 때문이다. 오늘날 중력이론은 첨단 수학의 발달로 또 다른 국면을 맞이하고 있다. 최근 활발하게 연구되고 있는 양자중력이론(quantum theories of gravity)은 수학적 끈이론(string theory)의 발달에 힘입어 자연계에 존재하는 다른 힘들(전자기력, 약력, 강력)과 함께 하나의 통일된 논리를 바탕으로 연구되고 있으며, 이 이론은 자연계에 존재하는 힘들의 기하학적·위상학적 특성에 초점을 맞추고 있다.

피타고라스 학회의 회원들이 수와 자연의 연결관계를 연구하면서 가장 중점을 두었던 문제는 스승의 이름을 따서 붙인 〈피타고라스의 정리〉였다. 〈피타고라스의 정리〉는 모든 직각삼각형이 만족하는 하나의 방정식을 제시한다. 따라서 이 정리는 '직각'을 정의하는 가장 이상적인 방법이기도 하다. 또한 직각은 수직성, 즉 수평과 수직 사이의 관계를 정의하고, 나아가 우리가 살고 있는 3차원 공간의 특성(각 차원들 간의 특성)을 정의하는 데에도 사용할 수 있다. 결국 〈피타고라스의 정리〉를 통해 정의된 '직각'은 공간의 기하학적 구조를 정의하는 매우 중요한 요소가 된다.

이렇게 말로 써놓고 보면 다소 장황한 감이 있지만, 사실 〈피타고라스의 정리〉를 수학적으로 표현하면 허망할 정도로 단순 명료하다. 이를 이해하기 위해 직각삼각형의 직각을 끼고 있는 두 변(x와 y)의 길이를 측정한 뒤 각각을 제곱해 보자(x^2, y^2). 그리고 이 둘을 더하면(x^2+y^2) 하나의 값이 얻어진다. 〈그림 2〉에 제시한 삼각형의 경우, 이 값은 25이다.

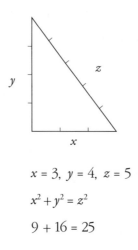

$$x = 3, \ y = 4, \ z = 5$$
$$x^2 + y^2 = z^2$$
$$9 + 16 = 25$$

〈**그림 2**〉 모든 직각삼각형은 〈피타고라스의 정리〉를 만족한다.

다음에는 가장 긴 변, 즉 빗변 z의 길이를 구하여 제곱을 취한다. 놀라운 것은 빗변의 제곱(z^2)과 방금 전에 구한 값($x^2 + y^2$)이 정확하게 일치한다는 점이다. 〈그림 2〉에서 보면 $5^2 = 25$이므로 이것은 분명한 사실이다. 다시 말해서,

직각삼각형에서 빗변의 길이를 제곱한 값은 나머지
두 변의 길이를 각각 제곱하여 더한 값과 일치한다.

이를 수학 기호로 표현하면 다음과 같다.

$$x^2 + y^2 = z^2$$

〈그림 2〉에 그려진 삼각형은 분명히 이 성질을 만족한다. 그러나 중요한 것은 그림에 있는 직각삼각형뿐만 아니라 독자들이 상상할 수 있는 모든 직각삼각형이 이 조건을 만족한다는 사실이다. 이것은 범우주적인 수학법칙이기 때문에 우리가 어떤 삼각형과 접하든지 그것이 직각삼각형이기만 하면 앞뒤 볼 것 없이 무조건 이 법칙을 적용할 수 있다. 역으로, 〈피타고라스의 정리〉를 만족하는 삼각형이 있다면 그것은 하늘이 두 쪽이 난다 해도 직각삼각형임에 틀림없다.

이 시점에서 한 가지 짚고 넘어가야 할 것이 있다. 이 정리는 앞으로도 영원히 '피타고라스'라는 이름을 달고 다니겠지만, 사실은 피타고라스보다 1,000년이나 앞선 시기에 중국인들과 바빌로니아인들은 이미 일상생활 속에서 이 정리를 응용하고 있었다. 그러나 이들은 이 놀라운 정리가 모든 직각삼각형에 적용된다는 사실을 몰랐다. 그들이 직접 측정했던 직각삼각형은 분명히 앞에서 서술한 성질을 지니고 있었지만, 측정을 해보지 않은 다른 직각삼각형들도 모두 같은 성질을 만족하는지는 확인할 길도, 증명할 수도 없었다. 피타고라스의 주장에 '정리(theorem)'라는 이름이 붙은 것은 직각삼각형의 이러한 성질이 일반적으로 성립한다는 사실을 그가 처음으로 증명했기 때문이다. 그렇다면 피타고라스는 자신의 정리가 모든 종류의 직각삼각형에 적용된다는 것을 어떻게 알 수 있었을까? 무한히 많은 직각삼각형을 일일이 자로 재보는 무모한 짓은 하지 않았을 것이다. 그런데도 피타고라스는 자신의 정리가 절대적 진리임을 100% 확신하고 있었다. 그의 자신감은 어디서 온 것일까? 바로 '수학적 증명'이라는 개념에서 온 것이다. 수학적 증명은 경험으로 축적된 여타의 어떤 지식보다 엄밀하고 분명한 진실성을 갖고 있다. 증명을 통하여 궁극적 진리를 찾으려는 수학자들의 노력은 그 후 2500년 동안 끊임없이 계속되었다.

엄밀한 증명

〈페르마의 마지막 정리〉에 관한 이야기가 계속해서 수학자들 사이에 회자된 이유는 그것이 증명되지 않은 '정리'였기 때문이다. '수학적 증명'은 우리가 일상적으로 쓰는 '증명'이라는 말뜻보다 훨씬 더 강력하고 엄밀한 개념이며, 물리학자나 화학자의 증명보다 더욱 논리적이다. 과학적 증명과 수학적 증명의 차이점은 복잡 미묘하고도 심오하여, 피타고라스 시대부터 오늘날까지 계속되고 있는 수학자들의 눈물겨운 노력을 이해하려면 그 미묘한 차이점을 먼저 이해해야 한다.

고전적인 수학적 증명은 몇 개의 공리(公理, axiom)에서 출발한다. 공리란 '사실이라고 가정할 수 있는', 또는 '그 자체로 사실임이 분명한' 수학적 명제를 말한다. 이 공리에서 시작하여 단계별로 논리를 전개해 나가면서 아무런 무리 없이 결론에 도달해야만 비로소 하나의 수학적 증명이 완성된다. 공리에 아무런 결함이 없고 논리에 모순이 없으면 내려진 결론은 수학적 진리로 받아들여진다. 이렇게 얻어진 결론이 바로 정리(定理, theorem)이다.

수학정리의 진위 여부는 그것을 증명하는 데 사용한 논리의 타당성에 전적으로 좌우된다. 그리하여 일단 증명이 성공적으로 이루어지면 그것은 이 세상이 끝나는 날까지 진리로 남는다. 수학적 증명은 그만큼 완벽한 것이다. 이 점을 실감하기 위해, 수학적 증명과 과학적 증명을 한번 비교해 보기로 하자. 과학에서는 물리적 현상들을 설명하기 위해 우선 몇 개의 '가정(假定, hypothesis)'을 세운다. 만일 관측된 현상들이 가정과 잘 들어맞으면 그만큼 증거를 확보하는 셈이다. 이 가정은 이미 알려진 현상들뿐만 아니라, 다른 현상들까지 예측할 수 있어야 한다. '실험(experiment)'이란 하나의 가정에 얼마나 큰 예측 능력이 있는지를 검증하는 과정이며, 이것이 계속해서 성공을 거두었다면 가정의 진실성은 더욱 확고해진다. 이런 과정이 반복되면서 실험적 증거가 충분히 확보되었을 때, 비로소 가정은 하나의 과학적 이론으로 자리를 잡게 된다.

그러나 과학이론은 수학적 증명과 같은 엄밀한 검증 과정을 거칠 수가 없다. 과학이론의 생명은 전적으로 그것을 입증해 주는 '증거 자료'에 의해 좌우된다. 과학적 증명이라 불리는 모든 행위는 관측과 지각에 의존할 수밖에 없는데, 이들은 수학적 논리에 비해 신뢰도가 많이 떨어질 뿐만 아니라 기껏해야 대략적인 진실만을 보여줄 수 있을 뿐이다. 이 점에 대하여 버트런드 러셀(Bertrand Russell)은 다음과 같이 서술하고 있다. "역설처럼 들리겠지만, 모든 종류의 '정확한' 과학이론들은 예외 없이 '근사적인 개념'에서 출발한 것이다." 가장 널리 수용되고 있다는 과학적 증명조차 한쪽 구석에는 의심의 여지가 여전히 남아 있다. 세월이 흘러 미심쩍은 부분이 사람들의 기억 속에서 잊힐 수는 있지만 그렇다고 해서 증명이 완전해지는 것은 결코 아니다. 가끔은 이 조그만 의심이 증폭되어 과학이론 자체를 송두리째 뒤집어 버리는 대사건이 일어나기도 한다. 과학적 증명의 이런 취약점 때문에 과학은 어쩔 수 없이 '혁명적인' 변화를 겪게 되는 것이다. 이전까지 옳다고 믿었던 이론들이 금세 다른 이론으로 대치되는 경우를 우리는 이미 여러 차례 경험한 바 있다. 새로운 이론은 기존의 이론을 부분적으로 수정한 것일 수도 있고, 경우에 따라서는 기존의 이론과 완전히 상반되는 별종일 수도 있다.

한 가지 예를 들어보자. 만물을 구성하는 기본 입자에 관한 연구는 그야말로 파란만장한 역사를 갖고 있다. 각 세대에 살던 과학자들은 거의 예외 없이 선배 과학자들의 생각을 전복하거나 수정을 가하는 등 한 번도 조용하게 넘어간 적이 없었다. 우주를 이루는 기본 물질의 현대적 연구가 시작된 것은 19세기가 시작될 무렵 존 돌턴(John Dalton)에 의해서였다. 그는 일련의 실험을 통하여 "모든 물질은 원자(atom)로 이루어져 있으며 원자는 더 이상 쪼갤 수 없는 물질의 최소 단위이다."라고 주장했다. 그러나 19세기가 끝나갈 무렵에 등장한 조지프 톰슨(Joseph Thomson)이 전자(electron)를 발견함으로써 원자가 물질의 최소 단위라는 돌턴의 이론은 작별을 고하게 되었다.

20세기 초반에 이르자 상황은 또다시 급변했다. 물리학자들이 원자의 완벽한 모형도를 그려낸 것이다. 그 모형도에 의하면 원자의 중심부에 양성자(proton)와 중성자(neutron)로 이루어진 핵이 있고, 그 주변을 전자가 돌고 있었다. 그리하여 과학자들은 이 우주를 이루는 최소 단위의 입자들이 바로 양성자와 중성자, 그리고 전자라는 사실을 목에 힘을 주며 주장하기에 이르렀다. 그런데 그 뒤로, 우주선(宇宙線, cosmic ray)에 관한 실험 연구가 발달하면서 파이온(pion)과 뮤온(muon)을 비롯한 다른 소립자들이 발견되기 시작했다. 그러던 중 1932년에 반물질(반양성자, 반중성자, 양전자 등)의 존재가 밝혀지면서 입자물리학은 일대 혁명을 맞이하게 되었다. 당시의 입자물리학자들은 장차 얼마나 많은 종류의 소립자들이 추가로 발견될 것인지 짐작할 수는 없었지만, 어쨌거나 이것들이 만물의 근본을 이루는 최소 단위의 입자일 거라고 철석같이 믿고 있었다. 그러나 1960년대에 쿼크(quark)라는 개념이 탄생하면서 그 철석같았던 믿음조차 물거품이 되고 말았다. 양성자와 중성자, 그리고 파이온 등의 입자들은 분수의 전하값을 갖는 몇 개의 쿼크들로 이루어져 있었던 것이다(전하가 분수라는 것은 전자의 전하량을 -1로 보았을 때 그렇다는 뜻이다. 전하의 단위를 이렇게 골치아픈 분수로 표현하는 이유는 전자를 최소 단위의 전하량으로 생각했던 과거의 물리학자들이 전자의 전하 단위를 -1로 정했기 때문이다: 옮긴이). 이렇듯 물리학자들은 그들의 우주관을 계속해서 수정해왔으며, 그럴 때마다 물리학이론들은 전체적인 수정이 가해지거나 심하면 아예 폐기처분되기도 했다. 물론 이 상황은 지금도 계속되고 있다. 물리학자들은 소립자를 '공간상의 작은 점'이라고 생각하고 있지만, 앞으로 10년 내에 모든 입자들은 '끈(string)'으로 대치될지도 모른다. 중력이론의 난점을 풀어줄 해결사로서 요즈음 '끈이론'이 유력한 후보로 부상하고 있기 때문이다. 이 이론의 요지는 10억×10억×10억×10억분의 1m(10^{-36}m) 정도의 길이를 가진 끈(너무 작아서 점같이 보인다)이 다양한 형태로 진동하고 있는데, 그 진동 양상에 따라 끈이 양성자가 될 수도 있고, 혹은 중성자, 파이온 등등 온갖 종류의 입자로 모습을 드러낸다는 것이다. 이 이론은 "하나의 줄에서 모든 종류의 음을 낼 수 있다."는 피타고라스의 발견과 일맥상통하는 부분이 있다.

공상과학 소설가이자 미래학자인 아서 클라크(Arthur C. Clarke)는 이런 말을 한 적이 있다. "한 저명한 과학자가 의심의 여지가 없는 진실을 제아무리 힘주어 주장한다 해도 그것은 바로 다음날 번복될 수 있다. 과학적 증명은 변덕스럽고 엉성한 한계를 벗어날 수 없기 때문이다. 그러나 이와는 반대로 수학적 증명은 절대적이며 의심의 여지가 없다. 피타고라스는 죽을 때까지 자신의 정리가 사실임을 확고하게 믿었으며, 그것은 앞으로도 영원히 진리로 남을 것이다."

과학이 진행되는 방식은 사법체계와 매우 비슷하다. 하나의 과학이론에 대하여 인간이 제시할 수 있는 '모든 가능한 의문점'들을 풀어주는 충분한 증거가 확보되면 그 이론은 타당한 것으로 간주된다. 그러나 수학의 경우에는 사정이 다르다. 하나의 수학적 정리는 엉성한 실험에 의해서가 아니라 주도 면밀한 논리에 의해 그 타당성이 입증되어야 한다. 〈그림 3〉에 제시된 '귀퉁이가 잘려나간 체스판' 문제는 이 차이점을 명백하게 보여주는 좋은 예이다.

왼쪽 위와 오른쪽 아래 귀퉁이가 잘려나간 체스판을 상상해 보자. 〈그림 3〉에서 보는 바와 같이 이 체스판에는 모두 62개의 흑백 사각형이 그려져 있다. 이제 〈그림 3〉의 하단부에 그려진 검은 조각으로 체스판을 덮어나

〈**그림 3**〉'귀퉁이가 잘려나간 체스판' 문제

간다. 검은 조각의 크기는 체스판의 두 개의 사각형 면적과 정확하게 일치한다고 하자. 여러분이 답해야 할 질문은 다음과 같다. "31개의 검은 조각으로 62칸짜리 체스판을 완전히 덮을 수 있을 것인가?"

이 문제는 다음과 같은 두 가지 방법으로 생각해 볼 수 있다.

(1) 과학적 해결 방법

과학자에게 이 문제가 주어졌다면, 그는 실험을 통하여 문제를 해결하려고 할 것이다. 우선 몇 가지 다른 방법으로 체스판을 덮어나가 보지만 모두 실패하고 만다. 그 결과 과학자는 "주어진 체스판은 검은 조각으로 모두 덮을 수 없다."고 믿게 된다. 이런 주장을 펼 수 있을 만큼 충분한 증거가 확보되었기 때문이다. 그러나 그는 가능한 모든 경우를 다 확인해 보지 않았으므로 자신의 주장에 대한 절대적인 믿음은 갖지 못한다. 31개의 검은 조각으로 62칸짜리 체스판을 덮어나가는 방법의 수는 수백만 가지나 된다. 그는 이 수많은 가능성 중에서 단 몇 개의 경우만을 확인했을 뿐이다. 따라서 이런 과정을 거쳐 내려지는 결론, 즉 "주어진 체스판을 검은 조각으로 완전하게 덮는 것은 불가능하다."라는 것은 실험에 기초를 둔 결론이다. 그리고 과학자는 자신이 내린 결론이 언젠가는 뒤집어질 수도 있다는 가능성을 머리 한구석에 담아둔 채 살아간다.

(2) 수학적 해결 방법

수학자라면 그런 찜찜한 주장은 하지 않는다. 그는 논리적 사고를 통해 의심의 여지가 없는, 그리고 영원히 진실로 남을 수 있는 결론을 유추해 내려고 할 것이다. 가능한 논리는 여러 가지가 있을 수 있는데, 그중 하나를 예로 들면 다음과 같다.

- 체스판에서 잘려나간 귀퉁이는 원래 흰색 사각형이 있던 자리이다. 그러므로 현재 체스판에는 32개의 검은색 사각형과 30개의 흰색 사각형이 남아 있다.
- 체스판을 문제에 주어진 검은 조각으로 덮을 때, 하나의 조각으로 서로 맞붙어 있는 두 개의 사각형을 덮을 수 있다. 그런데 맞붙어 있는 두 개의 사각형은 항상 색깔이 서로 다르다. 즉, 둘 중 하나는 검고 하나는 희다.
- 따라서 검은색 조각 31개를 어떻게 배열시키건 간에 우선 30개를 덮고 나면 체스판에는 30개의 검은색 사각형과 30개의 흰색 사각형이 검은색 조각으로 덮이게 될 것이다.

- 그 결과 배열 방법과 순서에 상관없이 마지막에는 항상 하나의 조각과 두 개의 검은색 사각형이 남는다.
- 앞서 말한 것처럼, 하나의 조각으로는 항상 이웃한 두 개의 사각형, 즉 한 개의 검은 사각형과 한 개의 흰 사각형만을 덮을 수 있다. 그런데 마지막에 남는 두 개의 사각형은 항상 검은 색이기 때문에 이들은 한 개의 조각으로 덮여질 수 없다. 따라서 주어진 체스판을 검은색 조각으로 완전하게 덮는 것은 불가능하다.

이 증명에 의하면 검은색 조각 31개를 어떻게 배열하건 간에 체스판을 딱 맞게 덮는 것은 불가능하다는 사실을 분명하게 알 수 있다. 피타고라스 역시 이런 종류의 완벽한 논리로 모든 직각삼각형이 자신의 정리를 만족한다는 사실을 증명해 냈다. 그는 수학적 증명을 신성한 것으로 여겼으며 이 덕분에 그의 제자들도 방대한 수학적 업적을 이루어낼 수 있었다. 현대 수학의 증명과정은 혀를 내두를 정도로 복잡하여, 대부분의 일반인은 그 논리를 도저히 따라갈 수 없다. 그러나 〈피타고라스의 정리〉를 증명하는 데 사용된 논리는 비교적 간단하고 이해하기도 쉬워서 오늘날에는 중학생의 수학 교과서에 등장한다. 이 책의 끝에 있는 〈부록 1〉에 자세한 증명과정을 소개했으니 관심 있는 독자는 참고하기 바란다.

피타고라스의 증명은 반론의 여지가 전혀 없다. 이 증명은 우주 내에 존재할 수 있는 모든 직각삼각형이 〈피타고라스의 정리〉를 만족한다는 것을 완벽하게 보여주었다. 당시 이것은 너무도 중대한 발견이었기에 피타고라스를 비롯한 학회의 회원들은 100마리의 소를 잡아 제단에 바침으로써 신에게 감사의 뜻을 표현했다. 이 발견은 수학사에 길이 남을 획기적인 사건이었고 인류 문명의 역사상 가장 중대한 전환점이었다. 그의 증명이 이토록 중요하게 여겨지는 데에는 두 가지 이유가 있다. 첫째로 그것은 '증명'이라는 개념을 발전시켰다. 수학적 증명을 통해 내려진 결론은 이 세상의 어떤 결론보다도 신뢰도가 매우 높은데, 그것은 단계별로 진행되는 완벽한 논리의 산물이기 때문이다. 고대 그리스의 철학자였던 탈레스(Thales)도 기하학에서 초보적인 증명법을 개발해내긴 했지만 피타고라스와 비교할 바는 못된다. 피타고라스는 증명의 개념을 몇 차원 높이 끌어올려서 탈레스보다 더욱 엄밀하고 우아한 방법으로 수학 명제들을 증명했기 때문이다. 두 번째로, 피타고라스의 정리는 추상적인 수학을 실체적인 대상에 결부시키는 데 성공했다. 피타고라스는 '수학적 진리는 과학적 세계에 적용될 수 있으며, 따라서 수학은 이 세계를 지배하는 논리적 기초를 제공해 준다.'는 놀라운 사실을 처음으로 발견한 사람이었다. 수학은 과학으로 하여금 엄밀한 진리의 기초에서 출발할 수 있도록 도와준다. 그리고 과학은 수학이 제공했던 그 튼튼한 기초 위에 부정확하고 불완전한 실험 결과들을 산더미처럼 쌓아나간다.

무한히 많은 정수해

피타고라스 학회는 모든 진리를 '증명'을 통해 얻어내려고 노력했다. 이런 분위기 속에서 수학 연구가 활기를 띤 것은 당연한 일이었다. 어쩌다가 새로운 사실이 증명되면 그 소문은 곧 외부로 퍼지곤 했는데, 자세한 증명 과정은 철저하게 비밀로 간직되어 외부 사람들은 증명의 결과만 알 수 있을 뿐이었다. 학회 건물 내부에 있는 '지식의 성단'에는 가끔씩 외부 사람들이 초대되어 대화를 나누는 일이 있었지만, 이것도 당대 최고의 현자들에 한하여 이루어졌다. 이 지식의 성단에 들어가려고 신청했다가 거절당한 사람 중에, 실론(Cylon)이라는 인물이 있었다. 실론은 자신이 거절당한 것에 대해 커다란 불만을 품고 있다가 20년이 지난 뒤 피타고라스 학회에 잔 인한 보복을 가했다.

제67회 고대 올림픽 경기가 한창 진행되던 무렵(B.C. 510년), 시바리스 시 근교에서 폭동이 일어났다. 폭동의 주도자였던 텔리스(Telys)는 반란에 성 공한 뒤 정부를 지지했던 사람들을 색출하여 무자비한 박해를 가했고, 많 은 사람은 텔리스의 폭정을 피해 크로톤의 사원으로 모여들었다. 텔리스는 크로톤 시민들에게 반역자들을 시바리스로 돌려보낼 것을 강력하게 요구 했으나, 오히려 텔리스를 반역자로 간주한 밀로와 피타고라스는 크로톤의 시민들에게 도피자를 보호하고 텔리스와 맞서 싸울 것을 종용했다. 이에 격분한 텔리스는 즉시 30만 명의 군대를 소집하여 크로톤으로 쳐들어왔으 며, 밀로는 무장한 10만 명의 시민군으로 텔리스의 정예군에 대항했다. 70 일 간 계속된 전투에서 탁월한 지휘력을 발휘한 밀로는 결국 텔리스의 병 사들을 모두 물리치고 승리를 거두었다. 그리고 폭도들을 응징한다는 명목 하에 시바리스 근처를 흐르는 크라티스 강이 온통 피로 물들 정도로 텔리 스의 병사들을 처형했으며 시바리스 시를 철저하게 파괴했다.

전쟁은 끝났지만 크로톤 시도 커다란 피해를 입었으므로 도시 재건 사 업에 대한 여러 가지 이견이 난립하면서 도시는 또다시 혼란에 빠지게 되 었다. 시민 대다수는 크로톤 시의 땅이 피타고라스 학회의 소유가 될까봐 전전긍긍하면서 틈만 나면 불만의 소리를 질러댔다. 사실 시민들의 불만은 전쟁이 일어나기 전부터 팽배해 있었다. 피타고라스 학회는 엄청난 돈을 갖 다 쓰면서도 자신들이 발견한 새로운 사실들을 전혀 외부에 알리지 않은 채 독점하고 있었기 때문이다. 그러나 자신의 불만을 대놓고 이야기할 정 도로 용감한 시민이 없었기에 별다른 사건은 일어나지 않고 있었다. 그러 던 어느 날 실론이라는 인물이 나타나 큰소리로 시민들의 불만을 외쳐대 기 시작했다. 그는 시민들의 공포심과 불만을 부추기면서, 역사상 가장 훌

류한 수학 명문인 피타고라스 학회를 쳐부수자고 사람들을 선동했다. 결국 밀로의 집과 학회 건물은 실론이 이끄는 군중들에게 포위되기에 이르렀고, 아무도 탈출하지 못하도록 모든 문이 폐쇄된 가운데 방화가 시작되었다. 밀로는 지옥 같은 불길을 헤치며 필사적으로 몸부림치던 끝에 탈출에 성공했으나, 피타고라스와 그의 제자들 대부분은 불길 속에서 비참한 최후를 맞이했다.

이 사건으로 수학계는 위대한 영웅을 잃었다. 그러나 피타고라스의 정신만은 후대에 온전하게 계승되었다. 사람의 육체와는 달리 '수'와 '진실'은 결코 죽지 않기 때문이다. 피타고라스는 '수학이란 모든 학문 분야 중에서 가장 철저하게 개인적 주관을 배척하는 학문'이라는 것을 입증했다. 그의 제자들 역시 새로운 이론의 타당성을 검증할 때 결코 피타고라스의 의견을 듣지 않았다. 수학이론의 타당성 여부는 개인적인 사견과 아무런 관계가 없기 때문이다. 그것은 전적으로 논리의 구성에 달려 있다. 이것이야말로 피타고라스가 인류의 문화에 기여한 가장 값진 교훈이다. 인간의 어설픈 분별력을 초월하여 절대의 진리를 찾아내는 방법—그것이 바로 수학이라는 것이다.

피타고라스가 죽은 뒤에도, 실론은 화염 속에서 살아남은 소수의 회원들을 계속 박해했으므로 그들은 크로톤을 떠나 마그나 그라에키아에 있는 다른 도시로 몸을 숨겼다. 그러나 실론의 박해가 너무나도 집요하여 결국 그들은 해외로 이주했으며 그곳에서 다시 집결하여 그들의 '수학 복음서'를 세상에 전파하기 시작했다. 살아남은 피타고라스의 제자들은 이외에도 학교를 설립하여 학생들에게 논리적 증명법을 가르쳤다. 이때 강의한 내용 중에는 〈피타고라스의 정리〉 외에 〈피타고라스의 삼각수(Pythagorean triples)〉라는 것이 있었다.

〈피타고라스의 삼각수〉는 피타고라스의 방정식, 즉 $x^2 + y^2 = z^2$을 만족하는 세 개의 정수를 일컫는 말이다. 예를 들어, 이 방정식을 만족하는 정수해 중에는 $x = 3, y = 4, z = 5$인 경우가 있다.

$$3^2 + 4^2 = 5^2, \quad 9 + 16 = 25.$$

〈피타고라스의 삼각수〉를 이해하는 또 하나의 방법으로는 '정사각형 면적의 합'을 들 수 있다. 한 변이 세 개의 타일(작은 정사각형)로 되어 있는 정사각형은 $3 \times 3 = 9$개의 타일을 갖고 있고, 한 변이 네 개의 타일로 된 정사각형은 $4 \times 4 = 16$개의 타일로 이루어져 있다. 이 두 개의 정사각형을 한데 합쳐서 새로운 정사각형을 만들 수 있을까? 타일을 분해하여 이리저리 맞추다 보면 〈그림 4〉와 같이 한 변의 길이가 타일 다섯 개에 해당하는 $5 \times 5 = 25$개 타일의 정사각형이 만들어진다.

피타고라스 학파의 학자들은 피타고라스의 방정식을 만족하는 모든 정수해를 찾고자 했다. 위에서 제시한 (3, 4, 5) 이외의 또 다른 정수해로는 $x = 5, y = 12, z = 13$을 들 수 있다.

$$5^2 + 12^2 = 13^2, \quad 25 + 144 = 169.$$

이보다 값이 큰 〈피타고라스의 삼각수〉로는 $x = 99, y = 4,900, z = 4,901$이 있다. 〈피타고라스의 삼각수〉는 숫자가 커질수록 드물게 나타나며 또 찾기도 그만큼 어려워진다. 피타고라스 학파의 학자들은 가능한 한 많은 삼각수를 찾아내기 위해 특별한 방법을 고안해 냈다. 그리고 이 방법으로 삼각수를 찾아본 결과 피타고라스의 방정식을 만족하는 정수해, 즉 삼각수가 무한히 많다는 사실을 알게 되었으며 이 사실을 수학적으로 증명하는 데에도 성공을 거두었다.

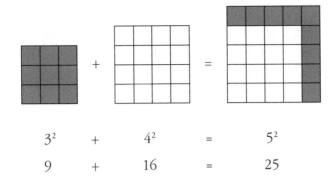

$$3^2 \quad + \quad 4^2 \quad = \quad 5^2$$
$$9 \quad + \quad 16 \quad = \quad 25$$

〈그림 4〉 피타고라스 방정식의 정수해를 찾는다는 것은, 곧 두 개의 완전제곱수를 더한 값과 일치하는 제 3의 제곱수를 찾는다는 뜻이다. 예를 들어, 아홉 개의 타일로 이루어진 정사각형과 열여섯 개의 타일로 이루어진 정사각형의 면적을 더하면 그 결과는 스물다섯 개의 타일로 이루어진 정사각형의 면적과 일치 한다.

〈피타고라스의 정리〉에서 〈페르마의 마지막 정리〉로

어린 시절, 앤드루 와일즈의 관심을 끌었던 벨의 저서《최후의 문제》에 는 〈피타고라스의 정리〉와 무한히 많은 삼각수에 관한 이야기가 소개되어 있었다. 피타고라스의 제자들은 〈피타고라스의 삼각수〉를 누구보다도 완벽 하게 이해하고 있었지만, 와일즈는 그 단순 명료한 방정식 $x^2 + y^2 = z^2$의 이 면에 어두운 그림자가 드리워져 있었음을 곧 알게 되었다. 책의 저자인 벨 은 그것을 가리켜 '수학적 괴물'이라고까지 표현했다.

피타고라스의 방정식에 등장하는 세 개의 수들은 모두 완전제곱의 형태 로 되어 있다($x^2 = x \times x$).

$$x^2 + y^2 = z^2$$

그런데 책에는 이 방정식을 살짝 바꾸어놓은 유사한 방정식이 하나 더 적혀 있었다. 이 방정식에 등장한 세 개의 수에는 '2'가 아니라 '3'이라는 지수가 다음과 같이 얹혀져 있었다($x^3 = x \times x \times x$)

$$x^3 + y^3 = z^3$$

피타고라스 방정식의 정수해를 찾는 일은 비교적 쉬웠지만, 지수를 모두 3으로 바꾸어놓은 이 유사 방정식의 정수해를 찾아내는 것은 거의 불가능해 보였다. 수세대에 걸쳐 내로라하는 수학자들이 이 문제를 해결하려고 혼신의 노력을 기울여왔으나, 그들은 이 방정식을 정확하게 만족시키는 세 개의 정수 집합(x, y, z)을 단 하나도 찾아내지 못했다.

지수가 '2'로 되어 있는 원래 방정식(피타고라스 방정식)의 정수해를 찾는 것은 타일로 만들어진 평면 정사각형 두 개를 재조합하여 이들보다 더 큰 제3의 정사각형을 만들어내는 일과 동일하다. 이와 비슷하게, 지수가 '3'일 때에는 블록으로 쌓아올린 두 개의 정육면체를 재조합해서 이들보다 더 큰 제3의 정육면체를 찾아야 한다. 그런데 애석하게도 처음 두 개의 정육면체를 어떤 크기로 잡건 간에, 두 개를 더하여 만든 정육면체는 완전한 모양이 되지 못하고 블록이 항상 남거나 모자란다. 직접 시도해 보면 알겠지만, 가장 비슷하게 근접한 경우라 해도 한 개가 남거나 모자란다. 예를 들어 한 변이 여섯 개의 블록으로 된 정육면체, 즉 $6^3(x^3)$개의 블록으로 쌓은 정육면체와 $8^3(y^3)$개의 블록으로 쌓은 정육면체를 한데 합쳐서 새로운 정육면체를 만들면 가장 비슷한 것이 $9 \times 9 \times 9$짜리 정육면체인데, 안타깝게도 완전한 정육면체가 되지 못한다. 〈그림 5〉에서 보는 바와 같이 단 한 개의 블록이 모자라기 때문이다.

$x^3 + y^3 = z^3$을 정확하게 만족시키는 세 개의 정수는 아무래도 찾을 수 없

을 것 같다. 다시 말해서, 이 방정식에는 정수해가 없는 듯하다. 뿐만 아니라 방정식에 나타난 지수를 3보다 큰 임의의 다른 정수 $n(n=4, 5, 6\cdots)$으로 바꾸어도 여전히 정수해를 찾기가 어렵다. 결국 다음의 방정식에는 정수해가 없는 것처럼 보인다.

$$x^n + y^n = z^n: \text{ } n\text{은 } 3 \text{ 이상의 정수}$$

피타고라스 방정식의 지수 '2'를 더 큰 정수(3, 4, 5⋯)로 바꾸었을 뿐인데, 정수해를 찾는 일이 너무나 어려워졌다. 그런데 17세기 프랑스의 위대한 수학자였던 피에르 드 페르마는 이 문제에 대하여 다음과 같은 충격적인 주장을 했다. "이 방정식의 정수해를 아무도 찾지 못한 데에는 그럴 만한 이유가 있다. 그 이유란, 바로 이 방정식의 정수해가 아예 존재하지 않기 때문이다!"

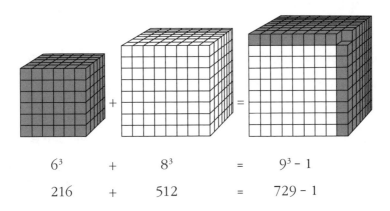

6^3	$+$	8^3	$=$ $9^3 - 1$
216	$+$	512	$=$ 729 $-$ 1

〈그림 5〉 조그만 육면체 조각(블록)을 쌓아 만든 두 개의 커다란 정육면체가 있을 때, 두 개를 더하여 더욱 커다란 제3의 정육면체를 만들 수 있을까? 이 그림의 경우, 6×6×6짜리 정육면체와 8×8×8짜리 정육면체로는 9×9×9짜리 정육면체를 만들 수 없다. 첫 번째 것은 6^3=216개의 블록을 갖고 있고 두 번째 육면체는 8^3=512개인데, 이 둘을 합하면 728, 즉 9^3에서 안타깝게도 1이 부족하다.

페르마는 수학 역사상 가장 뛰어난 수학자였던 동시에 가장 호기심을 불러일으키는 기인이었다. 물론 그는 무한히 많은 수를 가지고 일일이 확인해 보지는 못했을 것이다. 그런데도 전술한 방정식의 정수해가 존재하지 않는다는 것을 그토록 자신 있게 주장할 수 있었던 것은 그의 주장이 수학적 증명으로 내려진 결론이었기 때문이다. 모든 직각삼각형을 일일이 확인해 보지 않고도 자신의 정리를 자신 있게 주장했던 피타고라스처럼, 페르마 역시 자신의 정리를 증명하기 위해 모든 수를 일일이 확인해 보는 무모한 짓은 결코 하지 않았다. 〈페르마의 마지막 정리〉는 다음과 같다.

$$x^n + y^n = z^n$$

n이 3 이상의 정수일 때, 이 방정식을 만족하는
정수해 x, y, z는 존재하지 않는다.

와일즈는 벨의 책을 읽어 내려가면서, 페르마가 피타고라스의 업적에 관심을 갖게 된 동기와 피타고라스 방정식을 살짝 수정한 이상한 방정식을 연구하게 된 동기를 알게 되었다. 그러다 어느 페이지에 이르니, 페르마가 그토록 자신 있게 외쳤던 주장, 즉 "수학자들이 이 방정식의 정수해를 찾기 위해 영원의 시간을 소비한다 해도 그들은 단 하나의 해조차 찾지 못할 것이다."라는 주장을 뒷받침하는 수학적 근거가 드디어 소개되는 듯했다. 와일즈는 침을 꿀꺽 삼키며 책장을 넘겼다. 〈페르마의 마지막 정리〉를 증명하는 논리 정연한 수식을 기대하면서. 그러나 책장을 아무리 넘겨봐도 증명은 나와 있지 않았다. 책을 끝까지 다 뒤져보았지만 증명은 끝내 나타나지 않았다. 벨은 책을 마치면서 "오래 전에 증명이 소실되었다."는 허망한 문장으로 증명을 대신했다. 페르마의 증명이 대충 어떤 내용이었는지를 짐작할 수 있는 힌트도, 실마리도 전혀 없었다. 와일즈는 문득 사기당한 기분에 빠지면서 은근히 화가 치밀기 시작했다. 동시에 그는 〈페르마의 마지막 정리〉에 강한 호기심을 느꼈다. 물론 벨의 책을 읽고 이런 감정을 느낀 사람은 와일즈뿐만이 아니었다.

페르마 이후로 300여 년 동안 위대한 수학자들이 한결같이 이 문제에 매달려 페르마의 유실된 증명을 재현하려고 안간힘을 써왔지만 모두 실패하고 말았다. 한 세대의 수학자들이 실패할 때마다 다음 세대의 수학자들은 더욱 기가 질렸으며, 해결하고야 말겠다는 오기도 그만큼 강해졌다. 페르마가 세상을 떠나고 거의 한 세기가 흐른 뒤인 1872년의 어느 날, 스위스의 수학자 레온하르트 오일러(Leonhard Euler)는 친구인 클레로(Clêrot)에게 "혹시 페르마가 생전에 끄적이다 버린 종잇조각이라도 있을지 모르니 그가 살던 집을 뒤져보자."는 제안을 했다. 그러나 그들 역시 페르마의 증명에 관한 눈곱만큼의 단서조차 발견할 수 없었다. 이 책의 제2장에 가면 페르마가 얼마나 신비한 인물이며 그의 증명이 왜 유실되었는지를 알게 되겠지만, 여기서는 수 세기 동안 수학자들을 괴롭혀온 〈페르마의 마지막 정리〉에 어린 앤드루 와일즈가 완전히 매료되었다는 사실만 언급하기로 한다.

열 살배기 소년에 불과했던 와일즈는 밀턴 가 도서관에 앉아 그 악명 높은 수학 문제를 뚫어지게 바라보았다. 흔히 어렵다고 소문난 수학 문제들 중에는 문제 자체가 난해한 것이 대부분이다. 그래서 일단 문제를 이해하면 50%는 해결된 것이나 다름없다. 그러나 〈페르마의 마지막 정리〉는 전혀 사정이 달랐다. "n이 3 이상일 때, $x^n + y^n = z^n$을 만족하는 정수해가 존재하지 않음을 증명하라." 이 얼마나 간단하고 분명한 명령인가! 어린 앤드루는 전 세계의 모든 수학자가 증명에 실패했다는 사실에 전혀 기죽지 않고, 그 즉시 수학 참고서를 총동원하여 증명을 해나가기 시작했다. "페르마를 제외한 모든 사람이 이루지 못했던 그 일을 내가 해낼 수 있을지도 몰라. 만일 내가 증명에 성공한다면 온 세상이 깜짝 놀라겠지." 어린 소년은 대담한 꿈을 키우기 시작했다.

그로부터 30년의 세월이 흐른 지금, 드디어 와일즈는 자신의 증명을 세상에 알릴 준비가 되었다. 아이작 뉴턴 연구소의 대형 강의실 칠판에 수식을 휘갈겨 쓰던 그는 환희에 가득 찬 표정으로 잠시 청중을 둘러보았다. 강의는 절정의 순간을 향해 치닫고 있었으며 청중도 그것을 느끼고 있었다. 그때 누군가가 몰래 가지고 들어온 카메라를 꺼내 들고 최종 결론을 내리는 와일즈를 향해 플래시를 터뜨렸다.

와일즈는 한 손에 분필을 든 채 다시 칠판을 향해 돌아섰다. 칠판에 마지막으로 휘갈긴 몇 줄의 수식—그것으로 증명은 끝났다. 300여 년 만에

1993년 6월 23일. 케임브리지 대학의 아이작 뉴턴 연구소에서 강연을 하고 있는 와일즈. 〈페르마의 마지막 정리〉의 증명을 끝낸 직후에 찍은 사진이다. 와일즈와 청중은 앞으로 다가올 악몽 같은 사건을 전혀 모르고 있었다.

드디어 페르마의 족쇄를 걷어내는 순간이었다. 이 역사적인 순간을 잡으려는 듯 몇 개의 플래시가 더 터졌다. 와일즈는 최후로 〈페르마의 마지막 정리〉를 칠판에 적고는 청중을 향해 조용히 입을 열었다.

"이쯤에서 끝내는 게 좋겠습니다."

청중석에 앉아 있던 200여 명의 수학자들이 일제히 박수를 치며 환호성을 질러댔다. 와일즈의 증명을 인정하지 않았던 수학자들도 싱긋이 웃으며 그의 노고를 치하해 주었다. 30여 년 만에 와일즈는 자신의 꿈을 이루었고, 7년간의 칩거생활 끝에 자신의 비밀스런 계산법을 세상에 공개했다. 그러나 뉴턴 연구소가 환희의 함성으로 가득 차 있을 때, 이미 비극은 시작되고 있었다. 최상의 성취감에 도취된 와일즈와 강의실을 가득 메운 수학자들은 앞으로 다가올 악몽 같은 사건을 전혀 짐작하지 못하고 있었다.

2장

수수께끼의
대가(大家)

악마가 조용히 말했다. "이봐, 자네 혹시 이거 아나? 다른 행성에 사는 최고의 수학자들도 〈페르마의 마지막 정리〉를 증명하지 못했다는 거야. 토성에 갔더니 수학에 도가 텄다는 굉장한 친구가 있더군. 마치 기둥에서 삐져나온 버섯처럼 생긴 녀석이었지. 편미분 방정식을 암산으로 술술 풀어낼 정도로 대단한 녀석인데, 그 친구도 그 문제만은 완전히 두 손 들었대."
− 아서 포기스(Arthur Poges)의 〈악마와 사이먼 플래그(The Devil and Simon Flagg)〉 중에서.

피에르 드 페르마(Pierre de Fermat)

피에르 드 페르마는 1607년 프랑스 서부의 보몽 드 로마뉴 시내에서 태어났다. 부친인 도미니크 페르마가 부유한 가죽상인이었던 덕에 그는 그랑셀브의 프랑시스캉 수도원에서 부잣집 자녀만이 받을 수 있는 고급 교육을 받을 수 있었으며, 그 뒤에는 툴루즈 대학에 진학했다. 그러나 어린 시절 페르마에게 특별한 수학적 재능이 있었다는 기록은 어디에도 없다.

가족은 페르마가 공무원이 되기를 원했다. 1631년에 그는 가족의 뜻에 따라 시의회 의원이 되었다. 그래서 지방에 사는 사람들이 왕에게 탄원서를 올릴 때에는 반드시 페르마나 그의 동료 중 한 사람에게 자문을 구하는 과정을 거쳐야만 했다. 페르마의 주된 업무는 서민들의 이야기를 국왕에게 전달하는 것과 국왕의 포고령을 전국 각지에 분명하게 전달하고 그것이 정상적으로 이행되도록 감독하는 일이었다. 전해지는 기록에 따르면 그는 매우 인정 많고 경우 바른 유능한 공무원이었다고 한다.

페르마는 재판과 관계된 업무도 맡고 있었는데, 가장 혹독한 형벌이 내려지는 재판까지도 능숙하게 처리하곤 했다. 그의 행적 일부를 기록으로 남긴 사람 중에, 영국 출신의 케넬름 딕비 경(Sir Kenelm Digby)이라는 수학자가 있다. 딕비는 페르마를 직접 만나 수학 이야기를 나누고 싶었다. 그러나 딕비가 그의 친구인 존 월리스(John Wallis)에게 보낸 편지에서, 페르마가 사법적인 업무를 처리하는 데 온 정신이 팔려있다고 적은 것으로 보아 아마도 두 사람은 만나지 못했을 것으로 짐작된다.

> … 바로 그날, 카스트르의 판사들이 툴루즈로 발령되었습니다. 아시다시피 그곳은 그(페르마)가 최고 법정의 수석 판사로 있는 곳입니다. 그때부터 그는 매우 중요한 사건을 놓고 심사숙고해 오다가 나름대로 판결을 내렸는데, 이것 때문에 사람들은 지금까지도 말이 많습니다. 그 재판은 월권 행위를 한 어느 성직자를 처벌하는 내용이었습니다. 페르마는 그자를 화형에 처하라는 극단적인 판결을 내렸습니다. 재판이 끝나자 성직자는 곧 처형되고 말았습니다. …

페르마와 딕비, 그리고 월리스는 주기적으로 편지를 주고받았다. 나중에 독자들도 알게 되겠지만 이것은 단순한 안부 편지가 아니라 페르마의 영감을 일깨우고 학문적 성취 동기를 자극하는 매우 중요한 편지들이었다.

페르마는 빠른 속도로 출세 가도를 달린 끝에 드디어 사회의 최고 신분 계층에 들게 되었으며 그의 이름 사이에 'de'라는 명칭을 사용할 수 있게 되었다. 그가 이토록 출세한 이유는 그의 야망 때문이 아니라 건강한 육체 덕분이었다. 당시 전 유럽을 휩쓸었던 흑사병으로 상당수의 사람이 죽어 나갔기 때문에 살아남은 사람들은 빈자리를 채우기 위해 어쩔 수 없이 승진해야만 했다. 1652년에는 페르마도 흑사병에 걸려 상당히 위험한 지경까지 갔었는데, 그의 친구 베르나르 메동(Bernard Medon)은 주변 사람들에게 "페르마가 죽었다."는 소문을 퍼뜨리고 다니다가, 니콜라스 에인시우스(Nicholas Heinsius)라는 친구에게 보내는 편지에서 자신의 발언을 다음과 같이 바로잡고 있다.

얼마 전에 페르마가 죽었다고 한 말은 잘못된 것이었네. 그가 아직 살아 있더군. 게다가 건강도 많이 회복되어 병에 걸렸던 흔적을 찾아보기 힘들 정도라네. 이제 흑사병이 한풀 꺾인 것 같아 무척 다행일세.

페르마는 17세기 프랑스에 들이닥친 흑사병뿐만 아니라, 정치적 위기 속에서도 살아남아야 했다. 그는 리슐리외(Richelieu) 추기경이 재상으로 취임한 지 3년 뒤에 툴루즈 의회 의원으로 승진했는데, 당시는 음모와 음해 공작이 난무하던 시기였기에 공직자들은 추기경과 관련된 음모에 연루되지 않기 위해 매우 조심스럽게 처신해야 했다. 그래서 페르마는 자신의 이익을 추구하지 않고 사심 없이 의무를 이행하는 청백리의 길을 걷기로 했다. 그는 정치적인 야심을 모두 포기하고, 의회에서 일어나는 불미스러운 일에 연루되지 않기 위해 최선을 다했다. 그 대신 페르마는 자신의 열정을 수학에 쏟아부었다. 판결이 없을 때 소일거리로 삼을 만한 취미 활동으로 수학을 선택한 것이다. 그러나 그는 수학에 관한 한 어디까지나 아마추어일 뿐, 전문 학자는 아니었다. 벨은 그를 가리켜 '아마추어 수학의 왕자'라고 불렀다. 그의 수학적 재능은 학자들을 능가할 만큼 대단한 것이어서, 줄리언 쿨리지(Julian Coolidge)는 그의 저서 《위대한 아마추어의 수학(Mathematics of Great Amateurs)》에서 페르마를 아마추어 수학자 명단에 올리지 않았다. "그의 수학 실력이 너무 뛰어나기 때문에 아마추어로 간주할 수 없다."는 것이 그 이유였다.

17세기가 시작되던 무렵, 수학은 여전히 암흑기를 벗어나지 못한 채 별 볼 일 없는 학문으로 천대받고 있었다. 수학자들은 전혀 사람들의 존경을 받지 못했고 연구비는 대부분 스스로 충당해야 했다. 이 시대에 살았던 갈릴레오(Galileo Galilei) 역시 예외가 아니었다. 그는 피사 대학에서 수학 공부를 하기 위해 하는 수 없이 가정교사 노릇을 해야 했다. 수학자들이 의욕적으로 연구할 수 있는 유일한 곳은 옥스퍼드 대학이었는데, 이 학교는 1619년에 '기하학 석좌교수'라는 제도를 처음으로 도입했다. 사실, 17세기 수학자의 대부분은 아마추어였다. 그러나 페르마는 이 점에서 볼 때 극히 예외적인 아마추어였다. 그는 파리에서 멀리 떨어진 한적한 마을에 살면서 파스칼(Pascal), 가상디(Gassendi), 로베르발(Roberval), 보그랑(Beaugrand), 그리고 유명한 마랭 메르센(Marin Mersenne) 신부 등 당대를 주름잡던 학자들이 결성한 수학학회와도 담을 쌓고 지냈다.

메르센 신부는 정수론에 약간의 공헌을 했을 뿐, 수학 자체에는 그다지 큰 기여를 하지 못했다. 그러나 그는 다른 저명한 수학자들이 하지 못했던 중요한 일을 해냄으로써 수학사에 이름을 남긴 인물이다. 1611년, 수도회에 입문한 메르센은 수학 공부를 한 뒤 네베르의 수도회에서 수사와 수녀들에게 수학을 가르쳤다. 8년이 지난 뒤 그는 파리로 이주하여 루아얄 광장 근처에 있는 라노시아드 수도회로 적을 옮겼는데, 그곳은 지식인들이 자주 모여 토론을 벌이는 곳이기도 했다. 그곳에서 메르센은 파리에서 온 수학자들을 자주 볼 수 있었다. 그러나 그들은 메르센은 고사하고 자기들끼리도 대화하는 것을 싫어하여 메르센에게 깊은 실망감을 안겨주었다.

파리 수학자들의 폐쇄적인 분위기는 16세기의 코시스트들(cossists)에서 전수된 일종의 전통이었다. 코시스트들은 모든 종류의 계산에 능통하여, 복잡한 회계 문제를 처리해야 하는 상인들과 사업가들은 앞다투어 그들을 고용하기 시작했다. 코시스트라는 말은 이탈리아어인 코사(cosa), 즉 '물건'을 뜻하는 단어에서 유래했다고 한다. 현대 수학자들이 미지수를 x로 표현하는 것처럼, 그들은 미지수를 나타낼 때 특별한 기호를 사용했다. 이 시대에 살던 계산 전문가들은 누구나 예외 없이 자신만이 알고 있는 독특한 계산법을 갖고 있었으며, 특정 분야의 계산에서 독보적인 지위를 확보하기 위해 절대로 자신의 계산법을 누설하지 않았다. 그러나 거기에는 단 한 사람의 예외가 있었다. 3차 방정식의 해를 빠른 시간 내에 구해낼 수 있는 새로운 계산법을 개발했던 니콜로 타르탈리아(Niccolò Tartaglia)는 이 계산법을 제롤라모 카르다노(Gerolamo Cardano)에게 알려주면서 절대 비밀로 해줄 것을 당부했다. 그런데 10년이 지난 뒤에 카르다노는 약속을 어기고 타르탈리아의 계산법을 《아르스 마그나(Ars Magna)》라는 책을 통해 세상에 공개했다. 이 사실을 알게 된 타르탈리아는 극도로 격분하여 카르다노와의 모든 관계를 끊어버렸으며 타르탈리아 자신도 주변 사람들에게 맹렬한 비난을 받아야 했다. 이 사건이 있은 뒤로 수학자들은 자신의 비밀을 지키는 데 더욱 열을 올리게 되었고, 이 전통은 19세기 말까지 충실하게 전수되었다. 앞으로 이 책에서 소개하겠지만, 20세기에 와서도 비밀리에 수학을 연구했던 소수의 천재들이 있었다.

파리로 이주한 메르센 신부는 학계의 비밀스러운 풍조를 타파하고 수학자들이 자유롭게 서로의 의견을 교환할 수 있는 분위기를 자신이 만들어 보겠다고 굳게 다짐했다. 그는 곧 주변 사람들을 모아 정기적인 토론회를 발족했는데, 이 모임은 훗날 '프랑스 학술원(French Academy)'의 모체가 되었다. 누군가가 모임에 참석하는 것을 거부하면 메르센은 그가 비밀리에 보내왔던 편지나 논문을 세상에 공개하면서 강경하게 대응했다. 물론 이것은 성직자로서 바람직한 행동이 아니었으나, 메르센은 정보를 교환하는 것이 수학계와 인류에게 도움이 된다는 투철한 믿음 하나로 끝까지 밀고 나갔다. 비밀을 누설하는 그의 이러한 행동은 그를 지지하는 수사들과 과묵한 학자들 사이에 치열한 논쟁을 일으켰으며, 급기야는 그 옛날 라 플레슈(La Flèche)의 예수회 대학 시절부터 쌓아왔던 데카르트(Descartes)와의 친분까지 금이 가고 말았다. 메르센은 교회를 비방하는 내용이 담긴 데카르트의 철학 논문을 세상에 공개했는데, 그 뒤에 그는 자신의 명예를 걸고 신학자들의 신랄한 비난에서 데카르트를 보호해 주었다. 그는 또한 갈릴레이와도 이와 비슷한 일을 겪었다. 종교와 마술이 판을 치던 시대에, 메르센은 '이성적인 사고'를 상징하는 인물이었다.

메르센은 프랑스 전역을 돌아다니면서 최근에 발견된 과학적 사실들을 전파했다. 그는 여행 중에 피에르 드 페르마를 몇 번 만났는데, 페르마에게 있어 이 만남은 그가 다른 수학자와 정기적으로 가졌던 유일한 만남이었다. '아마추어 수학의 왕자'로 군림하던 페르마는 메르센에게 커다란 영향을 받았다. 아마도 이것은 페르마를 변화시킨 요인들 중에서 두 번째로 중요한 요인일 것이다. 그에게 가장 큰 영향을 끼친 것은 고대 그리스 시대부터 전해 내려오는 《아리스메티카(Arithmetica)》(대수학: 옮긴이)라는 수학책이었다. 페르마는 이 책을 아예 끼고 살다시피 했다. 메르센은 여행을 할 수 없을 때에도 페르마를 비롯한 수학자들과 꾸준하게 편지를 주고받았다. 메르센이 죽은 뒤 그의 방에서는 무려 78명의 사람들이 보내온 산더미 같은 편지들이 발견되었다고 한다.

메르센 신부의 간곡한 설득에도 불구하고 페르마는 자신의 증명을 결코 공개하지 않았다. 자신의 업적이 세상에 알려지는 것은 그에게 아무런 의미가 없는 일이었다. 페르마는 그저 남들의 방해를 받지 않는 조용한 곳에서 새로운 정리들을 증명하는 것에 만족하는 사람이었다. 그러나 이 수줍음 많고 내성적인 천재는 한편으로 장난기 어린 심성을 갖고 있었다. 페르마는 폐쇄적인 생활을 하던 중에도 가끔씩 다른 수학자들과 교신을 하곤 했는데, 그럴 때마다 짓궂게도 그들을 가지고 놀았다고 한다. 페르마는 사람들에게 보내는 편지에 자신이 최근 발견한 수학정리를 아무런 증명도 없이 적어놓고, "당신도 한번 이 정리를 증명해 보시죠. 저는 이미 했습니다."라면서 읽는 사람의 마음을 애태우곤 했다. 자신의 증명과정을 세상에 공개하지 않는 페르마의 이런 행동 때문에, 당시의 수학자들은 꽤 심각한 열등감과 스트레스에 시달렸다. 데카르트는 페르마를 '허풍쟁이'라고 불렀으며, 영국인 수학자 존 월리스는 '빌어먹을 프랑스 녀석'이라고 표현했을 정도이다. 영국인들은 유난히 페르마를 싫어했는데, 그 이유는 페르마가 영국에 있는 사촌 형제들과 편지 왕래를 하면서 그들을 실컷 골려먹었기 때문이다.

문제만 설명하고 해답을 숨김으로써 주변 사람들의 속을 태우는 페르마의 이러한 성향에는 나름대로 그럴 만한 이유가 있었다. 첫 번째 이유는 페르마가 자신의 증명 논리를 남들에게 보여줄 수 있을 만큼 깨끗하게 정리하는 것을 시간 낭비라고 생각했기 때문이다. 그는 머릿속에서 대충 논리가 성립되면 즉시 다음 문제로 넘어갔다. 게다가 그는 다른 수학자들의 질투 어린 이의 제기를 일일이 방어할 생각도 없었다. 일단 증명과정이 공개되면 그것은 순식간에 수학자들에게 전파되어 저마다 나름대로 검증을 한답시고 페르마를 귀찮게 할 것이 뻔했기 때문이다. 파스칼이 페르마에게 연구 결과의 일부를 출판하라고 권했을 때, 은둔자 페르마는 이렇게 대답했다. "나의 증명이 출판되어 사람들에게 찬사를 받는다 해도, 거기에 내 이름까지 적어놓지는 않을 겁니다." 페르마는 비평가들이 쏟아붓는 시시콜콜한 질문을 피하기 위해 명성을 포기한 '베일 속의 천재'였다.

메르센 신부 이외의 사람과는 전혀 수학적 토론을 하지 않았던 페르마였지만, 파스칼을 통하여 '확률이론(Probability theory)'이라는 전혀 새로운 수학 분야를 접하게 된 그는 혼자 있고 싶어하는 성향에도 불구하고 파스칼과 열심히 편지를 주고받았다. 페르마는 파스칼과 함께 모호한 확률이론을 분명한 기반 위에 올려놓았으며, 여러 개의 정리를 증명함으로써 확률이론의 기초를 탄탄하게 다져놓았다. 파스칼에게 확률이론에 대한 관심을 불러일으킨 사람은 앙트안 공보(Antoine Gombaud)라는 파리의 직업 도박사였다. 그는 주사위를 던져서 특정한 점수에 처음으로 도달하는 사람이 판돈을 따는 '포인트(point)'라는 도박 게임에 관하여 하나의 문제를 제기했다.

어느 날 공보는 친구들과 함께 포인트 게임을 벌이던 중 갑자기 급한 볼일이 생겨 게임을 도중에 중단하게 되었다. 그런데 곧바로 문제가 발생했다. 아직 임자가 나타나지 않은 판돈을 어떻게 처리해야 할 것인가? 가장 간단한 해결 방법은 특정 점수에 가장 근접한 사람이 판돈을 모두 가져가는 것이다. 그러나 공보는 파스칼에게 '좀 더 공정하게 판돈을 분배하는 방법'을 물어왔다. 파스칼은 게임에 참여한 사람들의 '주사위를 던지는 능력'이 모두 같다는 가정하에('주사위를 던져서 자신이 원하는 숫자가 나올 확률을 높일 수 있는 사람은 없다.'는 가정이다. 만일 그런 사람이 있다면 그는 마술사나 사기꾼, 둘 중 하나일 것이다: 옮긴이) 게임이 계속 진행되었을 경우 개개의 도박사들이 우승할 확률을 계산했다. 그리고 이 확률에 비례하여 판돈을 나누어 갖는 것이 가장 공정하다는 결론을 내렸다.

17세기 이전에 통용되던 확률법칙은 주로 도박사들의 직관과 경험에 의해 정의되어 있었다. 그러나 파스칼은 확률을 지배하는 정확한 수학적 법칙을 찾아내기 위해 페르마와 계속해서 편지를 주고받았다. 그로부터 3세기가 지난 뒤, 버트런드 러셀은 확률이론을 다음과 같은 모순적인 문장으로 표현했다. "'확률'과 '법칙'은 분명히 반대의 뜻을 가진 말이다. 그런데 우리가 무슨 수로 '확률의 법칙'을 찾을 수 있단 말인가?"

페르마는 공보의 질문을 분석한 뒤에 곧 간단한 해결 방법을 찾아냈다. 즉 게임이 끝까지 진행되었을 경우 나올 수 있는 가능한 모든 결말에 대하여 각각의 발생 확률을 계산하는 것이다. 파스칼과 페르마는 각자 나름대로 공보의 문제를 연구하다가 교신을 시작한 이후로 급속한 진전을 보았으며 곧 완전한 해답을 얻어낼 수 있었다. 그뿐만 아니라 그들은 확률에 관한 복잡하고 미묘한 문제들을 구체화하고 엄밀한 논리체계를 구축했다.

수학적으로 내려진 확률은 가끔씩 우리의 직관과 정면으로 상치되는 경우가 있다. 그래서 확률이론은 종종 수학자들 사이에 논쟁을 일으킨다.

수학적 계산과 직관적 이해가 서로 일치하지 않는다는 것은 어찌 보면 매우 놀라운 일이다. 왜냐하면 '적자생존'의 원리에 의해 진행되어 온 생명의 진화 과정에서, 우리의 두뇌는 확률을 계산하는 능력을 자연적으로 습득했기 때문이다. 예를 들어, 원시인 한 사람이 암사슴을 추적하다가 공격을 할 것인지 말 것인지를 놓고 고민에 빠졌다고 상상해보자. 만일 사슴을 공격한다면 근처에 있는 사나운 수사슴이 종족을 보호하기 위해 사냥꾼에게 덤벼들지도 모른다. 이런 사태가 벌어질 확률은 과연 얼마나 될 것인가? 또는 사슴 사냥을 포기했을 경우 다른 곳에서 식량을 구할 수 있는 확률은 얼마인가? 인간은 확률을 분석하는 능력을 유전적으로 물려받았지만, 그럼에도 불구하고 우리의 직관은 종종 잘못된 판단을 내리기도 한다.

직관과 전혀 다른 결과를 보이는 확률 문제들 중 대표적인 것으로 '생일 분포'에 관한 문제를 들 수 있다. 축구 경기장에서 뛰고 있는 23명의 사람들을 상상해 보자(22명은 선수이고 1명은 심판이다). 이들 중에, 생일이 같은 사람이 적어도 두 명 이상 있을 확률은 얼마나 될까? 대상 인원은 23명밖에 안 되고 가능한 생일은 365가지나 되기 때문에, 언뜻 보면 이 확률은 매우 작아 보인다. 이런 질문을 사람들에게 던진다면 대부분의 사람들은 10% 미만이라고 대답할 것이다. 그런데 막상 수학적인 확률을 계산해 보면 그 결과는 50%가 조금 넘는다. 다시 말해서 23명 중에 생일이 같은 사람이 적어도 두 명 이상 있을 확률이 그렇지 않을 확률보다 더 크다는 이야기이다.

확률이 이렇게 크게 나오는 이유는 '경우의 수'가 크기 때문이다. 즉 인원수는 23명밖에 안 되지만 이들 중 임의로 두 사람을 선정하는 방법은 매우 다양하다. 이 문제를 해결할 때, 우리는 개개인의 생일보다는 두 사람의 생일을 살펴보아야 한다. 운동장에는 23명이 뛰고 있지만, 이들 중 임의로 두 사람을 선택하는 방법은 253가지나 된다. 예를 들어 임의의 한 사람을 미리 선정해 놓고 나머지 22명 중 1명을 그와 짝지어주는 방법은 22가지가 있다. 그 다음, 두 번째 사람을 선정하여 나머지 21명(두 번째 사람이 첫 번째 사람과 짝을 이루는 경우는 방금 전의 22가지 경우 안에 이미 포함되어 있으므로, 두 번째 사람과 짝을 이룰 수 있는 인원은 방금 전보다 1명 줄어든다)과 짝을 지어주는 방법은 21가지이다. 마찬가지로 세 번째 사람은 20가지, 네 번째 사람은 19가지… 이렇게 끝까지 경우의 수를 계산한 뒤에 모든 경우를 더하면, 22 + 21 + 20 + … + 2 + 1 = 253가지의 짝짓는 방법을 얻게 된다.

23명 중 생일이 같은 두 사람이 적어도 두 명 이상 있을 확률이 50%가 넘는다는 것은 우리의 직관적 판단과 비교할 때 너무 큰 것 같다. 하지만 이 결과는 수학적 계산을 통해 얻어진 것이므로 반박의 여지가 없다(23명 중 임의로 선정한 두 명의 생일이 서로 다를 확률은 $\frac{364}{365}$이며, 임의의 세 명의 생일이 모두 다를 확률은 $\frac{364}{365} \times \frac{363}{365}$이다. 따라서 23명 중 생일이 같은 사람이 하나도 없을 확률은 $\frac{364}{365} \times \frac{363}{365} \times \cdots \times \frac{343}{365}$ = 49.27%이며, 생일이 같은 사람이 적어도 두 명 이상 있을 확률은 100%에서 이 확률을 뺀 값, 즉 100% − 49.27% = 50.73%가 된다: 옮긴이). 복권업자들이나 도박사들은 이렇게 엉성한 사람들의 직관적 판단을 이용하여 이익을 챙기고 있다. 만일 여러분이 23명 이상이 모인 연회에 초대된다면 한번 내기를 걸어봄 직하다. 대상 인원이 23명일 때, 생일이 같은 사람이 적어도 두 명 이상 있을 확률은 50%가 조금 넘는 정도이지만 인원수가 많아질수록 이 확률은 급속히 커져서 30명에 대한 확률은 70%가 넘는다. 따라서 이 정도의 사람이 모여 있을 때에는 '당연히 생일이 같은 사람이 있다.'는 쪽에 거는 것이 유리하다.

페르마와 파스칼은 모든 종류의 확률 게임에 적용할 수 있는 근본적인 확률법칙을 발견했으며 이들의 결과는 도박사들에게 매우 유용하게 적용되었다. 그뿐만 아니라 이 확률법칙은 주식 시세를 예견하거나 핵발전소에서 사고가 터질 확률을 계산하는 등 확률과 관계된 거의 모든 분야에 적용할 수 있다. 파스칼은 한술 더 떠서, 종교의 가치를 평가하는 데에도 자신의 이론을 적용할 수 있다고 주장했다. "도박사가 돈을 걸면서 느끼는 흥분감은 그가 이겼을 때 따게 될 금액에 이길 확률을 곱한 값과 같다." 파스칼의 말이다. 그는 이 논리를 종교적인 신앙심의 가치에 다음과 같이 적용했다. 영원한 행복은 '무한한' 가치가 있다. 그리고 누군가가 선행을 쌓아서 천국으로 들어갈 확률은 (사람마다 개인차가 있겠지만) 아무리 작다 해도 분명히 '유한한' 값을 가진다. 따라서 종교란 판돈을 걸 가치가 있는 일종의 확률 게임이다. 왜냐하면 '무한한' 가치에 '유한한' 확률을 곱하면 '무한한' 기댓값이 나오기 때문이다.

페르마는 파스칼과 함께 확률이론의 산파 역할을 했지만, 그는 이것 말고도 '미적분학'이라는 수학 분야에 깊이 심취되어 있었다. 미적분학은 '미분·적분학'의 약칭으로, 미분이란 임의의 어떤 양이 다른 기준량에 대하여 얼마나 빨리 변하는가를 계산하는 방법이다. 예를 들어 움직이는 물체의 위치가 시간에 대하여 얼마나 빨리 변하는지 알고 싶을 때 바로 이 미분법을 사용할 수 있는데, 위치를 시간으로 미분하여 얻은 값 속에 모든 정보가 들어 있다. 흔히 우리는 이 값을 가리켜 '속도'라고 부른다. 수학자들이 다루는 양들은 대부분 추상적이고 모호한 것들이지만, 페르마의 업적은 과학에 일대 혁명을 불러일으켰다. 페르마의 수학 덕분에 과학자들은 속도와 가속도(시간에 대한 속도의 변화율) 등의 개념을 더욱 확실하게 이해할 수 있었으며 근본적인 물리량들 사이의 상호관계를 더욱 체계적으로 분류할 수 있게 되었다.

미적분학은 경제학 분야에도 응용할 수 있다. 인플레란 물가가 상승하는 빠르기, 즉 시간에 대한 가격의 미분이며 경제학자들이 특히 관심을 가지는 '인플레의 진행 속도'는 시간에 대한 인플레의 미분, 또는 시간에 대한 가격의 2계미분으로 이해할 수 있다. 이런 개념은 정치가들이 흔히 사용하는 것으로, 수학자 휴고 로시(Hugo Rossi)는 이런 말을 한 적이 있다. "1972년 가을에 미국의 닉슨 대통령은 인플레 증가율이 감소하고 있다며 낙관적인 표정을 지어 보였다. 이로써 그는 재선을 위하여 '3계미분'의 개념을 도입한 최초의 미국 대통령이 되었다."

수 세기 동안 사람들은 미적분학의 독보적인 창시자가 아이작 뉴턴이라는 설에 아무런 이의를 달지 않았다. 뉴턴이 페르마의 연구를 참조했다는 사실을 아는 사람은 아무도 없었다. 그러다 1934년에 이르러 이 사실을 뒷받침하는 증거를 무어(L. T. Moore)가 제시했다. "페르마의 접선 계산법을 기초로 하여 미적분학을 개발했다."는 뉴턴 자신의 친필 원고가 발견된 것이다. 17세기 이후로 미적분학은 거리와 속도, 그리고 가속도 등의 핵심 개념으로 이루어진 뉴턴의 역학법칙과 중력법칙을 서술하는 데 주로 사용되어 왔기 때문에, 페르마의 업적은 뉴턴이라는 거인의 그림자에 가려져 있었다.

미적분학과 확률이론의 창시자라는 사실만으로도 페르마는 역사상 가장 위대한 수학자라고 할 수 있다. 그러나 놀랍게도 그가 남긴 가장 훌륭한 업적은 이것과 전혀 다른 엉뚱한 수학 분야에서 이루어졌다. 미적분학은 로켓을 달나라로 보내는 데 사용되고 확률이론은 보험금을 책정하는 데 사용되지만, 페르마가 정작 위대한 업적을 남긴 분야는 실생활에 거의 도움이 안 되는, 이른바 정수론이었다. 페르마는 수의 성질과 상호관계를 연구하는 데 완전히 매료되어 있었다. 이것은 가장 순수하면서도 가장 오랜 역사를 가진 수학 분야로, 페르마는 피타고라스 시대부터 전수되어 온 수학적 진리를 기초로 하여 더욱 새로운 학문체계를 완성했던 것이다.

정수론의 발전사

피타고라스가 죽은 뒤 '수학적 증명'이라는 개념은 문명 세계에 빠른 속도로 전파되었으며, 그의 학교가 불태워진 지 200년이 지난 뒤에 피타고라스 학파의 핵심 회원들은 크로톤을 떠나 알렉산드리아로 학문의 거점을 옮겼다. 당시 그리스와 소아시아, 그리고 이집트까지 점령했던 알렉산드로스(Alexandros) 대왕은 기원전 332년에 세계에서 가장 웅장한 도시를 건설할 것을 결심했다. 이렇게 해서 세워진 알렉산드리아는 규모 면에서 웅장하기는 했지만 곧바로 교육의 중심지가 되지는 못했다. 알렉산드리아에 최초로 대학이 설립되면서 세계적인 교육도시로 성장하기 시작한 것은 알렉산드로스가 죽고 프톨레마이오스 1세(Ptolemaios I)가 즉위한 뒤의 일이었다. 수학자를 비롯한 각 분야의 지식인들은 서서히 알렉산드리아로 모여들기 시작했는데, 일부는 새로 설립된 대학에 흡수되었지만 무엇보다도 지식인들의 발걸음을 끌어들인 것은 당시 세계 최대 규모를 자랑했던 알렉산드리아 도서관이었다.

이 도서관은 아테네에서 탈주해 온 데메트리우스 팔라에루스(Demetrius Phalaerus)의 착상에 의해 건립되었다. 그는 전 세계의 유명한 저서들을 한곳에 모아 현자들을 불러들여야 한다고 프톨레마이오스 1세를 설득했다. 그리하여 프톨레마이오스 1세는 그리스와 소아시아에서 발행된 유명 서적들을 수집하여 도서관에 비치해 둘 것을 명했고, 정부 관리들은 숨어 있는 책들을 찾기 위해 유럽 전역을 돌아다녀야 했다. 이렇게 설립된 알렉산드리아 도서관의 규모는 너무나 엄청났기 때문에 알렉산드리아를 잠시 방문한 여행객들까지도 그 방대한 지식의 바다를 음미하느라 고향으로 돌아갈 생각을 잊을 정도였다. 알렉산드리아로 들어오는 모든 여행객은 시 경계선을 지날 때 가지고 있던 모든 책을 관리에게 맡겨야 했으며, 시내를 여행하는 동안 관리는 여행객이 맡긴 책의 복사본을 만들어 원본은 도서관에 기증하고 알렉산드리아를 떠나는 여행객에게는 복사본을 돌려주었다. 이렇게 세심하게 만들어진 복사본의 수가 엄청나게 많기 때문에 지금도 역사학자들은 고대에 유실된 위대한 서적들이 어디선가 발견될 수도 있다는 희망을 버리지 않고 있다. 실제로 하이베르(J. L. Heiberg)는 1906년에 콘스탄티노플에서 《방법론(The Method)》이라는 고대의 필사본을 발견했는데, 그 책에는 아르키메데스의 글이 적혀 있었다.

지식의 전당을 만들려는 프톨레마이오스의 꿈은 그가 죽은 뒤에도 잘 계승되어 몇 명의 왕을 거치는 동안 도서관의 장서는 무려 60만 권을 돌파하기에 이르렀다. 수학자들은 알렉산드리아에서 수학의 모든 것을 배울 수 있었으며, 그곳에서 강의를 하는 것을 최고의 영예로 생각했다. 이때 형성되었던 수학학회의 선두 주자는 유클리드였다.

유클리드는 기원전 330년경에 태어났다. 그는 피타고라스와 마찬가지로 순수수학의 진리만을 추구했을 뿐, 응용에는 별다른 관심을 두지 않았다. 한번은 그의 제자가 자신이 배운 수학을 어디에 사용해야 할지 유클리드에게 물어왔는데, 그는 강의를 끝낸 뒤 하인에게 이렇게 말했다고 한다. "저 친구에게 동전 하나를 던져주게. 자기가 배운 걸 밑천 삼아 무언가 이익을 챙기려는 친구니까." 결국 질문을 던졌던 학생은 학교에서 쫓겨나고 말았다.

유클리드는 역사상 가장 훌륭한 교과서로 알려진 《원론(The Elements)》이라는 책을 집필하는 데 많은 시간을 보냈다. 이 책은 성경 다음으로 널리 읽히는 제2의 베스트셀러로 남아 있다. 《원론》은 모두 열세 권으로 되어 있는데, 이들 중 몇 권은 유클리드가 직접 저술했고 나머지는 당대에 알려져 있던 수학이론을 집대성하여 편집한 것이다. 특히 피타고라스 학회의 업적을 기록하는 데만 두 권을 할애했다. 피타고라스 이후로 수학자들은 다양한 분야에 적용할 수 있는 수학적 논리들을 끊임없이 개발해 왔으며, 유클리드는 이 모든 것들을 《원론》에 빠짐없이 수록했다. 유클리드가 개발한 수학적 논리 중 가장 특기할 만한 것을 뽑는다면 'reductio ad absurdum' 즉 '귀류법'을 들 수 있다. 이것은 하나의 명제가 참이라는 것을 증명하기 위해 우선 그 명제가 거짓이라는 가정에서 출발하여 논리적으로 모순되는 결과를 유도하는 방법이다. 만일 명제가 참이었다면 모순법의 논리를 펴는 과정에서 어디선가 분명히 모순점을 발견하게 될 것이다(예를 들어, 2+2=5 라는 등의 모순). 수학자들은 모순을 끔찍하게 싫어하기 때문에 일단 모순이 발견되면 원래의 명제가 거짓이라는 가정 자체가 틀렸다고 보는 수밖에 없다. 즉 원래의 명제가 참이라는 사실이 증명되는 것이다.

영국의 수학자 하디는 자신의 저서 《어느 수학자의 변명》에서 모순에 의한 증명법(귀류법, proof by contradiction)을 다음과 같이 설명했다. "유클리드가 그토록 좋아했던 귀류법은 수학자들이 지닌 가장 훌륭한 무기이다. 그것은 체스보다 훨씬 대담한 경기라고 할 수 있다. 체스를 두는 사람은 폰이나 나이트 따위를 희생시키면서 경기를 풀어나가지만, 귀류법의 논리를 펴는 수학자는 게임 자체를 담보로 잡힌 채 경기를 하기 때문이다."

귀류법을 이용한 유클리드의 증명 중에서 가장 유명한 것은 임의의 어떤 수가 무리수(분수로 표현할 수 없는 수)임을 보이는 증명이었다. 무리수는 피타고라스 학회에서 처음으로 발견한 것으로 추정된다. 그러나 피타고라스는 무리수를 너무나 싫어했기 때문에 아예 무리수의 존재 자체를 부정했다.

피타고라스가 "이 우주는 수에 의해 지배되고 있다."고 주장할 때, 그는 정수와 분수(이 둘을 합해 유리수라고 한다)만을 염두에 두었다. 그런데 무리수는 정수도, 분수도 아니었으므로 피타고라스에게는 공포의 대상이었던 것이다.

사실 무리수는 10진 표기법으로 표기할 수 없는 괴상망측한 수이다.

0.111111…과 같은 수는 그 구조가 매우 단순하여 $\frac{1}{9}$이라는 분수로 표기할 수 있다. '1'이 무한히 반복되기 때문에 분명한 규칙성이 있는 것이다. 무한히 긴 소수라 해도 그 안에 분명한 반복 규칙이 있으면 그 수는 분수로 표현할 수 있다. 그러나 무리수를 소수로 표기하면 소수점 아래의 숫자들이 아무런 규칙도 없이 나타나면서 결코 끝날 줄을 모른다.

무리수의 개념은 수학사를 통째로 뒤흔들어 놓았다. 그것은 정수와 분수를 넘어서 '그 무언가'를 찾아 헤매던 수학자들이 고생 끝에 발견한(어찌 보면 '발명한') 전혀 새로운 개념의 수이다. 19세기의 수학자였던 레오폴드 크로네커(Leopold Kronecker)는 이렇게 말했다. "신이 창조한 수는 정수뿐이다. 나머지 수들은 모두 인간이 편의를 위해 만들어낸 것에 불과하다."

무리수 중에서 가장 대표적인 수는 원주율 π이다. 학교에서는 이 수를 $\frac{22}{7}$, 또는 3.14 등으로 단순화해서 사용하지만 π의 진정한 값은 3.14 159265358979323846 근처이다. 그러나 이것도 정확한 표기가 아니라 근사치일 뿐이다. π는 소수점 이하의 수들이 아무런 규칙 없이 영원히 계속되기 때문에 이런 식의 10진 표기법으로는 결코 정확하게 표현할 수 없다. 그런데, 이렇게 불규칙한 패턴을 가진 π는 다음과 같이 제법 규칙적인 식을 이용하여 계산할 수 있다.

$$\pi = 4\left(\frac{1}{1} - \frac{1}{3} + \frac{1}{5} - \frac{1}{7} + \frac{1}{9} - \frac{1}{11} + \frac{1}{13} - \frac{1}{15} \cdots\right)$$

처음의 몇 개 항만 계산을 해보면 π의 대략적인 값을 알 수 있다. 그리고 여러 개의 항을 포함하여 계산할수록 더욱 정확한 값을 얻는다. 이 우주를 원자 한 개 정도의 오차 이내에서 계산하고자 할 때에는 소수점 이하 서른아홉 자리만 고려하면 충분하다. 그런데도 컴퓨터 과학자들은 더욱 정확한 π값을 알기 위해, 다소 무의미해 보이는 경쟁을 하고 있다. 1996

년에 도쿄 대학의 가네다 야스마사(金田安政)는 π를 소수점 이하 60억 자리까지 계산했으며, 최근 들리는 소문에 의하면 뉴욕에 거주하는 러시아 출신의 추드노프스키(Chudnovsky) 형제는 소수점 이하 80억 자리까지의 계산을 이미 끝내고 1조(10^{12}) 자리까지의 계산을 진행 중이라고 한다(이것은 성능 좋은 컴퓨터만 있으면 초등학생도 할 수 있는 일이다. 그저 위에 열거한 식에서 가능한 한 많은 수의 항을 포함시키면 그만이다: 옮긴이). 그러나 가네다와 추드노프스키 형제가 이 우주에 있는 에너지(전기)를 총동원하여 컴퓨터를 돌린다 해도 π의 정확한 값은 결코 얻지 못할 것이다. 그러니 피타고라스가 이 괴물 같은 수의 존재를 숨기려 했던 것도 무리는 아니다. 피타고라스의 심정을 실감나게 이해하기 위해, 원주율 π의 '대략적인' 값을 여기 소개하기로 한다.

3.14159265358979323846264338327950288419716939937
51058209749445923078164062862089986280348253421170
67982148086513282306647093844609550582231725359408
12848111745028410270193852110555964462294895493038
19644288109756659334461284756482337867831652712019
09145648566923460348610454326648213393607260249141
27372458700660631558817488152092096282925409171536
43678925903600113305305488204665213841469519415116
09433057270365759591953092186117381932611793105118548
07446237996274956735188575272489122793818301194912983
36733624406566430860213949463952247371907021798609
43702770539217176293176752384674818467669405132000
56812714526356082778577134275778960917363717872146

84409012249534301465495853710507922796892589235420
19956112129021960864034418159813629774771309960518707211349999998372978049951059731732816096318595024459455346908302642522308253344685035261931188171010003137838752886587533208381420617177669147303598253490428755468731159562863882353787593751957781857780532171226806613001927876611195909216420198938095257201065485863278865936153381827968230301952035301852968899577362259941389124972177528347913151557485724245415069595082953311686172785588907509838175463746493931925506040092770167113900984882401285836160356370766010471018194295559619894676783744944825537977472684710404753464620804668425906949129331367702898915210475216205696602405803815019351225338243003558764024749647326391419927260426992279678235478163600934172164121992458631503028618297455570674983850549458858692699569092721079750930295532116534498720275596023648066549119881834797753566369807426542527862551818417574672890977772793800081647020016145249192173217214772350141441973 ...

《원론》제10권에서 유클리드는 과감하게도 무리수에 정면 승부를 걸었다. 그의 목적은 '무리수는 분수로 표현될 수 없다.'는 것을 증명하는 것이었다. 그리고 그는 대결 상대로 π가 아닌 $\sqrt{2}$라는 무리수를 선택했다($\sqrt{2}$는 2의 제곱근을 뜻한다. 즉 자기 자신을 두 번 곱하면 2가 되는 수이다). $\sqrt{2}$가 분수로 표현될 수 없음을 증명하기 위해, 유클리드는 귀류법을 사용하기로 했다. 즉 $\sqrt{2}$가 분수로 표기될 수 있다고 먼저 가정한 뒤에, 그로부터 전개된 논리에서 모순점을 찾아낸다는 것이었다. 결국 그는 '분수로 표기된 $\sqrt{2}$는 무한정 약분할 수 있다.'는 모순된 결론을 얻어냈다. 분수를 약분한다는 것은 분자와 분모를 동시에 같은 수로 나눈다는 뜻이다. 예를 들어, $\frac{8}{12}$이라는 분수는 $\frac{4}{6}$로 약분할 수 있으며(분자와 분모를 2로 나눈 결과이다), 이것은 또 $\frac{2}{3}$로 약분할 수 있다. $\frac{2}{3}$는 더 이상 약분할 수 없기 때문에(분자와 분모는 항상 정수로 표기되어야 한다), 우리는 이런 분수를 '기약분수(既約分數, simplest form of fractions)'라고 부른다. 즉 이미 약분이 다 되어 더 이상 정수로 약분할 수 없는 분수라는 뜻이다. 그런데 유클리드는 분수로 표기된 $\sqrt{2}$를 무한정 약분할 수 있고, 아무리 약분을 반복해도 기약분수가 되지 않는다는 사실을 증명해 냈다. 이것은 분명히 모순된 결과이다. 왜냐하면 모든 분수는 약분의 과정을 거쳐 기약분수로 만들 수 있기 때문이다. 따라서 $\sqrt{2}$라고 주장하던 분수는 실제로 존재하지 않는다. 이렇게 해서 $\sqrt{2}$는 분수로 표기될 수 없는 무리수임이 증명되었다. 유클리드가 사용했던 자세한 증명 과정은 〈부록 2〉에 소개되어 있다.

유클리드는 귀류법적 증명을 통해 무리수가 실제로 존재한다는 것을 증명할 수 있었다. 이로써 수는 이전보다 더욱 새롭고 추상적인 개념이 되었다. 피타고라스 시대부터 모든 수는 정수나 분수로 표현될 수 있다고 믿어 왔지만, 유클리드가 숨어 있던 무리수를 찾아냄으로써, 기존의 방식으로는 더 이상 모든 수를 표현할 수 없게 되었다. 자기 자신을 제곱하면 2가 되는 수, 즉 '2의 제곱근'을 어떻게 표기해야 하는가? 별다른 뾰족한 수가 없다. 그냥 $\sqrt{2}$라고 표기하는 게 최선의 방법이다. 10진 표기법으로 아무리 길게 나열해 봐야(1.414213562373…) 그것은 실제값과 유사한 근사치에 지나지 않기 때문이다.

피타고라스는 '모든 자연 현상이 유리수(정수와 분수)로 표현되기 때문에' 수학은 아름답다고 했다. 수에 관한 이 기본 철학은 피타고라스의 눈을 멀게 하여 그로 하여금 무리수의 존재를 부인하게 만들었으며, 급기야는 자신의 제자 한 명을 처형하는 비극까지 불러들였다. 전해지는 바에 따르면 피타고라스의 제자 중 한 사람이었던 히파소스(Hippasus)가 $\sqrt{2}$라는 수를 가지고 놀다가 그것을 분수로 표현해 보려고 이런저런 시도를 했다고 한다. 그러다가 히파소스는 $\sqrt{2}$를 분수로 표현하는 것이 불가능하다는 엄청난 사실을 알게 되었고, 흥분한 나머지 그의 스승에게 달려가 자신의 발견을 자랑스럽게 늘어놓았다. 그러나 피타고라스의 반응은 냉담했다. 피타고라스는 이 우주를 유리수만으로 정의했기 때문에 그 이외의 수를 받아들일 수 없었던 것이다. 사실 그 역시 내심으로는 히파소스의 영감 어린 결론을 심사숙고한 끝에 새로운 수의 존재를 어느 정도 느꼈을 것이다. 피타고라스는 자신의 이론이 틀렸다는 것을 인정할 수 없었지만 히파소스의 논리가 너무나 정연했기 때문에 그것을 부인할 수도 없었다. 그리하여 피타고라스는 영원히 회복할 수 없는 치명적인 실수를 하게 된다. 히파소스를 물속에 던져 익사시키라는 명령을 내린 것이다.

논리의 아버지이자 인류 역사상 가장 위대한 수학자였던 피타고라스는 자신의 오류를 인정하는 대신 오류의 씨앗을 무력으로 제거해 버렸다. 피타고라스가 무리수의 존재를 부인한 것은 그에게 있어 가장 치명적인 실수였으며 고대 그리스 수학의 가장 큰 비극이었다. 결국 무리수는 그가 죽고 난 뒤에야 비로소 세상의 빛을 보게 되었다(피타고라스가 이런 이유로 히파소스를 죽였다는 것은 구전되는 야사일 뿐, 확인된 사실은 아니다. 이 책의 저자는 피타고라스를 수학자로 간주하고 있으나 사실 피타고라스는 수학자이기 이전에 위대한 신비주의 철학자였다. 그가 히파소스를 처형한 것이 사실이라 해도 무슨 이유로 그런 판결을 내렸는지는 확실치 않다: 옮긴이).

유클리드가 정수론에 관심을 가진 것은 분명한 사실이지만 그의 가장 큰 관심사는 기하학이었다. 열세 권으로 된 그의 책 《원론》 중에서 1~6권까지는 2차원 평면기하학을 다루었으며 11~13권에는 3차원 입체기하학이 소개되어 있다. 여기 수록된 기하학은 향후 2,000년간 전 세계의 초·중·고·대학의 필수 교과과정이 되어 전 인류에게 교육되었다.

정수론에 대하여 유클리드의 기하학만큼 유명한 저서를 남긴 사람은 알렉산드리아의 디오판토스(Diophantus)로서 그는 그리스 수학을 선도한 최후의 인물이었다. 정수론에 관한 디오판토스의 업적은 그가 남긴 책에 의해 잘 알려져 있지만, 수학 말고는 그에 대해 알려진 것이 거의 없다. 그의 출생지는 베일에 싸여 있고, 그가 알렉산드리아에 들어온 시점도 확실치 않다. 디오판토스가 자신이 쓴 책에서 힙시클레스(Hypsicles)의 말을 인용하고 있는 것으로 보아 기원전 150년 이후의 사람임이 분명하며, 알렉산드리아의 테온(Theon)이 디오판토스의 정수론을 언급하는 것을 보면 기원후 364년 이전에 죽었을 것으로 추정하는 정도이다. 일반적으로 디오판토스가 활동하던 시기는 기원후 250년경으로 보는 것이 지금의 정설이다. 문제의 해결사답게 디오판토스의 묘비에는 그의 인생 역정을 수수께끼로 묘사한 글이 다음과 같이 새겨져 있다.

신의 축복으로 태어난 그는 인생의 $\frac{1}{6}$을 소년으로 보냈다. 그리고 다시 인생의 $\frac{1}{12}$이 지난 뒤에는 얼굴에 수염이 자라기 시작했다. 다시 $\frac{1}{7}$이 지난 뒤 그는 아름다운 여인을 맞이하여 화촉을 밝혔으며, 결혼한 지 5년 만에 귀한 아들을 얻었다. 아! 그러나 그의 가엾은 아들은 아버지의 반밖에 살지 못했다. 아들을 먼저 보내고 깊은 슬픔에 빠진 그는 그 뒤 4년간 정수론에 몰입하여 자신을 달래다가 일생을 마쳤다.

이 묘비에 새겨진 글에서 디오판토스의 수명을 계산할 수 있을까? 물론 할 수 있다. 이것은 간단한 1차 방정식 문제로서, 해답은 〈부록 3〉에 풀이 과정과 함께 소개되어 있다.

디오판토스는 이런 식의 문제를 매우 좋아했다. 답이 정수로 나오는 문제를 만들고 해결하는 게 그의 주특기였기 때문에 수학자들은 이런 유의 문제를 통칭하여 '디오판토스식 문제'라고 부른다. 그는 알렉산드리아에 머물면서 기존의 문제들과 새로 만들어진 문제들을 수집하여 《아리스메티카》라는 논문집을 편찬했다. 이 책은 모두 열세 권으로 되어 있었는데, 무지했던 중세 암흑기를 거치면서 반 이상이 소실되어 페르마를 비롯한 르네상스 시대의 수학자들에게 전수된 것은 이들 중 여섯 권뿐이었다. 나머지 일곱 권은 인류의 수학 수준을 고대 바빌로니아 시대 수준으로 퇴보시킨 비극적 사건이 터지면서 모두 소실되었다.

유클리드 시대에서 디오판토스 시대에 이르는 기간에 알렉산드리아는 전 세계 지성의 중심지로 명성을 날리면서 한편으로는 외부의 침략세력 때문에 곤혹을 치러야 했다. 알렉산드리아에 처음으로 가해진 본격적인 침공은 기원전 47년, 카이사르(Gaius Julius Caesar)가 클레오파트라(Cleopatra)를 몰아내기 위해 알렉산드리아 함대를 공격하면서 시작되었는데, 이 공격으로 인해 항구 근처에 자리를 잡고 있었던 도서관이 불길에 휩싸였으며 수십만 권의 책이 불에 타거나 유실되었다. 그러나 다행히도 클레오파트라는 지식을 옹호하는 여왕이었기에 전쟁이 끝난 뒤 도서관 재건을 명했다. 카이사르가 죽고 로마의 새로운 실력자로 부상한 안토니우스(Marcus Antonius)는 클레오파트라의 환심을 사기 위해 군대를 이끌고 페르가몬 시로 진격하여 진귀한 책들을 알렉산드리아로 가져왔다. 이리하여 알렉산드리아 도서관은 지난 날의 명성을 간신히 되찾을 수 있었다.

그 뒤, 4세기 동안 이 초대형 도서관에는 유럽 각지에서 출판된 책들이

DIOPHANTI
ALEXANDRINI
ARITHMETICORVM
LIBRI SEX,
ET DE NVMERIS MVLTANGVLIS
LIBER VNVS.

Nunc primùm Græcè & Latinè editi, atque absolutissimis
Commentariis illustrati.

AVCTORE CLAVDIO GASPARE BACHETO
MEZIRIACO SEBVSIANO, V.C.

LVTETIAE PARISIORVM,
Sumptibus HIERONYMI DROVART, via Iacobæa,
sub Scuto Solari.
M. DC. XXI.
CVM PRIVILEGIO REGIS.

클로드 가스파르 바셰가 번역한 디오판토스의 《아리스메티카》의 표지. 1621년에 출판된 이 책은 페르마에게 수학의 성전(聖典)과도 같았으며, 그의 대부분의 연구에 영감을 주었다.

계속 쌓여가면서, 기원후 389년까지 '세계 최대'라는 명성을 누렸다. 그러다가 갑자기 들이닥친 두 차례의 종교전쟁을 겪으면서 도서관은 치명적인 타격을 입게 된다. 당시 로마제국 황제인 테오도시우스(Theodosius)는 알렉산드리아의 주교 테오필루스(Theophilus)에게 이교도들의 신전을 모두 파괴하라는 명령을 내렸다. 불행히도 재건된 도서관은 세라피스 신전 내부에 있었기 때문에 테오필루스의 공격을 고스란히 받게 되었다. 몇 명의 뜻있는 학자들이 6세기 동안 보관되어 온 지식의 보고를 지키려고 애를 써보았지만, 그들 역시 기독교도들에 의해 무참히 살해되었다. 중세의 암흑기는 이렇게 시작되었다.

기독교도들의 무자비한 공격 속에서도 가장 중요한 책들은 복사본의 형태로 살아남아, 지식을 추구하는 학자들은 계속해서 알렉산드리아로 모여들었다. 그러던 중 기원후 642년, 회교도들의 침략으로 인해 알렉산드리아 도서관은 기어이 파괴되고 말았다. 침략에 성공한 칼리프(Caliph, 이슬람 제국 주권자의 칭호. '후계자'라는 뜻: 옮긴이) 오마르(Omar)가 도서관의 처리 문제를 놓고 고심하다가 다음과 같은 결정을 내린 것이다. "코란에 위배되는 책은 우리의 적이므로 모두 폐기처분한다. 또한 코란에 위배되지 않는 책들 역시 읽을 필요가 없으므로 폐기처분한다. 우리에게 필요한 것은 코란뿐이다!" 그의 명령에 따라 알렉산드리아 도서관의 모든 책이 아궁이 속으로 던져졌고 그리스의 수학자들은 화형에 처해졌다. 그리고 이때 디오판토스의 책들도 함께 소실되었다. 이토록 끔찍한 '분서갱유(焚書坑儒)'가 자행되던 와중에 열세 권의 《아리스메티카》 중 여섯 권이 살아남은 것은 그야말로 기적과도 같은 일이었다.

이후로 1,000여 년간 서양 세계의 수학은 참담한 암흑기 속에서 거의 발전이 멈추었으며 인도와 아랍 지역에 살던 소수의 수학자들에 의해 '수학'이라는 학문의 명맥이 간신히 유지되었다. 인도와 아랍의 수학자들은 알렉산드리아에서 흘러들어온 복사본을 토대로 하여 수학의 체계를 재구성했고, 유실된 정리들을 찾아내 그들 나름의 방법으로 증명했다. 이들은 또한 기존의 수학체계에 새로운 요소들을 첨가했는데, '0'이라는 숫자가 본격적으로 사용된 것도 이 무렵이었다.

현대 수학에서 0은 두 가지의 기능을 갖고 있다. 첫째로 그것은 52와 502를 구별할 수 있게 해준다. 숫자의 위치가 자릿수를 의미하는 이런 표기법에서 0은 '비어 있는 자리'를 나타낸다. 예를 들어, 52는 5×10에 2×1을 더한 수이며 502는 $5 \times 100 + 0 \times 10 + 2 \times 1$을 뜻한다. 만일 0이 없다면 이 두 개의 수는 구별되지 않는다. 기원전 바빌로니아인들은 혼동을 피하기 위해 0의 사용을 권장했고, 그리스인들이 이것을 도입하여 지금과 비슷하게 생긴 기호(동그라미)를 정착시켰다. 그러나 0이라는 수에는 더욱 깊고 중요한 의미가 담겨져 있다. 이것은 너무도 심오하여 그로부터 수세기가 지난 뒤에야 인도인들에 의해 발견되었다. 인도의 수학자들은 0에 숫자들을 구별하는 기능만 있는 것이 아니라, 그 자체가 고유한 수임을 간파했다. 1과 2가 고유한 수인 것과 마찬가지로, 0 역시 엄연한 수로서 존재한다. 즉 '아무것도 없음'을 나타내는 수이다. 이전까지는 전혀 구체화할 수 없었던 무(無)의 개념은 0의 등장과 함께 비로소 실제적인 기호로 표현할 수 있었다.

현대를 사는 우리에게, 0의 등장은 그다지 혁명적이지 않은 '별 볼 일 없는' 사건으로 보일지도 모른다. 게다가 아리스토텔레스(Aristoteles)를 비롯한 고대 그리스의 위대한 철학자들도 0이 지닌 깊은 의미를 눈치채지 못했다. 아리스토텔레스는 0을 가리켜 '규칙에서 벗어난 수'라고 했다. 나눗셈을 할 때, 임의의 수를 0으로 나누면 당시로서는 도저히 이해할 수 없는 결과가 초래되었기 때문이다. 이 난점은 6세기가 되어서야 비로소 해결되었다. 인도 수학자들은 이 문제를 집요하게 파고들어 '무한대'라는 개념과 연결시켰고 7세기의 학자인 브라마굽타(Brahmagupta)는 '임의의 수를 0으로 나눈 몫'을 무한대의 수학적 정의로 사용했다.

전 유럽이 진리 탐구와 담을 쌓고 있는 동안 인도와 아랍의 학자들은 잿더미가 된 알렉산드리아에서 흘러나온 지식의 단편들을 꾸준히 수집하여, 더욱 새롭고 분명한 언어로 재해석했다. 그들은 수학의 어휘에 '0'이라는 수를 추가함과 동시에 그리스식 기호와 사용이 불편한 로마식 숫자 표기법을 과감하게 버리고 그들이 고안한 새로운 숫자 표기법을 사용했다. 이것은 '아라비아 숫자'라고 부르는데 지금까지 세계 공통의 숫자 표기법으로 사용되고 있다. 이것 역시 독자들에게는 별 볼 일 없는 변화로 여겨질지도 모른다. 하지만 CLV에 DCI를 곱한다고 상상해 보라. 당장 아랍의 수학자들에게 고마운 마음이 우러나올 것이다. 이것을 '155×601'로 표기하는 법을 만들어낸 사람들이니까 말이다. 일반적으로 학문의 발전은 의사소통능력에 크게 좌우되며, 따라서 학문적 언어는 섬세하고 유연해야 한다. 피타고라스와 유클리드의 학문도 처음에는 다소 투박한 언어로 표기되어 있었으나 아랍의 수학자들에 의해 아랍식 기호로 번역되면서 비로소 그 진가를 나타낼 수 있었으며, 그것을 기초로 더욱 발전된 정리들이 개발될 수 있었다.

10세기경, 프랑스 학자인 제베르 오리야크(Gerbert Aurillac)는 스페인을 점령한 무어인들에게서 아랍식 기수법을 도입하여 유럽 전역에 보급했다. 999년에 교황 실베스테르 2세(Sylvester II)로 선출된 그는 아라비아 숫자를 서방 세계에 전파하는 데 더욱 전념했다. 이 새로운 숫자 표기법은 열렬한 환영을 받으면서 상인들 사이에서 빠르게 전파되었으나, 과거의 찬란했던 수학사를 부흥시키기에는 역부족이었다.

1453년, 튀르크족이 콘스탄티노플을 침공하면서 서양 수학은 또 한 차례 수난을 겪게 된다. 콘스탄티노플은 당시 동로마 제국 수도로, 그 옛날 알렉산드리아의 대재난 속에서 기적적으로 살아남은 책들이 대부분 이곳에 소장되어 있었다. 서양 수학의 맥이 끊길 절체절명의 위기 상황에서, 비잔틴의 학자들은 손에 잡히는 대로 다급하게 책을 싸들고 서쪽으로 필사의 탈출을 감행했다. 카이사르의 침공과 테오필루스 주교의 이교도 박해사건, 그리고 칼리프 오마르와 튀르크족의 대대적인 침공 등 숱한 역경을 딛고 끝까지 살아남은 디오판토스의《아리스메티카》여섯 권은 그 뒤 다시 유럽으로 돌아와 페르마의 책상 위에 놓이게 된다.

수수께끼의 탄생

페르마는 재판 업무를 처리하는 데 대부분의 시간을 보냈지만 그 외의 시간에는 오로지 수학에만 매달렸다. 17세기 프랑스 법관들은 자신의 친구나 친지들이 법정에 서는 모습을 매일 보아야 했기 때문에 편견에 치우친 판결을 내리지 않기 위해 가능한 한 가까운 대인관계를 자제해야 했다. 그리하여 페르마는 툴루즈의 상류사회와 아예 인연을 끊고 자신의 유일한 취미인 수학 연구에 몰두했다.

페르마가 수학 교육을 받았다는 기록은 어디에도 없다. 그의 유일한 스승은 디오판토스의《아리스메티카》뿐이었다. 이 책에는 디오판토스 시대에 유행하던 정수론 문제들과 그 해답이 기록되어 있었다. 페르마는 디오판토스에게 1,000년의 분량에 해당하는 수학적 지식을 전수받은 셈이다. 그는 단 한 권의 책으로 피타고라스와 유클리드가 알고 있었던 정수론의 모든 것을 습득했다. 알렉산드리아의 대재난 이후로 꾸준하게 명맥을 유지해 왔던 정수론은 이제 페르마에 의해 새로운 차원으로 도약할 준비를 마친 것이다.

페르마에게 영감을 준 《아리스메티카》는 당시 프랑스 최고 석학이었던 클로드 가스파르 바셰(Claude Gaspar Bachet de Méziriac)가 번역한 프랑스판 번역본이었다. 뛰어난 언어학자이자 시인, 그리고 고전 철학자였던 바셰는 수학 문제에도 열정적인 관심을 보인 팔방미인이었다. 그가 처음으로 출판한 《숫자로 이루어진 재미있는 문제들(Problemes Plaisans et délectables qui se font par les nombres)》이라는 책에는 강을 건너는 문제를 비롯하여 액체 낙하 문제와 수에 관련된 수수께끼 등이 수록되어 있었다. 이 문제들 중 한 가지만 예를 들어보면 다음과 같다.

추를 이용하여 1kg부터 40kg 사이의 모든 무게(정수kg)를 측정하려고 한다. 가능한 적은 개수의 추를 사용해야 한다면, 최소한으로 필요한 추의 개수는 얼마인가?

바셰는 기발한 방법을 창안하여 단 네 개의 추만으로 이 문제를 해결했다. 자세한 풀이 과정은 〈부록 4〉를 참고하기 바란다.

바셰는 수학에 관한 한 아마추어 애호가에 불과했지만 수학에 대한 그의 관심은 전문가 못지않게 열성적이어서, 디오판토스의 문제들이 가진 깊은 수학적 의미를 이미 간파하고 있었다. 그는 그리스 수학의 오묘함을 세상에 알리고 그것을 더욱 발전시키려는 일념으로 디오판토스의 책을 번역했다. 사실, 고대 그리스 수학은 대부분 후대에 전수되지 못하고 자취를 감추었다. 바셰가 살았던 당시만 해도 유럽의 가장 큰 대학에서조차 고등수학에 관한 교육이 전혀 이루어지지 않고 있었다. 이런 열악한 환경 속에서 고대의 수학이 살아남을 수 있었던 것은 바셰와 같은 뜻 있는 철학자들이 혼신의 힘을 다해 그것을 전파한 덕분이라고 보아야 할 것이다. 1621년에 바셰가 《아리스메티카》의 라틴어판을 출판함으로써, 수학은 제2의 황금기를 맞이하게 된다.

《아리스메티카》에는 100여 개의 문제들이 수록되어 있는데, 디오판토스는 친절하게도 각 문제마다 자세한 풀이 과정과 해답을 달아놓았다. 그러나 페르마는 이런 종류의 친절함과는 담을 쌓은 사람이었다. 그는 '후학을 위한 집필 활동'에 전혀 관심이 없었으며 혼자서 문제를 풀었다는 사실에 스스로 만족하고 끝내는 스타일이었다. 그는 디오판토스의 문제들을 연구하면서 그것을 응용한 더욱 복잡한 문제들을 만들어내곤 했는데, 문제 해결에 필요한 논리들을 아무데나 간략하게 휘갈겨놓기는 했지만 단 한 번도 증명의 전 과정을 일목요연하게 정리해두지 않았다. 그나마 영감 어린 낙서들마저 곧바로 쓰레기통에 던져지기 일쑤였고, 페르마는 곧바로 다음 문제로 넘어가곤 했다. 한 가지 다행스러운 것은, 바셰가 출판했던 프랑스어판 《아리스메티카》의 각 장마다 여백이 충분히 많았던 덕택에 그곳에 휘갈겨놓은 페르마의 주석이 후대에까지 전수되었다는 점이다. 물론 이들 중 상당수는 너무나 간략하게 적혀 있어서 무슨 말을 하려는 건지 갈피를 잡을 수가 없지만, 그래도 이 '여백에 갈겨쓴 주석'은 페르마의 천재적 계산 능력을 보여주는 매우 값진 증거이다.

페르마가 발견했던 새로운 수 중에 '친화수(親和數, amicable numbers)'라는 것이 있다. 이것은 2,000년 전에 피타고라스가 발견했던 '완전수'의 개념과 매우 유사하다. 친화수는 한 쌍의 수로 이루어지며, 한 수의 약수들을 모두 더한 값이 나머지 수와 같아지는 경우를 말한다. 피타고라스 학파(학회)의 학자들은 220과 284가 친화수라는 사실을 이미 알고 있었다. 220의 약수는 1, 2, 4, 5, 10, 11, 20, 22, 44, 55, 110인데 이들을 모두 더하면 284가 된다. 또한 284의 약수는 1, 2, 4, 71, 142로서 이들을 모두 더하면 220을 얻는다. 따라서 한 쌍의 수 [220, 284]는 친화수이다.

마틴 가드너(Martin Gardner)의 저서 《수학 마술의 세계(Mathematical Magic Show)》에 따르면 중세에 사용되던 부적 중에 친화수를 적어놓은 부적이 젊은이들 사이에 인기를 끌었다고 한다. 주술을 걸어놓은 땅에 이 부적을 붙여 놓으면 사랑이 이루어진다는 것이다. 아랍의 한 수비학자(數秘學者, numerologist)는 "두 개의 과일에 각각 220과 284라는 수를 새겨넣고 사랑하는 연인들이 하나씩 나누어 먹으면 수학적 최음효과가 발효되어 성욕을 촉진한다."고 주장하기도 했다. 초기의 신학자들은 야곱이 에서에게 220마리의 양을 선물했다는 성경 구절을 인용하면서, 야곱이 한 쌍의 친화수 중 하나인 '220'을 택한 이유는 에서에 대한 자신의 애정을 표현하기 위해서였다고 주장했다.

220과 284 이외의 또 다른 친화수는 오랜 세월 동안 발견되지 않고 있었다. 그러다가 1636년에 이르러 드디어 페르마가 새로운 친화수 쌍을 발견했다(17,296과 18,416). 그다지 심오한 발견은 아니었지만, 이것은 페르마가 그만큼 수를 잘 다루었고 또 그토록 지루한 계산(독자들도 상상이 가리라 믿는다)을 해낼 정도로 수를 사랑했다는 좋은 증거이다. 그 후에 데카르트는 세 번째 친화수(9,363,584와 9,437,056)를 발견했으며 레온하르트 오일러는 무려 62쌍의 친화수를 찾아냈다. 그런데 이상하게도 이들은 모두 약속이나 한 듯이 비교적 작은 수로 이루어진 친화수를 간과해 버렸다. 1866년에 니콜로 파가니니(Nicolò Paganini)라는 16세의 이탈리아 소년이 뜻밖의 친화수 쌍(1,184와 1,210)을 발견한 것이다.

20세기의 수학자들은 친화수의 개념을 더욱 확장하여, 세 개 이상으로 이루어진 '군거성수(群居性數, sociable numbers)'라는 개념을 만들어냈다. 예를 들어, 세 개의 수 [1,945,330,728,960 ; 2,324,196,638,720 ; 2,615,631,953,920]는 군거성수로서 첫 번째 수의 약수들을 모두 더하면 두 번째 수가 되고, 두 번째 수의 약수들을 모두 더하면 세 번째 수가 된다. 그리고 세 번째 수의 약수들을 모두 더하면 여러분이 짐작하는 대로 첫 번째 수가 된다. 지금까지 알려진 군거성수들 중에서 가장 많은 수로 이루어진 것은 무려 28개의 수를 포함하고 있으며, 첫 번째 수는 14,316이다.

페르마는 새로운 친화수를 발견하여 유명해지긴 했지만, 그의 이름이 본격적으로 세상에 알려지게 된 것은 그가 창안해 낸 일련의 수학 문제들 덕분이었다. 이들 중 한 가지 예를 들어보자. 페르마는 '26'이라는 수에 특별한 관심을 두고 있었는데, 그 이유는 26에 인접한 두 개의 수가 모두 제곱수, 또는 세제곱수이기 때문이었다($25=5^2$, $27=3^3$). 그는 26처럼 제곱수와 세제곱수 사이에 끼어 있는 다른 정수를 찾아보았지만 실패하고 말았다. 그래서 페르마는 "이런 식으로 '끼어 있는' 수는 모든 정수 중에서 26뿐이다."라고 심증을 굳힌 뒤 끈질긴 노력 끝에 이 사실을 완벽한 수학적 논리로 증명하는 데 성공했다.

페르마는 자신이 발견한 '26의 특성'을 당시의 수학학회지에 증명과정 없이 결론만 발표하면서 다른 수학자들에게 스스로 증명해 볼 것을 권유했다. 물론 자신은 완벽한 증명 논리를 갖고 있었지만 다른 사람들도 자기만큼 뛰어난 논리를 펼칠 수 있는지 보고 싶었던 것이다. "제곱수와 세제곱수 사이에 끼어 있는 정수는 26뿐이다." 결론은 이렇게 간단했으나 이 것을 증명하는 일은 결코 장난이 아니었다. 영국인 수학자 월리스와 딕비는 이 문제에 덤벼들었다가 결국 해결하지 못하여 페르마의 비웃음만 사고 말았다. 페르마는 이처럼 결론만 던져놓고 종종 다른 수학자들의 애를 태웠는데, 어느 날 그는 드디어 전 세계 수학자들을 수백 년간 괴롭히게 될 또 하나의 정리를 발견하기에 이른다. 그러나, 이 수수께끼는 페르마가 우연히 발견한 것일 뿐, 결코 다른 사람들을 괴롭히려는 의도는 아니었다.

여백에 갈겨쓴 주석

페르마는 《아리스메티카》 제2권을 공부하면서 〈피타고라스의 정리〉 및 〈피타고라스의 삼각수〉와 관련한 다양한 문제들을 접할 수 있었다. 이 책에서 디오판토스는 직각삼각형 중 직각을 끼고 있는 두 변의 길이가 서로 '1'만큼 차이가 나는 경우에 대하여 약간의 설명을 달아놓았다(예를 들어, 세 변의 길이가 각각 20, 21, 29인 직각삼각형이 여기에 해당된다: $20^2 + 21^2 = 29^2$).

페르마는 〈피타고라스의 삼각수〉에 깊은 관심을 두고 있었다. '〈피타고라스의 정리〉를 만족하는 정수해는 무수히 많다.'는 사실은 이미 1세기 전에 유클리드에 의해 증명되어 있었지만(이 증명과정은 〈부록 5〉에 개략적으로 소개되어 있다), 페르마는 여기에 만족하지 않고 〈피타고라스의 삼각수〉라는 개념을 더욱 포괄적인 개념으로 확장하여 고대 그리스의 수학자들이 대충 얼버무리고 넘어갔던 문제들을 다시 찾아내고자 했다. 그러던 어느 날, 페르마는 전 세계 수학자들을 미궁 속으로 몰아넣는 방정식 하나를 떠올렸다. 그리고 이 방정식으로 인해 그의 이름은 '아마추어 수학의 왕자'라는 별명과 함께 수학사에 길이 남게 되었다. 대체 얼마나 대단한 방정식을 떠올렸길래 300여 년간 수학자들이 그 고생을 했단 말인가? 그것은 전혀 길지도, 복잡하지도 않은 아주 단순한 방정식이었다. 피타고라스의 방정식을 약간 변형한 것에 불과했다. 피타고라스의 방정식과 다른 점이 있다면 지수가 2에서 3으로 바뀌었다는 것, 그리고 이 방정식을 만족하는 정수해가 존재하지 않는다는 것뿐이었다. 열 살배기 앤드루 와일즈가 밀턴 가(街) 도서관에서 발견한 문제의 방정식이 바로 이것이었다.

앞서 말한 대로, 피타고라스의 방정식은 다음과 같다.

$$x^2 + y^2 = z^2$$

페르마는 이 방정식에서 지수만 살짝 바꾸어 다음과 같은 방정식을 만들어보았다.

$$x^3 + y^3 = z^3$$

단순히 지수를 '2'에서 '3'으로 바꾼 것에 불과했으나, 페르마는 이 새로운 방정식을 만족시키는 정수해를 찾을 수가 없었다. 몇 번의 시행착오를 거친 뒤에 그는 곧 '두 개의 수를 각각 세제곱하여 더한 결과가 다른 세제곱수와 일치하는 세 개의 정수 집합'을 찾는 일이 결코 간단한 작업이 아니라는 사실을 직감하게 되었다. 무한히 많은 정수해를 갖는 피타고라스의 방정식을 살짝 변형하여 얻어낸 이 새로운 방정식에는 정말로 정수해가 하나도 없는 것일까?

페르마는 '3'이라는 지수를 더 큰 정수들로 변형해 보았다(4, 5, 6…). 그러나 변형된 방정식들도 정수해가 없기는 마찬가지였다. 결국 페르마는 다음과 같은 방정식을 만족시키는 세 개의 정수는 존재하지 않는다는 결론을 내렸다.

$$x^n + y^n = z^n \;;\; n = 3,\, 4,\, 5\cdots (n 은 3보다 큰 모든 정수)$$

그는 《아리스메티카》 8번 문제 다음에 있는 여백에 다음과 같은 주석을 달아놓았다.

Cubem autem in duos cubos, aut quadratoquadratum in duos quadratoquadratos, et generaliter nullam in infinitum ultra quadratum potestatem in duos eiusdem nominis fas est dividere.

임의의 세제곱수는 다른 두 세제곱수의 합으로 표현될 수 없다. 임의의 네제곱수 역시 다른 두 네제곱수의 합으로 표현될 수 없다. 일반적으로, 3 이상의 지수를 가진 정수는 이와 동일한 지수를 가진 다른 두 수의 합으로 표현될 수 없다.

무한히 많은 정수들 중에서 $x^n + y^n = z^n$을 만족하는 정수해가 왜 하나도 없는지, 그 이유는 적어놓지 않았다. 페르마의 주장은 저 '페르마의 삼각수'가 존재하지 않는다는 것뿐이다. 그는 이 파격적인 주장을 하면서 자신은 그것을 증명할 수 있다고 믿었다. 문제의 개요를 소개하는 그의 주석 밑에는 또 하나의 장난기 어린 주석이 달려 있다. 이것이야말로 향후 300여 년간 전 세계 수학자들의 자존심을 여지없이 짓밟아놓은 역사적인 주석이었다.

Cuius rei demonstrationem mirabilem sane detexi hanc marginis exiguitas non caperet.
나는 경이적인 방법으로 이 정리를 증명했다. 그러나 책의 여백이 너무 좁아 여기에 옮기지는 않겠다.

이처럼 사람을 약 올리는 말이 또 어디 있을까. 페르마는 자신의 표현대로 '경이적인 방법으로' 증명했음에도 불구하고, 단지 귀찮다는 이유만으로 그것을 세상에 발표하지 않은 것이다. 이뿐만 아니라 그는 어느 누구와도 증명에 관한 대화나 편지를 나누지 않았다. 페르마의 게으름과 겸손함으로 인해 베일 속에 가려진 이 정리는 훗날 〈페르마의 마지막 정리〉라는 이름으로 세상에 알려지면서 전 세계 수학자들 사이에서 가장 유명하고 가장 증명하기 어려운 정리로 자리를 굳혔다.

〈마지막 정리〉가 드디어 출판되다

페르마가 이 악명 높은 정리를 발견한 것은 1637년, 그의 나이 37세 되던 해였다(결코 적은 나이는 아니었지만 그의 수학 경력을 미루어볼 때, 이것은 매우 이른 시기에 이루어낸 업적이라고 할 수 있다: 옮긴이). 그로부터 30여 년이 지난 뒤, 카스트르 시에서 사법 업무를 보던 페르마는 중병에 걸려 자리에 눕게 된다. 1665년 1월 9일, 그는 사법관으로서 마지막 판결을 내리고 그로부터 3일 뒤에 세상을 떠났다. 그때까지도 페르마는 파리의 수학자들과 멀리 떨어져 있으면서 자신의 이름을 전혀 내세우지 않았기 때문에, 그의 죽음과 함께 〈페르마의 마지막 정리〉도 영원히 사라질 위기에 처하게 되었다. 그러나 다행히도 페르마의 장남이었던 클레망 사무엘(Clément-Samuel)이 아버지의 범상치 않은 업적을 후대에 전해야 한다는 사명감으로 페르마가 생전에 남긴 주석들을 한데 수집하여 출판함으로써 〈페르마의 마지막 정리〉는 생명을 유지할 수 있었다. 정수론에 관한 페르마의 눈부신 업적이 오늘날까지 온전하게 전해진 것은 오로지 그의 장남 덕분이었다. 클레망 사무엘이 아니었다면 〈페르마의 마지막 정리〉는 그의 죽음과 함께 영원히 사장되었을 것이다.

클레망 사무엘은 아버지가 남긴 낙서와 편지들, 그리고 《아리스메티카》 복사본의 여백에 휘갈겨 쓴 주석들을 수집하는 데 5년의 세월을 보냈다. 《아리스메티카》의 여백에는 〈페르마의 마지막 정리〉를 비롯해 그의 영감 어린 낙서들이 다양한 분야에 걸쳐 여러 곳에 적혀 있었다. 클레망 사무엘은 페르마의 주석을 깨끗하게 정리하여 《아리스메티카》를 재출판했다. 1670년에 출판된 이 책에는 《페르마의 주석이 달린 디오판토스의 아리스메티카 (Diophantus' Arithmetica Containing Observations by P. de Fermat)》라는 제목이 붙었으며, 본문에는 바셰가 번역한 그리스어 및 라틴어 번역과 함께 42개에

페르마의 장남인 클레망 사무엘 페르마가 1670년에 재출판한 디오판토스의 《아리스메티카》 표지. 여기에는 페르마의 주석이 본문과 함께 인쇄되어 있다.

interuallum numerorum 2. minor autem
1 N. atque ideo maior 1 N. + 2. Oportet
itaque 4 N. + 4. triplos esse ad 2. & ad-
huc superaddere 10. Ter igitur 2. adici-
tis vnitatibus 10. æquatur 4 N. + 4. &
fit 1 N. 3. Erit ergo minor 3. maior 5. &
satisfaciunt quæstioni.

ς᾽ ἰσε. ὁ ἄρα μείζων ἴσυς ς᾽ ἰσὸς μ᾽ β. διώ-
σει ἄρα ἀριθμὸς δ᾽ μνάδας δ᾽ τριπλασίονας
ᾠ μ᾽ β. ἔ ὅτι ὑπερέχει μ᾽ ἰ. τρὶς ἄρα
μνάδες δ μ᾽ ῑ. ἴσαι εἰσὶν ͵δ᾽ ὁ μνάσι
δ. ῃ γίνεσθ ὁ ἀριθμὸς μ᾽ γ. ἴσμε ὁ μὲν ἐλάσ-
σων μ᾽ γ. ὁ δὲ μείζων μ᾽ ε. ῃ πιῶσι τὸ
πρόβλημα.

IN QVÆSTIONEM VII.

CONDITIONIS appositæ eadem ratio est quæ & appositæ præcedenti quæstioni, nil enim
aliud requirit quàm vt quadratus interualli numerorum sit minor interuallo quadratorum, &
Canones iidem hic etiam locum habebunt, vt manifestum est.

QVÆSTIO VIII.

PROPOSITVM quadratum diuidere
in duos quadratos. Imperatum sit vt
16. diuidatur in duos quadratos. Ponatur
primus 1 Q. Oportet igitur 16 – 1 Q æqua-
les esse quadrato. Fingo quadratum a nu-
meris quotquot libuerit, cum defectu tot
vnitatum quod continet latus ipsius 16.
esto a 2 N. – 4. ipse igitur quadratus erit
4 Q. + 16. – 16 N. hæc æquabuntur vni-
tatibus 16 – 1 Q. Communis adiiciatur
vtrimque defectus, & a similibus auferan-
tur similia, fient 5 Q. æquales 16 N. & fit
1 N. ⁴⁄₅ Erit igitur alter quadratorum ¹⁴⁴⁄₂₅.
alter verò ²⁵⁶⁄₂₅ & vtriusque summa est ⁴⁰⁰⁄₂₅ seu
16. & vterque quadratus est.

ΤΟΝ ἐπιταχθέντα τετράγωνον διελεῖν εἰς
δύο τετραγώνους. ἐπιτετάχθω δὴ ὁ ιϚ
διελεῖν εἰς δύο τετραγώνους. καὶ τετάχθω ὁ
πρῶτος δυνάμεως μιᾶς. δήσει ἄρα μνά-
δας ιϚ λείξει δυνάμεως μιᾶς ἴσας ᾠ τε-
τραγώνῳ. πλάσσω τὸν τετράγωνον ἀπὸ ιϚ. ὅσων
δὴ ποτ λείξει ποσῶν μ᾽ ὅσων ἐστὶ ᾁ ιϚ
ᾠ πλάσσω ἴσαι ᾁ β λείξει μ᾽ δ. αὐτὸς
ἄρα ὁ τετράγωνος ἴσων δυνάμεων δ μ᾽ ιϚ
λείξει μ᾽ ιϚ. ταῦτα ἴσα μνάδι ιϚ λείξει
δυνάμεως μιᾶς. κοινὴ προσκείσθω ἡ λείξις,
ῃ ἀπὸ ὁμοίων ὅμοια. δυνάμεις ἄρα ἴσαι
ἀριθμοῖς ιϚ. ῃ γίνεται ὁ ἀριθμὸς ιϚ. πίμπτων.
Τῶν. ἴσαι ὁ μὲν οῃ εἰκοστοπέμπτων. ὁ δὲ μᾷ
εἰκοστοπέμπτων. ῃ οἱ δύο συντεθέντες ποιᾶσι

ὑ εἰκοστόπεμπτα, ἴσαι μνάδας ιϚ. καὶ ἴσαι ἑκάτερος τετράγωνος.

OBSERVATIO DOMINI PETRI DE FERMAT.

CVbum autem in duos cubos, aut quadratoquadratum in duos quadratoquadratos
& generaliter nullam in infinitum vltra quadratum potestatem in duos eius-
dem nominis fas est diuidere cuius rei demonstrationem mirabilem sane detexi.
Hanc marginis exiguitas non caperet.

QVÆSTIO IX.

RVRSVS oporteat quadratum 16
diuidere in duos quadratos. Pona-
tur rursus primi latus 1 N. alterius verò
quotcunque numerorum cum defectu tot
vnitatum, quot constat latus diuidendi.
Esto itaque 2 N. – 4. erunt quadrati, hic
quidem 1 Q. ille verò 4 Q. + 16. – 16 N.
Cæterum volo vtrumque simul æquari
vnitatibus 16. Igitur 5 Q. + 16. – 16 N.
æquatur vnitatibus 16. & fit 1 N. ¹⁶⁄₅ erit

ΕΣΤΩ δὴ πάλιν τὸν ιϚ τετράγωνον διε-
λεῖν εἰς δύο τετραγώνους. τετάχθω πάλιν
ἡ τῷ πρώτου πλάσρα ς᾽ ἰσς, ῃ ἡ τῷ ἑτέρου
ᾁ ὑποσῶνοῦν ἀριθμῶν λείξει μ᾽ ὅσων ἡ τοῦ διαι-
ρουμένου πλάρα. ἴσω δὴ ᾁ β λείξει μ᾽ δ.
ἴσονται οἱ τετράγωνοι ᾁ μὲν δυνάμεως μιᾶς,
ὁς δὴ δυνάμεων δ μ᾽ ιϚ λείξει ᾁ ιϚ. βά-
λομαι τοὺς δύο ἴσα ποτ συντεθέντας ἴσους ᾁ ιϚ
ᾁ. δυνάμεις ἄρα ε μ᾽ ιϚ λείξει ᾁ ιϚ ἴσαι
μ᾽ ιϚ. ῃ γίνεται ὁ ἀριθμὸς ιϚ πίμπτων.

〈그림 6〉 피에르 드 페르마의 악명 높은 정리가 수록되어 있는 《아리스메티카》 개정판 일부.

달하는 페르마의 주석이 수록되었다. 105쪽 〈그림 6〉에서 보는 바와 같이, 여기에는 〈페르마의 마지막 정리〉에 관한 본인의 주석도 깨끗하게 정리되어 있다.

페르마의 주석이 세상에 알려지자, 당대의 수학자들은 페르마가 살아 있을 때 그와 주고받았던 편지를 뒤져보고는 자신들이 알고 있던 페르마의 수학이 빙산의 일각이었다는 사실에 경악을 금치 못했다. 페르마가 남긴 주석들은 대부분 수학적 정리에 관한 것이었는데, 안타깝게도 거기에는 증명과정이 전혀 언급되어 있지 않거나 잘해야 실낱같은 힌트만이 간략하게 적혀 있을 뿐이었다. 그러나 이 감질나는 주석만 보아도 그가 모든 정리를 완벽하게 증명했음을 분명히 알 수 있었다. 페르마는 전 세계의 수학자들에게 자신이 이미 증명한 수학정리를 시험 문제처럼 던져놓고 간 것이다.

18세기의 가장 위대한 수학자였던 레온하르트 오일러는 소수에 관하여 페르마가 남긴 유명한 정리 하나를 증명하려는 시도를 했다. 소수는 1과 자기 자신 이외의 약수를 갖지 않기 때문에, 이 둘을 제외한 어떤 수로 나누어도 반드시 나머지가 남는다. 이 정의에 의하면 13은 소수이며 14는 소수가 아니다. 13은 어떤 수로도 나누어 떨어지지 않지만 14는 2와 7로 나누어 떨어지기 때문이다. 모든 소수는 두 가지 종류로 분류할 수 있는데, 하나는 $4n+1$로 표현되는 부류이고 다른 하나는 $4n-1$로 표현되는 소수이다(여기서, n은 임의의 정수를 나타낸다). 이 분류에 따르면 13은 전자의 경우에 속하며($4 \times 3+1$), 19는 후자의 경우이다($4 \times 5-1$). 페르마의 소수 정리는 다음과 같다. "$4n+1$로 표현되는 소수는 항상 두 제곱수의 합으로 표현될 수 있지만($13=2^2+3^2$), $4n-1$로 표현되는 소수는 이런 방식으로 표현될 수 없다($19=?^2+?^2$)." 정리 자체는 짧고 분명하지만 증명은 엄청나게 길고 복잡하다. 이것은 페르마가 남몰래 증명했던 수많은 정리 중 하나에 불과했다. 당대의 수학 천재였던 오일러는 7년 동안 이 문제와 씨름하던 끝에 1749년에 증명에 성공했다. 페르마가 죽은 지 거의 1세기 만에 그의 증명 중 하나가 천재 오일러에 의해 재현된 것이다.

페르마가 남기고 간 문제들은 매우 근본적인 것들부터 심심풀이용에 이르기까지 난이도도 다양했다. 수학자들은 하나의 정리가 수학에 미치는 영향을 평가하여 그들 나름대로 '중요도'를 부여한다. 가장 중요하게 취급되는 정리는 다음과 같은 조건들을 만족해야 한다. 첫째로, 정리가 주장하는 내용은 범우주적인 진리여야 한다. 다시 말해서 전체 수에 적용될 수 있어야 한다는 뜻이다. 위에서 언급한 '소수 정리'의 경우, 정리의 내용은 특정한 몇 개의 소수에 적용되는 게 아니라 '모든' 소수에 적용될 수 있으므로 이 조건을 만족한다. 둘째로, 중요한 정리는 숫자들 사이의 깊은 상호관계를 보여주는 것이어야 한다. 새로 발견된 상호관계가 매우 심오한 것이었다면, 이 정리에서 여러 개의 새로운 정리가 파생될 수도 있으며, 이것이 반복되다 보면 아예 새로운 수학 분야가 탄생할 수도 있다. 마지막으로, 중요한 정리는 논리의 연결고리 중 하나만 빠져도 연구가 진행될 수 없을 정도로 완벽한 논리적 체계를 갖추고 있어야 한다. 새롭고 충격적인 정리를 거의 완성했다가 단 하나의 논리적 연결고리를 완성하지 못해 땅을 치며 통곡했던 수학자들의 예는 수도 없이 많다.

수학자들은 새로운 결론을 얻기 위한 단계로서 정리를 사용하기 때문에, 증명이 불완전한 정리는 한마디로 무용지물일 수밖에 없다. 제아무리 〈페르마의 정리〉라 해도 여기서 예외가 될 수는 없다. 페르마는 자신의 정리를 모두 증명했다고 적어놓았지만 자세한 증명과정이 없는 한 그의 말을 액면 그대로 믿을 수는 없는 노릇이다. 그의 정리는 다른 곳에 응용되기 전에 무자비할 정도로 엄밀한 검증을 거쳐야만 한다. 이 과정을 거치지 않고 그의 정리를 기초로 삼아 새로운 정리들을 만들어갔다가는 자칫하면 수학계에 일대 재난이 닥칠 수도 있다. 예를 들어 수학자들이 〈페르마의 정리〉

를 아무런 검증도 없이 그의 말만 믿고 사실로 받아들였다고 상상해 보자. 수학자들은 결코 빈둥거리는 사람들이 아니기 때문에 곧바로 새로운 정리들이 이 기초 위에 만들어질 것이고, 또 이것을 기초로 하여 더욱 많은 정리들이 눈덩이처럼 불어나갈 것이다. 결국에는 검증되지 않은 하나의 정리를 대전제로 하여 수백, 수천 개의 정리들이 그 위에 아슬아슬하게 쌓이는 위험천만한 상태가 초래된다. 그러다가 어느 날 우연한 계기로 〈페르마의 정리〉가 잘못된 것으로 판명이 난다면 그 결과는 불을 보듯 뻔하다. 수백 수천 개의 정리들도 덩달아 폐기처분되면서 수학의 커다란 분야 하나가 송두리째 와해될 것이다. 정리(Theorem)는 수학의 근본을 이루는 기초이다. 이것이 완벽한 진실로 판명이 되어야만 그 위에 새로운 기초를 안전하게 쌓아나갈 수 있다. 완벽한 검증이 이루어지지 않은 아이디어는 결코 정리가 될 수 없으며, 수학자들은 이런 불완전한 아이디어를 가리켜 추론(conjecture)이라고 한다.

페르마는 자신이 발견했던 모든 정리들을 완벽하게 증명했다고 주장했으므로, 이들은 그에게 있어 문자 그대로 '정리'가 될 수 있다. 그러나 베일에 싸여 있는 그의 증명과정이 후대의 수학자들에 의해 재현되지 않는 한, 페르마의 주장들은 어디까지나 '추론'일 뿐이다. 사실, 지난 350년 동안 〈페르마의 마지막 정리〉는 〈페르마의 마지막 추론〉으로 불려졌어야 옳았다.

세월이 흐르는 동안 〈페르마의 정리〉들은 하나둘씩 증명됐다. 그러나 〈페르마의 마지막 정리〉만은 자타가 공인하는 천재들도 두 손을 들어버릴 정도로 난공불락이었다. 이 정리를 '마지막' 정리라고 부르는 이유는 페르마가 남긴 정리들 중에서 최후까지 증명되지 않은 채로 남아 있었기 때문이다. 3세기에 걸친 수학자들의 노력이 모두 수포로 돌아가자, 이 정리에는 '수학 역사상 가장 지독한 수수께끼'라는 원망 어린 별칭이 따라다니게 되었다. 그러나 〈페르마의 마지막 정리〉는 증명하기가 어렵긴 해도 앞서 말한

'중요한 정리'는 아니었다. 바로 얼마 전까지만 해도 〈페르마의 마지막 정리〉는 이른바 '중요한 정리'가 되기 위한 조건을 갖추지 못한 것으로 알려져 있었다. 즉 증명이 된다 해도 그것은 수의 성질을 보다 깊이 이해하는 데 아무런 도움이 되지 않으며, 이 정리를 기초로 해서는 아무런 추론도 이끌어낼 수 없다는 것이 수학자들의 중론이었다.

〈페르마의 마지막 정리〉가 유명해진 것은 오로지 한 가지, 증명하기 어렵다는 이유 때문이었다. 여기에 한 가지 이유를 더 추가한다면 수많은 수학자를 좌절시킨 이 악명 높은 정리를 아마추어 수학의 왕자인 페르마가 증명을 '했다'는 점이다. 《아리스메티카》의 여백에 갈겨쓴 페르마의 주석은 전 세계 수학자들을 향하여 하나의 화두를 제시했다. 그 자신은 정리를 증명했다고 주장한다. 이와 동시에 그는 이렇게 외치고 있는 듯하다. "나만큼 똑똑한 수학자가 있으면 한번 나와보라구 그래!"

뛰어난 유머 감각을 자랑하던 하디는 〈페르마의 마지막 정리〉만큼 사람의 애를 태우는 일이 또 어떤 게 있을까 생각해 보았다. 평소 배 타는 것을 무서워하던 그는 결국 다음과 같은 가상의 상태를 만들어냈다. 내가 반드시 배를 타고 여행을 해야만 하는 상황이 온다면 나는 맨 먼저 내 친구에게 다음과 같은 전보를 칠 것이다.

나는 방금 리만(Riemann)의 가설을 풀었다네. 여행에서 돌아오면 자세한 내용을 들려주지.

리만의 가설은 19세기 수학자들을 끔찍하게 괴롭혔던 수학 문제이다. 이렇게 전보를 친 하디는 이제 마음놓고 항해를 할 수 있다. 왜 그럴까? 만일 그가 물에 빠져 죽는다면 수학자들은 〈페르마의 마지막 정리〉 이외에 또 하나의 괴물한테 시달려야 하기 때문이다. 이것은 순진한 수학자들에게는 너무나도 가혹한 형벌이어서, 자비로운 신이 하디의 목숨을 지켜줄 거라는 이야기이다.

〈페르마의 마지막 정리〉를 증명하는 것은 머리카락이 곤두설 정도로 끔찍하게 어려운 일이지만, 정리가 주장하는 내용은 초등학생도 이해할 수 있을 정도로 너무나 간단하다. 물리학이나 화학, 또는 생물학 등의 분야에서는 이처럼 단순 명료한 주장이 오랜 세월 동안 검증되지 못한 채로 남아 있을 수가 없다. 벨은 자신의 저서 《최후의 문제》에서 말하기를, "〈페르마의 마지막 정리〉가 증명되기 전에 인류는 멸망할 것이다."라고 했다. 누군가가 〈페르마의 마지막 정리〉를 증명한다면 그것은 정수론에 있어서 가장 위대한 업적이 될 것이며 수학 역사상 가장 흥미있는 일화로서 후대에 길이 남게 될 것이었다. 〈페르마의 마지막 정리〉는 전 세계의 위대한 수학자들을 사로잡으면서 수많은 일화를 남겼다. 어떤 이는 증명한 사람에게 주라고 거액의 상금을 내걸었는가 하면 또 어떤 이는 절망에 빠져 스스로 목숨을 끊기도 했으며, 이 정리 하나 때문에 새벽에 결투를 벌인 극성맞은 사람들도 있었다.

'풀리지 않는 수수께끼'는 드디어 지구를 벗어나 외계에까지 알려지게 되었다. 1958년에 출판된 파우스트류의 소설 《악마와의 거래(Deals with the Devil)》에 수록된 몇 편의 단편소설 중, 아서 포기스의 〈악마와 사이먼 플래그〉에는 다음과 같은 내용이 있다. 악마는 사이먼 플래그에게 질문을 하라고 재촉한다. 만일 악마가 24시간 내에 사이먼의 질문에 답할 수 있으면 악마는 사이먼의 영혼을 갖고, 실패하는 경우에는 사이먼에게 10만 달러를 주기로 이미 약속이 되어 있었다. 이리하여 사이먼은 한참 동안 고민하던 끝에 정말로 어려운 질문을 생각해 냈다. "〈페르마의 마지막 정리〉가 정말 맞는 거야?" 악마는 질문을 들은 즉시 전 세계를 날아다니면서 대답에 필요한 모든 정보를 수집했다. 그리고 다음날 파김치가 되어 돌아온 악마는 결국 자신이 내기에서 졌음을 시인할 수밖에 없었다.

악마는 기어들어가는 소리로 말했다. "사이먼, 자네가 이겼네." 그는 존경심에 가득 찬 눈으로 사이먼을 바라보았다. "사실, 나처럼 빠른 시간 내에 그토록 수학 공부를 많이 할 수 있는 생명체는 어디에도 없을 거야. 그런데, 많이 알면 알수록 대답하기가 더 어려워지더군. 어떻게 그런 어려운 질문을 생각해 낼 수 있었지? 빌어먹을… 이봐, 자네 혹시 이거 아나? 다른 행성에 사는 최고의 수학자들도 〈페르마의 마지막 정리〉를 증명하지 못했다는 거야. 토성에 갔더니 수학에 도가 텄다는 굉장한 친구가 있더군. 마치 기둥에서 삐져나온 버섯처럼 생긴 녀석이었지. 편미분 방정식을 암산으로 술술 풀어낼 정도로 대단한 녀석인데, 그 친구도 그 문제만은 완전히 두 손 들었대."

3장

수학적 불명예

수학을 여행에 비교한다면 그것은 잘 닦인 고속도로를 따라가는 여행이 아니라, 낯선 황무지를 정처 없이 헤매는 방랑길과 비슷하다. 여행자는 이곳에서 종종 길을 잃기도 한다. 황무지의 지도는 여행자에게서 날아온 '엄정함'이라는 신호에 의해 만들어진다. 그러나 일단 지도의 한 부분이 만들어지면 여행자는 이미 그곳에 없다.

– 앵글린(W. S. Anglin)

레온하르트 오일러(Leonhard Euler)

"어린 시절, 〈페르마의 마지막 정리〉를 처음 본 이후로, 제 인생의 유일한 목표는 그 정리를 증명해 내는 것이었습니다." 앤드루 와일즈는 다소 머뭇거리는 말투로 자신의 지난 날들을 이렇게 회상했다. 그는 〈페르마의 마지막 정리〉를 증명하기 위해 살아온 사람이었다. "이 문제가 지난 300여 년 동안 해결되지 않은 채로 남아 있다는 사실을 알게 되었지요. 그런데 학교 친구들 중에는 저만큼 수학에 빠져 있는 아이들이 없었기 때문에, 저는 이 문제를 혼자 힘으로 해결해야겠다고 생각했습니다. 그러던 어느 날, 평소 수학 연구를 많이 하시던 선생님께서 정수론에 관한 책을 한 권 주셨는데 그 책 덕분에 저는 문제 해결의 출발점을 찾을 수 있었어요. 우선 저는 다음과 같은 가정을 세웠습니다. '페르마의 수학적 능력은 내가 알고 있는 다른 수학자들과 비슷하다.'라고 말이죠. 그리고는 페르마가 사용했음 직한 논리들을 총동원하여 베일에 싸인 그의 증명을 재현하려고 안간힘을 썼지요."

꿈 많고 순진했던 소년 와일즈는 몇 세대에 걸친 수학자들이 모두 실패했던 그 일을 자신이 해낼 수 있을 것만 같았다. 다른 사람들이 보기에는 말도 안 되는 무모한 꿈이었지만, 어린 와일즈의 생각에는 얼마든지 가능

한 일이었다. 와일즈는 대담하게도 20세기의 초등학생이 지닌 수학적 지식
은 피에르 드 페르마와 같은 17세기 수학 천재의 수준과 별반 다를 것이 없
다고 생각했다. 이런 순진무구한 생각 덕분에 와일즈는 당대 최고의 지성
들이 간과했던 핵심 포인트를 잡을 수 있었는지도 모른다.

하지만 열성적인 노력에도 불구하고, 모든 계산은 아무런 결론 없이 막
다른 길에서 끝나고 말았다. 머리를 있는 대로 쥐어짜고, 선생님이 주신 책
을 아무리 훑어보아도 갈 길은 막막하기만 했다. 이런 식으로 1년을 보낸
뒤 와일즈는 접근 방법을 바꾸어 유명한 수학자들의 실패 사례를 연구하
기로 했다. "〈페르마의 마지막 정리〉에는 무수히 많은 낭만적 사연들이 담
겨 있습니다. 수많은 사람이 이 문제를 해결하려고 덤벼들었는데, 실패하는
사람들이 늘어날수록 더욱 많은 사람이 도전했지요. 이런 과정을 겪으면서
〈페르마의 마지막 정리〉는 신비감을 더해갔습니다. 18~19세기에 걸쳐, 많
은 수학자가 거의 안 써본 방법이 없을 정도로 다양한 논리를 구사하면서
이 문제에 접근을 시도했어요. 물론 아무도 성공하진 못했지만 당시 10대
소년이었던 저는 과거의 수학자들이 사용했던 방법과 그들이 실패한 이유
를 연구하는 것이 최선이라고 생각했던 거지요."

어린 와일즈는 〈페르마의 마지막 정리〉를 향해 도전장을 던졌던 대표적
인 사람들의 사례를 하나씩 연구하기 시작했다. 그의 첫 연구 대상은 수
학 역사상 가장 방대한 업적을 남긴 수학자, 그리고 페르마와의 전쟁에서
최초로 부분적인 승리를 거둔 수학의 맹장, 바로 레온하르트 오일러였다.

외눈박이 수학자

수학을 창조해 내는 것은 고통스럽고도 신비한 작업이다. 증명의 목적

지는 뚜렷하게 보이는데도 그곳으로 가는 길이 온통 안개에 휩싸여 도중에 길을 잃는 경우가 비일비재하다. 수학자들은 산더미 같은 계산을 끈질기게 해내는 와중에도, 단 하나의 논리적 오류로 인해 모든 계산이 수포로 돌아가는 절망적 사태를 항상 염두에 두고 있어야 한다. 그래도 이 정도면 다행한 경우에 속한다. 아예 길이 없는 최악의 경우도 있을 수 있기 때문이다. 하나의 명제가 '참(true)'이라는 심증을 갖고 그것을 증명하기 위해 수년의 노력을 기울였다가, 결국엔 그 명제가 거짓이라는 허망한 결론을 얻어낸 일화도 많이 있다. 실제로 수학자들은 애초부터 불가능한 증명을 해내기 위해 많은 시간을 보내왔다.

수학 역사를 통틀어 볼 때, 어설픈 증명으로 주변의 동료들에게 민폐를 끼친 수학자는 수도 없이 많다. 그러나 이런 사례를 단 한 번도 남기지 않은 천재 중의 천재가 있었으니, 18세기를 대표하는 전설적인 수학의 천재, 레온하르트 오일러가 바로 그러한 인물이었다. 그는 또한 〈페르마의 마지막 정리〉를 증명하는 데 최초로 희망적인 일보를 내디딘 수학자였다. 오일러는 보통 사람들의 상상을 초월하는 직관력과 기억력을 갖고 있었기에, 아무리 복잡한 계산도 펜을 쓰지 않고 머릿속에서 해치울 수 있었다고 한다. 유럽의 수학자들은 오일러를 가리켜 '분석의 화신'이라 불렀으며, 프랑스 학술원 회원이었던 아라고(F. Arago)는 오일러의 천재성을 이렇게 표현했다. "오일러가 계산하는 모습만 보면 그가 구구단을 외우고 있는지, 아니면 가장 어려운 문제를 풀고 있는지 분간할 수가 없다. 그의 모습은 마치 바람에 몸을 내맡긴 채 활강하는 한 마리의 독수리를 연상케 한다."

레온하르트 오일러는 1707년 바젤 시의 캘빈교 목사였던 파울 오일러의 아들로 태어났다. 어린 시절 그는 수학에 천부적인 소질을 보였으나 그를 신학자로 키우려는 아버지의 강요 때문에 젊은 시절 경력의 대부분을 교회에서 쌓았다. 레온하르트는 아버지의 뜻을 받들어 바젤 대학에서 신학과

히브리어 공부에 전념했다.

다행스럽게도 바젤 시는 당대에 명성을 떨치던 베르누이(Bernoulli) 가문의 본산이었다. 베르누이 가문은 3대에 걸쳐 유럽 최고의 수학자를 배출해낸 명문 집안이었는데, 당시 세간에는 '음악 집안은 바흐, 수학 집안은 베르누이'라는 소문이 돌 정도였다. 베르누이 가의 명성이 수학계뿐 아니라 유럽 전 지역에 널리 알려져 있었음을 보여주는 재미있는 일화가 하나 있다. 어느 날 다니엘 베르누이(Daniel Bernoulli)가 유럽 횡단여행을 하던 중 낯선 사람과 대화를 나누게 되었다. 어느 정도 대화가 오간 뒤에 다니엘은 자신의 이름을 밝혔다. "저는 다니엘 베르누이라고 합니다." 그러자 낯선 사람은 약간 빈정대는 투로 자기 소개를 했다. "그래요? 그러면 저는 아이작 뉴턴입니다." 다니엘은 뒷날 이 일을 회상하면서 자기를 뉴턴과 비슷한 사람으로 대해준 그 이방인에게 감사한다고 했다.

다니엘 베르누이와 니콜라우스 베르누이(Nikolaus Bernoulli)는 오일러와 가까운 친구로 지내면서 인류 역사상 가장 위대한 수학 천재가 가장 별 볼일 없는 신학자로 주저앉아 있음을 알게 되었다. 그들은 오일러가 수학 공부를 해야 한다며 간곡하게 파울 오일러를 설득했다. 파울은 과거에 다니엘의 큰아버지인 야코프 베르누이(Jakob Bernoulli)에게 수학을 배운 적이 있었으며, 베르누이 집안을 무척 존경하고 있었으므로, 결국 내키지는 않았지만 자신의 아들 오일러가 설교가 아닌 수학을 위해 이 세상에 태어난 존재임을 인정하게 되었다.

레온하르트 오일러는 곧 고향 스위스를 떠나 베를린에서 수학 공부를 시작했고, 베를린과 페테르부르크에 수년간 머물면서 수학사에 길이 남을 업적을 여러 개 이루어냈다. 페르마가 살아 있던 시대의 수학자는 대부분 숫자를 가지고 노는 아마추어들이었으나, 18세기의 수학자는 전문성을 띤 문제해결사로 인정을 받고 있었다. 수에 관한 사람들의 개념은 이 시대에 엄청난 변화를 겪었는데, 변화의 주된 원인은 바로 한 사람의 물리학자, 아이작 뉴턴 경 때문이었다.

뉴턴은 수학자들이 의미 없는 수수께끼를 풀면서 시간을 낭비한다고 생각했다. 그는 수학을 물리적 세계에 적용하여 행성의 공전궤도부터 포사체의 궤적에 이르기까지 거의 모든 것을 계산해 냈다. 뉴턴이 세상을 떠난 1727년에는 과학혁명이 전 유럽 대륙에 퍼져 있었고 같은 해에 오일러는 자신의 첫 번째 논문을 출판했다. 이 논문에는 매우 우아하고도 혁명적인 수학 개념들이 소개되어 있었으나 논문의 주된 목적은 배의 돛대를 세울 때 발생하는 문제를 기술적으로 해결하려는 것이었다.

당시 유럽의 실권을 장악하고 있던 사람들은 종교적 개념이나 추상적 개념들을 수학적으로 다루는 데 전혀 관심을 두지 않고 있었다. 그들은 실제적인 문제를 해결하는 데 수학을 사용했으며, 과학혁명의 물결을 따라 훌륭한 수학자들을 고용하려는 유치 경쟁을 벌이고 있었다. 오일러는 차르 황제 밑에서 전문 수학자 생활을 시작했다. 그 후 프러시아 황제 프리드리히(Friedrich)의 초청을 받아 베를린 학술원에서 연구 활동을 계속했다. 나중에 그는 다시 예카테리나 2세(Ekaterina II) 황제가 다스리는 러시아로 돌아와 여생을 그곳에서 보내게 된다. 오일러는 재직 기간에 재정운영 문제를 비롯하여 음향, 관개시설 등에 이르기까지 매우 다양한 분야에서 천재성을 발휘했다. 그리고 이런 실용적인 문제들에 매달려 살면서도 그의 주특기인 순수수학적 재능은 전혀 퇴보하지 않았다. 오히려 일상적인 문제들을 해결하면서 그로부터 순수수학적 영감을 얻어낼 정도로 그의 수학적 감각은 탁월했다. 수학을 향한 그의 열정은 아무도 말릴 수가 없었다. 하루에 몇 편의 논문을 쉬지 않고 써내는가 하면, 저녁 식사를 하라고 한 번 부른 뒤 다시 한 번 부르는 그 짧은 시간 사이에 한 편의 논문에 해당하는 계산을 끝낼 정도였다. 그는 시간을 낭비하는 일도 전혀 없었다. 우는 아이를 한 손으로 달래면서 다른 한 손으로 새로운 수학정리를 증명하는 것이 그의 일상생활이었다고 한다.

오일러가 남긴 가장 위대한 업적 중의 하나는 '반복연산 방식(algorithmic method)'이다. 오일러는 해결이 불가능한 듯이 보이는 문제들을 해결하기 위해 반복연산 방식을 개발했다. 이것이 적용될 수 있는 대표적인 예로는 달의 위치를 정확하게 예측하는 문제를 들 수 있다(이것은 항해일지를 작성하는 데 반드시 필요한 정보이다). 공전하는 행성의 궤도는 이미 뉴턴에 의해 완벽하게 계산되어 있었다. 그러나 뉴턴은 단 하나의 행성이 하나의 항성(태양)을 중심으로 공전하는 단순한 경우에 한하여 궤도를 계산했다. 따라서 달의 정확한 궤도를 계산하려면 다른 효과들을 고려해야만 했다. 달은 지구 주위를 돌고 지구는 또 태양을 중심으로 공전하고 있으므로 뉴턴의 이상적인 모델만으로는 계산이 불가능한 상황이었다. 지구와 달이 서로를 잡아끄는 동안 태양 역시 지구에 인력을 행사하여 지구의 위치를 변화시키기 때문에, 복잡하고 난해한 문제였다. 인력을 주고받는 물체가 두 개인 경우라면 운동 방정식을 세워 정확한 위치를 계산할 수 있지만, 인력을 주고받는 세 개의 물체를 한꺼번에 다루는 것은 18세기 수학자들에게는 무리였다. 흔히 '3체 문제(three-body problem)'라 부르는 이 난해한 문제는 오늘날의 수학자들조차 완벽한 해를 구하지 못하고 있다.

오일러는 항해사들이 배의 위치를 몇 cm 단위까지 정확하게 알아야 할 필요가 없음을 상기했다. 항해에 지장이 없는 정도, 즉 몇 km 이내의 오차는 계산 도중 발생해도 별 무리가 없다는 것이다. 이리하여 오일러는 비록 완벽한 해답은 아니지만 항해에 전혀 지장이 없을 정도의 근사치에 가까운 해답을 얻어내는 방법을 개발하기로 했다. 이것이 바로 그 유명한 반복연산 방법, 즉 알고리즘(algorithm)으로서, 하나의 알고리즘에서 대략적인 해답을 얻어낸 뒤 이것을 다시 알고리즘에 대입하여 좀 더 정확한 해답을 얻는 방법이다. 물론 이 과정을 여러 번 되풀이할수록 점점 더 정확한 해답을 얻을 수 있다. 오일러는 자신의 알고리즘을 100여 차례 반복 계산하여 달의 위치를 만족할 만큼 정확하게 계산할 수 있었으며, 이 결과를 토대로 계산한 배의 위치 역시 놀랄 정도로 정확했다. 그는 이 계산법을 영국 해군에게 전수하여 상금으로 300파운드를 받았다.

오일러는 점차 사람들 사이에서 '어떤 문제가 주어지든 무조건 풀어내는' 수학의 대가로 소문이 나기 시작했다. 게다가 그는 과학 밖의 영역에서도 뛰어난 재능을 발휘했다. 예카테리나 여왕 밑에서 일하던 시절, 오일러는 프랑스 출신의 위대한 철학자 드니 디드로(Denis Diderot)를 알게 되었다. 디드로는 확고한 무신론자로서 러시아 전역을 돌아다니며 사람들에게 무신론을 전파했다. 이에 격노한 예카테리나 여왕은 오일러를 불러 디드로의 행각을 어떻게든 중지시켜 달라고 부탁했다.

오일러는 잠시 생각에 잠기더니 신이 존재한다는 사실을 수학적으로 증명할 수 있다고 큰소리를 쳤다. 여왕은 오일러와 디드로를 왕궁으로 불러들여 신학에 관한 토론의 장을 마련해 주었다. 토론이 시작되자 오일러는 벌떡 일어나 청중을 향해 소리쳤다.

"여러분, $\dfrac{\sqrt{a+b^n}}{n} = x$ 입니다. 그러므로 신은 존재합니다. 이의 있습니까?"

디드로는 오일러의 수식이 무슨 뜻을 담고 있는지 전혀 알 길이 없었으므로 유럽 최고의 수학자 앞에서 침묵을 지킬 수밖에 없었다. 결국, 그는 오일러에게 한 방 맞은 뒤 페테르부르크를 떠나 파리로 돌아갔다. 이 사건 후로 오일러는 옛날에 공부했던 신학에 다시 관심을 가지면서 한동안 신과 인간의 본성에 관한 몇 가지 정리를 수학적으로 증명하여 출판하기도 했다.

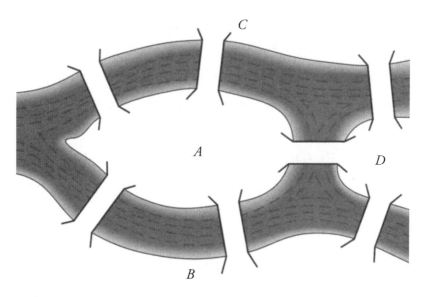

〈그림 7〉 프레골랴 강은 쾨니히스베르크 시를 네 개의 구획으로 나누고 있으며(A, B, C, D), 각각의 구획은 일곱 개의 다리로 연결되어 있다. 그렇다면 한 다리를 두 번 이상 건너지 않으면서 일곱 개의 다리를 한 번에 모두 건널 수 있을 것인가?

쾨니히스베르크의 시민들은 여러 가지 방법으로 시도해 보았지만 어느 다리이건 두 번을 건너지 않고는 일곱 개의 다리를 모두 건널 수가 없었다. 오일러 역시 해답을 찾지 못했는데, 대신 그는 해답이 존재하지 않는 이유를 논리적으로 설명하는 데 성공했다.

오일러의 변덕스런 기질을 보여주는 또 하나의 일화로, 러시아의 쾨니히스베르크 시에 놓여 있는 다리에 관한 문제를 들 수 있다(이 도시의 현재 명칭은 칼리닌그라드이다). 프레골랴 강의 강둑을 따라 세워진 이 도시는 강줄기에 의해 네 개의 구역으로 나뉘어져 있으며, 각 지역을 연결하는 일곱 개의 다리가 〈그림 7〉과 같이 놓여져 있었다. 어느 날, 수수께끼를 좋아하던 쾨니히스베르크의 한 시민이 다음과 같은 질문을 던졌다. "한 다리를 두 번 이상 건너지 않으면서 일곱 개의 다리를 한 번에 모두 건널 수 있을까?"

오일러는 도시의 평면도에서 시작하여 〈그림 8〉과 같이 도시의 각 구획

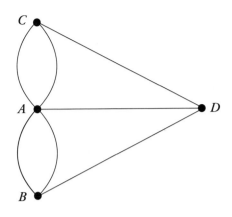

〈그림 8〉 쾨니히스베르크의 다리를 도식적으로 표현한 그림

은 점으로, 다리는 선으로 단순하게 표현한 일종의 개념도를 그려냈다. 그리고는 각각의 선을 한 번씩만 통과하면서 *A, B, C, D*점을 모두 지나가기 위해서는 하나의 점에 연결된 선의 개수가 모두 짝수여야 한다는 결론을 내렸다. 왜냐하면 임의의 한 구획(점)을 조건에 맞게 통과하기 위해서는 들어가는 다리(선)와 나오는 다리가 별도로 존재해야 하기 때문이다. 그런데 이 법칙에는 두 가지 예외가 있다. 바로 출발점과 종착점이다. 출발점에서는 나가는 다리 하나만 있으면 되고, 종착점 역시 들어오는 다리 하나만 있으면 문제될 것이 없다. 그러므로 출발점과 종착점이 서로 다른 경우, 이 두 개의 지점만은 홀수 개의 다리로 연결되어 있어도 조건에 맞는 여행을 할 수 있다(흔히 이것을 '한 줄 그리기'라고 표현한다). 그러나 출발점과 종착점이 같은 경우라면 모든 점이 짝수 개의 선으로 연결되어 있어야 한 줄 그리기가 가능하다.

이러한 논리를 바탕으로 오일러는 다음과 같은 최종 결론을 내렸다. "일반적으로 여러 개의 다리를 중복 없이 한 번에 모두 건널 수 있으려면 모든 구획마다 짝수 개의 다리가 놓여 있거나, 여러 개의 구획들 중 단 두 개의 구획만이 홀수 개의 다리를 갖고 있어야 한다."

쾨니히스베르크 시의 경우는 네 개의 구획들이 모두 홀수 개의 다리를 갖고 있으므로(B, C, D 구획은 세 개, A 구획은 다섯 개) 중복 없이 한 번에 모든 다리를 건널 수 없었던 것이다. 이 논리는 전 세계의 모든 도시, 모든 다리에 똑같이 적용할 수 있다. 이 얼마나 단순하고 아름다운 논리인가! 그러나 오일러에게 이 정도는 저녁 식사 전에 잠시 심심풀이로 끄적거려 해답을 얻어낼 수 있는 연습문제에 불과했다.

쾨니히스베르크의 다리와 같은 유형의 문제는 오늘날 응용수학 분야에서 '연결망 문제(network problem)'로 알려져 있다. 그러나 오일러는 여기서 끝내지 않고 자신의 논리를 확장하여 더욱 일반적인 규칙을 찾아냈다. 이것이 이른바 '연결망 공식(network formula)'으로, 선과 점으로 이루어진 모든 종류의 도형에 적용할 수 있는 가장 일반적인 법칙이다. 연결망 공식은 간단한 논리로 증명될 수 있으며, 그 내용은 다음과 같다.

$$V + R - L = 1,$$

여기서,

V = 도형 속에 포함된 꼭짓점과 교차점의 수

L = 도형 속에 포함된 선의 수

R = 도형 속에 포함된 닫힌 영역(직선, 또는 곡선으로 완전하게 닫힌 영역)의 수

오일러는 다음과 같이 주장했다. "어떤 도형이든 간에 그 도형 안에 포함된 교차점(꼭짓점)의 수에 닫힌 영역의 수를 더하고, 거기에서 선의 수를

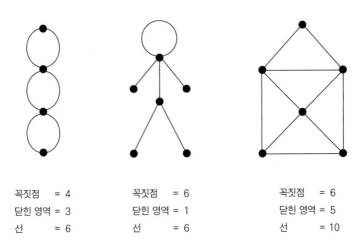

꼭짓점 = 4	꼭짓점 = 6	꼭짓점 = 6
닫힌 영역 = 3	닫힌 영역 = 1	닫힌 영역 = 5
선 = 6	선 = 6	선 = 10

〈**그림 9**〉 모든 도형은 오일러의 '연결망 공식'을 만족한다.

빼면 항상 1이 남는다." 〈그림 9〉에 예시된 도형들은 이 공식을 모두 만족한다.

그런데 모든 종류의 도형이 연결망 공식을 만족한다는 것을 어떻게 증명할 것인가? 가장 단순하고 무식한 방법은 실제로 모든 종류의 도형을 다 그려보고 일일이 확인하는 것이다. 단 하나의 예외도 없이 모든 가능한 도형이 이 공식을 만족해야만 연결망 공식을 하나의 법칙으로 인정할 수 있다. 그러나 다른 과학 분야에서는 이런 식의 증명이 가능할 수도 있겠지만, 수학에서는 '천만의 말씀'이다(우선 모든 가능한 도형을 일일이 확인하는 데 무한대의 시간이 걸릴 것이며, 어떤 괴물이 이 작업을 해냈다 해도 연결망 공식이 '왜' 성립하는지는 여전히 알 길이 없다: 옮긴이). 이 공식을 증명하는 유일한 방법은 모든 종류의 도형에 공통적으로 적용될 수 있는 간단하고도 명료한 논리를 구축하는 것이다. 오일러가 시도했던 방법도 바로 이것이었다.

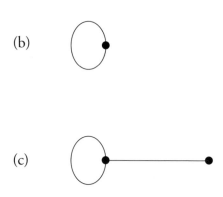

〈그림 10〉 오일러는 연결망 공식을 증명하기 위해, 우선 가장 단순한 도형이 연결망 공식을 만족한다는 것을 보인 뒤에 이로부터 확장된 모든 도형이 같은 공식을 만족시킨다는 논리를 사용했다.

우선 오일러는 〈그림 10〉 (a)처럼 단 하나의 점(꼭짓점)만으로 이루어진 가장 단순한 도형에서 출발했다. 이 도형은 분명히 연결망 공식을 만족하고 있다. 하나의 꼭짓점만 있을 뿐 닫힌 영역과 선은 하나도 없으므로,

$$V + R - L = 1 + 0 - 0 = 1$$

이 만족되는 것이다. 오일러가 다음으로 고려한 것은 두 번째로 단순한 도형, 즉 하나의 꼭짓점에 하나의 선을 연결한 경우였다. 이 선은 닫힌 폐곡선이 될 수도 있고, 기존의 점에서 시작하여 다른 새로운 점에서 끝나는 직선(또는 곡선)이 될 수도 있다.

우선, 닫힌 폐곡선의 경우를 살펴보자. 〈그림 10〉 (b)에서 보는 것과 같

이 하나의 점에 폐곡선이 추가되면 이와 더불어 하나의 닫힌 영역이 생긴다. 따라서 이 경우에도 연결망 공식은 여전히 성립한다($V + R - L = 1 + 1 - 1 = 1$). 여기에 새로운 폐곡선을 계속해서 추가해 나간다 해도 하나의 폐곡선이 추가될 때마다, 하나의 선과 하나의 닫힌 영역이 동시에 생겨나기 때문에 공식은 여전히 성립하게 된다.

둘째로, 원래의 꼭짓점과 새로운 꼭짓점 사이를 선으로 연결한 경우를 살펴보자. 이것은 〈그림 10〉(c)에 나타나 있다. 이 경우에도 하나의 꼭짓점과 하나의 선이 추가로 생기므로 연결망 공식이 여전히 성립한다. 여기에 새로운 선을 계속해서 붙여 나간다 해도 하나의 직선이 추가될 때마다 하나의 선과 하나의 꼭짓점이 동시에 생기므로 공식은 항상 성립하게 된다.

오일러의 증명은 이것으로 끝난다. 하나의 꼭짓점만 있는 가장 단순한 도형에 대하여 연결망 공식이 성립됨을 보인 뒤, 단계적으로 도형의 구조를 늘려나가면서 같은 공식이 성립한다는 사실을 증명한 것이다. 그런데 오일러는 단 두 가지의 확장법에 대해서만 증명을 하고는 펜을 놓아버렸다. 왜 그랬을까? 그것만으로 충분하기 때문이다. 아무리 복잡한 도형이라 해도 위에 서술한 두 가지의 도형 확장법(폐곡선 추가, 또는 선의 추가)을 적절히 사용하여 만들 수 있기 때문에, 오일러의 논리는 이미 '상상 가능한 모든 도형'을 포함하고 있는 것이다. 따라서 오일러의 '연결망 공식'은 무한히 많은 도형에 대하여 항상 성립하는 법칙이 될 수 있다.

오일러가 〈페르마의 마지막 정리〉와 처음 대면했을 때, 그는 이와 비슷한 논리를 사용하여 증명하려고 했었다. 〈페르마의 마지막 정리〉와 연결망 공식은 전혀 다른 분야의 수학 문제임에도 불구하고 하나의 공통점을 갖고 있다. 즉 이들은 모두 무한히 많은 대상에 적용되는 법칙이라는 점이다. 연결망 공식은 임의의 도형에서 꼭짓점과 닫힌 영역의 수를 더한 뒤 선의 수를 빼면 항상 1이 된다는 사실을 말해 주고 있다. 아무리 복잡한 도형이라 해도 여기서 예외가 될 수 없다. 한편 〈페르마의 마지막 정리〉는 무한히 많은 종류의 방정식에 정수해가 존재하지 않는다고 주장하고 있다. 〈페르마의 마지막 정리〉를 다시 한 번 살펴보자.

$x^n + y^n = z^n$, n이 3 이상의 정수일 때, 이 방정식은 정수해(x, y, z)를 갖지 않는다.

이 방정식은 정수 n값에 따라 다음과 같이 무한히 많은 방정식으로 표현된다.

$$x^3 + y^3 = z^3,$$
$$x^4 + y^4 = z^4,$$
$$x^5 + y^5 = z^5,$$
$$x^6 + y^6 = z^6,$$
$$x^7 + y^7 = z^7,$$
$$\vdots$$

오일러가 가장 단순한 도형에서 출발하여 연결망 공식을 증명했던 것처럼, 이들 중 어느 하나의 방정식에 정수해가 없음을 먼저 증명한 뒤에 논리의 적용 범위를 늘려가는 그럴듯한 방법을 찾으면 〈페르마의 마지막 정리〉가 임의의 정수 n에 대하여 완전하게 증명되리라고 생각했다.

일단 시작은 순조로웠다. 《아리스메티카》의 한 귀퉁이에서 페르마의 또 다른 주석이 발견된 것이다. 페르마는 자신의 정리에서 $n = 4$인 경우에 대하여 정수해가 없음을 이미 증명해 놓았었는데, 이 주석이 다른 문제의 주석들과 한데 섞여 있어서 그동안 발견되지 않고 있었던 것이었다. 페르마가 남겨놓은 이 증명은 《아리스메티카》에 휘갈겨 쓴 그의 주석 중에서 가장 자세하게 기록된 편이었지만, 완전한 증명으로 보기에는 여전히 빠진 구석이 많았다. 게다가 페르마는 또다시 여백이 좁다는 이유로 증명을 제대로 끝내지도 않았다. 그러나 거기에는 귀류법적인 논리가 분명하게 드러나 있었으므로 수학을 조금만 아는 사람이라면 누구나 쉽게 페르마의 부분 증명($n = 4$인 경우)을 재현할 수 있었다.

$x^4 + y^4 = z^4$을 만족하는 정수해가 없음을 증명하기 위해, 페르마는 일단 정수해가 '있다'고 가정한 뒤, 이로부터 파생되는 논리적 모순점을 찾아냈다. 여기서 잠시 페르마의 증명을 개략적으로 살펴보자. $x^4 + y^4 = z^4$을 만족하는 정수해가 있다고 가정했으므로 그 정수해를,

$$x = X_1, \qquad y = Y_1, \qquad z = Z_1,$$

으로 놓는다. 이 세 개의 정수해(X_1, Y_1, Z_1)의 성질을 잘 분석해 보면 기존의 방정식을 만족하면서 이보다 작은 값을 갖는 또 다른 정수해(X_2, Y_2, Z_2)가 반드시 존재해야 한다는 것을 증명할 수 있다(자세한 수학적 과정은 독자들을 따분하게 할 것 같아 생략하기로 한다). 그리고 새로 얻은 정수해에 똑같은 논리를 적용하면 이보다 작은 정수해(X_3, Y_3, Z_3)가 또 존재해야 하며, 이런 상황은 끝없이 반복된다.

이 과정은 이론상 무한히 반복될 수 있으므로, '무한히 작은' 정수해를 구할 수 있다는 결론이 자연스럽게 내려진다. 그러나 x, y, z가 정수라는 사실을 주목하자. 무한히 작은 정수란 결코 있을 수가 없다. 따라서 이 반복되는 과정은 어디선가 끝나야만 한다. 그런데 논리의 결과는 이 과정이 끝없이 반복될 수 있다고 했으므로 이것은 명백한 모순이다. 무엇 때문에 이런 모순된 결과가 나왔을까? 바로 $x^4 + y^4 = z^4$을 만족하는 정수해(X_1, Y_1,

Z_1)가 존재한다는 가정이 틀렸기 때문이다. 이러한 논리를 사용하여 페르마는 $n = 4$인 특별한 경우에 한하여 정수해가 존재하지 않는다는 자신의 정리를 증명할 수 있었다(물론 그는 3 이상의 모든 n값에 대하여 증명을 했다고 주장했다. 다만 그것을 기록으로 남기지 않았을 뿐이다).

오일러는 이 증명을 출발점으로 삼아 모든 방정식(모든 n값)에 대한 증명을 유도해 내고자 했다. 그런데 순차적인 단계를 밟으려면 $n = 3$인 경우($x^3 + y^3 = z^3$)에도 정수해가 없음을 먼저 증명해야 했으므로, 그는 우선 이 증명부터 해치우기로 결심했다. 1753년 8월 4일, 오일러는 프로이센 수학자 크리스티안 골드바흐(Christian Goldbach)에게 보내는 편지 속에, 자신이 페르마가 사용했던 것과 비슷한 방법으로 $n = 3$인 경우에도 정수해가 없다는 사실을 증명하는 데 성공했다고 적고 있다. 〈페르마의 마지막 정리〉가 탄생한 지 100여 년 만에, 드디어 한 사람의 천재가 부분적으로나마 페르마의 화두에 해답을 찾아낸 것이다.

$n = 4$인 경우에 대한 페르마의 증명을 $n = 3$인 경우에 적용하기 위해, 오일러는 16세기 유럽의 수학자들이 발견했던 괴상한 성질의 수, 이른바 '허수(imaginary number)'의 개념을 도입했다. 새로운 수가 '발견되었다'는 말은 어찌 보면 있을 수 없는 일처럼 들리지만 사실 이것은 우리가 일상적으로 사용하고 있는 수에 너무나 익숙해져 있어서 수의 일부가 발견되지 않았던 시절이 있었다는 사실을 거의 잊고 있기 때문이다. 음수와 분수, 그리고 무리수 역시 수학자들이 과거의 어느 날 '발견한' 수이다. 그들은 기존의 수만으로는 해답을 구할 수 없는 난해한 문제를 놓고 전전긍긍하다가 새로운 수의 개념을 하나둘씩 발견해왔던 것이다.

수의 역사는 가장 단순한 양의 정수(1, 2, 3, …), 즉 자연수(natural number)에서 시작되었다. 자연수는 양의 머릿수나 금화를 셀 때 자연스럽게 사용되며 덧셈이 가능하다. 다시 말해서, 자연수와 자연수를 더하면 그 결과는 항상 자연수가 된다. 마찬가지로 자연수와 자연수를 곱한 결과 역시 항상 자연수이므로 덧셈과 곱셈만 한다면 자연수만으로도 충분하다. 그러나 나 눗셈이라는 연산이 도입되면서 자연수의 체계는 심각한 난관에 봉착했다. 8을 2로 나누면 4가 되지만, 2를 8로 나누면 그 결과는 더 이상 자연수로 표현할 수 없기 때문이다. 지금은 초등학생도 알고 있는 이 연산의 답은 $\frac{1}{4}$, 즉 자연수가 아니라 분수이다.

자연수를 자연수로 나누는 연산 자체는 매우 단순하지만 정확한 답을 얻으려면 수의 개념을 확장시켜야 한다. 아무리 어려운 질문이라 해도 마 땅한 해답을 내리지 못하는 것은 수학자에게 있어 너무나 자존심 상하는 일이었기에, 그들은 기어이 해답을 찾아내고야 말았다. 그리고 다시는 이런 난처한 상황에 빠지지 않기 위해 '완전성(completeness)'이라는 개념을 만들 어냈다. 자연수만으로 나눗셈을 하다 보면 분수의 도움 없이는 도저히 답 을 낼 수 없는 경우가 분명히 있다. 이런 경우, 수학자들은 다음과 같이 말 한다. "완전성을 유지하려면 분수가 필요하다."

인도의 수학자들 역시 완전성을 추구하던 중에 음수를 발견했다. 5에서 3을 빼면 2가 되지만 반대로 3에서 5를 빼면 더 이상 자연수로 답을 낼 수 없게 된다. 뺄셈이라는 연산에서도 완전성이 보장되려면 무언가 다른 수가 도입되어야만 했다. 이렇게 발견된 수가 바로 음수이다. 그 당시 일부 수학 자들은 음수의 개념을 별로 좋아하지 않아서 '불합리한 수', 또는 '허구의 수'라 부르며 음수를 푸대접했다. 금화 한 개나 금화 $\frac{1}{2}$개는 머릿속에 그릴 수 있지만, '금화 -1개'라는 상황을 머릿속에 그리는 것은 당시로서는 결코 쉬운 일이 아니었을 것이다.

고대 그리스 수학자들도 완전성을 추구했다. 그리고 그 덕분에 발견된 것이 무리수(irrational number)였다. 2장에서 언급했던 질문을 다시 한 번 던 져보자. "자기 자신을 두 번 곱하면 2가 되는 수, 즉 $\sqrt{2}$는 어떤 수인가?" 그

〈그림 11〉 모든 수들은 양쪽으로 무한히 뻗어 있는 수직선상의 한 점을 점유하고 있다.

리스인들은 $\sqrt{2}$가 $\frac{7}{5}$과 거의 비슷하다는 사실을 알고 있었다. 그러나 정확한 값을 얻으려고 아무리 계산을 해봐도 그들이 사용하던 수의 체계 안에서는 도저히 찾을 수가 없었다. $\sqrt{2}$는 정수도, 분수도 아니었던 것이다. 그러나 '2의 제곱근은 얼마인가?'라는 간단한 질문에 답하기 위해서는 이 괴상야릇한 수도 정상적인 수의 범주에 포함시켜야만 했다. 모든 연산에 대해 완전성을 유지하기 위하여, 이처럼 수학자들은 수의 왕국에 다양한 식민지를 합병해 왔던 것이다.

르네상스 시대의 수학자들은 자신들이 이 우주 내에 존재하는 모든 종류의 수를 알고 있다고 철석같이 믿고 있었다. 그들이 알고 있던 모든 수들은 〈그림 11〉과 같이 무한히 긴 수직선상의 한 점을 점유하고 있었다. 이들 중 정수는 일정한 간격으로 배열된 점들로 표시되는데, 수직선의 중앙에 위치한 0을 중심으로 오른쪽에는 양의 정수, 왼쪽에는 음의 정수가 순차적으로 분포되어 있다. 분수는 정수들 사이에 끼여 있는 점으로 표시되며, 무리수는 또 분수들 사이에 끼여 있는 점으로 표시된다.

이 수직선의 형태를 보면 앞에서 말한 '완전성'이 분명하게 보장되어 있음을 알 수 있다. 수직선상에는 비어 있는 점이 하나도 없다. 모든 점마다 특정한 수가 배당되어 있기 때문에 어떤 연산이든 이 수직선에 포함되는 수로 답을 낼 수 있다. 더 이상의 새로운 수를 첨가할 자리도 없고, 첨가할 필요도 없어 보인다. 그러던 어느 날, 16세기의 수학계가 갑자기 술렁대기 시작했다. 이탈리아의 수학자 라파엘로 봄벨리(Rafaello Bombelli)가 여러 가지 수들의 제곱근을 연구하던 중 도저히 대답할 수 없는 질문 하나를 제기한 것이다.

그의 질문은 이런 것이었다. "1의 제곱근, 즉 $\sqrt{1}$은 1이다. $1 \times 1 = 1$이기 때문이다. 또한 −1도 답이 될 수 있다. 음수를 두 번 곱하면 양수가 되어, $(-1) \times (-1) = +1$이기 때문이다. 따라서 +1의 제곱근은 +1과 −1 두 개이다. 제곱근이 여러 개 있는 것은 문제가 되지 않는다. 그런데 −1의 제곱근은 얼마인가?" 사실 이 문제는 해결이 불가능했다. 같은 수를 두 번 곱한 결과는 항상 양수이기 때문에 +1이나 −1은 −1의 제곱근($\sqrt{-1}$)이 될 수 없었다. 수직선 상에는 $\sqrt{-1}$을 위한 자리가 전혀 마련되어 있지 않았던 것이다. 그러나 수학자들은 이런 단순한 질문 하나 때문에 완전성을 포기할 수 없었다. 그래서 그들은 구겨진 자존심을 추스르며 하는 수 없이 새로운 수의 개념을 받아들여야 했다.

봄벨리의 질문에 대답하기 위하여 새롭게 탄생한 수, 이것이 바로 i라는 단위로 표현되는 '허수'였다. '−1의 제곱근, 즉 $\sqrt{-1}$은 얼마인가?'라는 난해한 질문에 어떻게든 답을 내보려고 억지로 만들어낸 듯한 인상을 주긴 하지만, 사실 음수라는 개념이 처음 도입되던 시절에도 이와 비슷한 과정을 거쳤다. '0에서 1을 빼면 얼마인가?'라는 황당한 질문에 봉착한 인도의 수학자들은 어떻게든 답을 내보려고 안간힘을 쓰다가 기존의 양수만으로는 답을 낼 수 없음을 알고 어쩔 수 없이 음수의 개념을 도입했다. 허수의 경우와 다른 점이 있다면, 음수는 우리의 일상생활 속에서 직접 응용할 수 있는 반면(예를 들어 '채무'나 '과거의 시간' 등은 음수로 표현하는 것이 편리하다), 허수는 응용할 만한 분야가 거의 없다는 것이다. 17세기 독일 수학자 고트프리트 라이프니츠(Gottfried Leibniz)는 허수의 성질을 다음과 같이 설명했다. "허수란 존재와 비존재 사이를 넘나드는 신성한 존재가 자신의 존재를 인간에게 보여주기 위해 만들어낸 멋진 도구이다."

일단 −1제곱근($\sqrt{-1}$)을 i로 정의해 두면 $2i$라는 허수도 가능하게 된다. 이 것은 $i+i$로 표현할 수 있기 때문이다($2i$는 $\sqrt{-4}$에 해당한다). 마찬가지로 i를 2로 나눈 $\frac{i}{2}$도 엄연한 허수이다. 몇 가지 간단한 연산을 해보면 허수의 종 류는 실수(real number: 정수, 분수, 무리수의 통칭)만큼이나 다양하다는 사 실을 알 수 있다. 정수의 허수, 음의 허수, 분수의 허수, 무리수의 허수 등 허 수의 체계는 그동안 수학자들이 다루어왔던 실수의 체계와 매우 유사하다.

허수가 발견되자, 곧바로 곤란한 문제가 생겼다. 기존의 수직선은 이미 정수와 분수, 그리고 무리수로 만원사례를 이루어 허수가 끼어들 틈이 전 혀 없었던 것이다. 그리하여 수학자들은 기존의 수직선을 실수축이라는 이 름으로 바꾸고, 원점(0이 있는 위치)에서 실수축과 수직으로 교차하는 새 로운 허수직선, 즉 허수축을 도입하기에 이른다. 따라서 '수'는 이제 더 이 상 일차원의 선에 국한되지 않는, 2차원 평면상의 한 점이 되었다(《그림 12》 참조). 순허수(pure imaginary number)와 실수는 각각 허수축과 실수축 상의 한 점으로 표현되지만, 허수와 실수가 복합되어 있는 수($1+2i$ 따위)는 축에 서 벗어난 평면상 임의의 한 점으로 표현되며, 이런 수에는 복소수(complex number)라는 이름이 붙여졌다.

한 가지 놀라운 것은, 일상적인 방정식을 풀 때에도 복소수가 사용될 수 있다는 사실이다. 예를 들어, $3+4i$의 제곱근을 계산할 때는 또다시 새로운 수를 도입할 필요가 없다. 그 답은 또 하나의 복소수인 $2+i$이다($2+i$를 두 번 곱하면 $3+4i$가 된다. 학창 시절의 추억을 떠올리며 한 번쯤 계산해 보기를 권 한다: 옮긴이). 다시 말해서, 수의 체계에 허수가 도입됨으로써 이제 더는 새 로운 수를 도입할 필요가 없어졌다는 뜻이다. 수학의 수는 '복소수'라는 이 름으로 그 파란만장한 여행에 종지부를 찍었다.

허수는 음수의 제곱근을 뜻하는 수이지만 수학자들은 i(허수 단위)를 자 연수나 음수처럼 일상적인 수로 취급한다. 물리학자들은 한술 더 떠서, 실

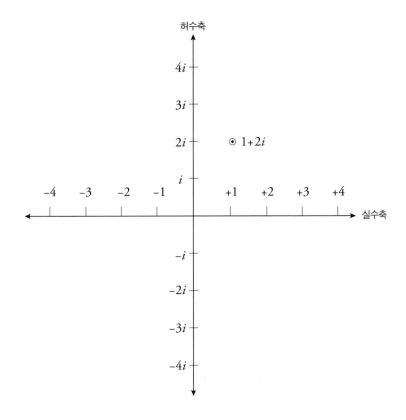

〈그림 12〉 수평으로 뻗어 있는 실수축(수평선)에 수직 방향으로 뻗은 허수축을 추가하면 수에 대한 2차원 평면이 얻어진다. 임의의 실수에 임의의 허수를 더한 가장 일반적인 수(복소수)는 평면상의 한 점으로 표시된다.

제 세계의 자연 현상을 서술할 때 허수를 가장 훌륭한 언어로 사용한다. 단진자와 같이 주기적으로 반복되는 운동의 경우, 운동 방정식의 해를 구하는 가장 이상적인 방법은 우선 복소수의 형태로 해를 구한 뒤 약간의 손질을 거쳐 실수화하는 것이다. 전문 용어로 '단진동(sinusoidal oscillation)'이라 부르는 이런 종류의 운동은 자연계의 곳곳에서 쉽게 관측되는데, 이것을 수학적으로 서술하기 위해 허수(복소수)가 필수적으로 도입된다. 오늘날에는 전기공학자들도 진동하는 전류를 표현하는 수단으로 허수 i를 사용하고 있으며, 이론 물리학자들은 물체의 존재 확률을 나타내는 양자역학적 파동함수를 복소수에서 만들어냈다.

순수수학자들 역시 과거에 풀지 못했던 문제들을 해결하는 수단으로 허수를 이용해 왔다. 그리하여 오일러는 2차원으로 확장된 복소수의 개념을 도입하여 〈페르마의 마지막 정리〉를 증명하기로 마음먹었다.

오일러 이전의 수학자들은 $n = 4$일 때 페르마가 사용했던 '무한 반복성 귀류법'을 다른 n값의 경우에 적용해 보았지만, $n = 4$일 때는 전혀 나타나지 않았던 논리상의 허점이 계속 발생하여 모두 실패하고 말았다. 그러나 오일러는 허수 i를 증명과정에 도입함으로써 논리의 허점을 성공적으로 보완했고, 무한 반복성 귀류법으로 $n = 3$인 경우에 한하여 〈페르마의 마지막 정리〉를 기어이 증명해 냈다.

이것은 실로 엄청난 진보였다. 그러나 애석하게도 n이 5 이상인 경우에는 오일러의 방법도 전혀 먹혀들지 않았다. $n = 3$, 4일 때 성공적으로 증명한 결과를 토대로 무한 반복성 귀류법을 적용하려는 오일러의 시도는 결국 실패로 끝나고 말았다. 인류 역사상 가장 뛰어난 수학자, 가장 위대한 업적을 남긴 불세출의 천재 오일러가 페르마 앞에 무릎을 꿇은 것이다. 그는 세상에서 가장 어려운 문제를 해결하는 데 처음으로 부분적인 성공을 거둔 것으로 만족해야 했다.

오일러는 역시 위대한 수학자였다. 그는 이에 낙담하지 않고 죽는 날까지 수학 연구를 계속하면서 역사에 기록될 만한 업적을 수도 없이 남겼다. 더구나 그는 세상을 뜨기 몇 년 전부터 완전히 실명한 상태였다. 오일러가 시력을 잃기 시작한 것은 1735년에 천문학 문제를 해결한 공로로 파리 학술원에서 상을 받던 무렵이었다. 당시 이 문제는 너무나 풀기가 어려워서, 수학학회의 학자들은 문제를 의뢰한 학술원 측에 "문제를 해결하려면 몇 개월의 시간이 필요하다."고 통보할 정도였다. 그런데 정작 오일러에게 이 문제가 떨어지자 그는 혼자서 단 3일 만에 문제를 해결했다. 그의 수학적 재능은 이렇게 뛰어났지만, 열악한 환경 속에서 몸을 혹사한 끝에 겨우 20대의 나이에 한쪽 눈의 시력을 잃고야 말았다. 이 책의 114쪽에 실린 오일러의 초상화를 유심히 보면 그의 눈이 정상이 아니었다는 사실을 알 수 있다.

프리드리히 황제는 달랑베르(Jean Le Rond d'Alembert)의 건의를 받아들여 궁정 수학자였던 오일러를 해고하고 그 자리에 라그랑주(Joseph-Louis Lagrange)를 임명하면서 이런 말을 남겼다. "외눈박이 수학자보다는 두 눈이 온전한 수학자가 아무래도 낫겠지. 특히 내 학술원의 해부학자들이 좋아하겠군." 그 뒤 오일러는 러시아로 돌아갔다. 예카테리나 여왕은 이 '외눈박이 수학자'를 매우 반갑게 맞이해주었다.

한쪽 눈을 잃은 것은 오일러에게 그다지 큰 장애가 되지 않았다. 그는 "한 눈으로 보니 오히려 덜 혼란스럽고 또렷하게 보인다."며 자신의 신체적 장애를 그다지 문제 삼지 않았다. 그로부터 40년 뒤, 60대가 된 오일러는 남아 있는 한쪽 눈마저 잃게 된다. 실명 원인은 백내장이었다. 그럼에도 불구하고 오일러는 수학을 향한 열정을 결코 포기하지 않았다. 그는 남은 한쪽 눈이 거의 안 보이는 상황에서도, 곧 찾아올 실명에 대비하여 눈을 감고 글씨 연습을 했다. 그리고 연습을 시작한 지 일주일 만에 예견된 어둠이 찾아오고야 말았다. 실명 뒤 처음 몇 달간은 연습의 효과로 종이에 계산을 할 수 있었지만, 시간이 지날수록 그의 글씨는 점점 알아보기가 힘들어졌다. 결국 그의 아들 알베르트는 아버지가 구술하는 계산을 노트에 받아 적어야 했다.

오일러는 두 눈을 모두 잃은 뒤에도 7년 동안 수학 연구를 계속했다. 그가 수학계에 가장 많은 업적을 남긴 것도 이 무렵이었다. 그는 펜과 노트를 쓰지 않고 복잡한 수학 개념들을 오로지 생각만으로 이해하고 발전시킬 수 있었으며, 그의 머리는 도서관이 따로 필요 없을 정도로 방대한 양의 기억을 담고 있었다. 오일러의 동료들은 그가 실명을 했기 때문에 오히려 상상력과 사고력이 깊어졌다고 했다. 그가 달의 위치를 '반복 알고리즘'으로 거의 정확하게 계산해 낸 것도 완전히 실명한 뒤의 일이었다. 달의 위치를 계산하는 문제는 뉴턴을 비롯하여 당시 유럽 최고의 수학자들도 해결하지 못한 난제였기 때문에, 유럽의 황제들은 오일러가 수학 역사상 가장 위대한 업적을 이루어냈다며 치하를 아끼지 않았다.

1776년, 백내장을 제거하는 수술을 받은 뒤 오일러의 눈은 잠시 회복되는 듯한 기색을 보였다. 그러나 또다시 병원균에 감염되어 그의 시력은 영영 회복되지 못했다. 이런 와중에도 연구 활동을 멈추지 않았던 그는 1783년 9월 18일에 치명적인 병으로 세상을 떠났다. 수리철학자였던 콩도르세 후작(Marquis de Condorcet)은 그의 죽음을 이렇게 세상에 알렸다. "오일러는 삶과 계산을 멈추었습니다."

약간의 진보를 보이다

페르마가 죽고 1세기가 지나는 동안, 그의 〈마지막 정리〉는 단 두 가지의 특별한 경우에 한하여 증명되었을 뿐, 아직도 갈 길은 멀고 험난했다. 증명된 두 가지 경우 중 하나는 페르마가 후대의 수학자들을 위해 선물처럼 남겨놓은 주석에서 발견되었는데, 앞에서 이미 살펴본 바와 같이 그 주석에는 다음과 같은 방정식에 정수해가 없음이 무한반복적 귀류법으로 증명되어 있다.

$$x^4 + y^4 = z^4$$

또한, 오일러는 허수를 도입하여 다음의 방정식에도 정수해가 없음을 증명했다.

$$x^3 + y^3 = z^3$$

오일러가 거둔 획기적인 성과에도 불구하고, 정수해가 존재하지 않는다는 것을 증명해야 할 방정식은 다음과 같이 산더미처럼 쌓여 있었다.

$$x^5 + y^5 = z^5,$$
$$x^6 + y^6 = z^6,$$
$$x^7 + y^7 = z^7,$$
$$x^8 + y^8 = z^8,$$
$$x^9 + y^9 = z^9,$$
$$\vdots$$

오일러가 세상을 떠난 뒤, 많은 수학자가 이 문제에 달려들었으나 한동안 별다른 성과를 거두지 못했다. 하지만 위의 방정식들을 자세히 들여다보면 상황이 그다지 나쁘지만은 않다는 사실을 알 수 있다. $n = 4$인 경우가 이미 증명이 되어 있으므로 $n = 8, 12, 16, 20, \cdots$ (4의 배수)인 경우들도 이미 증명이 된 것이나 다름없다. 왜냐하면 임의의 수의 8제곱 $[X^8]$은 다른 적당한 수의 4제곱 $[(X^2)^4]$으로 나타낼 수 있기 때문이다. 예를 들어, 256은 2^8인데 이것은 또 4^4이기도 하다. 따라서 $n = 4$일 때 증명에 사용된 논리는 그대로 $n = 8, 12, 16, 20, \cdots$ 등 지수가 4의 배수인 모든 방정식에 동일하게 적용할 수 있다. 이와 마찬가지로 $n = 3$일 때 적용한 오일러의 증명 논리는 $n = 6, 9, 12, 15, \cdots$ 등 지수가 3의 배수인 모든 방정식에 똑같이 적용할 수 있으므로 우리는 이미 상당수의 방정식에 대하여 〈페르마의 정리〉를 증명한 셈이다.

증명해야 할 경우의 수가 이렇게 많이 삭제되고 보니 갑자기 〈페르마의 마지막 정리〉가 만만하게 보이기 시작한다. $n = 3$인 경우의 증명은 문제의 궁극적인 해결을 위해 특히 중요한 구실을 한다. 왜냐하면 '3'은 소수 (1과 자기 자신 이외에는 약수가 없는 자연수)이기 때문이다. 이외의 소수로는 5, 7, 11, 13, ⋯ 등이 있다. 소수가 아닌 모든 자연수는 소수의 곱으로 표현되며 이들을 흔히 '비소수' 또는 '합성수'라고도 한다.

소수는 수학체계를 구성하는 기본 단위이기 때문에 정수론 수학자들은 모든 수 중에서 소수를 가장 중요하게 취급한다. 소수가 아닌 자연수, 즉 모든 합성수는 소수들의 곱으로 만들어질 수 있다. 따라서 소수는 정수론의 건물을 짓는 데 사용되는 블록이라고도 할 수 있다. 자, 다시 〈페르마의 정리〉로 돌아가 보자. 상황이 급진전된 것처럼 보인다. 모든 정수는 소수끼리의 곱으로 표현될 수 있으니까, 3 이상의 모든 정수 n에 대하여 〈페르마의 마지막 정리〉를 증명할 필요 없이, 3 이상의 모든 '소수'에 대해서만 증명하면 되기 때문이다. 그러면 소수가 아닌 다른 수(합성수)에 대한 증명은 자동으로 이루어진다(예를 들어 $n = 35$의 경우, $35 = 5 \times 7$로 표현되므로, $x^{35} + y^{35} = z^{35}$의 방정식은 $(x^7)^5 + (y^7)^5 = (z^7)^5$와 동일하다. 따라서 $n = 5$(소수)일 때 해가 없다면 $n = 35$일 때도 해가 없어야 한다: 옮긴이).

이 논리에 따르면 n이 소수가 아닌 경우는 증명할 필요가 없으므로 언뜻 보기에 문제가 아주 단순해진 것처럼 보인다. 해가 없음을 증명해야 할 방정식의 개수가 엄청나게 줄어든 것은 사실이다. $n = 3$부터 $n = 20$까지만 보더라도, 이 사이에 증명되어야 할 방정식은 다음의 여섯 개뿐이다.

$$x^5 + y^5 = z^5,$$
$$x^7 + y^7 = z^7,$$
$$x^{11} + y^{11} = z^{11},$$
$$x^{13} + y^{13} = z^{13},$$
$$x^{17} + y^{17} = z^{17},$$
$$x^{19} + y^{19} = z^{19},$$

만일 누군가가 모든 소수 n에 대하여 〈페르마의 마지막 정리〉를 증명하기만 한다면 그것으로 모든 증명은 끝나게 된다. 모든 n값($n \geq 3$)을 다 고려한다면 방정식의 개수는 무한히 많다. 그렇다면 무한히 많은 n값 중 극히 일부분인 소수만 고려한다고 해서 과연 문제가 간단해질 것인가?

직관적으로 생각해 볼 때, 무한히 많은 어떤 양에서 상당 부분(반 이상)을 제거해 내면 유한한 양이 남을 것 같다. 그러나 애석하게도 수학을 좌우하는 것은 직관이 아니라 논리이다. 그리고 이 논리에 입각하여 소수의 개수를 세어보면 그 결과는 여전히 '무한대'이다! 따라서 무한히 많은 방정식 중 n이 소수가 아닌 경우를 모두 제거해 냈음에도 불구하고, 우리의 증명을 기다리고 있는 방정식은 아직도 무한히 많다.

소수의 개수가 무한대라는 사실을 증명한 사람은 유클리드였다. 그가 이 증명에 사용했던 논리는 고전 수학의 전형이라고 할 수 있는데, 우선 이미 알고 있는 몇 개의 소수에서 시작하여 여기에 새로운 소수들이 무한히 많이 첨가될 수 있음을 논리적으로 유도해 내는, 일종의 귀납적 증명이었다. 여기서 잠시 유클리드의 증명과정을 살펴보기로 하자. 아직은 소수의 개수가 얼마나 되는지 모르는 상태이니까, 우선 알고 있는 몇 개의 소수들로 임시명단을 작성한다. 이 명단에 올라 있는 소수의 개수를 N이라고 하자(N값이 얼마이건 간에, 증명에는 아무런 상관이 없다). 그리고 각각의 소수에는 P_1, P_2, P_3, $\cdots$, P_N이라는 이름을 붙여 둔다. 이제, Q_A라는 수를 다음과 같이 정의하자.

$$Q_A = (P_1 \times P_2 \times P_3 \times \cdots \times P_N) + 1$$

이렇게 정의된 Q_A는 소수일 수도 있고 아닐 수도 있다. 만일 Q_A가 소수라면, 이것은 애초에 만들어놓은 N개의 소수명단 중 어디에도 들어있지 않은 새로운 소수임이 분명하다. 즉, 기존의 소수명단에 새로운 소수가 추가되어야 한다는 뜻이다. 이와 반대로 Q_A가 소수가 아니라면, Q_A는 합성수가 되므로 소수들의 곱으로 표현된다. 이것을 달리 표현하면 Q_A는 어떤 특정한 소수로 나누었을 때 나머지 없이 정확하게 떨어져야 한다는 뜻이다. 그런데 Q_A의 정의에서 보다시피, 기존의 소수들 (P_1, P_2, P_3, $\cdots$, P_N) 중 어떤 수로 Q_A를 나누든지 항상 '1'이라는 나머지가 남는다. 따라서 애초에 작성했던 소수명단 이외에 Q_A를 나누어 떨어지게 하는 새로운 소수가 반드시 있어야 한다. 이 소수를 P_{N+1}이라고 하자.

지금까지의 상황을 요약해 보자. Q_A는 새로운 소수이거나, 아니면 새로운 소수 P_{N+1}이 있어야 한다. 둘 중 어떤 경우에도 기존의 소수명단에는 새로운 소수가 추가되어야 한다(Q_A 또는 P_{N+1}). 이제, 새로 추가된 소수명단을 가지고 또 하나의 수 Q_B를 정의해 보자.

$$Q_B = (P_1 \times P_2 \times P_3 \times \cdots \times P_N \times Q_A) + 1, \text{ 또는}$$
$$Q_B = (P_1 \times P_2 \times P_3 \times \cdots \times P_N \times P_{N+1}) + 1.$$

여기에 앞의 논리를 그대로 적용하면 Q_B는 새로운 소수이거나 아니면 새로운 소수가 있어야 한다는 결론이 얻어진다. 이런 과정을 되풀이하다

보면, 소수명단이 아무리 길어져도 거기에는 항상 새로운 소수가 추가될 수 있는 여지가 남게 된다. 즉 '더 이상의 소수가 존재하지 않는' 완벽한 소수명단을 작성하기란 불가능하다. 따라서 소수의 개수는 무한하다는 결론을 내릴 수 있다.

그렇다면, 무한대보다 분명히 작은 양도 역시 무한대가 된다는 이 결론을 어떻게 이해해야 할 것인가? 독일 수학자 다비트 힐베르트(David Hilbert, 1862~1943)는 이런 말을 한 적이 있다. "무한대! 어떤 질문도 이보다 더 사람의 마음을 끌지 못했다. 어떤 개념도 이보다 더 인간의 지성을 자극하지 못했다. 그리고 어떤 개념도 이처럼 모호한 채로 남아있지 않다." '무한대'가 지닌 역설적인 성질을 규명하려면 무엇보다 먼저 이 말의 뜻부터 명확하게 정의해야 한다. 힐베르트의 연구 동료였던 게오르그 칸토어(Georg Cantor, 1845~1918)는 끝없이 계속되는 자연수(1, 2, 3, …)의 총 개수를 무한대로 정의했다. 그의 정의에 따르면 자연수의 개수만 한 크기를 가진 양은 모두 무한대가 되는 셈이다.

따라서 자연수의 개수보다 분명히 적은 '짝수의 개수'도 무한대가 된다. 왜 그런가? 모든 자연수와 모든 짝수는 다음과 같이 1 대 1로 대응시킬 수 있기 때문이다.

$$1 \quad 2 \quad 3 \quad 4 \quad 5 \quad 6 \quad 7 \cdots$$
$$\vdots \quad \vdots \quad \vdots \quad \vdots \quad \vdots \quad \vdots \quad \vdots \cdots$$
$$2 \quad 4 \quad 6 \quad 8 \quad 10 \quad 12 \quad 14 \cdots$$

아무리 숫자가 커진다 해도 거기에는 이런 식의 대응관계가 항상 성립한다. 다시 말해, 짝수와 짝을 이루지 못하고 '혼자 남는' 자연수는 하나도 없다. 따라서 자연수의 개수와 짝수의 개수는 같다고 말할 수밖에 없다. 이런 식의 대응관계로 개수를 비교해 보면 소수의 개수 역시 무한대라는 놀라운 결과를 얻게 된다. 칸토어는 무한대를 수학적으로 정의한 최초의 수학자였지만 당시 다른 수학자들은 그의 파격적인 정의에 맹렬한 비난을 퍼부었다. 말년으로 갈수록 비판의 강도는 더욱 거세졌고, 결국 칸토어는 심각한 정신장애를 일으키며 좌절의 늪에 빠졌다. 그러나 칸토어가 세상을 떠나자 그의 아이디어는 전 세계적으로 수용되어 무한대에 관한 가장 정확하고도 강력한 정의로 자리를 굳히게 되었다. 힐베르트는 동료의 죽음을 애도하며 이렇게 말했다. "칸토어는 우리를 위해 낙원을 창조하고 떠나갔다. 이제 우리는 누구에게도 이 낙원을 빼앗기지 않을 것이다."

힐베르트는 무한대가 지닌 기묘한 성질을 잘 보여주는 하나의 예제를 만들어냈다. '힐베르트의 호텔'이라고 불리는 이 유명한 예제는 힐베르트가 종업원으로 일하고 있는 가상의 호텔에서 시작된다. 이 호텔에는 무한개의 객실이 있다. 어느 날 한 손님이 호텔로 찾아왔는데, 객실이 무한개가 있음에도 불구하고 방마다 모두 투숙객이 들어 있었으므로 빈 방을 내줄 수가 없었다. 그런데 호텔 종업원인 힐베르트는 잠시 생각하던 끝에 새로 온 손님에게 빈방을 마련할 수 있노라고 호언장담한다. 그는 객실로 올라가 모든 투숙객에게 정중하게 부탁한다. "죄송하지만 손님들께서는 옆방으로 한 칸씩만 이동해 주시기 바랍니다." 이해심 많은 투숙객들은 힐베르트의 성가신 부탁을 잘 들어주었다. 1호실 손님은 2호실로, 2호실 손님은 3호실로… 잠시 뒤 이동은 끝났다. 기존의 투숙객들은 모두 옆방으로 옮겨갔으며, 자기 방을 못 찾아 헤매는 사람도 없었다. 그리고 새로 온 손님은 비어 있는 1호실로 여유 있게 들어갔다. 이것은 무한대에 1을 더해도 여전히 무한대임을 말해 주는 좋은 예제이다.

그런데 다음날 밤, 호텔에는 더욱 곤란한 문제가 발생했다. 투숙객이 방을 모두 점거하고 있는 상태에서, 무한히 긴 기차를 타고 온 무한대의 손님이 새로 도착한 것이다. 그런데 힐베르트는 당황하기는커녕, 무한대의 숙박료를 더 받을 수 있다며 혼자서 쾌재를 부른다. 그는 곧 객실에 안내 방송을 내보냈다. "손님 여러분, 죄송하지만 현재 묵고 계신 객실 번호에 2를 곱하셔서, 그 번호에 해당하는 객실로 모두 옮겨주시기 바랍니다. 감사합니다!" 이리하여 1호실 손님은 2호실로, 2호실 손님은 4호실로… 모두 이동을 마쳤다. 자기 방을 빼앗긴 손님이 하나도 없는데도, 어느새 호텔에는 무한개의 빈 객실이 생긴 것이다. 힐베르트의 재치 덕분에 새로 도착한 무한대의 손님은 홀수 번호가 붙은 무한개의 객실로 모두 배정되어 편히 쉴 수 있었다. 이것은 무한대에 2를 곱해도 여전히 무한대임을 말해 주고 있다.

'힐베르트의 호텔' 문제에 따르면, 모든 종류의 무한대는 마치 고무줄처럼 늘이거나 줄여서 모두 똑같은 크기의 무한대로 만들 수 있는 것처럼 보인다. 무한히 많은 짝수는 이들을 모두 포함하는 무한히 많은 자연수 집단과 크기가 서로 같다. 그러나 집단의 크기가 서로 다른 무한대도 있을 수 있다. 예를 들어, 무한히 많은 유리수와 무한히 많은 무리수를 서로 하나씩 짝을 지어주다 보면 무리수가 남는다. 실제로 무리수의 개수가 유리수보다 많다는 것은 수학적 논리로 증명할 수 있다. 수학자들은 여러 가지 다양한 크기의 무한대에 일일이 이름을 붙여서 구별하고 있으며, 무한대의 개념을 정량적으로 구분하여 계산에 응용하는 일은 오늘날에도 가장 관심을 끄는 수학 문제로 남아 있다.

〈페르마의 마지막 정리〉를 조금 쉽게 증명할 수 있을지도 모른다는 희망은 비록 '무한개의 소수' 때문에 좌절되었지만, 첩보 활동이나 곤충의 진화 과정 등을 연구하는 사람들은 무한히 많은 소수의 덕을 톡톡히 보았다. 여기서 〈페르마의 마지막 정리〉를 잠시 뒤로 미루고, 소수가 어떤 분야에서 어떻게 사용되고, 또 어떻게 악용되어 왔는지 살펴보기로 하자.

소수론(prime number theory)은 여러 가지 순수수학 분야 중에서 일상생활에 직접적으로 응용할 수 있는 몇 안 되는 분야 중 하나이다. 소수가 응용되는 대표적인 분야로는 '암호학(Cryptography)'을 들 수 있다. 암호란 기밀 유지가 필요한 정보를 알아볼 수 없게끔 뒤죽박죽으로 섞어놓는 작업을 말하며, 이것을 해독할 수 있는 수신자만이 정보의 진짜 내용을 알 수 있다. 암호를 만들 때에는 반드시 수신자와 비밀열쇠(문이나 서랍을 잠글 때 사용하는 금속성 물질을 뜻하는 게 아니라, 암호를 해독할 때 사용하는 일종의 '표'를 말한다)를 미리 약속하여, 수신자가 암호 제작의 역과정을 밟아 원래의 내용을 재현할 수 있도록 해야 한다. 이것이 가장 흔하게 사용하는 암호 제작 및 해독 방법인데, 기밀 유지 차원에서 볼 때 이 과정에서 가장 취약한 부분이 바로 비밀열쇠이다. 왜냐하면 첫째로, 암호의 송신자는 수신자에게 암호를 전달할 때 어떻게든 비밀열쇠를 같이 전달해야 하는데, 이것이 상당한 위험을 수반하기 때문이다. 만일 적군이 이 비밀열쇠를 가로챘다면 만사는 도로아미타불이 된다(당연한 이야기이지만, 이 비밀열쇠 자체를 또 암호화하는 것은 아무런 의미가 없다. 이것을 풀려면 어차피 또 다른 비밀열쇠가 필요하기 때문이다: 옮긴이). 둘째로, 높은 보안성을 유지하려면 비밀열쇠를 주기적으로 바꾸어야 하는데, 자주 바꿀수록 그만큼 전달해야 하는 횟수도 많아지므로 자연히 적군에게 비밀열쇠가 발각될 확률이 높아진다.

일반적으로 비밀열쇠는 암호를 만들 때와 해독할 때 모두 사용된다. 비밀열쇠를 한쪽 방향으로 적용하면 평이한 문장이 암호화되고, 그것을 반대 방향으로 적용하면 암호가 해독된다. 이때, 암호를 해독하는 작업은 암호를 만드는 작업만큼 쉽게 이루어진다. 그러나 우리의 일상적인 경험으로 미루어볼 때 무언가를 흩어놓는 것이 그것을 다시 정돈하는 것보다 훨씬 쉽다. 방을 어지럽히는 것은 갓난아이도 할 수 있지만, 그 역과정에 해당하는 정리정돈은 아무나 할 수 있는 일이 아니다.

1970년대에 휫필드 디피(Whitfield Diffie)와 마틴 헬먼(Martin Hellman)은 한 쪽 방향으로의 연산은 아주 쉽지만 그 역과정, 즉 반대 방향으로의 연산은 엄청나게 어려운 하나의 수학적 과정을 개발해 냈다. 이러한 연산과정은 완벽한 비밀열쇠가 될 수 있다. 이런 방식으로 암호화된 정보는 공공 장소에서 마음놓고 유출해도 보안을 유지할 수 있다. 암호를 해독할 수 있는 사람은 오로지 비밀열쇠를 알고 있는 사람뿐이기 때문이다. 이것이 바로 '완벽한' 비밀열쇠의 정의이다.

1977년, 매사추세츠 공과대학(MIT)에서 수학과 컴퓨터를 연구하던 로널드 리베스트(Ronald Rivest)와 아디 샤미르(Adi Shamir), 그리고 레너드 에들먼(Leonard Adleman)은 '암호화하기는 쉽고, 풀기는 매우 어려운' 비밀열쇠로 가장 이상적인 것이 소수라는 사실을 알게 되었다. 소수를 이용하여 비밀열쇠를 만드는 방법은 다음과 같다. 우선 자릿수가 80개 정도 되는 엄청나게 큰 두 개의 소수를 지정한 뒤, 이들을 서로 곱하여 더욱 큰 합성수를 만든다. 이 합성수는 약수가 두 개 있지만 그것을 알아내는 데에는 엄청나게 긴 시간이 걸릴 것이므로, 두 개의 소수(약수)를 알아야만 해독할 수 있도록 암호를 만든다면 매우 높은 기밀성을 유지할 수 있다(사실, 풀리지 않는 암호란 존재하지 않는다. 잘 만들어진 암호란 그것을 해독하는 데 시간이 오래 걸린다는 것뿐, 풀리지 않는다는 뜻은 아니다. 비밀정보를 암호화하는 주된 목적은 아군의 정보를 적에게서 완전하게 보호하는 것이 아니라, 적에게 정보가 노출될 때까지 시간을 지연시키는 것이다: 옮긴이).

한 가지 간단한 예를 들어보자. 내가 만일 589라는 합성수로 암호를 만들어 세상에 돌린다면, 이 숫자가 모든 사람에게 공개된다 해도 이것으로는 암호를 만들 수만 있을 뿐, 해독할 수는 없다. 589의 약수 두 개를 공개하지 않는 한, 나 이외의 사람들은 스스로 약수를 찾아내야 한다. 그런데 이렇게 작은 숫자의 경우에도 소수로 된 두 개의 약수를 찾아내는 것은 그리 간단한 작업이 아니다. 개인용 컴퓨터로 프로그램을 만들어 찾는다 해도 몇 분 정도의 시간이 지나야 31과 19라는 약수를 찾을 수 있다(31×19=589). 따라서 내가 만든 암호는 적어도 몇 분간의 보안을 유지할 수 있다.

그러나 100자리가 넘는 소수 두 개를 곱해서 만든 수를 사용한다면, 두 개의 약수를 찾아내는 일이 사실상 불가능하다. 현재 세계에서 가장 빠른 컴퓨터를 동원한다 해도 이 작업은 몇 년의 세월이 걸릴 것이다. 따라서 적에게 정보가 누출되지 않게 하려면 1년에 한 번 정도씩 숫자를 바꾸면 된다. 컴퓨터로 소수를 찾는다 해도 계산이 끝나기 전에 비밀열쇠를 바꾼다면 모든 작업을 처음부터 다시 시작해야 하기 때문이다.

다소 살벌한 첩보 활동 이외에도, 소수를 응용할 수 있는 분야는 얼마든지 있다. 자연 현상 중에도 소수와 관련지어 생각할 수 있는 부분이 있는데, 대표적인 예로 '매미의 일생'을 들 수 있다. 매미는 가장 오래 사는 곤충으로 알려져 있다. 알에서 부화한 매미의 유충은 땅 속에서 나무 뿌리의 수액을 빨아먹으며 길고 지루한 세월을 인내하다가 17년이 지나서야 비로소 매미가 되어 세상 밖으로 나온다. 그러나 애벌레로 지냈던 그 긴 세월에 비하면, 날개를 달고 밖으로 나온 매미의 삶은 허망할 정도로 짧다. 겨우 수 주일 이내에 짝짓기 하여 알을 낳고는 금방 죽어버리는 것이다.

"매미의 생명 주기가 이렇게 긴 이유는 무엇인가?" 곤충학자들은 이 질문을 놓고 깊은 고민에 빠졌다. 혹시 매미의 수명과 '소수' 사이에 모종의 관계가 있는 것은 아닐까? 매미의 사촌뻘 되는 Magicicada tredecim(십삼년 매미)이라는 학명을 가진 곤충의 수명 주기는 13년이다. 혹시 소수(prime number)의 수명을 사는 것이 종족 보존에 무언가 유리한 조건을 만들어주는 것일까?

매미의 긴 수명을 설명하는 그럴듯한 이론이 하나 있다. 먼 옛날, 매미의 몸 안에 주로 서식하는 기생충이 있었는데, 매미는 가능한 한 이 기생충이 자신의 몸 안으로 들어오는 것을 피했다는 것이다. 만일 기생충의 수명이 2년이라면 매미는 2로 나누어 떨어지는 수명을 피하고 싶을 것이다. 그렇지 않으면 매미와 기생충의 수명 주기가 대대손손 일치하여 종족 보존에 치명적인 타격을 받을 것이기 때문이다. 마찬가지로, 기생충의 수명이 3년이라면 매미는 3의 배수에 해당하는 수명을 피하려고 할 것이다. 이런 식으로 진화해 온 매미는 결국 기생충의 수명이 몇 년이건 간에 이들과 수명 주기를 달리하는 최선의 방법이 소수에 해당하는 수명을 사는 것임을 터득했다는 것이다. 17은 어떤 수로 나누어도 떨어지지 않으므로, 기생충의 수명이 17년이 아닌 한, 매미의 가계는 효과적으로 기생충을 피할 수 있다. 만일 기생충의 수명이 2년이라면 매미의 후손과 기생충의 후손은 34년에 한 번씩 만날 것이며, 기생충의 수명이 16년인 경우에는 272년(16×17) 만에 한 번씩 만나게 된다.

그런데, 매미가 이 정도로 똑똑했다면 기생충 역시 바보는 아니었을 것이다. 기생충은 매미의 몸 속이 아니면 살아갈 수가 없었기 때문에, 그들도 종족 보존을 위해 가능한 한 자신의 수명을 매미의 수명과 일치시키려고 애를 썼을 것이다. 그러나 매미의 기생충이 17년을 살았을 것 같지는 않다. 왜냐하면 매미는 애벌레의 모습으로 17년을 지낸 후에야 세상 밖으로 나올 수 있기 때문이다. 숙주의 몸에 들어가기 위해 16년을 기다린다는 것은 그다지 효율적인 발상이 아니다. 그럼에도 불구하고 이들이 자신의 수명을 17년으로 늘리려고 애를 썼다 해도, 거기에는 넘을 수 없는 장벽이 있다. 수명이 17년이 될 때까지 진화하려면 '16년의 수명'을 가진 단계를 반드시 거쳐야 하는데, 이 단계에 이르면 갓 부화한 기생충이 이제 막 밖으로 나온 매미와 마주치는 운 좋은 경우는 272년 동안 단 한 번밖에 발생하지 않는다. 둘 중 어느 경우이건, 매미는 소수해[年]의 수명을 살면서 기생충에게서 자신의 몸을 보호해 왔다는 논리가 성립된다.

현재 매미의 몸 안에서 기생충이 발견되지 않는 이유가 바로 이것이다! 기생충은 매미의 수명을 따라잡으려고 눈물겨운 노력을 해왔지만, 그들의 수명이 '마의 벽'과도 같은 16년에 이르던 그 순간부터 향후 272년 간 매미를 보지 못하고 고생하던 끝에 모두 멸종해 버린 것이다. 만일 이 논리가 사실이라면 앞으로 매미들은 굳이 17년을 살 필요가 없다. 그들을 못살게 굴던 기생충이 이 땅에서 사라졌으니까 말이다.

르 블랑(Le Blanc)

19세기가 밝아오던 무렵, 〈페르마의 마지막 정리〉는 이미 정수론 분야에서 '도저히 풀리지 않는' 난해한 문제로 악명을 떨치고 있었다. 오일러가 n = 3인 경우를 증명함으로써 획기적인 전기를 마련한 이후로 별다른 진전을 보지 못한 당시의 수학자들은 서서히 이 문제를 잊어가고 있었다. 그러던 중 젊은 프랑스 여인이 나타나 충격적인 발표를 함으로써, 페르마의 유실된 증명을 재현하려는 움직임이 다시 활발해지기 시작했다. 소피 제르맹(Sophie Germain)이라는 이름을 가진 그녀는 쇼비니즘(극단적 애국주의)이 판을 치던 그 시대에 다른 수학자들과 정보를 교환하지 못하여 잘못된 항등식으로 새로운 결론을 내리는 등 최악의 환경 속에서 혼자 묵묵히 수학을 연구하던 여성 수학자였다.

당시 사람들은 수학 공부를 하는 여인들을 별로 달갑지 않은 눈으로 바라보았지만, 이런 편견에도 불구하고 꾸준히 연구를 계속하여 수학사에 빛나는 업적을 남긴 여성 수학자들이 몇 명 있다. 역사에 기록된 최초의 여성 수학자는 기원전 6세기경에 살았던 테아노(Theano)로서, 그녀는 피타고라스의 제자로 입문한 뒤 수제자로 발탁되었으며 나중에는 피타고라스의

소피 제르맹(Sophie Germain)

아내가 되었다. 피타고라스는 학회 내의 홍일점이었던 그녀를 적극적으로 후원했기 때문에 '여권 철학자'라는 별명까지 얻을 정도였다.

그 뒤 소크라테스(Socrates)나 플라톤(Platon) 같은 철학자들도 여성의 교육에 적극적인 자세를 보였으며, 기원후 4세기경에 이르러 여성 수학자들은 독자적인 여성 전용 학교를 설립했다. 당시 알렉산드리아 대학 수학과 교수의 딸이었던 히파티아(Hypatia)는 유창한 강연과 탁월한 문제 해결능력으로 명성을 떨쳤는데, 수학자들은 몇 달간 풀리지 않는 어려운 문제가 있을 때마다 그녀에게 편지로 자문했으며, 그녀는 이들을 단 한 번도 실망하게 하지 않았다. 히파티아는 수학과 논리적 증명에 완전히 매료되어 결혼도 하지 않았다. 가끔씩 사람들이 그 이유를 물어오면 그녀는 "진리와 결혼했다."고 대답했다. 평생을 합리주의적 사고방식으로 살아왔던 그녀는 알렉산드리아의 키릴루스(Cyrilus) 대주교의 박해에 시달리게 되는데, 당시 키릴루스는 철학자와 과학자, 수학자들을 모두 이교도로 단정하여 무자비한 탄압을 가했다. 역사학자 에드워드 기번(Edward Gibbon)은 철저한 고증을 통하여 그때의 잔혹했던 상황을 비교적 자세히 설명하고 있다.

운명의 그날, 거룩한 사순절 기간 중에 페트루스가 이끄는 야만적인 폭도들은 히파티아를 마차에서 끌어내려 옷을 모두 벗기고 교회로 끌고 갔다. 그리고 그곳에서 그녀는 무참히 살해되었다. 그녀의 살은 날카로운 칼에 갈가리 찢겨나갔으며 그녀의 떨리는 손은 불덩이 속에 던져졌다.

히파티아의 죽음과 함께 수학계는 곧 침체기에 빠졌다. 이 침체기는 르네상스 시대에 이르러 마리아 아녜시(Maria Agnesi)라는 또 한 명의 여성 수학자가 이름을 떨칠 때까지 계속되었다. 마리아 아녜시는 1718년 밀라노에서 태어났으며 히파티아와 마찬가지로 수학자인 아버지를 두고 있었다. 그녀는 당시 유럽에서 가장 뛰어난 수학자로 알려져 있었고, 특히 곡선의 접선 계산법에 관한 논문은 전 유럽의 수학자들에게 최고의 업적으로 인정받고 있었다. 곡선은 이탈리아어로 'versiera'라고 하는데, 이것은 '우회하다'라는 뜻을 가진 라틴어 'vertere'에서 파생된 단어이다. 그런데 '악마의 아내'라는 뜻의 'avversiera'라는 단어를 vertere로 줄여 쓰기도 했기 때문에, 아녜시의 곡선(versiera Agnesi)을 영어로 번역할 때 누군가가 착오를 일으켜 '마녀 아녜시(witch of Agnesi)'로 오역하는 바람에 영국인 수학자들은 그녀의 직업이 마녀인 줄 알았다고 한다.

유럽 전역의 수학자들이 아녜시의 능력을 인정하긴 했지만 많은 대학, 특히 프랑스 학술원 학자들은 그녀를 정식 연구원으로 임명하는 것을 꺼렸다. 사실 여성에 대한 학계의 편견은 20세기가 되어서도 공공연히 기승을 부려왔다. 아인슈타인이 '여성의 고등교육이 시작된 이래 가장 훌륭한 천재적 학자'라고 극찬했던 에미 뇌터(Emmy Noether)조차도 괴팅겐 대학의 강사 임용에서 탈락했었다. 당시 괴팅겐 대학의 교수들은 그녀의 탈락 이유를 이렇게 설명했다. "어떻게 여자에게 강사직을 맡길 수 있단 말인가? 일단 강사로 임용되면 그녀는 곧 교수로 승진할 것이고 나중에는 이사가 될지도 모른다. 지금 전쟁터에 나가 있는 학생들이 돌아온다면 여자 밑에서 배워야 하는 그들의 처지를 어찌 생각할 것인가?" 그녀의 친구들과 그녀의 스승 다비트 힐베르트의 대답은 이러했다. "신임 강사를 채용하는 데 성이 문제가 된다는 것은 도저히 있을 수 없는 일이다. 교수회의장이 무슨 목욕탕이라도 되는가?"

이런 일이 있은 뒤, 뇌터의 연구 동료였던 에드문트 란다우(Edmunt Landau)는 "뇌터가 정말로 훌륭한 수학자라고 생각하느냐?"는 질문에 다음과 같이 대답했다. "물론이죠. 그녀는 진정으로 위대한 수학자입니다. 그런데 그녀가 정말로 여자인지는 장담할 수가 없겠는데요!"

뇌터는 성차별을 겪은 것 이외에도 역대 유명 여성 수학자들과 많은 공통점을 갖고 있었다. 그녀의 아버지는 히파티아와 아녜시의 아버지와 마찬가지로 수학 교수였다. 수학자들은 남녀를 불문하고 수학자 집안에서 태어난 경우가 많다. 수학적인 재능이 부모에게서 유전된다는 확실한 증거는 없지만, 부모의 재능을 물려받을 확률이 남자보다 여자가 훨씬 크다는 사실만은 분명한 것 같다. 과거 대부분의 여자아이는 뛰어난 재능을 타고났어도 그것을 발휘할 만한 기회가 좀처럼 주어지지 않았던 것에 반해, 수학

교수의 딸로 태어난 아이는 숫자와 자연스럽게 친숙해졌기 때문일 것이다. 게다가 뇌터는 히파티아와 아녜시를 비롯한 다른 유명 여성 수학자들이 그랬듯이 평생을 독신으로 살았다. 아마도 고등교육을 받은 여자들을 그리 반기지 않는 사회적 풍조 때문에, 그토록 현란한 배경을 가진 여자를 선뜻 아내로 맞이할 만한 남자를 찾기가 어려웠던 것 같다. 소련 출신의 위대한 수학자 소냐 코발레프스키(Sonya Kovalevsky)는 이 점에서 예외라고 할 수 있는데, 그녀의 남편 블라디미르 코발레프스키(Vladimir Kovalevsky)가 플라토닉한 사랑만으로도 만족할 수 있는 남자였기 때문에 결혼할 수 있었다고 한다. 이들 부부는 결혼한 뒤 각자의 연구에 몰두하면서 거의 따로 살다시피 했다. 그래도 소냐는 결혼한 뒤로 혼자서 유럽 여행을 하기가 훨씬 수월해졌다며 자신의 결혼생활에 만족해했다.

유럽 여러 국가들 중에서도, 교육받은 여자를 비하하면서 "수학은 여인들의 지적 수준을 넘어서 있다."며 가장 지독한 쇼비니즘적 행동을 보였던 나라는 프랑스였다. 파리 시내 살롱에서는 18세기의 위대한 수학자들이 매일같이 모여 열띤 토론을 벌이곤 했는데, 이들 중에는 프랑스 사회의 지독한 성차별 풍조를 과감하게 뿌리치고 위대한 정수론 학자로 명성을 날린 한 명의 여성이 끼어 있었다. 소피 제르맹이라는 이름의 그 여성 수학자는 〈페르마의 마지막 정리〉를 집중적으로 연구하던 끝에, 과거 어떤 남성들도 이루지 못했던 가장 위대한 업적을 수학사에 남겼다.

소피 제르맹은 1776년 4월 1일, 앙브라즈 프랑수아 제르맹(Ambroise-Fraçois Germain)이라는 상인의 딸로 태어났다. 그녀의 삶은 프랑스 혁명의 회오리에 휘말려 많은 우여곡절을 겪었으며, 바스티유 감옥이 혁명군에 의해 파괴되면서 그녀의 연구 결과는 공포 시대의 그림자에 가려져 빛을 보지 못했다. 소피의 아버지는 비교적 성공한 상인이었으나, 그의 집안이 귀족은 아니었다.

제르맹 집안의 여자들은 수학 공부를 할 수 있을 만큼 진보적이지는 않았지만 일상적인 대화에서 수학이 화젯거리로 올랐을 때 자신의 의견을 피력할 수 있을 정도의 지식을 갖고 있었다. 그리고 당시에는 이런 여성들을 위하여 최근의 수학과 과학 분야의 동향을 간략하게 서술한 일련의 서적들이 출판되고 있었다. 이 중 대표적인 책으로는 프란체스코 알가로티(Francesco Algarotti)의 《아이작 뉴턴 경의 철학—여성들을 위한 해설(Sir Isaac Newton's Philosophy Explain'd for the Use of Ladies)》을 들 수 있다. 알가로티는 여성들이 사랑에만 관심을 갖는다고 생각했기 때문에, 여인들의 경박한 대화체를 통해 뉴턴의 법칙을 설명하는 식으로 책을 저술했다. 한 가지 예를 들자면 책에 나오는 한 여인이 '거리의 제곱에 반비례하는' 뉴턴의 중력법칙을 설명하자, 이를 듣고 있던 다른 여인은 그것을 자기 나름대로 다음과 같이 이해한다. "그거 정말 재미있네… 가만, 거리의 제곱에 반비례하는 게 또 있어. 사랑이 바로 그런 거라구. 8일 동안 못 만난 사람은 처음 만났을 때보다 64배나 사랑이 식어버리잖아?"

한 권의 애정소설 같은 이런 유의 책들은 소피 제르맹의 수학적 관심을 자극하지 못했다. 소피의 인생을 바꾸어놓은 책은 아버지의 서재에서 우연히 집어든 장 에티엔 몽뒤클라(Jean-Etienne Montucla)의 《수학의 역사(History of Mathematics)》였다. 이 책 중에서 특별히 그녀의 관심을 끌었던 부분은 아르키메데스의 삶에 관한 내용이었다. 물론 아르키메데스의 업적도 재미있었지만 그녀가 가장 관심을 가진 부분은 아르키메데스의 죽음과 관련한 이야기였다. 아르키메데스는 평생을 시라쿠사에 살면서 비교적 평온한 환경 속에서 수학 공부에 전념했다. 그러나 그가 70세가 되던 해에 로마 군대가 침공하여, 그의 평온했던 삶은 종지부를 찍었다. 어느 날, 길을 가던 로마 병사가 그에게 길을 물었는데, 그는 땅바닥에 도형을 그려놓고 기하 문제에 몰두하고 있었기 때문에 묻는 말에 대답할 겨를이 없었다고 한다. 아르키메데스의 무시하는 듯한 행동에 화가 치민 로마 병사는 그 자리에서 창을 휘둘러 인류 역사상 가장 위대했던 수학자를 죽이고 말았다.

제르맹은 이렇게 생각했다. '죽음이 눈앞에 다가오는 줄도 모른 채 그토록 기하 문제에 열중할 수 있다면, 수학이란 일생을 걸고 연구해 볼 만한 가치가 있는 학문일 것이다.' 그날 이후로 그녀는 정수론과 미적분학에 미친 듯이 몰입했고 오일러와 뉴턴의 논문을 읽으면서 밤을 꼬박 새우기도 했다. 별로 여성답지 못한 분야에 완전히 몰입한 딸을 보면서, 부모는 걱정스런 마음이 앞섰다. 소피의 아버지는 친구인 리브리 카루치(Libri-Carrucci)의 조언대로 소피의 방에 있는 양초와 옷가지, 난방기구 등을 모두 들어내면서까지 그녀의 향학열을 진정시키려고 애썼다. 이와 비슷한 일이 몇 년 뒤 영국에서도 있었는데, 여성 수학자였던 메리 소머빌(Mary Somerville)의 아버지는 딸이 사용하던 촛대를 모두 빼앗으면서 이렇게 말했다고 한다. "당장 그 빌어먹을 수학 공부를 그만두지 않으면 미친놈에게 입히는 구속복을 입혀줄 테다!"

소피 제르맹은 아버지의 격렬한 반대에도 불구하고 담요를 뒤집어쓰고, 그 속에서 몰래 감춰둔 초를 밝혀가며 수학 공부를 계속했다. 리브리 카루치의 기록에 따르면 소피는 한겨울 밤에 병 속의 잉크가 꽁꽁 얼어붙어도 전혀 개의치 않고 수학에만 몰두했다고 한다. 또 다른 기록에는 소피가 수줍음을 많이 타며 고집센 성격이었다고 적고 있다. 어쨌거나, 소피의 결심이 너무나도 요지부동이었기에 결국 아버지는 딸의 향학열에 무릎을 꿇고 말았다. 소피 제르맹은 결혼을 하지 않았으며 연구생활 내내 아버지에게 연구비를 지원받았다. 제르맹의 집안에는 소피에게 학문적인 도움을 줄 만한 수학자가 전혀 없었으므로, 소피는 여러 해 동안 혼자서 공부를 해야 했다.

그러던 중 1794년, 파리 고등기술학교가 문을 열었다. 이곳은 국가 지원하에 최고 수준의 수학자와 과학자들을 양성하는 교육기관이었는데, 남학생 전용 학교라는 것만 뺀다면 제르맹에게는 자신의 수학 실력을 키울 수 있는 가장 이상적인 곳이었다. 그러나 선천적으로 수줍어하는 성격을 타고 났던 그녀는 학교 관리들을 직접 만날 용기가 나지 않아 이전에 학교를 다닌 적이 있는 앙투안 오귀스트 르 블랑(Antoine-August Le Blanc)이라는 신분으로 등록했다. 파리 고등기술학교의 운영위원들은 르 블랑이라는 학생이 파리를 떠났다는 사실을 모르고 있었으므로 계속해서 그의 이름 앞으로 인쇄된 강의 노트와 문제집을 보내주고 있었다. 제르맹은 르 블랑에게 배달된 교과 내용을 열심히 공부하면서 매주 부과되는 숙제까지 깨끗하게 풀어서 르 블랑이라는 이름으로 학교에 제출했다. 이런 식으로 처음 몇 달간은 무사히 넘어갔지만, 지도교수였던 조제프 루이 라그랑주는 르 블랑이라는 학생의 천재적인 수학 능력에 감탄하여 도저히 그냥 넘어갈 수가 없게되었다. 르 블랑이 제출한 답안지가 천재적이기도 했지만, 과거에 별 볼 일 없었던 학생이 짧은 시간 동안 그토록 크나큰 발전을 했다는 사실에 라그랑주는 경탄을 금할 수가 없었다. 그리하여 19세기의 위대한 수학자였던 라그랑주는 르 블랑에게 면담을 요청했고 제르맹은 어쩔 수 없이 자신의 신분을 밝혀야만 했다. 라그랑주는 자신이 르 블랑이라고 알고 있었던 천재가 제르맹이라는 사실을 알고 처음엔 무척 당황했다. 그러나 그녀의 천재성에 탄복한 나머지 제르맹의 가장 절친한 친구이자 스승이 되기로 마음먹었다. 결국 소피 제르맹은 자신의 수학적 영감과 성취 동기를 키워줄 수 있는 훌륭한 스승을 얻게 된 것이다.

자신감을 얻은 제르맹은 문제 풀이에 국한되어 있는 교과과정을 모두 끝내고 곧바로 최첨단 분야의 수학을 연구하기 시작했다. 그녀가 가장 큰 관심을 가졌던 분야는 정수론이었으며, 따라서 〈페르마의 마지막 정리〉와 운명적으로 만날 수밖에 없었다. 그 뒤로 몇 년간 이 문제에 매달려 연구를 거듭한 끝에 제르맹은 자신이 〈페르마의 마지막 정리〉를 증명하는 데 획기적인 진보를 이루었다고 확신할 만한 결과를 얻었다. 자신의 아이디어를 정수론 학자들에게 발표하기만 하면 곧바로 세계적인 명성을 얻어 당대 최고의 정수론 학자였던 독일의 수학자, 카를 프리드리히 가우스(Carl Friedrich Gauss, 1777~1855)와도 대담을 할 수 있을 것 같았다.

가우스는 인류 역사상 가장 천재적인 수학자였다. 페르마를 '아마추어 수학의 왕자'라고 불렀던 벨은 가우스를 가리켜 '수학의 왕자'라고 칭했을 정도였다. 제르맹은 《산술에 관한 논고(Disquisttiones arithmeticae)》라는 책을 통하여 가우스의 수학을 처음으로 접했는데, 이 책은 유클리드의 《원론》 이후로 가장 널리 읽히는 수학의 바이블이었다. 가우스의 업적은 수학 전 분야에 걸쳐 지대한 영향을 끼쳤지만 이상하게도 그는 〈페르마의 마지막 정리〉에 관해서만은 아무런 언급도 하지 않았다. 이뿐만 아니라 그는 친구에게 보내는 편지에서 〈페르마의 마지막 정리〉를 경멸하는 투의 표현을 서슴지 않았다. 가우스의 편지를 받은 독일 천문학자 하인리히 올베르스(Heinrich Olbers)는 파리 학술원에서 〈페르마의 마지막 정리〉를 증명하는 데 현상금을 걸고 있다는 사실을 가우스에게 상기시키며 한 번쯤 도전해 볼 것을 권했다. "가우스, 내가 보기에 이 문제를 해결할 수 있는 사람은 자네뿐인 것 같네. 한번 시도해 보는 게 어떤가?" 2주가 지난 뒤에 가우스는 올베르스에게 다음과 같은 답장을 보내왔다. "파리 학술원에서 내걸었다는 현상금에는 구미가 당기지만, 솔직히 〈페르마의 마지막 정리〉 따위에는 별 관심이 없다네. 이와 비슷한 수학정리는 나라도 지금 당장 만들어낼 수 있네. 정리의 진위 여부를 증명할 수 없는, 그런 수학정리는 얼마든지 있으니까 말일세." 가우스의 주장에도 분명히 일리는 있었다. 그러나 그 옛날 페르마는 자신이 그 정리를 증명했다고 분명하게 언급했으며, 〈페르마의 마지막 정리〉를 증명하기 위해 수많은 학자가 노력한 덕분에 '무한 귀납법'

'허수의 응용' 등 새로운 수학적 방법들이 발견된 것도 부인할 수 없는 사실이었다. 아마도 가우스 역시 과거 언젠가 〈페르마의 마지막 정리〉를 증명하려고 덤볐다가 실패한 경험이 있었는지도 모른다. 이를 증명이라도 하듯이 올베르스에게 보낸 가우스의 편지는 학자적 자존심과 오기로 가득 차 있었다. 이렇게 〈페르마의 마지막 정리〉에 부정적인 반응을 보이던 가우스였지만 제르맹의 편지를 받은 뒤로는 한동안 깊은 관심을 보였던 것 같다.

오일러가 허수의 개념을 도입하여 $n = 3$인 경우에 〈페르마의 마지막 정리〉를 증명한 이후로 75년이 지나는 동안 다른 n값에 대해서는 전혀 증명된 바가 없었다. 많은 수학자가 이 문제에 매달려 청춘을 날려보냈지만, 〈페르마의 마지막 정리〉는 그야말로 난공불락이었다. 이런 시기에 나타난 제르맹은 일반적인 접근 방법을 사용하여 〈페르마의 마지막 정리〉를 증명할 수 있는 새로운 실마리를 제공했다. 그녀는 특정한 n값에 대해 증명을 한 것이 아니라, 모든 n값에 적용될 수 있는 일반적인 사실을 지적했다. 가우스에게 보낸 편지에서 제르맹은 특별한 성질을 지닌 소수에 대하여 그녀 나름의 독특한 논리를 개략적으로 소개했는데, 그녀가 관심을 가진 소수는 다음과 같은 성질을 갖고 있었다. p가 임의의 소수일 때 자기 자신에 2를 곱하여 1을 더한 수, 즉 $2p+1$도 역시 소수가 되는, 그러한 부류의 소수였다. 그러니까 예를 들어 5라는 소수는 제르맹의 명단에 포함되는 소수이다. $5 \times 2 + 1 = 11$도 역시 소수이기 때문이다. 반면에 13과 같은 소수는 제르맹의 명단에서 제외된다. $13 \times 2 + 1 = 27$이 되어 소수가 안 되기 때문이다.

제르맹은 이러한 범주에 속하는 모든 소수 n에 대하여 $x^n + y^n = z^n$을 만족하는 (x, y, z)의 정수해가 존재하지 않을 것 같다는 논리를 전개했다. 여기서 '~같다'라는 표현을 쓴 이유는 제르맹의 논리가 정수해의 부재를 완벽하게 증명하지 못했기 때문이다. 다시 말해, 그녀가 증명한 것은 앞서 말한 특정한 부류의 소수 n에 한하여 정수해 (x, y, z)가 존재하려면 x나 y 또는 z 중 하나 이상은 반드시 n의 배수가 되어야 한다는 사실이었다. 이 것은 (x, y, z)에 부과되는 매우 강력한 제한 조건이 되어 이것을 만족하는 정수해는 존재할 가능성이 거의 없어보였던 것이다. 제르맹의 논리가 알려진 뒤로 그녀의 동료들은 제르맹의 소수 n에 대하여 n의 배수로 표현되는 (x, y, z) 정수 집합으로는 $x^n + y^n = z^n$을 만족시킬 수 없음을 증명하려고 안간힘을 썼다.

1825년에 이르러 제르맹의 방법은 페테르 구스타프 르죈느 디리클레 (Peter Gustav Lejeune-Dirichlet)와 아드리앵 마리 르장드르(Adrien-Marie Legendre)에 의해 처음으로 완벽한 성공을 거두었다. 르장드르는 70대에 프랑스 혁명을 겪었는데, 정치적 상황이 급변하면서 자신에게 지급되던 연구 보조금이 끊기자 하는 수 없이 〈페르마의 마지막 정리〉에 관심을 갖게 되었으며, 디리클레는 야망에 가득 찬 20대 초반의 젊은 수학자였다. 이 두 사람은 각자 개인적으로 $n = 5$일 때 정수해가 존재하지 않음을 증명했는데 이들이 사용했던 논리의 배경은 소피 제르맹이 제안했던 바로 그 방법이었다.

그로부터 14년 뒤, 가브리엘 라메(Gabriel Lamé)라는 프랑스 수학자가 또 하나의 쾌거를 이루었다. 그는 제르맹의 방법에 자신의 새로운 논리를 추가하여 $n = 7$일 때 정수해가 없음을 증명해 냈다. 소피 제르맹은 n이 소수인 경우에 대하여 $x^n + y^n = z^n$의 정수해가 존재하지 않음을 증명할 수 있는 일반적인 방법을 제시했던 것이다. 그 뒤로 정수론 학자들은 그녀의 아이디어를 도입하여 개개 소수값에 하나씩 차근차근 〈페르마의 마지막 정리〉를 증명해 나가기 시작했다.

〈페르마의 마지막 정리〉에 관하여 제르맹이 남긴 업적은 분명 수학사에 길이 남을 쾌거였지만, 그녀는 자신의 업적에 그다지 큰 신뢰를 갖고 있지 않았다. 제르맹이 가우스에게 편지를 쓰던 무렵, 그녀의 나이는 불과 20여

세웠다. 파리의 수학계에서 명성을 얻긴 했지만, 당대의 유명한 수학자들에게 남녀를 차별하는 성향이 있다고 생각했기 때문에 선뜻 대중 앞에 나설 수가 없었다. 제르맹은 이러한 분위기에서 자신을 보호하기 위해 편지의 서명란에 또다시 르 블랑이라는 가명을 사용하기 시작했다.

그녀가 얼마나 성차별적 성향을 두려워했으며, 또 가우스를 얼마나 존경했는지는 가우스에게 보낸 그녀의 편지에 잘 나타나 있다. "사실, 저의 향학열은 식욕만큼 왕성하지 못합니다. 저는 당신의 학식에 깊은 감명을 받은 수많은 사람 중 하나에 불과하지만, 당신 같은 천재의 관심을 조금이나마 끌어보려는 마음에 이렇게 펜을 들게 되었습니다." 가우스는 편지의 진짜 발송인이 누구인지 모르는 상태에서 다음과 같은 답장을 보냈다. "저는 수학을 통하여 당신과 같은 친구를 얻게 된 것을 매우 기쁘게 생각합니다."

나폴레옹 황제가 아니었다면 제르맹의 업적은 영원히 르 블랑이라는 미지의 인물에게 돌아갔을 것이다. 1806년, 나폴레옹이 프로이센을 침공하면서 프랑스 군대는 독일 도시들을 차례로 파괴해 나갔다. 제르맹은 그 옛날 아르키메데스가 로마 병사에게 살해당한 것과 비슷한 비극적 상황이 당대의 영웅 가우스에게 또다시 일어날까봐 가슴을 졸이다가 급기야 그녀의 친구였던 조제프 마리 페르네티(Joseph-Marie Pernety) 장군에게 전갈을 보냈다. 당시 조제프는 최전방의 병력을 지휘하던 프랑스군 장교였는데, 제르맹은 그에게 가우스의 신병을 안전하게 보호해달라고 간곡히 부탁했으며 그 결과 가우스는 침략자인 프랑스 군대의 각별한 보호를 받으며 위기를 넘길 수 있었다. 그리고 조제프는 제르맹에 관한 이야기를 가우스에게 들려주었다. 가우스는 매우 고맙긴 했지만, 소피 제르맹이 대체 누구인지 알 길이 없어 어안이 벙벙하기만 했다.

그러던 어느 날, 제르맹의 신분에 관한 신경전은 드디어 막을 내리게 되었다. 제르맹이 가우스에게 또 한 장의 편지를 보내면서 자신의 진짜 신분을 밝힌 것이다. 내막을 알게 된 가우스는 전혀 분노하는 기색 없이 기쁜 마음으로 다음과 같은 답장을 보내왔다.

나 자신도 믿기 어려울 만큼 뛰어난 수학적 능력을 가진 사람이 르 블랑이라는 이름으로 가장한 당신이었다니, 정말이지 놀라움과 경탄을 금할 길이 없습니다. 추상적인 과학, 그중에서도 가장 추상적이고 신비스러운 정수론에 관심을 가지고 있는 사람은 결코 많지 않습니다. 정수론의 경이로움을 제대로 이해하고 있는 사람은 거의 없지요. 이 최고의 학문은 인내와 용기를 가지고 다가오는 사람에게만 그 참모습을 드러냅니다. 더구나 오늘날처럼 남녀 간의 차별이 심한 상황에서 수많은 편견과 방해 요인을 모두 극복하고 정수론이라는 최고의 학문에 빛나는 업적을 남긴 여성이 있다면 그녀는 말할 것도 없이 최상의 용기와 천재적인 재능의 소유자일 것입니다. 저는 일생 동안 정수론의 연구에 몸 바쳐오면서 많은 즐거움을 누렸습니다. 당신도 저와 같은 분야에 관심을 갖고 있다니 확실히 정수론은 평생을 두고 연구할 만한 가치가 있다는 확신이 듭니다.

소피 제르맹은 가우스와의 교류를 통해 많은 영감을 얻을 수 있었다. 그러나 1808년에 이르러 두 사람의 친분관계는 갑자기 끊어지게 된다. 당시 괴팅겐 대학의 천문학과 교수였던 가우스가 자신의 전공 분야였던 정수론 연구를 중지하고 응용수학에 손을 대기 시작했기 때문이다. 정수론이 관심에서 멀어진 뒤로 가우스는 제르맹의 편지에 더 이상 답장을 쓰지 않았다. 든든한 조언자를 갑자기 잃은 제르맹은 점차 자신감을 잃어, 그로부터 몇 년 뒤 순수수학을 포기하기에 이른다.

제르맹은 그 뒤로 〈페르마의 마지막 정리〉에 관한 연구를 전혀 하지 않았지만, 그렇다고 일손을 완전히 놓은 것은 아니었다. 그녀는 물리학 분야로 관심을 돌려 여전히 천재성을 발휘하면서 여성을 차별하는 사회적 분위기와 끝까지 싸워나갔다. 물리학 분야에 남긴 그녀의 가장 큰 업적은 '탄성을 가진 평면판의 진동 현상에 관한 연구'로서, 현대 탄성물리학의 기초를 다진 천재적인 논문이었다. 제르맹은 이 논문과 함께 〈페르마의 마지막 정리〉를 증명하는 데 공헌한 점을 인정받아 프랑스 학회에서 메달을 받았으며, 과학학술원 회원의 부인이 아닌 신분으로 그곳에서 강의를 맡은 최초의 여성이 되었다. 말년이 되어 제르맹과 가우스의 친분관계도 다시 회복되었는데, 이때 가우스는 제르맹에게 명예박사 학위를 수여해야 한다고 괴팅겐 대학 교수들을 꾸준히 설득했다. 그러나 학위를 수여하기로 결정을 내릴 무렵, 소피 제르맹은 유방암으로 세상을 떠나고 말았다.

소피 제르맹은 프랑스에서 태어난 여성들 가운데 단연 최고의 지성이었으며 프랑스 과학학술원 회원명단에 자신의 이름을 올린 위대한 수학자였다. 그러나 정부 관리들은 그녀의 죽음을 발표하면서 그녀를 '수학자'가 아닌 'rentière-annuitant (뚜렷한 직업이 없는 독신녀)'로 표현했다. 이해할 수 없는 일은 이뿐만이 아니다. 파리 시에 세울 에펠 탑을 설계할 때, 공학자들은 철제 빔의 탄성적 성질에 각별한 관심을 갖고 연구한 결과, 이 분야에서 위대한 업적을 남긴 72명의 학자들을 선정하여 철제 기둥에 명단을 새겨넣었다. 그러나 정작 탄성이론에 가장 큰 업적을 남긴 천재 소피 제르맹의 이름은 눈을 씻고 찾아봐도 없다. 왜 이런 일이 일어났을까. 아녜시가 프랑스 학술원 회원으로 선출되지 못한 것과 같은 이유였을까? 제르맹이 여성이었다는 이유 하나 때문에 명예의 전당에서 제외된 것일까? 아마 그랬던 것 같다. 만일 이것이 사실이라면 최고의 영예를 마땅히 누리고도 남을 그녀의 이름 앞에서 우리 모두는 마음속 깊이 잘못을 뉘우쳐야만 할 것이다.

– 모장(H. J. Mozans), 1913

봉인된 편지

소피 제르맹이 쾌거를 이룩해 낸 뒤로 프랑스 과학학술원은 〈페르마의 마지막 정리〉를 완전하게 증명하는 사람에게 주겠다며 순금 메달과 함께 3,000프랑의 상금을 내걸었다. 이제 〈페르마의 마지막 정리〉를 증명하는 일은 명예뿐만 아니라 금전적 혜택을 누릴 수 있는 최고의 도전 과제가 된 것이다. 학술원이 제시한 상금은 당근의 역할을 톡톡히 해내어 수많은 수학자가 이 문제를 파고들었다. 파리 살롱가에서는 누가 어떤 방법으로 정리를 증명하고 있으며 며칠 뒤면 결과가 나온다는 등등 근거 없는 소문이 무성하게 퍼져 나갔다. 그러던 중 1847년 3월 1일, 파리 학술원에서는 그야말로 드라마틱한 회의가 개최되었다.

회의에 초빙된 연사는 가브리엘 라메였다. 수년 전에 $n = 7$인 경우의 〈페르마의 정리〉를 증명한 경력이 있던 그는 당대 최고 수학자들을 좌중에 앉혀놓고 자신이 〈페르마의 마지막 정리〉를 '모든 n값'에 대하여 증명했다고 선언했다. 증명이 아직 완전하게 끝나지 않았음은 본인도 시인했지만, 증명 방법의 개요를 설명하면서 수주일 이내에 증명을 마무리하여 학술원에서 발간하는 학술지에 완전한 증명을 발표하겠다고 선언했다.

좌석에 앉아 있던 학술원의 수학자들은 극도로 흥분했다. 라메가 연단을 떠나자마자 오귀스탱 루이 코시(Augustin Louis Cauchy)가 회의장을 찾아와 발언권을 달라고 요청했다. 그의 말인즉, 자신도 라메와 비슷한 방법으로 〈페르마의 마지막 정리〉를 증명했으며, 곧 논문을 출판할 예정이라는 것이었다.

코시와 라메, 두 사람에게 있어서 가장 중요한 문제는 시간이었다. 누구든지 하루라도 빨리 완전한 증명을 끝내는 사람에게 모든 명예와 상금이 돌아갈 판이었으니 그들은 강한 라이벌 의식을 느끼면서 마무리 작업

가브리엘 라메(Gabriel Lamé)

오귀스탱 코시(Augustin Cauchy)

에 몰두했다. 비록 두 사람 모두 완전한 증명 논리를 갖고 있지는 않았지만 부족한 논리를 보충하려고 열심히 노력한 결과, 3주 뒤 자신들의 증명 과정을 편지에 요약하여 학술원으로 보낼 수 있었다. 당시의 수학자들은 연구 결과를 세상에 알리지 않으면서 자신의 이름을 공식적으로 남기기 위해 편지를 자주 사용했다. 만일 차후에 자신의 아이디어가 다른 사람의 것을 도용했다는 의심을 받게 되면 봉인된 편지를 개봉하여 진위를 가리곤 했던 것이다.

그 해 4월, 코시와 라메는 자신들의 증명 결과를 출판했다. 이들의 논문은 세간의 이목을 끌기에 충분했지만 증명 논리 자체에는 다소 모호한 구석이 있었다. 완벽한 증명을 기대했던 수학계 학자들은 커다란 실망감을 느끼면서도, 그들 중 대다수는 코시보다 라메가 먼저 증명을 완성해 주기를 내심 바라고 있었다. 왜냐하면 코시는 매우 독선적이고 괴팍한 인물로 평판이 나 있어 수학자들이 별로 좋아하지 않았기 때문이다. 프랑스 학술원의 학자들이 코시의 의견에 귀를 기울였던 것은 그가 천재적인 수학자라는 단 하나의 이유 때문이었다.

5월 24일, 마침내 두 사람의 경쟁에 마침표를 찍는 강연회가 개최되었다. 그런데 강연자는 코시도, 라메도 아닌 조제프 리우빌(Joseph Liouville)이라는 인물이었다. 리우빌은 독일 수학자 에른스트 쿰머(Ernst Kummer)의 편지를 찬찬히 읽어 내려갔으며 이를 듣고 있던 학술원 회원들은 엄청난 충격을 받았다.

쿰머는 당대 최고의 정수론 학자였지만 투철한 애국심으로 나폴레옹에 대항하면서 시국 현안에 많은 관심을 두고 살았기 때문에 대다수 사람은 그가 수학자였다는 사실조차 모르고 있었다. 쿰머가 어렸을 적에 고향인 조라우를 침공했던 프랑스 군대는 그 일대에 발진티푸스라는 전염병까지 퍼뜨렸는데, 의사였던 쿰머의 아버지는 환자들을 돌보다가 감염되어 수주

에른스트 쿰머(Ernst Kummer)

일 만에 세상을 뜨고 말았다. 아버지의 죽음에 충격을 받은 쿰머는 장차 성인이 되면 외부의 침략에서 조국을 지키겠다는 굳은 결심을 하게 되었다. 그는 대학을 졸업한 뒤 곧바로 대포알의 궤적을 계산하는 이론체계를 확립하여 베를린 군사대학에서 탄도학을 강의했다.

쿰머는 전쟁 관련 분야 이외에 순수수학에도 많은 관심을 갖고 있었는데, 특히 정수론에 뛰어난 재능을 보였으며 프랑스 학술원에서 상금까지 걸어놓고 해결사를 찾고 있던 〈페르마의 마지막 정리〉에 대해서도 잘 알고 있었다. 그는 학술원에서 발간하는 학술지들을 주의 깊게 읽어본 뒤에 코시와 라메가 시도했던 증명법의 몇 가지 세부사항을 분석해보았다. 그리고는 곧바로 그들의 오류를 발견하여 리우빌에게 보내는 편지에 오류의 내용을 자세히 서술했다.

쿰머의 편지에 의하면 코시와 라메의 증명은 '소인수 분해'의 원리에 그 기초를 두고 있다고 했다. 소인수 분해란, 임의의 정수를 특정한 소수들의 곱으로 표현하는 법을 말한다. 예를 들어 18이라는 자연수는 다음과 같은 소수들의 곱으로 소인수 분해될 수 있다.

$$18 = 2 \times 3 \times 3$$

다른 자연수들도 이와 비슷한 방법으로 다음과 같이 소인수 분해된다.

$$
\begin{aligned}
35 &= 5 \times 7, \\
180 &= 2 \times 2 \times 3 \times 3 \times 5, \\
106{,}260 &= 2 \times 2 \times 3 \times 5 \times 7 \times 11 \times 23,
\end{aligned}
$$

소인수 분해법은 기원전 4세기경 유클리드가 발견했는데, 그의 저서 《원론》 제9권에는 "모든 수는 소수들로 소인수 분해될 수 있다."는 정리가 증명되어 있다. 이 정리는 여타의 다른 증명에서 매우 중요하게 사용되기 때문에 오늘날 수학자들은 이를 가리켜 '산술의 기본 정리'라 부른다.

코시와 라메가 소인수 분해의 개념을 이용하여 증명을 시도한 데에는 언뜻 보기에 별 문제가 없는 것처럼 보인다. 그러나 문제는 그들의 증명에 허수가 등장한다는 점이다. 쿰머는 편지에서 다음과 같은 사실을 지적했다. "모든 실수는 소인수 분해될 수 있으며, 하나의 수를 소인수 분해하는 방법은 단 한 가지뿐이다. 그러나 허수를 도입하게 되면 사정은 달라진다." 쿰머가 지적한 코시와 라메의 오류는 바로 이것이었다.

한 가지 예를 들어보자. 수의 범위를 실수로 한정한다면 12를 소인수 분해하는 방법은 $2 \times 2 \times 3$뿐이다. 그러나 허수의 사용을 허용한다면 자연수 12는 다음과 같은 방식으로 인수 분해될 수도 있다.

$$12 = (1 + \sqrt{-11}) \times (1 - \sqrt{-11})$$

여기에 나타난 $1 + \sqrt{-11}$은 실수와 허수가 더해진 복소수이다. 이 경우, 분해된 모양은 이전보다 다소 복잡해지긴 했지만 어쨌거나 허수의 사용을 허용해 놓고 보니 임의의 수를 인수 분해하는 또 다른 방법이 나타난 것이다. 이뿐만이 아니다. 12는 또 $(2 + \sqrt{-8}) \times (2 - \sqrt{-8})$로 인수 분해될 수도 있다. 결국 허수의 개념을 도입하면 임의의 수는 무한히 많은 방법으로 인수 분해될 수 있다는 결론을 얻는다.

인수 분해하는 방법이 유일하지 않다면 코시와 라메의 증명법은 심각한 타격을 입게 되지만 그렇다고 그들의 논리 전체가 허물어지는 것은 아니었다. 코시와 라메가 증명하려 했던 것은 '3 이상의 정수 n에 대하여, 방정식 $x^n + y^n = z^n$은 정수해를 갖지 않는다.'는 〈페르마의 마지막 정리〉였다. 앞에서 서술한 대로 이 정리는 모든 '3 이상의 모든 정수 n'에 대해 증명할 필요 없이, '3 이상의 모든 소수 n'에 대해서만 증명하면 된다. 쿰머는 자신이 개발한 적절한 방법을 사용하면 대부분의 소수 n에 대하여 '인수 분해하는 방법의 수가 유일하지 않기 때문에 야기되는 문제'를 해결할 수 있음을 보였다. 이 상황을 좀 더 자세히 설명하자면 다음과 같다. n이 31 이하의 소수인 경우에는 쿰머의 논리가 잘 적용되어 아무런 문제가 없다. 그러나 $n = 37$일 때에는 골치 아픈 문제가 생긴다. 그리고 100 이하의 소수들 중에서 $n = 59$와 $n = 67$인 경우 역시 다루기가 어렵다. 〈페르마의 마지막 정리〉가 증명되기 어려운 이러한 소수들을 가리켜 '불규칙 소수(irregular primes)'라고 하는데, 큰 소수들 중에도 불규칙 소수는 빈번히 나타난다. 따라서 쿰머가 이 사실을 지적한 이후로 〈페르마의 마지막 정리〉를 완전히 정복하기 위해 남은 문제는 n이 불규칙 소수인 경우에 대하여 증명하는 것이었다.

쿰머는 모든 불규칙 소수 n에 대하여 〈페르마의 마지막 정리〉를 일괄적으로 증명할 수 있는 방법은 없다고 생각했다. 그러나 그는 각각의 경우에 적절한 방법을 도입하여 하나씩 증명해 나간다면 언젠가는 모든 증명을 끝낼 수 있다고 굳게 믿었다. 하지만 개개의 불규칙 소수에 각기 적용되는 특별한 증명법들을 일일이 찾아내는 것은 오랜 시간이 걸리는 따분한 작업이었으며, 이 불규칙 소수의 개수마저 무한히 많다는 사실은 상황을 더욱 어렵게 만들었다. 모든 불규칙 소수에 각기 적용되는 증명법을 일일이 찾아내려면 전 세계의 수학자들이 이 문제에 매달려 영원의 시간을 보내야 할 판이었다.

쿰머의 편지는 라메에게 커다란 영향을 미쳤다. 라메는 자신이 〈페르마의 정리〉를 증명하면서 소인수 분해에 의존한 것은 좋게 말해 '낙천적인 생각'이었고 사실인즉 '무모한 발상'이었다는 것을 깨달았다. 그가 진작부터 자신의 아이디어를 세상에 공개했다면 이러한 오류를 좀 더 일찍 발견해

낼 수 있었을 것이다. 라메는 뒤늦게 후회하는 심정으로 베를린에 있는 디리클레에게 편지를 썼다. "자네가 파리에 있거나 내가 베를린에 있었다면 이런 오류는 범하지 않았을 텐데, 정말 안타깝게 생각하고 있다네."

라메는 쿰머 때문에 풀이 죽은 반면, 코시는 자신의 오류를 끝까지 인정하지 않았다. 코시는 자신의 증명법이 소인수 분해에 의존하는 정도가 라메의 경우보다 훨씬 적다고 생각했다. 그는 쿰머의 분석법 역시 엄밀한 검증을 거쳐야 한다고 주장하면서, 몇 주에 걸쳐 〈페르마의 마지막 정리〉에 관한 후속 논문을 연이어 출판하다가 그 해 여름부터 그 역시 입을 닫았다.

쿰머는 당시의 수학 수준으로 〈페르마의 마지막 정리〉를 완전하게 증명하는 것이 불가능한 일임을 보여주었다. 〈페르마의 마지막 정리〉를 증명하는 것은 누구나 한 번쯤 시도해 볼 만한 멋진 과제였지만 의욕만으로 해결하기에는 너무나도 어려운 수학 문제였기에 세계에서 가장 어려운 문제를 풀겠다는 야심찬 수학자들의 희망은 그 앞에서 여지없이 무릎을 꿇어야 했다.

1857년, 프랑스 학술원은 〈페르마의 마지막 정리〉에 걸었던 상금을 결국 폐지하고 말았다. 코시는 당시의 상황을 다음과 같이 기록해 두었다.

수학 대상(Grand Prize) 현상 공모에 관한 보고서.

이 공모는 1853년에 시작되어 1856년까지 계속되었다.

그동안 이 문제와 관련된 열한 편의 논문이 접수되었지만 어느 것도 완전한 해답을 제시하지 못했다. 따라서 현상금을 계속 걸어놓는다 해도 한동안은 쿰머가 지적했던 단계에서 별다른 진전을 보이지 못할 것이다. 그러나 쿰머를 비롯한 기하학자들의 공헌은 그동안 우리 수학계가 이루어낸 쾌거로 모두 자축할 만한 일이다.

학술원 위원들은 상금을 폐지하는 대신 쿰머의 공헌을 기리는 뜻에서 그에게 메달을 수여하기로 결정했다. 복소수와 정수의 제곱근 연구에 관한 그의 업적을 고려해 볼 때, 학술원의 결정은 지극히 타당한 것이라고 생각된다.

그 뒤로 200년간 〈페르마의 마지막 정리〉를 증명하려는 모든 노력은 한결같이 수포로 돌아갔다. 앤드루 와일즈는 10대 소년 시절에 오일러와 제르맹, 코시, 라메, 그리고 쿰머 등의 업적을 일일이 살펴보았다. 그는 선배 수학자들의 실패를 교훈삼아 새로운 실마리를 찾고자 했다. 그러던 중 와일즈는 옥스퍼드 대학에 입학하던 무렵, 쿰머가 직면했던 바로 그 문제에 똑같이 직면하게 된다.

와일즈와 같은 시기에 〈페르마의 마지막 정리〉를 연구하던 수학자들 중 몇몇 사람들은 증명이 불가능하다며 다소 비관적인 견해를 갖고 있었다. '사실, 페르마가 사람들을 기만했는지도 모를 일이다. 그토록 많은 사람이 증명에 실패한 것을 보면 애초부터 그런 증명은 존재하지 않았을 수도 있다.' 이렇게 회의적인 생각이 떠도는 와중에도 와일즈는 증명을 향한 일념을 포기하지 않았다. 인류의 역사를 돌이켜보면 수세기에 걸친 노력 끝에 기어이 증명이 이루어진 경우가 적지 않게 있었음을 와일즈는 마음속 깊이 새기고 있었다. 그리고 수세기 만에 떠오른 증명법은 새로운 수학에 근거한 것이 아니라 종종 과거의 수학만으로도 충분한 경우가 많았다.

이러한 사례를 극명하게 보여주는 한 가지 예를 보자. 이른바 '3점선 추론(dot conjecture)'이라 불리는 기하 문제는 매우 단순한 듯 보이면서도 수십 년간 해결되지 않았던 난제 중의 난제였다. 이것은 〈그림 13〉에서 보는 것과 같이 몇 개의 점과 이들을 연결한 직선들로 이루어진 도형에 관한 문제이다. 그 내용은 다음과 같다. '모든 직선이 적어도 세 개 이상의 점을 통과하는 도형은 존재하지 않는다(단, 모든 점은 빠짐없이 직선으로 연결해야 하며,

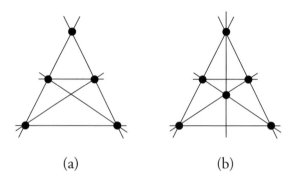

〈그림 13〉 이 도형들은 모든 점 사이를 직선으로 연결하여 만들어졌다. 이런 식으로 모든 선이 세 개 이상의 점을 통과하는 도형을 만들어낼 수 있을까?

단 세 개의 점이 일직선 상에 놓여 있는 단순한 경우는 제외한다).'

당장 몇 가지의 경우를 연필로 끄적거려 보면 이 주장이 틀리지 않다는 것을 금방 알 수 있다. 예를 들어 〈그림 13〉 (a)의 도형은 다섯 개의 점을 여섯 개의 직선으로 연결하여 만든 것인데 이들 중 네 개의 직선 상에는 점이 두 개밖에 놓여 있지 않으므로 '모든 직선이 세 개 이상의 점을 통과하는' 도형이 분명 아니다. 이 도형에 하나의 점과 하나의 직선을 추가한 것이 〈그림 13〉 (b)의 도형인데, 이 경우 세 개 이상의 점을 통과하지 못한 직선의 개수는 세 개로 줄어들었지만 여전히 우리가 의도했던 도형은 아니다. 그리고 여기에 아무리 많은 점과 직선을 추가해 나간다 해도 모든 직선이 세 개 이상의 점을 통과하는 도형은 만들어지지 않는다. 그러나 이런 식으로 논리를 전개하는 것은 수학적인 증명이라 할 수 없다.

거의 한 세대가 지나는 동안 수학자들은 이토록 뻔한 '3점선 추론'을 증명하지 못하고 있었다. 게다가 수학자들을 더욱 약올리는 것은 이 추론을 증명하는 데 고급수학이 전혀 필요하지 않다는 점이다. 세월이 흘러 결국 증명은 되었지만, 증명 내용을 보고 한눈에 이해하지 못하는 수학자가 단

한 명도 없을 만큼 그것은 단순한 증명이었다. 자세한 증명과정은 〈부록 6〉에 소개되어 있으니 관심 있는 독자는 참고하기 바란다.

〈페르마의 마지막 정리〉의 경우에도 사정은 마찬가지였다. 정리를 증명하는 데 필요한 수학은 모두 개발되어 있었지만, 이들을 한데 모아 번뜩이는 기지를 발휘할 수 있는 천재가 나타나지 않았던 것이다. 와일즈는 끝까지 포기하지 않았다. 어린 시절, 그는 단순한 호기심으로 〈페르마의 마지막 정리〉를 파고들었지만, 성인이 된 뒤에는 그것이 아예 인생의 목표가 되었다. 19세기의 수학을 모두 습득한 와일즈는 드디어 20세기의 수학 기법을 사용하여 〈페르마의 마지막 정리〉를 공략하기 시작했다.

4장

추상의 세계로

증명이란 수학자들이 스스로를 고문하면서 추구하는 그들만의 우상이다.

- 아서 에딩턴 경(Sir Arthur Eddington)

파울 볼프스켈(Paul Wolfskehl)

에른스트 쿰머의 업적 이후로 〈페르마의 마지막 정리〉가 증명되리라는 희망은 날이 갈수록 희미해지고 있었다. 게다가 첨단 수학의 관심사는 점차 다른 분야로 옮겨가고 있었기 때문에 젊은 수학자들은 시도해 봐야 시간만 낭비할 것이 뻔한 〈페르마의 마지막 정리〉를 아예 무시해 버리기도 했다. 20세기가 막 시작되던 무렵, 〈페르마의 마지막 정리〉는 정수론 학자들의 특별한 관심을 끌긴 했지만, 대부분의 수학자는 〈페르마의 마지막 정리〉에 몰두해 있는 수학자를 마치 '화학자가 연금술사를 바라보는 시선으로' 바라보았다. 연금술과 〈페르마의 마지막 정리〉, 이들은 모두 한물간 구시대의 신기루쯤으로 취급되었다.

1908년, 독일 다름슈타트 출신 실업가 파울 볼프스켈(Paul Wolfskehl)은 당시 사람들의 관심에서 멀어져가던 〈페르마의 마지막 정리〉에 새로운 생명력을 불어넣었다. 부유한 볼프스켈 가문은 예술과 과학을 적극적으로 후원하여 세간의 좋은 평판을 얻고 있었으며, 이러한 환경에서 자란 파울 역시 과학적 소질을 다분히 갖고 있었다. 그는 대학에서 수학을 전공했고 인생의 대부분을 부친에게 물려받은 사업에 몰두하면서 보냈지만, 한편에서는 수학자들과 꾸준히 교류하면서 정수론 공부를 계속했다. 그리고 그 역시 〈페르마의 마지막 정리〉에 깊숙이 발을 들여놓았다.

볼프스켈은 사실 역사에 길이 남을 만한 천재적인 수학자는 아니었으며, 〈페르마의 마지막 정리〉를 증명해 낼 만한 운명을 타고난 사람도 아니었다. 그러나 그가 겪었던 일련의 사건들로 인해 그는 〈페르마의 마지막 정리〉와 함께 영원히 후대에 이름을 남기게 되었고, 수천 명의 수학자로 하여금 〈페르마의 마지막 정리〉와 사투를 벌이게 만든 장본인이 되었다.

이 기막힌 이야기는 아직도 그 이름이 알려지지 않은 한 아름다운 여인에서 시작된다. 볼프스켈은 그녀를 열렬히 사랑했지만 이 미지의 여인은 볼프스켈의 구애를 일언지하에 거절해 버렸다. 하늘이 무너지는 듯한 절망에 빠져버린 그는 마침내 모든 것을 포기하고 자살을 결심하기에 이르렀다. 그는 열정적인 감성을 지녔지만, 모든 일을 충동적으로 해치우는 경솔한 성품이 아니었기에 자신의 자살 일정에 관한 계획을 치밀하게 세워두었다. 그는 우선 죽기에 알맞은 날을 정한 뒤, 그날 밤 자정이 되면 권총을 머리에 대고 발사하기로 마음먹었다. 드디어 운명의 날은 밝아오고, 볼프스켈은 남은 업무를 말끔하게 처리한 뒤 가족과 친구들에게 일일이 편지를 써내려갔다.

마지막 편지를 마무리짓고 시계를 보니 자정이 되려면 아직 몇 시간을 기다려야 했다. 그는 별 생각 없이 서재로 들어가 수학 서적들을 뒤척거리면서 시간을 보냈다. 그러던 중 코시와 라메의 오류를 지적한 쿰머의 논문에 시선이 멈추었다. 그것은 당대 최고 수준의 계산법이 도입된 논문으로 자살 시간을 기다리는 수학자가 읽기에는 안성맞춤이었다. 그는 쿰머의 계산을 한 줄 한 줄 따라가며 논문을 읽어 내려갔다. 그러다 갑자기 온몸에 전율을 느꼈다. 쿰머의 논리에 숨어있던 허점이 볼프스켈의 눈에 들어온 것이다. 쿰머는 자신의 논리를 전개하는 도중에 하나의 가정을 내세웠는데,

이 가정에 기초를 둔 쿰머의 논리는 결국 끝을 맺지 못한 채 실패로 돌아갔다. 그 순간 볼프스켈의 머릿속에는 이런 질문이 떠올랐다. '쿰머가 내세운 가정이 과연 옳은 것인가? 혹시 그가 잘못된 가정을 기초로 논리를 전개한 것은 아닐까?' 만일 그렇다면 〈페르마의 마지막 정리〉는 사람들이 생각하는 것보다 훨씬 쉽게 증명될지도 모를 일이었다.

그는 자리에 앉아 증명과정의 논리적 오류를 찾아내기 위해 논문의 이곳저곳을 유심히 살펴보았다. 그리고는 불완전하게 끝난 쿰머의 논리를 완전하게 만들거나 아니면 쿰머의 결론을 완전히 뒤집을 수도 있는 나름의 증명법을 머릿속에 그려 보았다. 논리적 사고에 완전히 몰두해 있는 사이에 어느새 자정이 지나가고 새로운 논리가 완성될 즈음에는 이미 동이 트고 있었다. 쿰머의 논리를 뒤집지 못하고 그것을 보완하는 쪽으로 결론이 내려진 것은 애석한 일이었지만, 그 덕분에 자살 예정 시간을 놓친 것은 더없이 다행스런 일이었다. 볼프스켈은 자신이 당대 최고의 수학자인 쿰머의 오류를 수정하여 그의 논리를 더욱 완벽하게 만들었다는 사실에 커다란 자부심을 느꼈다. 어느새 실연의 슬픔과 절망은 아득히 먼 곳으로 사라져 버렸다. 수학으로 인해 새로운 삶의 의미를 찾은 것이다.

볼프스켈은 전날 써두었던 유서들을 모두 찢어버리고 간밤에 일어났던 일을 힘차게 써내려가기 시작했다. 그리고는 가족이 깜짝 놀랄 만한 결심을 했다. 〈페르마의 마지막 정리〉를 증명하는 사람에게 자신의 재산 대부분을 기부하겠다고 나선 것이다. 그가 내걸었던 상금은 10만 마르크로, 오늘날의 화폐가치로 따진다면 100만 파운드가 넘는 거금이었지만 〈페르마의 마지막 정리〉 덕분에 목숨을 건진 것을 생각하면 그 정도는 아무것도 아니었다.

그가 출연(出捐)한 상금은 괴팅겐의 왕립과학원에 기탁되었으며 〈볼프스켈 상〉이라고 정식 명명되었다.

이미 고인이 된 파울 볼프스켈 박사의 유지를 받들어, 우리는 〈페르마의 대(大)정리〉를 증명하는 사람에게 수여될 10만 마르크의 상금을 관리하고 있다.

상금의 수여 원칙은 다음과 같다.

1. 괴팅겐 소재 왕립과학원은 상금 수혜자 선정과 관련한 모든 문제에서 절대적 결정권을 갖는다. 단순히 경쟁에 참여하여 상금을 받으려는 목적으로 쓰인 글은 과학원 심사 대상에서 제외된다. 정식 심사는 정기간행물이나 학술지, 또는 서점에서 구입 가능한 서적에 수록된 수학 논문에 한하여 실시한다.

2. 심사위원회의 전문가들이 해독할 수 없는 언어로 작성된 논문은 심사 대상에서 제외된다. 논문의 저자는 신뢰할 만한 과정을 통해 독일어로 번역하여 제출할 것을 권장한다.

3. 익명으로 제출된 논문이나 내용의 일부가 누락된 논문에 대하여, 심사위원회는 그 진상을 규명할 책임을 지지 않는다.

4. 같은 시기에 여러 명의 사람이 각자 문제를 해결하거나 공동 연구를 통하여 문제를 해결했을 경우, 상금의 분배에 관한 문제는 심사위원회가 결정한다.

5. 수상 자격이 있다고 판단되는 논문에 대해서는 출판 후 적어도 2년 이상이 지난 뒤에 시상식을 거행한다. 이는 논문의 충분한 검증 및 독일 이외의 국가에서 활동하는 학자들에게 자신의 논리가 타당하다는 것을 입증할 만한 충분한 시간을 주기 위한 조치이다.

6. 수상이 시행되는 즉시 수상자 이름과 신분은 외부에 공개한다. 수상 논문은 본 위원회와 관련 있는 모든 출판물에 게재한다. 일단 수상이 완료되고 난 뒤, 본 건과 관련된 이의 제기는 수용하지 않는다.

7. 상금은 수상식이 행해진 날부터 3개월 이내에 괴팅겐 대학 출납계를 통해 지급하며 수상자는 필요에 따라 수납 장소를 변경할 수 있다.

8. 상금은 심사위원회의 결정에 따라 10만 마르크의 현금 또는 이에 상응하는 상

품으로 지급한다. 상금이 수혜자에게 지급되는 시점에서 위원회의 지급 의무는 종결되며, 그 뒤로 변경되는 화폐 및 상품가치에 대하여 위원회는 추후 보상이나 회수하지 않는다.

9. 2007년 9월 13일까지 수상자가 결정되지 않을 경우, 본 심사위원회는 자동 해산되며 그 뒤로 발송된 논문은 접수하지 않는다.

〈볼프스켈 상〉은 위와 같은 규칙에 입각하여 오늘부로 심사위원회를 발족한다.

1908년 6월 27일,

괴팅겐 왕립과학원

심사위원회는 〈페르마의 마지막 정리〉를 증명하는 최초의 수학자에게 10만 마르크의 상금을 주겠다고 선언했다. 그러나 '〈페르마의 마지막 정리〉는 거짓이다. $x^n + y^n = z^n$은 특별한 n값에 대하여 정수해가 엄연히 존재한다.' 는 사실을 증명하는 사람에 관해서는 아무런 언급도 하지 않았다. 다시 말해, 〈페르마의 마지막 정리〉를 부정적인 방향으로 증명하는 수학자에게는 단돈 1페니히도 줄 수 없다는 뜻이었다.

〈볼프스켈 상〉에 관한 뉴스는 수학 학술지와 잡지를 통해 곧 유럽 전역으로 퍼져 나갔다. 그러나 막대한 상금과 총력을 기울인 홍보에도 불구하고 〈볼프스켈 상〉은 수학자들의 커다란 관심을 끌지 못했다. 당시 대다수의 수학자는 〈페르마의 마지막 정리〉를 거의 포기해 버린 상태여서, 이 문제에 매달리는 것은 순전히 시간 낭비라고 생각했기 때문이다. 그러나 〈볼프스켈 상〉이 제정된 덕분에 〈페르마의 마지막 정리〉는 타 분야의 학자들과 일반인들 사이에 널리 알려지게 되었으며, 이들 중에는 아무런 대가를 바라지 않으면서 오로지 사상 최대의 수수께끼를 해결하겠다는 일념으로 평생을 바친 사람도 많이 있었다.

퍼즐과 수수께끼의 전성시대

고대 그리스 시대 이후로 수학자들은 그들이 사용하던 증명과 정리를 숫자 퍼즐의 형태로 재구성하곤 했다. 19세기 후반기에는 여기에 수학자들의 장난기까지 곁들여져 온갖 종류의 숫자 퍼즐 문제가 본격적으로 대중화되기 시작했다. 십자말풀이와 낱말맞추기 등의 수수께끼가 대중화된 것도 이 무렵이었다. 이처럼 수수께끼류의 문제들이 유행하면서 간단한 수학 퀴즈부터 시작하여 〈페르마의 마지막 정리〉와 같은 난제에 이르기까지 다양한 종류의 수학 문제들이 일반 대중 사이에 퍼져 나갔다.

이 시대에 수수께끼를 가장 많이 만들어낸 사람은 아마도 헨리 듀드니(Henry Dudeney)일 것이다. 듀드니는 수십 종의 신문과 잡지를 출판하는 편집 전문가였다. 빅토리아 왕조 시대에 살았던 또 한 사람의 퍼즐 전문가로는 리버렌드 찰스 도지슨(Reverend Charles Dodgson)을 들 수 있는데, 그는 옥스퍼드 대학의 수학 강사로서 루이스 캐롤(Lewis Carroll)이라는 필명으로 더 유명했다. 도지슨은《신기한 수학(Curiosa Mathematica)》이라는 제목으로 모든 종류의 퍼즐 문제가 집대성된 책을 시리즈로 출판했다. 비록 이 책은 완결 편까지 출간되지는 못했지만 '베개 문제'를 비롯한 상당수의 문제가 몇 권의 책 속에 일목요연하게 정리되어 있었다.

역사상 가장 위대한 수수께끼 전문가는 미국의 천재 샘 로이드(Sam Loyd, 1841~1911)로서, 그는 10대 시절에 새로운 퍼즐 문제를 무수히 만들어냈으며 기존의 문제들을 더욱 흥미롭게 수정하여 세간의 관심을 끌었다. 그는 자신의 저서《샘 로이드와 그의 퍼즐: 자전적 회고(Sam Loyd and his Puzzles : An Autobiographical Review)》에서 자신이 만들었던 초창기의 퍼즐 문제들은 당시 모 서커스단의 단장이자 소문난 책략가인 바넘(P. T. Barnum)을 위한 것이었다고 적고 있다.

여러 해 전, 바넘의 서커스단이 '지상 최대의 쇼'를 기획하고 있을 때 나는 단원 중 한 사람에게서 광고에 사용할 만한 퍼즐 문제 몇 개를 만들어 달라는 요청을 받았다. 이 문제에는 꽤 많은 현상금이 걸려 있었으며 뒷날 '스핑크스의 질문(Questions of the Sphinx)'이라는 제목으로 세상에 널리 알려지게 되었다.

그런데 이상하게도 로이드의 책은 그가 죽은 지 17년이 지난 1928년이 돼서야 비로소 출판되었다. 사실인즉, 책의 저자 샘 로이드는 그의 아들로서 아버지와 같은 이름이었다고 한다. 로이드는 아들에게 문제의 해답을 모두 전수해 주었고, 샘 로이드 2세는 아버지가 만든 퍼즐 문제를 자신의 이름으로 출판했는데 독자들은 저자의 이름만 보고 샘 로이드 1세로 잘못 안 것이다.

로이드가 창조해 낸 퍼즐 문제들 중에서 가장 널리 알려진 것은 바로 그

〈그림 14〉 샘 로이드의 '14-15' 퍼즐을 놓고 고민에 빠진 퍼즐광을 표현한 삽화.

유명한 '14-15' 퍼즐이다. 이것은 오늘날에도 거의 모든 장난감 가게에서 볼 수 있으며 누구나 한두 번쯤은 '14-15' 퍼즐을 풀어본 경험이 있을 정도로 대중화되어 있다. 이 퍼즐은 가로세로 각각 4개씩 16개의 구획으로 나뉘어진 판에 1부터 15까지 번호가 적혀 있는 15개의 타일이 순서 없이 배열된 형태에서 시작한다. 타일을 한 칸씩 이리저리 움직이면서 타일에 적힌 번호를 순서대로 배열하는 것이 이 퍼즐의 목적이다. 로이드의 '14-15' 퍼즐은 〈그림 14〉에 그려진 모양으로 제작되어 사람들에게 팔려 나갔다(1부터 13까지는 순서대로 배열되어 있고, 14번과 15번 타일만 맞바뀐 상태). 로이드는 타일의 위치를 이리저리 바꿔서 모든 타일을 순서대로 재배열하는 사람에게 거액의 상금을 주겠노라고 호언장담했다. 로이드의 아들은 다분히 수학적인 사고가 필요한 이 '14-15' 퍼즐 사건에 대하여 다음과 같이 기록하고 있다.

1,000달러의 상금이 걸려 있는 '14-15' 퍼즐에 수천 명의 사람들이 응모했지만 정답자는 한 명도 없었다. 사람들은 모두가 퍼즐에 정신이 팔려 있고, 가게 주인들은 퍼즐과 씨름을 하느라 가게 문 여는 것까지 잊을 정도였다. 저명하신 목사님들이 겨울밤 가로등 밑에 서서 퍼즐을 맞추는 모습도 흔히 볼 수 있었다. '14-15' 퍼즐의 해법을 찾는 것은 결코 쉬운 일이 아니다. 만일 누군가가 숫자를 제대로 맞추었다 해도 그동안 자신이 움직인 타일의 순서를 복기하는 것은 거의 불가능하기 때문이다. '14-15' 퍼즐 때문에 항해사들은 배를 난파시키기 일쑤였고, 기관사들은 기차역을 그냥 통과해 버렸다. 볼티모어에 사는 한 편집자는 매일같이 점심시간만 되면 파이 조각을 이리저리 움직이면서 퍼즐을 맞추느라 식사를 상습적으로 걸렀다고 한다.

로이드는 자신이 내걸었던 1,000달러의 상금이 결코 지불되지 않으리라는 것을 잘 알고 있었다. 14와 15가 뒤바뀐 그의 퍼즐을 순서대로 재배열하는 것은 애초부터 불가능한 일이었다. 특정한 방식에 해가 존재하지 않음을 증명하는 것과 비슷한 논리를 통하여 로이드는 '14-15' 퍼즐에 해가 존재하지 않는다는 사실을 증명해 냈다. 로이드의 증명은 퍼즐에 들어 있는 15개 타일의 무질서 역시 무질서 계수(disorder parameter, Dp)를 정의하는 것에서 시작된다. 임의의 타일 배열 상태에 대한 무질서 계수란, 정상적인 배열 순서에 어긋나 있는 타일 쌍의 개수를 말한다. 〈그림 15〉 (a)와 같이 모든 타일이 정상적으로 배열되어 있는 경우, 무질서 계수 $Dp = 0$이다.

이렇게 제대로 배열되어 있는 상태에서 시작하여 타일의 위치를 조금씩 변형해 나가다 보면 〈그림 15〉 (b)의 상태를 어렵지 않게 만들 수 있다. 이 경우, 1부터 12까지는 순서상으로 아무런 문제가 없다(10과 12 사이에 11이 빠져 있기는 하지만, 여기서 말하는 '정상적' 배열이란 단순히 숫자가 증가하는 순서로 배열된 상태를 말하기 때문에 10 다음에 12가 나오는 것은 아무런 문제가 되지 않는다). 따라서 비정상적으로 배열된 타일 쌍은 (12, 11), (15, 13), (15, 14), (15, 11), (13, 11), (14, 11)로, 이 배열은 $Dp = 6$에 해당된다.

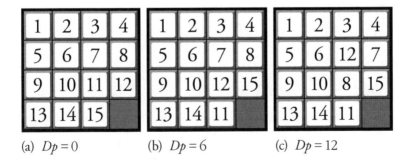

(a) $Dp = 0$ (b) $Dp = 6$ (c) $Dp = 12$

〈그림 15〉 타일을 움직이면서 여러 가지 배열 상태를 만들어낼 수 있다. 각각의 배열 상태는 무질서 계수 Dp 라는 하나의 정수값으로 표현될 수 있다.

여기서 타일을 조금 더 움직이면 〈그림 15〉 (c)의 배열 상태를 얻는다. 이 경우 비정상적으로 배열된 타일 쌍의 개수는 12개이므로 이것은 $Dp = 12$ 인 배열에 해당된다. 여기서 주목해야 할 점은 (a), (b), (c)의 세 가지 경우 모두 무질서 계수가 짝수값(0, 6, 12)을 갖는다는 사실이다. 처음에 정상적인 배열 상태에서 출발한다면 타일을 어떻게 섞어놓아도 Dp는 항상 짝수값을 갖는다(의심이 가는 독자는 종잇조각으로 모형을 만들어 실험해 보기 바란다). 이것은 재배열된 퍼즐의 수학적 성질 중 하나로서 타일을 퍼즐판에서 강제로 뜯어내지 않는 한 항상 성립한다. 이렇듯 '어떠한 변형을 가해도 항상 성립하는 성질'을 칭할 때, 수학에서는 '불변성(invariant)'이라는 용어를 사용한다.

그러나 로이드가 시중에 배포했던 퍼즐, 즉 14번 타일과 15번 타일만이 서로 뒤바뀌어 있는 배열의 경우에는 $Dp = 1$이 되어 무질서 계수가 홀수값을 갖는다. 앞서 말한 것과 같이 모든 타일이 순서대로 배열된 상태에서 출발한다면 아무리 변형을 가해도 무질서 계수는 항상 짝수이다. 그러므로 로이드가 배포한 퍼즐은 제대로 배열된 퍼즐에서 시작한다면 결코 얻어낼 수 없는 배열이며, 따라서 로이드의 '14-15' 퍼즐은 하늘이 두 쪽이 난다 해도 전체 타일을 순서대로 재배열할 수 없다. 결국 그가 내걸었던 1,000달러의 상금은 결코 잡을 수 없는 신기루였던 셈이다.

로이드의 퍼즐과 무질서 계수는 '불변성'의 개념이 얼마나 유용한 것인지를 잘 보여주는 대표적 사례이다. 수학자들은 하나의 수학적 대상이 다른 형태로 변형될 수 없음을 증명할 때 불변성의 개념을 자주 이용했는데, '매듭이론(knot theory)'이 그 일례라고 할 수 있다. 매듭이론을 연구하는 학자들은 줄을 잘라내지 않은 채로 비틀거나 고리 모양으로 틀어서 하나의 매듭을 다른 매듭으로 전환할 수 있는지의 여부에 많은 관심을 두고 있다. 이 문제를 해결하기 위해 그들은 줄을 아무리 비틀거나 고리 모양으로 틀어도 절대로 변하지 않는 매듭의 특성, 즉 '불변성'을 찾아냈다. 이것이 이른바 '매듭 불변성(knot invariant)'이다. 두 개의 매듭이 각기 다른 매듭 불변성을 갖는 경우에는 줄의 모양을 아무리 변형시켜도 두 개의 매듭은 서로 뒤바뀔 수 없다.

쿠르트 라이데마이스터(Kurt Reidemeister)가 1920년에 이 방법을 개발해 내기 전까지는 하나의 매듭이 다른 매듭으로 변환될 수 있는지를 판단할 방법이 없었다. 다시 말해, 매듭 불변성이 발견되기 이전에는 세로 매듭이 옭매듭, 또는 외벌 매듭과 근본적으로 다른 종류의 매듭임을 아무도 알지 못했다는 것이다. 불변성의 개념은 여타의 수학 분야에서도 매우 중요하게 취급되고 있으며 이 책의 5장에서 서술한 바와 같이 〈페르마의 마지막 정리〉를 수학의 주류에 합류시키는 데 결정적 역할을 하게 된다.

19세기에서 20세기로 접어들던 무렵, 샘 로이드의 '14-15' 퍼즐 같은 수학적 수수께끼 문제들이 보편화되면서 유럽과 미국 대륙에서는 수백만에 이르는 아마추어 수학광들이 그들의 실력을 발휘할 수 있는 새로운 문제를 찾기 시작했다. 그러던 중 〈볼프스켈 상〉이 제정되었다는 뉴스가 전해지자 사람들은 일제히 하나의 문제로 몰려들었으며, 이로써 〈페르마의 마지막 정리〉는 다시 한 번 세계에서 가장 유명한 문제가 되었다. 〈페르마의 마지막 정리〉는 로이드의 퍼즐과는 비교가 안 될 정도로 어렵고 복잡한 문제였지만, 그에 못지 않게 상금도 컸기 때문에 사람들은 너나없이 페르마에게 도전장을 내밀었다. 아마추어 수학자들은 과거 수학의 대가들이 간과해 버린 간단한 묘수를 자신이 발견할지도 모른다는 희망을 갖고 있었던 것이다. 그리고 사실 20세기의 아마추어 수학자들이 알고 있는 수학적 지식은 17세기의 페르마가 알고 있던 것과 별반 다를 것이 없었다. 단지 문제는 페르마에게 떠올랐던 영감 어린 묘수를 과연 누가 떠올리느냐 하는 것이었다.

〈볼프스켈 상〉이 제정되고 몇 주가 지나자 산더미 같은 편지들이 괴팅겐 대학으로 배달되었다. 물론 이들 중 대부분은 말도 안 되는 헛소리였고 제법 논리를 갖춘 증명조차도 오류투성이였다. 응모자들은 한결같이 자신이 〈페르마의 마지막 정리〉를 증명했다고 호언장담하고 있었지만 그들은 모두 미묘한 곳에서, 또는 하찮은 곳에서 논리적 실수를 범했다. 정수론은 매우 추상적인 학문이어서 세심한 주의를 기울이지 않으면 금방 논리에서 벗어나 엉뚱한 결론이 내려지기 쉽다. 〈부록 7〉에서는 아마추어들이 흔히 저지를 수 있는 전형적인 실수의 예를 소개했다.

괴팅겐 대학으로 배달된 모든 편지는 발신자의 신분 여하에 상관없이 공정하고 세심하게 심사되었다. 1909년부터 1934년까지 괴팅겐 대학 수학과 과장을 지냈던 에드문트 란다우 교수의 책임하에, 〈볼프스켈 상〉의 심사위원회는 눈코 뜰 새 없이 바쁜 나날을 보내야 했다. 란다우 교수는 매일같이 날아드는 난해한 증명들을 일일이 읽어 보느라 도저히 개인적인 연구를 할 수가 없을 지경이었다. 그는 이리저리 궁리하던 끝에 심사에 할애하는 시간을 최소한으로 줄이는 기발한 방법을 생각해 냈다. 그리고는 다음과 같은 내용의 전단을 수백 장 인쇄하여 책상 위에 비치해 두었다.

_____씨에게

〈페르마의 마지막 정리〉에 관심을 가져주셔서 대단히 감사합니다.

귀하께서 증명에 사용하신 논리를 살펴본 결과 _____쪽 _____째 줄에

첫 번째 오류가 발견되었습니다.

따라서 귀하의 증명은 잘못되었음을 알려드립니다.

E. M. 란다우 올림

란다우는 응모된 증명들을 일일이 읽어본 뒤 학생 하나를 불러 전단의 빈칸을 채워넣게 했다.

1년이 지나도록 응모자 수는 줄어들 줄 몰랐다. 심지어 1차 대전 이후 야기된 엄청난 인플레 때문에 화폐의 가치가 곤두박질쳐서 〈볼프스켈 상〉의 상금이 푼돈으로 전락했을 때에도 사람들의 관심은 좀처럼 누그러지지 않았다. 〈볼프스켈 상〉의 상금으로는 커피 한 잔을 간신히 사마실 수 있을 정도라는 소문까지 나돌았으나 사실 이것은 다소 과장된 표현이다. 1970년대에 응모자들의 명단을 관리했던 슐리히팅(F. Schlichting) 박사의 설명에 따르면 당시의 상금은 약 10,000마르크 정도의 가치가 있었다고 한다. 슐리히팅 박사가 파울루 히벤보임(Paulo Rlbenboim)에게 썼던 편지를 보면 볼프스켈 위원회의 활약상을 잘 알 수 있다. 이 편지는 슐리히팅의 저서 《'페르마의 마지막 정리'에 관한 강의록(Lectures on Fermat's Last Theorem)》 제13권에 수록된 바 있다.

선생님께.

지금까지 접수된 편지는 헤아릴 수가 없을 정도입니다. 〈볼프스켈 상〉이 제정된 뒤 처음 1년(1907~1908) 동안에 무려 621건이 접수되었고, 지금까지 접수된 편지들을 창고에 쌓아 두었더니 그 높이가 3미터에 육박하고 있습니다. 최근 수십 년간 학술원의 실무자들은 〈페르마의 마지막 정리〉에 관한 편지들을 다음과 같이 분류하여 처리해 왔습니다.

(1) 완전한 난센스. 이런 것들은 즉시 반송됩니다.

(2) 어느 정도 수학적 배경을 가진 증명들.

두 번째 부류에 속하는 편지들은 수학과로 보내집니다. 그러면 교수들이 내용을 읽어본 뒤 논리상의 오류를 지적하고 박사 과정의 대학원생들은 지적된 내용을 정리하여 응모자에게 답장을 보내게 됩니다. 그런데 가끔 저를 아주 혼란스럽게 만드는 편지들이 있습니다. 아주 재미있고 괴상한 편지들이 한 달에 서너 통씩 제 앞으로 배달되는데, 증명과정의 반만 써놓고는, 1,000마르크를 보내주면 나머지 반을 공개하겠다는 겁니다. 이보다 더 황당한 편지도 있습니다. 어떤 응모자는 자신의 증명을 정답으로 인정해 준다면 자신이 유명해진 뒤에 들어오게 될 수입(출판 인세, 출연료 등)의 1%를 제게 주겠다는 겁니다. 이뿐만이 아닙니다. 자신의 답을 정답으로 인정해 주지 않으면, 그것을 당장 러시아 학회에 공개하여 자신과 같은 천재를 발견하는 영광을 우리가 누리지 못하게 하겠노라고 협박까지 합니다. 가끔은 괴팅겐 대학으로 직접 찾아와 개인적인 면담을 요구하는 경우도 있습니다.

대부분의 증명은 매우 기초적인 수학(고등학교 교과과정 수준이거나 정수론에 관한 논문을 어설프게 이해한 수준)만을 사용하고 있는데, 그럼에도 불구하고 너무나 복잡하여 이해하기 어려울 때가 많습니다. 대다수의 응모자는 수학 교육을 받긴 했지만 〈페르마의 마지막 정리〉와 오랫동안 씨름해 오다가 실패한 경험이 있는 사람들이었습니다. 특히 정신분열증 증세를 보이는 편지들은 정신과 의사에게 보내기도 했습니다. 볼프스켈은 자신이 제정한 포상제도의 내용을 매년 수학학회지에 광고할 것을 원했지만, 처음 1년이 지난 뒤부터 학회지 편집자들은 고개를 절레절레 흔들고 있습니다. 대부분이 말도 안 되는 헛소리인 데다가 그렇지 않아도 넘쳐나는 편지들 때문에 다들 골머리를 앓고 있으니까 말입니다.

저의 편지가 귀하에게 조금이나마 도움이 되었기를 바랍니다.

F. 슐리히팅 올림.

슐리히팅 박사의 표현대로, 응모자들은 자신의 증명을 〈볼프스켈 상〉 심사위원회에 보내는 것만으로 만족하지 않는 듯했다. 전 세계 모든 대학의 수학과에서는 아마추어 수학자들이 보내온 증명을 아예 무시해 버렸지만 간혹 어떤 대학에서는 매우 적극적인 수용 자세를 보여 응모자에게 용기를 북돋아 주기도 했다. 마틴 가드너의 친구였던 한 교수는 아마추어들의 편지를 받을 때마다 자신은 〈볼프스켈 상〉의 심사위원이 아님을 일일이 통보하면서 그 분야의 전문가를 친절하게 소개해 주었다고 한다. 가드너의 또 다른 친구는 아마추어 수학자들에게 다음과 같은 답장을 보내주곤 했다. "귀하의 증명이 잘못되었음을 발견했지만 불행히도 편지지의 여백이 부족하여 여기 옮기지 못함을 유감스럽게 생각합니다."

금세기 동안 전 세계 아마추어 수학자들이 한결같이 〈볼프스켈 상〉을 타기 위해 〈페르마의 마지막 정리〉와 사투를 벌여왔음에도 불구하고 프로 수학자들은 그 문제를 대체로 무시해 버리는 경향이 있었다. 그들은 쿰머를 비롯한 19세기 정수론 학자들의 이론을 이어받는 대신, 수에 관한 가장 근본적인 성질들을 규명하기 위해 새로운 연구 분야를 개척하고 있었다. 버트런드 러셀, 다비트 힐베르트, 쿠르트 괴델(Kurt Gödel) 등을 비롯한 20세기 최고의 수학자들은 수의 진정한 의미를 규명하기 위해, 그리고 정수론이 해결할 수 있는 문제와 해결할 수 없는 문제를 명확히 구분짓기 위해 수의 저변에 깔린 가장 기본적 성질들을 연구했다. 이들의 업적은 수학의 기초를 크게 흔들어 놓았으며, 결과적으로 〈페르마의 마지막 정리〉에 대한 새로운 반향을 불러일으켰다.

지식의 기반

수백 년 동안 수학자들은 이미 알고 있는 사실들에서 새로운 사실을 알아내기 위해 논리적 증명법을 수도 없이 사용해 왔다. 그 결과 수학이라는 학문은 장족의 발전을 이루었고 수학자들은 방대하고 탄탄한 기초 위에 정수론과 기하학의 새로운 개념들을 쌓아나갈 수 있었다. 그러나 19세기가 끝나갈 무렵 논리수학자들은 새로운 분야를 향한 진보의 발길을 잠시 멈추고 수학의 모든 것을 떠받치고 있는 근본적 진리를 다시 되돌아보기 시작했다. 그들은 수학의 근본 원리를 엄밀하게 증명하여, 원초적 원리부터 모든 것을 재확립하고자 했다. 제아무리 수학의 기본을 이루는 원리라 해도 엄밀한 증명을 거치지 않고서는 완전한 신뢰를 가질 수 없었던 것이다.

수학자들이란 엄밀한 증명 없이는 어떠한 사실도 받아들이지 않는 지독히 까다로운 사람들이다. 이언 스튜어트(Ian Stewart)의 저서 《현대 수학의 개념(Concepts of Modern Mathematics)》에는 수학자들의 이러한 성향이 다음과 같이 재미있게 묘사되어 있다.

> 천문학자와 물리학자, 그리고 수학자가 스코틀랜드에서 휴가를 보내고 있었다. 그들은 기차를 타고 여행을 하던 중 들판에서 풀을 뜯고 있는 검은 양 한 마리를 보았다. 그러자 천문학자가 말했다. "그것 참 신기하군. 스코틀랜드 양들은 죄다 검은색이잖아?" 이 말을 듣고 있던 물리학자가 천문학자의 말을 반박했다. "그게 아니야. 스코틀랜드 양들 중에서 일부만이 검은색이라고 말해야지." 이들의 말이 한심하다는 듯, 수학자는 하늘을 잠시 쳐다본 뒤 조용히 입을 열었다. "자네들은 너무 성급한 판단을 내린 거야. 스코틀랜드에는 적어도 몸의 한쪽 면 이상의 면적에 검은 털이 나 있는 양이 적어도 한 마리 이상 방목되고 있는 들판이 적어도 하나 이상 존재한다. 이래야 말이 되는 거라구!"

수학적 논리를 연구하는 논리수학자들은 일반 수학자들보다 더욱 까다롭다. 논리수학자들은 다른 수학자들이 당연하게 받아들이고 있는 사실을 문제 삼는 사람들이다. 그 대표적인 예로 '삼분법칙(the law of trichotomy)'을 들 수 있다. 삼분법칙이란 '모든 수는 양수와 음수, 그리고 0으로 삼분화된다.'는 지극히 당연한 법칙이다. 이것은 너무도 자명하여 모든 수학자가 사실로 받아들이고 있지만, 사실 그 당위성을 엄밀하게 증명한 사람은 아무도 없었다. 논리수학자들은 "삼분법칙이 증명되지 않는 한, 그것을 기초로 하여 지금까지 쌓아온 모든 수학은 하루아침에 무용지물이 될 수도 있다."고 주장하면서 삼분법칙을 증명하기 위해 안간힘을 썼다. 그리고 다행히도 19세기 말엽에 문제의 삼분법칙은 엄밀한 논리를 통해 사실임이 증명되었다.

고대 그리스 시대 이후로 수학자들은 수많은 수학적 정리와 진리들을 축적해 왔다. 그들 중 대부분은 엄밀하게 증명되었지만, 삼분법칙처럼 증명되지 않은 사실을 기본 가정으로 내세워야 할 때에는 무언가 석연치 않은 느낌을 떨쳐버릴 수 없었을 것이다. 어떤 아이디어는 마치 전래민화처럼 전승되어 그것이 언제 어떻게 증명되었는지조차 알 길이 없었다. 그래서 논리수학자들은 수학의 모든 것을 기초부터 다시 증명해야 한다고 생각했던 것이다. 그러나 모든 진리는 다른 진리들에서 추론될 수 있어야 하고, 다른 진리들 역시 그보다 더욱 근본적인 진리에서 유도될 수 있어야 한다. 이런 방법으로 증명을 해나가던 끝에 논리수학자들은 더 이상 증명할 수 없는 가장 근본적인 사실들에 직면하게 되었다. 이리하여 그들은 가장 근본적인 사실을 진리라고 가정할 수밖에 없었으며 거기에는 '공리'라는 이름이 붙여졌다.

수학적 공리의 한 예로 덧셈의 교환법칙(commutative law of addition)을 들 수 있는데, 그 내용은 다음과 같다. 즉 임의의 수 m과 n에 대하여 다음의 등식이 항상 성립한다는 법칙이다.

$$m + n = n + m$$

이 공리를 포함한 몇 개의 수학 공리들은 언뜻 보기에 너무나도 당연하여 임의의 숫자 몇 개만 대입해 보면 그것이 사실임을 금방 확인할 수 있다. 그동안 수학적 공리들은 모든 종류의 테스트를 거쳤으며 지금은 수학의 기반을 이루는 주춧돌 역할을 하고 있다. 논리수학자들의 일이란, 이렇게 만들어진 공리들을 기초로 하여 수학의 모든 것을 재정립하는 것이었다. 이 책 끝부분의 〈부록 8〉에는 대수학에 사용되는 공리들과, 이들을 기초로 하여 증명되는 몇 가지 수학적 사실들을 소개했다.

많은 논리수학자는 몇 개의 공리를 도구삼아 방대하면서도 복잡하기 이를 데 없는 수학을 완전히 재정립하는 길고도 지루한 작업에 매달렸다. 이것은 가장 엄밀한 논리만을 사용하여 수학자들이 이미 알고 있는 사실들을 더욱 견고하게 다지는 작업이었다. 독일 수학자 헤르만 바일(Hermann Weyl)은 당시의 상황을 이렇게 기술하고 있다. "논리란 수학자의 아이디어가 건강을 유지할 수 있도록 만들어주는 일종의 위생적 조치이다." 또한 수학자들은 이 과정을 통하여 이미 알고 있는 사실들을 재확인함과 동시에 〈페르마의 마지막 정리〉와 같은 미해결 문제들이 해결되기를 은근히 바라고 있었다.

수학의 재검증 과정을 선도했던 사람은 당대 최고의 수학자인 다비트 힐베르트였다. 힐베르트는 기본 공리들에서 모든 수학이 유도될 수 있고, 또 그렇게 되어야만 한다고 굳게 믿었다. 그리고 수학이 이러한 성질을 가지려면 전체 수학체계에서 가장 중요한 두 가지 요소가 입증되어야 했다. 첫째, 수학은 모든 가능한 질문에 적어도 이론적으로나마 해답을 내릴 수 있어야 한다는 것이다. 이것은 음수나 허수와 같이 새로운 수가 도입될 때마다 한결같이 요구되었던 '완전성'처럼, 수학이 지켜야 할 하나의 윤리강령이라고 할 수 있다. 둘째, 수학은 자체 모순이 없어야 한다. 다시 말해 한 가지 방법으로 하나의 명제가 참이라는 사실이 입증되었다면, 다른 어떠한 방법으로 증명한다 해도 그 명제는 여전히 참이어야 한다는 뜻이다. 힐베르트는 단 몇 개의 공리만으로 모든 수학적 질문에 모순 없는 해답을 내릴 수 있어야만 수학이 수학으로 존재할 수 있다고 생각했다.

1900년 8월 8일, 파리에서 개최된 국제수학학회에서 힐베르트는 역사에 길이 남을 강연을 했다. 그는 자신이 가장 중요하다고 여긴 23개의 미해결 문제를 사람들 앞에 제시했는데, 이들 중 일부는 수학의 일반 분야에 속하는 문제였고 나머지 대부분은 논리적 기초와 관련된 것들이었다. 힐베르트가 이런 문제들을 제기한 것은 수학계의 관심을 끌어 자신의 연구 계획을 분담, 수행할 학자들을 모집하기 위한 포석이었다. 그는 모순 없는 수학체계를 확립하는 대계획에 전 세계의 수학자들을 골고루 참여시키고 싶었던 것이다. 힐베르트의 야심찬 의도는 그의 묘비에 잘 표현되어 있다.

Wir müssen wissen,

Wir werden wissen.

우리는 알아야만 한다.

우리는 결국 알게 될 것이다.

고틀로프 프레게(Gottlob Frege, 1848~1925)는 힐베르트의 경쟁자인 동시에, 이른바 '힐베르트 계획'을 가장 앞에서 선도하던 수학자였다. 프레게는 단순한 공리에서 수백 개의 복잡한 정리들을 증명하면서 긴 세월을 보냈으며, 힐베르트의 꿈을 실현시키는 데 결정적인 역할을 했다. 프레게가 이루어낸 가장 큰 업적은 수에 대하여 새로운 형태의 정의를 내린 것이다. 예를 들어 다음과 같은 질문을 생각해 보자. "우리가 '3'이라고 말할 때, 그것의 진정한 의미는 과연 무엇인가?" 프레게의 이론에 따르면 3을 정의할 때 그보다 앞서 '3성(三性: threeness)'을 먼저 정의해야 한다.

'3성'이란 세 개로 이루어진 임의 대상물의 집합을 나타내며, 구체적으로 표현될 수 없는 추상적인 양이다. 예를 들어 3성의 개념은 삼각형을 이루는 변의 집합이나, 엄마가 외출한 뒤 빈집을 지키는 아기돼지 형제들의

다비트 힐베르트(David Hillbert)

집합을 나타내는 데 사용할 수 있다. 프레게는 3성을 표현할 수 있는 집합의 개수가 무한히 많다는 사실을 알았으며 '3' 자체를 정의하는 데 이러한 집합의 개념을 사용했다. 그는 새로운 집합을 하나 만들어낸 뒤 3성을 가진 모든 대상을 그 안에 포함시켜 '3의 집합'이라고 불렀다.

이것은 언뜻 보기에 우리에게 이미 친숙한 개념을 지나치게 복잡한 방법으로 정의한 것처럼 보인다. 그러나 3에 대한 프레게식 정의는 매우 엄밀하고 명백하여 수학체계를 다시 세우려는 힐베르트의 의도에 제대로 부합하는 것이었다.

1902년, 프레게는 《대수학의 기본법칙(Grundgesetze der Arithmetik)》이라는 책의 집필을 거의 끝내가고 있었다. 이 책은 그가 새롭게 정의한 개념들을 망라한 새로운 수학의 지침서로서 모두 두 권으로 되어 있었으며, 분량과 내용에서 볼 때 당대 최고의 권위를 누릴 만한 책이었다. 이와 비슷한 시기에 영국의 논리학자 버트런드 러셀은 전 세계 수학계에 지각변동을 일으킬 만한 대발견을 하기에 이른다. 힐베르트의 의도를 충실하게 따르면서 연구를 진행하던 중 심각한 자체 모순을 발견하게 된 것이다. 러셀은 수학이라는 학문 자체가 원래부터 모순성을 간직하고 있을지도 모른다는 끔찍한 상상을 하면서 당시의 심경을 이렇게 토로했다.

처음에 나는 그 모순점을 쉽게 극복할 수 있을 거라고 생각했다. 나의 논리에 조그만 실수를 저지른 것쯤으로 간주했던 것이다. 그러나 자세히 들여다보니 그것은 하찮은 실수 때문에 초래된 결과가 결코 아니었다. … 1901년 하반기 내내 나는 그 문제만을 생각하며 살았지만, 결국 그것은 짧은 시간에 해결할 수 있는 문제가 아니라는 결론을 내릴 수밖에 없었다. … 나는 매일 밤 11시부터 새벽 1시까지 산책하는 습관이 있었는데, 그때 나는 쏙독새가 내는 세 가지 유형의 소리를 들었다(대부분 사람은 한 가지 소리만 알고 있을 것이다). 나는 모순점을 해결하기 위해 무진 애를 썼다.

매일 아침, 책상 위에 백지를 펼쳐놓고 그 앞에 앉았다. 무언가 떠오르는 생각이 있으면 곧바로 옮겨 적기 위해서였다. 그러나 하루가 지나고 밤이 될 때까지 책상 위에 놓인 종이는 여전히 백지로 남아 있었다.

모순을 극복할 방법은 없었다. 한치의 의심도, 모순도 없는 수학체계를 세우겠다는 수학자들의 야심찬 꿈은 러셀이 발견했던 심각한 모순 때문에 커다란 손상을 피할 수 없게 되었다. 러셀은 곧바로 프레게에게 편지를 썼다. 그때 프레게는 이미 자신의 원고를 출판사에 넘긴 다음이었다. 이 한 장의 편지로 인해 프레게의 모든 연구 업적은 한순간에 무용지물이 되어버렸다. 그러나 프레게는 하늘이 무너지는 듯한 충격에도 불구하고 필생의 대작이었던 자신의 책을 기필코 출판하기로 마음먹었다. 그 대신 책 뒷부분에 다음과 같은 글귀를 추가했다. "과학자로서 가장 당하기 싫은 일은, 하나의 연구가 마무리된 직후에 오류를 발견하는 일이다. 이 책이 출판될 즈음, 나 역시 버트런드 러셀의 편지에 의해 바로 그러한 상황에 처하게 되었다."

역설적이게도, 러셀이 발견했던 모순점은 프레게가 과거에 썼던 책에서 비롯된 것이었다. 그로부터 오랜 시간이 지난 뒤에 러셀은 자신의 저서 《나의 철학적 성장(My Philosophical Development)》에서 프레게의 책을 읽고 떠올렸던 의문점에 대하여 다음과 같이 기록했다. "임의의 집합은 자기 자신의 원소가 될 수 있으며 그렇지 않을 수도 있다. 예를 들어 티스푼의 집합 자체는 하나의 티스푼이 될 수 없으므로 후자의 경우에 속하지만 '티스푼이 아닌 모든 물건의 집합'은 티스푼이 아닌 하나의 대상물이 될 수 있으므로 전자의 경우에 해당된다." 전 세계의 수학계에 초래된 엄청난 대재난은 이렇듯 기묘하고도 별 탈 없어 보이는 간단한 사고에서 비롯되었다.

러셀이 제기했던 역설(paradox)을 쉽게 이해하기 위해, 그 유명한 '소심한 도서관 사서'의 일화를 살펴보자. 어느 날 도서관 사서는 책이 꽂혀 있

버트런드 러셀(Bertrand Russell)

는 선반을 둘러보다가 한 묶음의 카탈로그를 발견했다. 거기에는 소설, 참고서, 시집 등의 제목이 일목요연하게 소개되어 있었다. 그런데 일부 카탈로그 목록에는 카탈로그 자신까지 소개되어 있고, 다른 카탈로그는 그렇지 않았다.

사서는 책의 분류체계를 단순화하기 위해 두 개의 카탈로그를 추가로 만들었다. 그 중 하나는 다른 책들의 목록과 함께 자기 자신(카탈로그)의 제목까지 수록되어 있는 카탈로그들을 소개한 카탈로그이고, 나머지 하나는 다른 책들의 목록만 수록된 카탈로그들을 소개하는 카탈로그였다. 그런데 작업이 끝나갈 무렵, 도서관 사서는 난관에 봉착했다. '자기 자신은 소개되어 있지 않은 카탈로그의 명단을 모두 수록한' 두 번째 카탈로그의 명단에 자기 자신을 수록해야 할 것인가? 만일 수록한다면 그것은 사서의 카탈로그 제작 의도에 위배된다. 이 카탈로그는 앞서 말한 대로 '자기 자신은 소개되어 있지 않은 카탈로그들'만을 수록해야 하기 때문이다. 그러나, 수록하지 않는다면 정의에 의해 이 문제의 카탈로그는 그 안에 수록되어야만 한다. 결국 사서는 이러지도 저러지도 못하는 진퇴양난의 상황에 처하고 말았다는 이야기이다.

도서관 사서의 일화에 등장하는 카탈로그는 프레게가 숫자를 정의할 때 사용했던 집합의 개념과 매우 유사하다. 그러므로 사서가 봉착했던 문제는 논리적이라고 소문난 수학 자체의 문제이기도 하다. 수학은 불일치와 역설, 모순과 같은 성질을 절대로 가져서는 안 된다. 예를 들어 귀류법과 같은 증명이 위력을 발휘하려면 수학에는 역설적 성질이 전혀 없어야만 한다. 귀류법은 하나의 가정에서 출발한 논리가 불합리한 결과를 낳았을 때, 그 가정은 틀린 것이라고 주장한다. 그러나 러셀이 발견한 바에 따르면, 수학적 공리에서 시작한 논리조차 불합리한 결과를 초래할 수도 있는 것이다. 따라서 귀류법을 사용하면 수학적 공리가 틀렸다는 것을 입증할 수 있다. 그리고―상상조차 하기 싫은 일이지만―공리란 수학의 모든 것을 떠받치고 있는 가장 기본적 진리이다.

러셀과 동시대에 살았던 당대의 석학들은 "그동안 우리는 수학을 철석 같이 믿어왔고, 또 수학은 이러한 우리의 믿음을 배신한 적이 한 번도 없었다."고 주장하면서 러셀의 의견에 반론을 제기했다. 그러나 이들의 주장은 현상론적인 추정일 뿐, 전혀 논리적인 반박이 아니었다. 러셀은 자신의 논리를 다음과 같이 설명했다.

"아무리 그렇다고 해도 2에다 2를 더하면 4가 된다는 우리의 믿음은 흔들리지 않을 것이다." 여러분은 이렇게 생각할 것입니다. 물론 여러분의 생각은 옳습니다. 몇 가지 예외적인 경우를 제외한다면 말입니다. 여러분이 "저 동물이 개인가?"라거나 "이 길이가 1미터보다 짧은가?"라는 질문을 떠올리는 경우가 바로 그 예외적인 경우입니다. 2는 둘로 이루어진 무언가로 표현될 수 있어야만 합니다. 그러므로 "2에 2를 더하면 4이다."라는 명제는 그것을 적용할 대상이 없다면 무용지물이 될 수밖에 없습니다. 두 마리의 개에 두 마리의 개가 더해지면 분명히 네 마리의 개가 되지만 만일 더해진 대상이 개라는 확신이 없다면 문제가 발생합니다. 여러분은 "어쨌거나 더한 결과는 네 마리의 짐승이다."라고 말할 수도 있습니다. 그러나 세상에는 동물인지, 아니면 식물인지 구별이 모호한 미생물도 있습니다. 그렇다면 "살아있는 생명체이다."라고 표현할 수도 있을 것입니다. 하지만 유감스럽게도 생명체인지, 아닌지조차 모호한 것들도 세상에는 존재합니다. 결국 여러분은 이런 식으로 표현할 수밖에 없을 겁니다. "두 개의 '무언가'와 두 개의 '무언가'를 더하면 네 개의 '무언가'를 얻는다." 이렇게 말했을 때, '무언가'라는 대상의 성질에 대하여 다시 논의를 해야 하는데, 이것으로 모든 논지는 원점으로 돌아가고 마는 것입니다.

러셀은 수학의 기초를 송두리째 흔들어 놓았으며 논리수학을 혼돈 속으로 몰아넣었다. 논리학자들은 수학의 기초 속에 숨어 있는 역설이 조만간에 그 모습을 드러내면서 매우 심각한 문제를 야기할 것을 직감했다. 힐베르트를 비롯한 다른 논리학자들과 함께 러셀은 수학이 처한 난감한 상황을 극복하기 위한 작업에 곧바로 착수했다.

러셀이 모순적인 결과를 얻게 된 이유는 바로 수학적 공리를 사용했기 때문이다. 그러나 당시의 수학자들은 공리가 너무나도 자명하여 수학의 모든 것을 정의내리는 데 부족함이 없다고 생각했다. 이 문제를 해결하는 방법 중 하나는 자기 자신의 원소가 되는 집합의 존재를 금지하는 새로운 공리를 추가로 만들어내는 것이다. 그러면 '자기 자신의 제목이 수록되어 있지 않은 카탈로그의 목록에 자기 자신의 제목이 수록되어야 하는지의 여부를 묻는 질문 자체가 불필요해지므로 러셀의 역설을 방지할 수 있다.

러셀은 향후 10년 동안 새로운 공리를 찾는 일에 전념했다. 그러던 중 1910년에 연구 동료인 앨프리드 노스 화이트헤드(Alfred North Whitehead)와 함께 세 권으로 된 《수학의 원리(Principia Mathematica)》 중 제1권을 출판했다. 이 책에서 러셀은 자신이 창조했던 역설을 부분적으로 해결하는 데 성공했으며, 그 뒤로 20여 년간 수학자들은 이 책을 통하여 수학에 담긴 문제점들을 해결했다. 덕분에 힐베르트는 1930년에 수학의 재생 가능성을 확신하면서 편한 마음으로 수학계를 은퇴할 수 있었다. 모순 없는 논리와 모든 질문에 답할 수 있는 강력한 기능을 가진 수학체계를 만들겠다는 힐베르트의 꿈은 거의 실현을 눈앞에 두고 있는 듯했다.

그러나 1931년, 약관 25세의 한 무명 수학자가 힐베르트의 꿈을 완전히 좌절시키는 논문을 발표했다. 쿠르트 괴델이라는 이름의 이 젊은 수학자 때문에 다른 수학자들은 수학이 논리적으로 결코 완벽할 수 없다는 사실을 받아들여야만 했으며 〈페르마의 마지막 정리〉와 비슷한 유형의 문제들은 영원히 해결 불가능하다는 사실도 부인할 수 없게 되었다.

괴델은 지금의 체코 공화국인 오스트리아-헝가리 제국의 모라비아에서 1906년 4월 28일에 태어났다. 어린 시절 그는 치명적 질병인 류머티즘 열병을 심하게 앓았는데, 불과 여섯 살의 어린 나이에 죽을 고비를 넘긴 뒤로는 평생 우울증에 시달린 불운한 사람이었다. 그는 여덟 살 때 의학 잡지를 읽고 자신의 심장이 약하다는 진단을 제멋대로 내리기도 했다. 의사가 아무리 정밀 검사를 해봐도 심장에 이상은 발견되지 않았으나 그의 믿음은 요지부동이었다. 말년에 이르러 그는 누군가가 자기를 독살하려고 한다는 심한 피해의식에 빠져 거의 굶어죽을 지경에 이를 때까지 아무것도 먹지 않았다고 한다.

괴델은 어린 시절에 과학과 수학 분야에서 뛰어난 재능을 보였다. 얼마나 호기심이 많았는지 가족은 그를 'der Herr Warum(왜요 도령: Mr. Why)'이라고 부를 정도였다. 그는 빈 대학에 진학한 뒤 수학과 물리학 중 어떤 것을 택할지 망설이던 중에, 당시 정수론을 강의하던 푸르트벵글러(P. Furtwängler) 교수의 권유에 따라 평생을 숫자와 함께 보내기로 결심했다. 푸르트벵글러 교수의 강의는 매우 열성적이기도 했지만 그 방식도 아주 특이했다. 그는 목 아래 전신이 마비된 지체장애인이었기 때문에 휠체어에 앉은 채 강의 노트도 없이 설명을 해나갔으며 조교 한 명이 그를 따라다니면서 강의 내용을 칠판에 적어주었다.

괴델은 20대 초반부터 수학과에서 두각을 나타내기 시작했다. 그러나 그는 동료들과 모인 자리에서 시도 때도 없이 빠져나와 학교 건물 지하로 사라지곤 했다. 그곳에는 '빈 동아리(Wiener Kreis)'의 집회실이 있었는데 논리학의 문제점을 토론하는 이 모임에 괴델은 매우 열성적으로 참여하여 열띤 논쟁을 벌였다. 그가 수학의 기초를 송두리째 흔들 만한 아이디어를 떠올린 것도 바로 이 무렵의 일이었다.

1931년, 괴델은 이른바 결정불가능론(theorems of undecidability)으로 대변

쿠르트 괴델(Kurt Gödel)

되는 자신의 이론을《'수학의 원리' 및 그와 관련된 수학체계에 있어서 명제의 결정불가능론(Über formal unentscheidbare Stäze der Principia Mathematica und verwandter Systeme)》이라는 책에 소개했다. 괴델의 이론이 미국 대륙에 상륙하자 저명한 수학자 요한 폰 노이만(Johann von Neumann, 1903~1957)은 그가 맡고 있던 힐베르트 계획에 관한 강의를 당장 취소하고 학기 중 남은 기간 동안 괴델의 혁명적인 이론을 토의하는 강좌를 개설하기도 했다.

괴델은 완전하고도 모순 없는 수학체계를 세우는 일이 불가능하다는 사실을 증명했다. 그의 아이디어는 다음과 같은 두 문장으로 요약할 수 있다.

결정불가능성의 제1정리

공리에서 출발한 모순 없는 이론적 체계에는 증명할 수 없고 반증도 할 수 없는 정리가 반드시 존재한다.

결정불가능성의 제2정리

공리에서 출발한 이론의 타당성을 증명할 수 있는 방법은 존재하지 않는다.

첫 번째 정리의 의미는 수학이 어떤 공리에 기초를 두고 있건 간에 대답할 수 없는 질문이 반드시 존재하기 때문에 수학은 완전성을 갖지 못한다는 뜻이다. 게다가 두 번째 정리는 한술 더 떠서 수학 자체는 자신이 선택한 공리가 모순을 초래하지 않는다는 것을 보장할 수 없기 때문에 하나의 수학체계가 모순되지 않음을 증명할 방법이 아예 없다고 주장하고 있다. 결국 괴델은 힐베르트의 계획이 실현 불가능하다는 사실을 증명한 셈이다.

그 뒤, 버트런드 러셀은《기억의 초상(Portraits from Memory)》이라는 그의 저서에서 괴델의 발견에 대한 자신의 견해를 다음과 같이 서술했다.

나는 사람들이 믿고 의지하는 종교처럼 신뢰할 만한 길을 찾으려고 했다. 나는 수학이 다른 어떤 분야보다도 뚜렷한 확실성을 가진 학문이라고 생각했다. 그러나 나는 학교 선생들이 내게 주입했던 수학적 증명들 중에서 상당수가 잘못으로 가득 차 있었음을 나중에 알게 되었다. 그리고 만일 수학 자체 내에 정말로 확실성이 존재한다면 그것은 기존의 것이 아닌 새로운 분야의 수학이며 지금까지 알려진 그 어떤 수학보다 견고한 기초를 가진 수학이라는 사실도 알게 되었다. 그러나 연구가 진행될수록 내 머릿속에는 코끼리와 거북이에 관한 우화가 끊임없이 떠올랐다. 코끼리 등 위에 수학체계를 쌓아놓고 보니 코끼리가 비틀거리기 시작한 것이다. 그래서 코끼리가 넘어지지 않도록 받쳐주기 위해 거북이 한 마리를 만들었다. 그런데 거북이는 코끼리보다도 더 비틀거렸다. 결국 나는 20년에 걸친 끈질긴 노력 끝에 하나의 결론에 도달하게 되었다. 수학적 지식의 기반을 더욱 확고히 하기 위해 내가 할 수 있는 일은 아무것도 없다는 결론이 그것이었다.

괴델의 두 번째 정리에 의하면 공리의 타당성을 증명할 방법이 없다고는 하지만, 이것은 공리 자체가 틀렸다는 뜻이 아니다. 많은 수학자가 아직도 수학의 확실성을 믿고 있다. 다만 그것을 증명할 수 없을 뿐이다. 저명한 정수론 학자인 앙드레 베유(André Weil)는 이렇게 말했다. "수학이 완전하기 때문에 신은 존재한다. 그리고 우리가 그 완전성을 증명할 수 없기에 악마 역시 존재한다."

괴델의 '결정불가능의 정리'를 증명하는 과정은 엄청나게 복잡하다. 사실 괴델의 제1정리를 엄밀하게 표현하면 암호문을 방불케 하는 다음과 같은 문장이 된다.

w-모순성이 없는 모든 귀납적 집합 k에는 각각 k에 대응하는 귀납적 집합-부호 r이 존재한다. 단, v Gen r과 Neg(v Gen r)은 모두 Flg(k)에 속하지 않는다(v는 r

의 자유변수이다).

다행히도, 러셀의 역설을 도서관 사서의 이야기로 풀어 설명했던 것처럼 괴델의 첫 번째 정리 역시 간단하고 일상적인 이야기로 설명할 수 있다. 이 이야기는 '크레타의 역설', 또는 '거짓말쟁이의 역설'이라는 제목으로 널리 알려져 있다. 크레타 섬에 살고 있는 에피메니데스(Epimenides)는 어느 날 다음과 같이 간단 명료한 주장을 했다.

"나는 거짓말쟁이이다!"

이 문장이 참인지 거짓인지를 판별하려고 할 때, 당장 역설적인 결과를 낳게 된다. 먼저 이 문장이 참이라고 가정해 보자. 그렇다면 에피메니데스는 거짓말쟁이이다. 그러나 우리는 그의 주장이 참이라고 가정했으므로 에피메니데스는 분명 사실을 말한 것이다. 즉 그는 거짓말쟁이가 아니다. 누가 봐도 이것은 모순된 결과이다. 그러면 위의 문장이 거짓이라고 가정해 보자. 무슨 일이 일어날 것인가? 이 경우, 에피메니데스는 거짓말쟁이가 아니다. 그런데 우리는 위 문장이 거짓이라고 가정했으므로 거짓말을 한 에피메니데스는 거짓말쟁이가 분명하다. 이 경우 역시 또 다른 모순이 생긴다. 결국 이 문장이 참이든, 또는 거짓이든 상관없이 우리는 항상 모순된 결과를 얻게 된다. 따라서 이 문장은 참이 아니며 거짓도 될 수 없다.

괴델은 거짓말쟁이의 역설을 재해석하여 '증명'의 개념을 이용한 역설을 만들어냈는데, 그 내용은 다음과 같다.

"이 문장에는 아무런 증명도 들어 있지 않다."

만일 이 문장이 거짓이라면 이 문장은 증명이 가능해야 한다. 그러나 이 것은 문장의 내용과 상반되므로 모순이다. 따라서 모순을 낳지 않으려면 이 문장은 참이어야만 한다. 그러나 참이라고 해도 이 문장은 증명될 수 없다. 문장 자체의 내용이 그렇게 말하고 있기 때문이다.

괴델은 위 문장을 수학적 언어로 표현함으로써, 참이지만 증명할 수 없는, 즉 결정불가능한 명제가 수학에 존재한다는 사실을 증명했다. 이것으로 힐베르트의 계획은 치명적인 타격을 입게 되었다.

괴델의 발견은 양자물리학의 발견과 여러 가지 면에서 비슷한 점이 많다. 괴델이 결정불가능론을 주장하기 4년 전에 독일 물리학자 베르너 하이젠베르크(Werner Karl Heisenberg)는 '불확정성 원리(uncertainty principle)'를 발견했다. 수학적 정리를 증명하는 데 근본적인 한계가 있는 것처럼, 물리적 대상을 정확하게 측정하는 데에도 근본적인 한계가 있다는 것이다. 예를 들어, 어떤 물체의 정확한 위치 측정을 원한다면 물체의 속도를 정확하게 측정하는 것은 포기해야 한다. 이것이 바로 자연계에 내재되어 있는 불확정성이다. 물체의 위치를 측정하려면 빛을 쬐야 한다. 그런데 빛은 에너지를 가진 광자(photon: 빛의 알갱이)로 되어 있고, 위치를 정확하게 측정하려면 많은 수의 광자, 즉 많은 양의 에너지를 물체에 쬐야만 한다. 그 결과 물체는 수많은 광자와 충돌을 겪으면서, 진행하던 속도에 커다란 변화를 일으켜 원래의 속도와 다른 값을 갖게 된다. 따라서 물체의 위치를 정확하게 측정하면 할수록 물체의 속도는 그만큼 불확실해진다. 다시 말해 물체의 위치와 속도를 동시에 정확하게 측정하는 것은 불가능하다. 이것이 그 유명한 '불확정성 원리'이다.

하이젠베르크의 불확정성 원리는 정밀한 측정이 필요한 원자적 규모의 미시 세계에서 두드러지게 나타난다. 따라서 양자물리학자들만이 지식의 한계에 관한 깊은 질문에 관심을 가질 뿐, 대부분의 물리학자는 거시적 자연 현상에 거의 영향을 미치지 않는 불확정성 원리를 그들의 연구 과정에 고려하지 않는다. 수학계에서도 이와 비슷한 일이 일어났다. 논리학자들이 '결정불가능론'을 놓고 매우 미묘한 논쟁을 벌이는 동안, 다른 수학자들은 그에 대해 별다른 관심을 보이지 않았다. 괴델이 "증명할 수 없는 명제가 존재한다."는 사실을 엄연히 증명하긴 했지만 그것은 극히 일부분이었고 대부분의 명제는 여전히 증명 가능하며, 과거에 이미 증명된 사실들이 괴델의 정리 때문에 번복되는 일은 없었다. 게다가 괴델의 결정불가능론이 적용되는 분야는 수학 중에서도 모호하고 극단적인 일부 영역에 한정되어 있기 때문에, 다수의 수학자는 자신들이 그런 문제에 직면하는 상황은 결코 일어나지 않을 것이라고 철석같이 믿었다. 사실 괴델은 증명 불가능한 수학적 서술이 존재한다는 것을 증명했을 뿐, 그러한 예를 구체적으로 지적하지는 못했다. 그러다 1963년에 이르러 전 세계 수학자들이 내심 걱정하고 있던 악몽 같은 사건이 실제로 벌어지고 말았다.

스탠퍼드 대학의 수학자였던 29세의 폴 코언(Paul Cohen)은 특정한 질문이 결정 불가능한지의 여부를 판별할 수 있는 방법을 개발했다. 이것은 몇 가지 특별한 경우에만 적용할 수 있는 방법이었지만, 어쨌거나 그는 결정 불가능한 질문을 최초로 발견해 낸 사람이 되었다. 코언은 그 즉시 프린스턴 대학으로 날아가 괴델에게 자신의 방법을 보여주고 조언을 구했다. 당시 괴델은 극심한 편집증 증세를 보이고 있었기에 연구실의 문을 살짝 열고는 코언의 논문을 빼앗듯이 잡아챈 뒤 문을 쾅 하고 닫아버렸다. 그로부터 이틀 뒤 코언은 괴델에게서 한 장의 편지를 받았다. 거기에는 코언의 증명을 인정하다는 뜻의 도장과 함께 자신의 집에서 차 한잔을 나누자는 내용이 적혀 있었다. 괴델이 이토록 흥분한 이유는 코언이 제기했던 결정 불가능한 질문들 중에 수학의 핵심을 건드리는 질문이 있었기 때문이었다. 역설적이게도 코언은 과거에 힐베르트가 제기했던 23개의 중요한 문제들 중 하나, 즉 '연속성 가설(continuum hypothesis)'이 결정 불가능하다는 것을 증명했다.

괴델의 업적에 코언의 발견이 더해지자 〈페르마의 마지막 정리〉와 사투를 벌이던 전 세계의 수학자들과 아마추어 수학자들 사이에 끔찍한 소문이 돌기 시작했다. 〈페르마의 마지막 정리〉 역시 결정 불가능할 수도 있지 않은가! 페르마는 자신의 정리를 증명했다고 선언했지만, 증명과정 중 어디선가 실수를 범했을지도 모른다. 만일 그렇다면 〈페르마의 마지막 정리〉가 결정 불가능할 가능성은 얼마든지 있다. 〈페르마의 마지막 정리〉를 증명하는 것은 어려운 정도를 넘어서 아예 불가능한 일인지도 모른다. 만일 〈페르마의 마지막 정리〉가 정말로 결정 불가능하다면, 지난 수백 년 동안 전 세계의 수학자들은 존재하지도 않는 증명을 찾기 위해 헛된 시간을 날려보낸 셈이다.

그런데 이상하게도 만일 〈페르마의 마지막 정리〉가 결정 불가능하다면 그것은 곧 〈페르마의 마지막 정리〉가 참이라는 것을 뜻한다. 이 이유는 다음과 같다. 〈페르마의 마지막 정리〉는 다음의 방정식에 정수해가 존재하지 않는다고 주장한다.

$$x^n + y^n = z^n, \ n\text{은 } 3 \text{ 이상의 정수}$$

만일 이 정리가 거짓이라면 증명은 매우 쉽다. 위의 방정식을 만족하는 정수 (x, y, z)의 해를 하나만 찾아내면 그만이다. 이 경우 〈페르마의 마지막 정리〉는 결정 가능하다. 하나의 정리가 거짓이라고 판명되면, 그것은 더 이상 결정 불가능하지 않기 때문이다. 그러나 만일 〈페르마의 마지막 정리〉가 참이라면 그것을 간단하게 증명할 수 있는 방법이 존재하지 않을 수도 있다. 즉 결정 불가능할 수도 있다는 뜻이다. 결론적으로 말하자면, 〈페르마의 마지막 정리〉는 참일 수도 있지만, 이 경우 그것을 증명할 방법이 없을 수도 있다.

강요된 호기심

피에르 드 페르마가 디오판토스의 저서 《아리스메티카》의 여백에 별 생각 없이 써놓은 주석은 원망스러울 정도로 어려운, 역사상 최고의 난문제가 되었다. 300년 동안 수많은 사람이 실패를 거듭했고, 그들 모두가 존재하지 않는 증명을 찾느라 헛수고를 했을지도 모른다고 괴델이 경고했음에도 불구하고, 여전히 일부 수학자들은 〈페르마의 마지막 정리〉를 증명하기 위해 비지땀을 흘렸다. 〈페르마의 마지막 정리〉는 천재들로 하여금 그들의 희망을 좇아 끝없이 달리게 만드는 커다란 유혹이자 전 세계 수학계에 계속해서 울려퍼지는 하나의 경종이었다. 일단 〈페르마의 마지막 정리〉에 도전장을 내민 수학자는 자신의 황금 같은 시간을 통째로 날려버릴 위험을 감수해야 했다. 그러나 증명의 실마리만이라도 잡아내기만 하면, 그는 역사상 가장 어려운 문제를 해결한 전대미문의 천재로 역사에 길이 남게 될 것이었다.

〈페르마의 마지막 정리〉에 매달리는 수학자들에게는 대체로 두 가지 이유가 있었다. 첫째 이유는 자신의 분야에서 최고가 되려는 야망 때문이다. 〈페르마의 마지막 정리〉는 세계 최고의 천재를 가려내는 일종의 시험이었으며, 누구든지 정리를 증명하기만 하면 그는 코시, 오일러, 쿰머 등 당대 최고의 석학들조차 해결하지 못했던 문제를 해결해 낸 '세계 최고의 천재'라는 찬사를 한 몸에 받을 수 있었다. 페르마가 정리를 증명한 뒤 동시대의 수학자들에게 좌절감을 안겨준 것처럼, 〈페르마의 마지막 정리〉를 다시 증명하는 사람은 수백 년간 전 세계의 수학자들을 괴롭혀온 문제를 해결했다는 최상의 기쁨을 누리게 될 것이다. 둘째로, 〈페르마의 마지막 정리〉와 씨름을 벌이는 그 자체만으로도 사람들은 수수께끼에 도전한다는 순수한 만족감을 느낄 수 있었다. 정수론의 기묘한 문제들을 해결하면서 얻는 즐거움은 샘 로이드의 '14-15' 퍼즐 같은 하찮은 퀴즈 문제에서 얻는 즐거움과 별로 다를 것이 없지만 그것은 대가성이 없는 그야말로 순수한 즐거움이라고 할 수 있다. 어느 수학자의 말에 따르면 수학 문제를 푸는 것은 십자낱말풀이 퀴즈를 푸는 것과 비슷하다고 한다. 문제의 난이도는 물론 다르겠지만 문제를 해결하면서 느끼는 즐거움이나 성취감은 그 정도가 크게 다르지 않다는 것이다. 어려운 십자낱말풀이의 마지막 단어를 채워넣는 것은 언제나 즐거운 일이다. 그러니 여러 해 동안 씨름을 벌이다가 해답을 찾아냈다면, 그 짜릿한 성취감은 겪어본 사람만이 알 수 있다.

앤드루 와일즈가 〈페르마의 마지막 정리〉에 매혹된 것도 바로 이런 이유 때문이었다. "순수수학자는 항상 새로운 문제에 도전하는 것을 즐긴다. 풀리지 않은 문제에 애정을 느끼는 것이다. 수학에는 확실히 사람의 마음을 사로잡는 매력이 있다. 처음 문제를 대했을 때에는 단순한 호기심에서 출발한다. 문제가 너무 복잡하여 내용을 이해하지 못할 수도 있고 시작점을 찾지 못해 당황할 수도 있다. 그러나 결국 문제의 답을 구해냈을 때에는 그것이 얼마나 아름다우며 모든 논리들이 얼마나 우아하게 맞아떨어지는지 감탄을 금하지 못할 것이다. 그런데 처음에는 쉬워 보였던 문제가 파고들면 들수록 더욱 복잡해져 가는 절망적인 경우도 있다. 그 대표적인 예가 바로 〈페르마의 마지막 정리〉이다. 언뜻 보기에 그것은 너무도 간단하여 누구나 증명할 수 있는 것처럼 보인다. 게다가 페르마 자신도 증명을 해냈다고 주장했으니, 무언가 방법이 있긴 있을 게 아닌가."

수학은 과학기술 분야에 자주 응용되고 있지만 이를 위해 수학이 존재하는 것은 아니다. 새로운 발견을 이루어냈을 때 느끼는 즐거움, 이것이야 말로 수학의 진정한 존재 가치이다. 하디는 자신의 저서 《수학자의 변명》에 서 수학에 대한 자신의 견해를 다음과 같이 밝히고 있다.

> 만일 체스 문제가 일상생활에 전혀 도움이 안 되는 '무용지물'이라고 생각한다면, 모 든 분야의 수학도 똑같이 무용지물이 될 것이다. … 나는 지금까지 '유용한' 일을 한 번도 해본 적이 없다. 나는 그동안 내가 이루어온 수학적 발견들을 이용하여 직접, 또 는 간접적으로 세상에 무언가 유용한 공헌을 하거나 해를 끼친 적이 한 번도 없으며, 또 그럴 가능성도 없다. 나의 업적은 이 세상의 문화적 진보와 아무런 상관이 없다. 현 실적인 기준에서 판단해 볼 때, 수학에 매달려 살아온 내 인생의 가치는 한마디로 무 (無) 그 자체이다. 그리고 나는 수학 이외의 분야에서 어떠한 업적도 이루지 못했 다. 수학으로 일관했던 나의 삶이 그래도 나름의 의미를 가질 수 있는 것은 내가 창 조할 만한 가치가 있는 그 무언가를 창조해 냈다는 점이다. 그리고 내가 창조한 것 은 절대로 부인될 수 없는 존재이다. 그것이 어느 정도의 가치를 갖는지는 나 스스 로 판단할 일이 아니다.

수학 문제의 해답을 찾으려는 욕망은 대부분 호기심에서 발생하며 그 대가도 미미하지만 자신이 문제를 해결했다는 만족감만은 이 세상 어느 것과도 바꿀 수 없다. 수학자 티치마시(E. C. Titchmarsh)는 이렇게 말했다. "원 주율 π가 무리수라는 사실을 아는 것은 현실적으로 아무런 도움이 안 되 지만, 알 수 있는 방법이 있는데도 그것을 모른 채 지낸다는 것은 정말로 견디기 힘든 일이다."

〈페르마의 마지막 정리〉는 사람들의 호기심을 끌기에 전혀 부족함이 없 었다. 괴델의 결정불가능론이 발표되면서 〈페르마의 마지막 정리〉가 증명 불가능할 수도 있다는 가능성이 제기되었음에도 불구하고, 열광적인 문제

해결사들은 결코 포기하지 않았다. 다만 한 가지, 그들의 기를 꺾는 것은 〈페르마의 정리〉를 증명하기 위해 동원할 수 있는 수학적 계산법들이 더 이상 남아 있지 않다는 점이었다. 그들은 1930년대 당시까지 개발된 거의 모든 수학을 총동원했던 것이다. 사람들은 수학적 사기를 북돋울 만한 새로운 방법이 탄생되기만을 기다렸다. 계산자(slide rule: 로그(log)의 원리를 이용해 곱하기·나누기·세제곱근 풀이·제곱근 풀이 등 복잡한 계산을 간단한 기계적 조작에 의해 할 수 있는 자 모양의 기구: 옮긴이)의 발명 이후로 또 한번 계산 능력에 혁명적인 진보를 가져다줄, 그러한 대발명이 이루어지기 전에는 아무도 〈페르마의 마지막 정리〉를 증명할 수 없을 것 같았다.

주먹구구식 해결법

1940년에 하디는 "최고의 수학도 현실 세계에서는 무용지물이다."라고 선언한 뒤 곧바로 수학의 무공해성을 강조했다. "진정한 수학은 전쟁과 아무런 상관관계가 없다. 지금까지 어느 누구도 정수론을 전쟁에 응용한 적이 없지 않은가." 그러나 곧 하디의 주장은 틀렸음이 입증되었다.

1944년, 노이만은 그의 책《게임과 경제의 운영에 관한 이론(The Theory of Games and Economic Behavior)》에서 '게임 이론(game theory)'이라는 용어를 처음으로 도입했다. 게임 이론은 게임의 구조와 그것을 진행하는 인간의 성향을 수학적으로 서술하기 위해 노이만이 창안해 낸 수학 분야이다. 그는 체스와 포커 게임에서 시작하여 더욱 복잡한 구조를 가진 게임, 즉 경제에 이르기까지 포괄적으로 적용할 수 있는 이론체계를 구축했다. 2차 대전이 끝난 뒤 RAND 사(社)는 노이만의 아이디어가 냉전체제 아래에서 벌어질 첩보전에 유용하게 적용되리라는 것을 예상하고 그를 고용했다. 그 뒤로 군의 간부들은 전투를 일종의 체스 게임으로 간주하여, 사병들에게 전술 훈련을 시킬 때 노이만의 게임 이론을 기본 교재로 채택했다. 게임 이론이 응용된 대표적인 예로는 '3인 결투' 문제를 들 수 있다.

3인 결투는 결투 인원이 세 명이라는 것만 빼고는 2인 결투와 동일한 문제이다. 어느 날 아침, 미스터 블랙과 미스터 그레이, 그리고 미스터 화이트 세 사람은 극렬한 논쟁을 벌이던 끝에 한 사람의 생존자가 남을 때까지 권총으로 결투를 벌이기로 결정했다. 미스터 블랙의 권총 솜씨는 세 사람 중 가장 서툴러서 명중률이 $\frac{1}{3}$ 밖에 되지 않는다.

미스터 그레이는 이보다 조금 능숙하여 평균 $\frac{2}{3}$의 명중률을 보이고 있다. 그리고 미스터 화이트는 직업 총잡이로서 백발백중의 명중률을 자랑한다. 결투를 공정하게 치르기 위해 이들은 명중률이 낮은 사람부터 한 발씩 차례로 권총을 발사하기로 합의를 보았다. 즉 미스터 블랙이 제일 먼저 한 발을 쏜 뒤 미스터 그레이(만일 살아있다면), 그리고 미스터 화이트(그때까지 살아있다면)의 순으로 권총을 발사하기로 한 것이다. 단 한 사람의 생존자가 남을 때까지 이런 식으로 돌아가면서 결투를 계속한다고 했을 때, 질문은 다음과 같다. "미스터 블랙은 첫 발을 어디에 겨누어야 할 것인가?" 여러분은 직관에 의해 판단을 내릴 수도 있고 게임 이론에 입각하여 좀 더 현명한 답을 내릴 수도 있다. 정답은 〈부록 9〉에 소개되어 있으니 한번 읽어보기 바란다.

전쟁이 일어났을 때 게임 이론보다 더욱 유용한 수학이 바로 암호해독법이다. 2차 대전이 한창 진행되던 무렵 연합군 측은 계산만 빨리 할 수 있다면 독일군이 사용하는 암호문을 해독하는 데 수학적 논리를 사용할 수 있음을 알았다. 문제는 계산기에 적용할 '계산법'이었는데, 이 분야에서 가장 큰 업적을 남긴 사람은 앨런 튜링(Alan Turing)이라는 영국인이었다.

1938년, 튜링은 프린스턴 대학에서 일을 끝내고 케임브리지로 돌아왔

앨런 튜링(Alan Turing)

다. 그는 괴델의 결정불가능론이 발표되면서 야기되었던 수학계의 대혼란을 가장 일선에서 겪었으며 힐베르트의 꿈을 실현하게 하는 데 가장 적극적으로 참여한 수학자 중 한 사람이었다. 특히 그는 결정 가능한 질문과 결정 불가능한 질문을 구별하는 논리적 방법을 집중적으로 연구했으며 질문에 해답을 내리는 방법론을 개발했다. 당시에는 계산기의 수준이 매우 원시적이어서 복잡한 수학 계산에는 전혀 사용할 수 없었으므로 튜링은 무한의 계산 능력을 가진 상상의 기계를 가정하고 그 개념에 기초하여 자신의 아이디어를 구현했다. 이 상상 속의 기계는 출력용 테이프를 무한정 소모하면서 영원히 작동하는 계산기로, 튜링이 생각했던 추상적인 논리학적 질문을 연구하는 데 반드시 필요한 도구였다. 물론 튜링은 자신이 생각해낸 상상 속의 기계가 훗날 실제로 만들어져서 계산에 일대 혁명을 일으키리라고는 전혀 예상하지 못했을 것이다.

전쟁이 시작된 뒤에도 튜링은 왕립대학의 연구원으로서 연구생활을 계속할 수 있었다. 그러나 1940년 9월 4일, 그의 평온한 생활은 갑작스런 변화를 겪게 된다. 정부 출연 연구기관인 암호연구소에서 그를 강제로 징발한 것이다. 이 연구소는 적에게 입수한 암호의 해독법을 집중적으로 교육하는 곳이었다. 독일은 전쟁을 일으키기 전부터 특수 암호체계를 개발하는 데 막대한 투자를 해왔으며, 과거에 적국의 암호를 비교적 쉽게 해독할 수 있었던 영국은 독일의 동태를 예의 주시하게 되었다. HMSO에서 출간한《2차 대전에 참여한 영국의 지성(British Intelligence in the Second World War)》에는 1930년대의 상황이 다음과 같이 묘사되어 있다.

1937년에 알려진 바에 따르면 독일의 육·해·공군 및 철도청과 친위대 등 대부분의 국가조직은 동일한 체계의 암호문을 약간씩 변형해서 사용하고 있었다. 당시 독일이 사용하던 암호문은 '에니그마 머신(enigma machine)'이라는 기계에서 만들어졌는데, 1920년대에 상용화된 이후로 독일은 이 기계를 상당히 개량하여 보안성을 높여왔다. 그러던 중 1937년에 이르러 영국 암호연구소(government code and cypher school)의 연구원들은 독일과 이탈리아, 스페인 등의 군대에서 사용하고 있던 에니그마 머신의 비밀 코드를 풀어 암호체계를 무용지물로 만들어 버렸다. 비록 비밀 코드가 알려지긴 했지만, 에니그마 머신은 누가 뭐라 해도 당대 최고 수준의 암호발생장치였다.

에니그마 머신은 문장변환기(scrambler unit)와 자판기(keyboard)로 이루어진 간단한 암호발생장치이다. 문장변환기에는 세 개의 회전자가 달려 있어, 이들의 위치에 따라 자판기로 입력한 문자가 새로운 암호로 변환된다. 에니그마 머신으로 만들어진 암호가 해독이 어려운 이유는 세 개의 회전자들을 배치하는 방법의 수가 엄청나게 많기 때문이다. 세 개의 회전자는 다섯 중 한 곳에 위치시킬 수 있으며 각각의 회전자의 위치는 26단계로 변환할 수 있도록 되어 있다. 따라서 회전자의 위치를 변형하는 방법의 수는 이것만으로도 100만 가지가 넘는다. 게다가 기계 뒤에 부착된 배선반(plugboard)의 연결 상태는 1억 5천만×100만×100만 가지로 변환이 가능하다. 이것만으로도 에니그마 머신이 만든 암호를 풀어내는 일은 거의 불가능에 가깝다. 그러나 에니그마 머신은 암호해독을 더욱 어렵게 만들기 위해 문자 하나를 입력할 때마다 회전자의 위치를 수시로 바꾸는 방법을 사용했다. 이렇게 하면 똑같은 문자가 반복되는 경우에도 그것이 일단 암호화되면 각기 다른 문자로 변환되어 더욱 해독이 어려워진다. 예를 들어 'DODO'라는 메시지가 입력되었을 때 에니그마 머신을 통해 만들어진 암호문은 'FGTB'와 같은 메시지로 변환되는 것이다. 원래의 문장에는 'D'와 'O'가 두 번씩 등장하지만 암호화된 문장에는 같은 문자가 한 번도 반복되지 않는다.

독일의 육·해·공군과 철도청을 비롯한 대부분의 독일 정부기관에는 이

에니그마 머신이 보급되었다. 그런데 당시 사용하던 다른 종류의 암호발생 장치와 마찬가지로 에니그마 머신 역시 한 가지 취약점이 있었다. 그 취약점이란 암호문을 만들 때 세팅해 두었던 에니그마 머신의 상태를 수신자가 알아야만 암호문의 해독이 가능하다는 것이다. 보안을 유지하기 위해 에니그마 머신의 세팅 상태는 매일같이 바꾸어야 한다. 이때 암호송신자가 수신자에게 기계의 세팅 상태를 매일같이 알려주는 것은 어느 모로 보나 보안상 위험이 수반되므로, 미리 정해진 규칙에 따라 기계의 세팅을 바꾸고 수신자는 그 복잡한 규칙이 망라된 암호해독서(code-book)를 책의 형태로 인쇄하여 항상 지니고 있어야 한다. 그러나 이것 역시 안전을 보장할 수 없다. 어느 날 영국군이 독일의 U-보트(1, 2차 대전 때 사용했던 독일의 잠수함: 옮긴이)를 포획하여 문제의 암호해독서가 영국군 손에 넘어간다면 향후 1개월간 사용될 에니그마 머신의 세팅 상태가 모두 알려지게 된다. 이런 사태를 미리 예방하려면 결국 매일같이 변하는 암호코드를 바로 전날 사용했던 코드로 암호화하여 매일 전문으로 보내는 수밖에 없다.

세계대전이 발발했을 무렵, 영국의 암호연구소에서 일하던 연구원들은 대부분 고전학자, 또는 언어학자였다. 그러나 암호해독의 필요성이 절실해지면서 정부의 고위 관리들은 암호해독에 관한 한, 언어학자보다 정수론을 전공한 수학자들을 고용하는 것이 유리하다는 판단을 내렸다. 그리하여 영국에서 가장 뛰어난 아홉 명의 정수론 학자들이 긴급 소집되었으며, 이들은 버킹엄셔 블레츨리 공원 내에 있는 한 저택에 함께 기거하면서 암호해독법을 집중적으로 연구했다. 여기에 소집된 튜링은 평소 자신이 생각했던 '무한의 계산 능력을 가진 상상 속의 기계'를 포기한 채 매우 실제적이고 급박한 문제들을 해결하는 데 전념해야 했다.

암호학이란 암호제작자와 암호해독자들 사이에서 벌어지는 고도의 두뇌전쟁이라고 할 수 있다. 암호제작자는 자신이 아군에게 보낸 정보가 도

중에 적군의 손에 들어간다 해도 도저히 해독할 수 없을 정도로 원래의 문장을 무지막지하게 뒤섞어 놓아야 한다. 그러나 아군의 손에 무사히 전달되었을 때는 신속하게 원문을 재생시킬 수 있어야 하므로 무한정 복잡하게 섞어놓을 수만은 없다. 즉, 원래의 문장을 흩트려 놓는 데에는 어느 정도 넘어서는 안 될 한계가 있는 것이다. 독일이 사용하던 에니그마 머신은 특히 문장을 암호화하는 속도가 빠르다는 장점이 있었다. 이 암호문을 누군가가 중간에서 가로챘을 경우, 그가 독일의 적국에 소속된 암호해독가였다면 그는 암호 속에 담긴 정보가 무용지물이 되기 전에 신속히 풀어내야 한다. 영국의 전함을 침몰시키라는 독일군의 암호문을 풀었다고 해도 이미 전함이 공격을 당한 뒤라면 아무런 소용이 없기 때문이다.

튜링은 일단의 수학자들과 한 팀을 이루어 에니그마 머신과 완전히 반대로 작동하는 기계를 연구했다. 그는 전쟁이 일어나기 전부터 머릿속에 있었던 추상적인 개념을 여기에 도입하였는데, 그것은 암호가 풀릴 때까지 에니그마 머신의 모든 가능한 세팅 상태를 빠른 속도로 체크해 나간다는 다소 원론적인 방법이었다. 영국 정부의 지원하에 만들어진 이 암호해독기는 높이와 폭이 2m나 되었으며 모든 가능한 에니그마 세팅을 순차적으로 체크하는 전기회로 소자로 가득 차 있었다. 연구진은 쉬지 않고 깜박이는 회로 소자들을 가리켜 밤(bombe, 아이스크림 과자의 일종: 옮긴이)이라고 불렀다. 이 기계의 연산 속도는 매우 빨랐지만 1억 5천만×100만×100만 가지나 되는 에니그마 머신의 모든 가능한 세팅 상태를 원하는 만큼 빠른 시간 내에 검색하는 것은 불가능한 일이었다. 그래서 튜링의 팀은 독일군의 암호 전문에서 무언가 해독에 필요한 실마리를 가능한 많이 얻어내어 해독 시간을 줄이고자 했다.

독일 암호문의 해독법을 연구하던 영국 측이 이루어낸 가장 큰 쾌거는 에니그마 머신으로 하나의 알파벳을 암호화했을 때, 결코 원래의 알파벳이 되지 않는다는 사실을 발견했다는 것이다. 'R'이라는 알파벳을 에니그마 머신으로 암호화하는 경우, 기계의 세팅 상태에 따라 얼마든지 다른 알파벳으로 변할 수 있지만 어떤 경우에도 원래의 'R'로 암호화되지는 않았다. 언뜻 보면 별 볼 일 없는 현상 같지만, 영국의 암호해독팀은 이 정보를 적절히 이용하여 암호해독에 걸리는 시간을 엄청나게 줄일 수 있었다. 이 사실을 알아챈 독일 측은 이에 대응하기 위해 그들이 보내는 암호 전문이 지나치게 길어지지 않도록 각별한 주의를 기울였다. 제아무리 암호가 완벽하다 해도 그 속에는 해독을 위한 실마리가 필연적으로 들어있기 마련이고, 암호가 길어질수록 더욱 많은 실마리를 적군에게 제공하게 되기 때문이었다. 독일은 그들이 전송하는 모든 암호문을 250자 이내로 한정함으로써, 같은 글자로 암호화하지 못하는 에니그마 머신의 단점을 보완하고자 했다.

튜링은 암호를 해독할 때 종종 암호문의 핵심단어(key-word)를 머릿속에 떠올리곤 했다. 만일 핵심단어가 밝혀진다면 나머지 암호문을 해독하는 데 걸리는 시간을 엄청나게 절약할 수 있다. 예를 들어 암호문이 날씨와 관련된 내용이라는 심증이 있다면 '안개'나 '풍속' 등의 단어가 빈번하게 등장할 것이므로 이로부터 암호의 상당 부분을 쉽게 짐작할 수 있을 것이다. 만일 짐작이 맞아떨어졌다면 암호는 즉시 해독되고, 해당일의 에니그마 세팅 상태까지도 손쉽게 알아낼 수 있게 된다.

짐작했던 핵심단어가 틀린 경우, 영국의 암호해독팀은 자신이 직접 독일 정보팀의 입장이 되어 다른 핵심단어를 찾아내려고 애썼다. 암호발신자가 잠시 실수를 하여 자신의 첫 번째 이름을 암호문의 끝에 추가할 수도 있고, 또 자신이 습관처럼 사용하는 특이한 어휘를 부지불식간에 섞어넣는 경우도 얼마든지 있을 수 있기 때문에, 어느 정도의 심증을 갖고 눈여겨본다면 결정적인 실마리가 발견될 가능성이 있다. 이 모든 노력이 수포로 돌아가면 영국 암호연구소는 영국 공군으로 하여금 독일 본토의 항구를 폭격하라는 요청을 하곤 했는데, 이것은 독일의 암호 전문을 해독하기 위한 극단의 처방이었다. 폭격을 당한 독일 측은 곧바로 전군에 암호를 타전할 것이 분명하고, 그 암호문에는 '폭격'이나 '대피' 또는 '피해 상황' 등의 단어가 들어 있을 것이기 때문이다. 튜링은 이 암호문을 중간에서 입수하여 에니그마 머신의 당일 세팅 상태를 알아내곤 했다. 일단 이것이 알려지면 나머지 암호문을 해독하는 것은 초등학교 교과서를 읽는 것만큼이나 쉬워진다.

1942년 2월 1일, 독일은 에니그마 머신의 문장변환기에 달려 있는 세 개의 회전자에 또 하나의 회전자를 추가로 설치하여 암호의 복잡성을 한층 더 증가시켰다. 이로써 2차 대전 중 통용되던 암호체계는 한 단계 더 상승했다. 그러나 튜링이 이끄는 암호해독팀은 '밤'이라고 부르던 회로 소자의 성능을 향상시켜 독일의 조치에 대응했다. 영국 암호연구소의 이러한 활약 덕분에 연합군은 독일군이 예상하던 것보다 훨씬 많은 정보를 입수하여 전쟁에서 유리한 고지를 점유할 수 있었다. 독일이 자랑하던 잠수함 U-보트는 대서양에서 더 이상의 위력을 발휘하지 못했고, 독일의 공군 역시 영국의 조속한 경보 때문에 제대로 작전을 수행할 수가 없었다. 암호해독팀은 독일이 파견한 보급선의 정확한 위치를 파악하여 집중 포격을 가함으로써 독일군을 무력화시켰다.

연합군은 그들이 긴밀하게 작전을 수행하고 적군을 과감하게 공격하는 데 암호해독팀의 역할이 필수적이라는 사실을 잘 알고 있었다. 만일 독일군의 암호 전문이 연합군에 의해 해독되고 있다는 것을 독일이 알게 된다면 그들은 당장 에니그마 머신의 세팅을 한층 더 복잡하게 바꿀 것이고 암호해독 작업도 그만큼 어려워진다. 그래서 상황에 따라서는 암호해독팀이 독일군의 급습 작전을 연합군에게 알려주어도 연합군은 자신이 독일군의 모든 암호를 손에 넣고 있다는 인상을 주지 않기 위해 일부러 적극적인 대책을 수립하지 않는 경우도 있었다. 이 때문에 코번트리 시(영국 웨스트 미들랜

드의 중공업 도시: 옮긴이)에 대대적인 폭격이 가해졌을 때 처칠은 그 정보를 미리 알고 있었으면서도 독일에 영국의 첩보 능력을 은폐하기 위해 아무런 사전 조치를 취하지 않았다는 악의 어린 루머가 나돌기도 했다. 튜링과 함께 암호해독을 연구했던 스튜어트 밀너 배리(Stuart Milner-Barry)는 이 소문을 강하게 부인하면서 코번트리 시의 공격에 관한 암호 전문이 해독된 것은 이미 대대적인 공격이 끝난 뒤였다고 해명했다.

해독된 독일의 암호문을 사방에 퍼뜨리지 않고 극히 제한된 조치만을 취했던 이러한 전략은 매우 큰 성공을 거두었다. 영국군이 독일군의 암호를 해독하여 대대적인 급습을 감행했을 때에도 독일군은 자신들의 암호가 적군의 손에 의해 해독되고 있다는 사실을 전혀 눈치채지 못했다. 독일은 자신들의 암호체계가 완벽하여 어느 누구도 그것을 해독하지 못하리라 확신하고 있었다. 그들은 자국의 정보가 영국군에게 가끔 누설되는 이유는 독일군 속에 침투하여 암약하고 있는 영국 첩자들 때문이라고 생각하여 영국의 이러한 첩보 행위를 신랄하게 비난했다.

튜링이 이끌던 연구진은 블레츨리에 기거하면서 철저한 보안을 유지했기 때문에 전쟁 중에는 물론이고 전쟁이 끝난 뒤 몇 년이 지나도록 이들의 활약상은 세간에 알려지지 않았다. 당시 사람들 사이에 '1차 대전은 화학자들의 전쟁이었고 2차 대전은 물리학자들의 전쟁이었다.'라는 말이 나돌고 있었다. 그러나 그 진상을 자세히 들여다보면 2차 대전은 수학자들의 전쟁이기도 했다. 만일 3차 대전이 발발한다면 수학자들의 역할은 더욱 증대될 것이다.

암호해독에 몰두해 있는 동안에도 튜링은 순수수학을 향한 자신의 꿈을 한시도 잊은 적이 없었다. 그가 과거에 떠올렸던 가상의 계산기계는 공학의 발달에 힘입어 실제로 만들어지긴 했지만, 거기에는 아직도 비밀스러운 질문이 남아 있었다. 2차 대전이 끝나가던 무렵, 튜링은 암호해독기의 회로 소자보다 연산 속도가 훨씬 빠른 1,500개의 회로 소자를 조립하여 '콜로수스(Colossus)'라는 계산기를 만드는 작업에 참여했다. 오늘날의 관점에서 볼 때 콜로수스는 일종의 컴퓨터라고 할 수 있는데, 튜링은 그 기계를 '원시적인 두뇌'라고 생각했다. 콜로수스는 기억장치(memory)가 있었으며 정보처리 능력과 함께 몇 가지 대화를 구사할 수 있는 기능이 있었다. 이로써 튜링은 자신이 생각했던 가상의 기계를 처음으로 실현한 것이다.

전쟁이 끝난 뒤 튜링은 콜로수스보다 훨씬 더 복잡한 자동연산장치(Automatic Computing Engine/ACE)를 만들었다. 그는 1948년에 맨체스터 대학으로 직장을 옮기고 그곳에서 프로그래밍이 가능한 세계 최초의 컴퓨터를 만들었다. 튜링은 세계에서 가장 성능이 뛰어난 컴퓨터를 자신의 조국인 대영제국에 헌납했으나 그 기계의 경이적인 연산 속도를 미처 보지도 못한 채 세상을 뜨고 말았다.

튜링이 동성애에 빠져 있음을 눈치챈 영국 정보부는 전쟁이 끝난 뒤 수년 동안 그를 예의 주시했다. 또한 정보부 당국자들은 튜링이 영국의 군사 기밀을 어느 누구보다 많이 알고 있기 때문에 누군가에게 공갈이나 협박을 당할 위험이 크다고 판단하여 그의 일거수일투족을 낱낱이 감시했다. 이렇게 정보부에 의해 끈질긴 미행을 당하던 끝에 1952년, 튜링은 영국의 동성애 금지법을 위반한 혐의로 체포되었다. 튜링은 자신의 처지에 대해 극도의 모멸감을 느끼면서 깊은 좌절에 빠졌다. 뒷날 튜링의 전기를 쓴 앤드루 호지스(Andrew Hodges)는 튜링을 죽음으로 몰고 간 일련의 사건들을 다음과 같이 서술했다.

앨런 튜링의 죽음은 그를 알고 있던 모든 사람에게 커다란 충격을 주었다. … 그는 평생을 긴장 속에서 살다 간 불행한 인간이었다. 그는 정신과 치료를 받으면서 엄청난 고통을 인내해야 했다. 2년 동안을 이러한 고난 속에서 지내다가 호르몬

제 투약을 중단하고 약 1년이 지나자, 튜링은 이 모든 상황을 이겨낸 듯이 보였다. 1954년 6월 10일에 실시된 부검 결과, 튜링은 스스로 목숨을 끊었음이 입증되었다. 사망 당시 그는 자신의 침대 위에 반듯이 누운 채로 입 주변에 거품을 물고 있었는데, 부검을 담당했던 의사는 튜링이 청산칼리를 마시고 자살을 기도했다는 사실을 한눈에 알 수 있었다고 말했다. … 집 안에는 칼륨과 청산칼리 용액이 병 속에 담긴 채 보관되어 있었다. 침대 옆에는 먹다 남은 사과 반쪽이 버려져 있었다. 검사반은 사과를 자세히 분석해 보지 않았지만, 튜링은 아마도 사과 속에 청산칼리 용액을 주입한 뒤 그것을 베어먹었던 것 같다.

튜링은 계산기 하나를 유산으로 남겼는데, 그것은 사람의 머리로는 평생이 걸려도 모자랄 계산을 몇 시간 만에 해낼 수 있는 원시적인 컴퓨터였다. 오늘날의 컴퓨터는 페르마가 평생 동안 했던 계산을 단 몇 초 만에 끝낼 수 있을 정도로 진보했다. 〈페르마의 마지막 정리〉와 아직도 씨름을 벌이고 있는 요즈음의 수학자들은 쿰머가 창안했던 19세기식 접근법을 컴퓨터의 도움으로 실행하고 있다.

코시와 라메가 제안했던 증명에서 오류를 발견한 쿰머는 〈페르마의 마지막 정리〉를 증명하는 데 있어서 가장 중요한 부분은 지수 n이 불규칙 소수인 경우임을 강조했다. 1과 100 사이의 정수들 중에서 불규칙 소수는 37과 59, 67뿐이다. 이와 동시에 쿰머는 모든 불규칙 소수에 대하여 일괄적으로 〈페르마의 마지막 정리〉를 증명하는 방법은 존재하지 않으며 각각의 경우에 전혀 다른 논리를 적용하여 증명할 수밖에 없다고 주장했다. 게다가 개개의 경우 모두가 엄청난 양의 계산이 필요한 난해한 증명이었다. 이 점을 강조하기 위해 쿰머는 그의 동료인 드미트리 미리마노프(Dmitry Mirimanoff)와 함께 수주일 동안 거의 밤을 새워가면서 100 이하의 불규칙 소수(37, 59, 67)의 경우에 대하여 〈페르마의 마지막 정리〉를 증명하는 데 필요한 계산을 수행했다. 그러나 이들을 비롯한 그 어떤 수학자들도 100과 1,000 사이에 존재하는 불규칙 소수까지 고려하지는 못했다.

그로부터 수십 년이 흐른 뒤, '방대한 양의 계산'이라는 걸림돌은 점차 사라지기 시작했다. 컴퓨터가 발명되면서 〈페르마의 마지막 정리〉는 여러 개의 지수에 대하여 빠른 속도로 증명되기 시작했으며 2차 대전이 끝난 뒤로 컴퓨터 공학자와 수학자들은 500 이하의 모든 정수에 대하여 〈페르마의 마지막 정리〉를 증명했고, 이 증명은 곧 1,000 이하의 모든 정수, 더 나아가 10,000 이하의 모든 정수로 확장되었다. 1980년대에 이르러 일리노이 대학의 새뮤얼 와그스태프(Samuel S. Wagstaff)는 25,000 이하의 모든 정수에 대하여 〈페르마의 마지막 정리〉가 성립함을 입증했으며, 그 후 수학자들은 400만 이하의 모든 정수 n에 대하여 〈페르마의 마지막 정리〉가 성립한다고 주장하기에 이르렀다.

일반인은 눈부시게 진보한 현대 과학 덕분에 〈페르마의 마지막 정리〉가 거의 증명되었다고 생각했지만 수학자들은 컴퓨터를 이용한 증명이 단지 피상적인 이해에 지나지 않는다는 사실을 잘 알고 있었다. 제아무리 슈퍼 컴퓨터를 동원한다 해도 무한히 많은 모든 정수 n에 대하여 〈페르마의 마지막 정리〉가 옳은지를 일일이 계산할 수는 없으므로 계산 도구를 사용하여 〈페르마의 마지막 정리〉를 증명하는 것은 원리적으로 불가능한 일이었다. 만일 $n = 1,000,000,000$인 경우에 〈페르마의 정리〉가 성립한다는 것을 누군가가 증명했다 해도, 그것이 $n = 1,000,000,001$일 때에도 성립한다는 보장은 어디에도 없다. $n = 1,000,000,000,000$일 때에도 사정은 마찬가지이다. 심지어는 n이 무한대가 된다 해도 $n + 1$일 때의 성립 여부는 여전히 미지로 남는다. 컴퓨터가 제아무리 계산을 열심히 한다 해도 '모든 정수' n에 대하여 〈페르마의 마지막 정리〉를 증명하는 것은 컴퓨터 능력의 한계를 훨씬 벗어나는 일이었다.

데이비드 로지(David Lodge)는 그의 저서 《영화 팬(The Picturegoers)》에서 무한대와 비슷한 개념인 '영원'에 대하여 다음과 같이 훌륭하게 서술했다. "지구만 한 크기의 쇠로 만든 공이 있다고 상상해 보자. 이 쇠공 위에는 100만 년마다 한 번씩 파리가 날아와 잠시 앉았다가 다시 날아간다. 이런 상황이 계속 반복되어 쇠공이 모두 닳아 없어질 만큼 시간이 흘렀다고 해도 그것은 영원의 시간에 비하면 찰나에 지나지 않는다. 영원의 시간은 아직 시작조차 하지 않았다."

〈페르마의 마지막 정리〉에 관한 한 컴퓨터가 할 수 있는 일은 그것이 올바른 정리임을 보여주는 증거들을 제시하는 것뿐이다. 일반인의 눈에는 그것만으로도 〈페르마의 마지막 정리〉가 증명된 것처럼 보일 수도 있지만 의심 많기로 소문난 수학자들에게는 어림도 없는 소리이다. 그들은 엄밀하게 증명된 사실 외에는 그 어떤 것도 믿지 않기 때문이다. 몇 개의 숫자들에 대하여 하나의 정리가 성립됨이 입증되었다 해서 이로부터 무한히 많은 숫자에 이 정리가 적용된다고 믿는 것은 매우 위험한 도박 행위와 다를 것이 없다.

이러한 위험성을 잘 보여주는 일례를 들어보기로 하자. 17세기의 수학자들은 자세한 검증을 통하여 다음의 수들이 모두 소수라는 사실을 알아냈다.

31 ; 331 ; 3,331 ; 33,331 ; 333,331 ; 3,333,331 ; 33,333,331

그렇다면 333,333,331도 과연 소수일까? 자릿수 하나가 늘어날 때마다 수는 엄청나게 커지므로 소수인지의 여부를 판단하는 계산도 그만큼 복잡하고 어려워진다. 당시의 수학자들은 모든 자리에 3이 들어 있고 1의 자리에만 1이라는 숫자가 들어 있는 이러한 유형의 수들이 모두 소수일 것이라

고 가정했으며 이를 일반적으로 증명할 수 있는 논리를 찾아내려고 노력했
다. 그러나 애석하게도 얼마 후에 333,333,331은 다음과 같이 소인수 분해
가 되므로 소수가 아니라는 사실이 판명되었다.

$$333,333,331 = 17 \times 19,607,843.$$

수학자들이 컴퓨터로 얻은 증거를 믿지 않는 이유는 〈오일러의 추론(Eu-
ler's conjecture)〉을 봐서도 알 수 있다. 오일러는 페르마의 방정식에서 $n = 4$
인 경우, 하나의 항을 추가한 다음과 같은 방정식에도 정수해가 존재하지
않는다고 주장했다.

$$x^4 + y^4 + z^4 = w^4$$

그로부터 200년이 지나도록 어느 누구도 〈오일러의 추론〉을 증명하지
못했으며, 반대로 〈오일러의 추론〉이 틀렸음을 입증하는 단 하나의 예도
발견되지 않았었다. 과거에는 모든 계산을 손으로 했기 때문에 충분한 증
거를 얻지 못했을 것이다. 그러던 중 컴퓨터가 등장하여 〈오일러의 추론〉
을 검증해 나가기 시작했다. 1부터 시작하여 점차 큰 수를 대입해 나가면서
위의 방정식을 만족하는 네 개의 정수(x, y, z, w)가 정말로 하나도 없는
지를 확인하고자 했던 것이다. 오랜 시간 동안 문제의 정수가 발견되지 않
자 사람들은 "〈오일러의 추론〉이 과연 사실이었구나." 하면서 또 하나의 새
로운 수학정리의 탄생을 기대했다. 그러던 중 1988년 어느 날 하버드 대학
의 노엄 엘키스(Noam Elkies)가 드디어 다음과 같은 정수들을 찾아내고야 말
았다.

$$2,682,440^4 + 15,365,639^4 + 18,796,760^4 = 20,615,673^4$$

이리하여 200여 년에 걸친 끈질긴 노력이 한순간에 물거품이 되면서 결국 〈오일러의 추론〉은 틀렸음이 입증되었다. 엘키스는 이외에도 위의 방정식을 만족하는 네 개의 정수는 무수히 존재한다는 사실을 수학적 논리로 증명하는 데 성공했다. '1부터 1,000,000까지의 모든 숫자에 대해 성립한다고 해서 그것이 곧 모든 수에 대해 성립한다는 뜻은 아니다.' 〈오일러의 추론〉에서 우리가 얻은 교훈은 바로 이것이었다.

이와 비슷한 예로서, 〈오일러의 추론〉과는 비교가 안 될 정도로 규모가 큰 문제가 하나 있었다. 〈과대평가된 소수의 추론(overestimated prime conjecture)〉이라는 문제가 바로 그것이다. 일반적으로 수가 커질수록 소수를 찾아내는 작업은 어려워진다. 예를 들어 0과 100 사이에는 소수가 25개나 있지만 10,000,000과 10,000,100 사이에는 단 두 개밖에 없다. 1791년에 당시 14세 소년이었던 가우스는 숫자가 증가함에 따라 나타나는 소수의 대략적인 빈도수를 예견했다. 가우스가 만들어낸 공식은 비교적 정확했으나 결과는 실제로 나타나는 소수의 개수보다 항상 약간 초과했다. 즉 가우스의 공식으로 계산된 소수의 개수는 실제의 개수보다 항상 많았던 것이다. 1,000,000,000,000까지 확인해본 결과 이러한 현상이 계속 나타났으므로 수학자들은 무한대에 이르기까지 가우스의 공식으로 계산된 소수의 개수는 무조건 실제보다 많다고 여기게 되었으며, 급기야 여기에는 〈과대평가된 소수의 추론〉이라는 거창한 이름까지 붙여졌다.

그러던 중 1914년, 하디의 연구 동료였던 리틀우드(J. E. Littlewood)는 엄청나게 숫자가 커지면 가우스의 공식은 실제보다 '적은' 개수의 소수를 낳을 수도 있다는 것을 증명하기에 이르렀다. 그리고 1955년 스큐즈(S. Skewes)는 리틀우드가 말했던 엄청나게 큰 숫자가 대략 다음과 같다는 것을 증명했다.

$$10^{10^{10,000,000,000,000,000,000,000,000,000,000,000}}$$

이것은 인간의 상상력으로는 상상하기조차 힘든 수이며, 너무나 커서 응용할 만한 곳도 없다. 하디는 이 수를 가리켜 다음과 같이 말했다. "스큐즈의 수는 지금까지 수학자들이 구체적인 목적을 가지고 다룬 수들 중에서 가장 큰 수이다." 이 정도로 큰 수를 대체 어떤 분야에 응용할 수 있을까? 하디의 계산에 의하면 이 우주 안에 존재하는 모든 입자(약 10^{87}개)를 체스판 삼아 체스 게임을 벌인다고 했을 때 발생 가능한 모든 게임의 수가 대략 스큐즈의 수 정도가 된다고 한다.

〈오일러의 추론〉이나 〈과대평가된 소수의 추론〉과 마찬가지로 〈페르마의 마지막 정리〉 역시 애초부터 틀린 정리일 수도 있다. 그것이 반드시 성립한다는 보장은 어디에도 없었기 때문이다.

졸업

1975년, 앤드루 와일즈는 케임브리지 대학의 대학원생이 되었다. 그로부터 3년 동안 와일즈는 박사 학위 논문을 준비했는데 이 기간은 그에게 있어 수학적 안목을 키우는 매우 중요한 준비 기간이었다. 모든 학생에게는 그들을 교육하는 지도교수가 있었는데 와일즈의 지도교수는 엠마뉴엘 대학의 존 코티스 교수로서 그는 뉴사우스웨일스의 포섬브러시 출신이었다.

코티스 교수는 와일즈를 자신의 학생으로 받아들이던 당시를 이렇게 회고하고 있다. "동료 교수 한 사람이 와일즈 얘기를 했었지요. 3차 트라이퍼

대학 시절의 앤드루 와일즈

1970년대 와일즈의 지도교수였던 코티스 교수는 와일즈가 졸업한 뒤에도 계속해서 친분을 유지했다.

스 시험(케임브리지 대학의 우등 졸업 시험: 옮긴이)에 합격한 매우 우수한 학생이라고 말이죠. 그를 제자로 받아들이라고 강하게 권유하더군요. 그때 제가 동료의 말을 듣고 앤드루를 제자로 삼은 것은 무척 큰 행운이었습니다. 그는 연구원 학생 시절부터 무언가 큰일을 해낼 수학자의 자질이 있었죠. 당시에는 물론 연구원 학생들이 곧바로 〈페르마의 마지막 정리〉를 증명하는 일을 하지는 않았습니다. 그것은 경험 많은 수학자들도 다루기 어려운 난제였으니까요."

지난 10여 년간 와일즈는 〈페르마의 마지막 정리〉와 한판 대결을 벌이기 위해 착실한 준비 작업을 해왔다. 그러나 이제 전문적인 수학자의 대열에 오르자 해야 할 일이 산적해 있었다. 와일즈는 한때 자신의 꿈을 잠시 접어두었던 시절을 다음과 같이 회상했다. "케임브리지 대학에 입학하면서 저는 페르마라는 인물을 잠시 옆으로 제쳐두었습니다. 하지만 결코 잊어버리지는 않았어요. 그것은 항상 제 머릿속 한구석에 자리 잡고 있었지요. 지난 130여 년간 〈페르마의 마지막 정리〉를 증명하기 위해 사람들이 동원해 왔던 방법은 사실 별로 달라진 것이 없었습니다. 저는 그런 낡은 방법으로는 더 이상 희망이 없겠다고 생각했지요. 〈페르마의 마지막 정리〉가 지닌 가장 심각한 문제는, 제아무리 뛰어난 수학자라 해도 아무런 소득 없이 수년의 세월을 송두리째 날려버릴 수도 있다는 위험성이었습니다. 물론 어떠한 문제이건 간에 거기에 매달려 해결책을 구하는 것은 좋은 일이지요. 하지만 일이 진행되는 와중에 간간이 새로운 수학적 사실들이 발견되어야 하지 않겠습니까. 훌륭한 수학 문제란 문제 자체의 수학적 가치보다는 연구 과정에서 새로운 수학적 관심사를 창출해 내는, 그런 문제이니까요."

앤드루는 존 코티스의 지시에 따라 입학 후 3년 동안 〈페르마의 마지막 정리〉와는 다소 동떨어진 수학 공부를 하게 되었다. "지도교수의 역할은 학생으로 하여금 풍부한 결과를 얻을 수 있는 연구 분야에 관심을 갖도록 유도하는 것이라고 생각합니다. 물론, 어느 분야로 학생을 인도해야 할지 뚜렷한 확신을 갖기란 그리 쉬운 일이 아닙니다. 하지만 연륜이 깊은 교수들은 경험과 직관을 통해 연구가치가 있는 분야를 비교적 정확하게 판단할 수 있을 것입니다. 지도교수의 이러한 조언은 학생들이 연구 분야를 설정할 때 거기에서 얼마나 많은 것을 얻을 수 있는지를 판단하는 데 도움을 줍니다." 결국 코티스 교수는 와일즈의 전공 분야로 '타원 곡선(elliptic curves)'이라는 수학 분야를 택했다. 이 결정은 와일즈의 수학 경력에 일대 전환점이 되었으며, 훗날 그가 새로운 수학을 도입하여 〈페르마의 마지막 정리〉를 증명하는 데 지대한 공헌을 하게 된다.

'타원 곡선'이라는 명칭은 어떤 면에서 볼 때 매우 잘못 붙여진 이름이다. 왜냐하면 이 분야에서 중요하게 취급되는 개념은 타원도 아니고 곡선도 아니기 때문이다. 타원 곡선 분야에서 주로 연구하는 대상은 다음과 같은 형태의 방정식이다.

$$y^2 = x^3 + ax^2 + bx + c, \quad (a, b, c는 임의의 정수)$$

이 분야에 '타원 곡선'이라는 이름이 붙은 이유는 과거에 타원의 둘레나 행성 궤도의 길이를 계산할 때 이 방정식을 사용했기 때문이다. 그러나 문제의 핵심을 분명하게 강조하기 위해 본 저자는 '타원 곡선'이라는 명칭 대신 '타원 방정식(elliptic equation)'이라는 용어를 사용하기로 하겠다.

〈페르마의 마지막 정리〉와 마찬가지로 타원 방정식을 푼다는 것은 준방정식을 만족하는 정수해의 존재 여부와 정수해의 개수를 알아내는 것이다. 예를 들어 다음과 같은 방정식을 생각해 보자.

$$y^2 = x^3 - 2, \quad (a = 0, b = 0, c = -2인 타원 방정식)$$

이 방정식은 다음과 같은 단 하나의 정수해를 가진다.

$$5^2 = 3^3 - 2, \text{ 또는 } 25 = 27 - 2$$

그런데 이 타원 방정식의 정수해가 단 하나뿐임을 증명하는 것은 엄청나게 어려운 작업이며, 실제로 이것을 증명한 장본인은 피에르 드 페르마였다. 독자들은 이 책의 제2장에서 "제곱수와 세제곱수 사이에 끼여 있는 정수는 오로지 26뿐이다."라는 별로 쓸데없는 정리를 페르마가 증명했다는 사실을 기억할 것이다. 페르마는 이 방정식의 해가 $y = 5$, $x = 3$뿐임을 알아냄으로써 이것을 증명할 수 있었다. 즉 5^2과 3^3은 각각 제곱수와 세제곱수로서 그 차이($3^3 - 5^2$)가 2인 유일한 쌍이므로 26은 제곱수(5^2)와 세제곱수(3^3) 사이에 낀 유일무이한 수가 되는 것이다.

타원 방정식이 수학자들의 특별한 관심을 끄는 이유는, 그것이 단순한 대수 방정식보다 복잡하면서도 아예 해를 구할 수 없는 복잡한 방정식보다는 단순하여 수학에서 독특한 분야를 점유하고 있기 때문이다. 타원 방정식은 상수 a, b, c를 변화시킴으로써 무한히 많고 다양한 방정식들을 도출해 낼 수 있으며 각각의 방정식은 나름대로 흥미로운 특성들을 갖고 있다. 이뿐만 아니라 모든 종류의 타원 방정식은 항상 풀이가 가능하기 때문에 수학자의 기를 꺾어놓는 일도 없다.

타원 방정식을 역사상 처음으로 연구했던 사람은 고대 그리스의 수학자인 디오판토스였다. 그는 자신의 저서 《아리스메티카》의 상당 부분에 걸쳐 타원 방정식의 특성을 소개했다. 페르마가 타원 방정식에 관심을 갖게 된 것은 아마도 디오판토스의 《아리스메티카》에서 어떤 영감을 받았기 때문일 것이다. 그리고 와일즈 역시 자신의 영웅이었던 페르마의 영향을 받아 즐거운 마음으로 타원 방정식을 연구했다. 디오판토스 시대부터 무려

2,000여 년의 세월이 흘렀지만 타원 방정식은 여전히 만만치 않은 연구 대상이었다. 와일즈는 말한다. "그것을 완전하게 이해하기란 불가능합니다. 이 분야에는 아직도 해답이 알려지지 않은 단순한 질문들이 산재해 있어요. 심지어는 페르마가 떠올렸던 의문점들 중 아직도 풀리지 않은 채로 남아 있는 문제들도 있습니다. 굳이 〈페르마의 마지막 정리〉를 언급하지 않더라도 지금 제가 연구하고 있는 모든 수학은 페르마에게서 비롯되었다고 해도 과언이 아닐 겁니다."

와일즈는 대학원생 시절에 타원 방정식을 집중적으로 연구했다. 연구의 목적은 방정식을 만족시키는 해의 개수를 알아내는 것이었는데, 계산이 너무나 어려워서 그는 어쩔 수 없이 문제를 단순화할 수밖에 없었다. 예를 들어 다음과 같은 형태의 타원 방정식을 직접 푸는 것은 거의 불가능한 일이다.

$$x^3 - x^2 = y^2 + y$$

방정식을 완전하게 풀려면 이 식을 만족시키는 정수값 x, y를 찾아냄과 동시에 이러한 정수해가 몇 개나 존재하는지를 알아내야 한다. 가장 간단한 해는 $x = 0$, $y = 0$인 경우이다.

$$0^3 - 0^2 = 0^2 + 0$$

이보다 조금 복잡한 해로는 $x = 1$, $y = 0$이 있다.

$$1^3 - 1^2 = 0^2 + 0$$

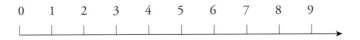

〈**그림 16**〉 일상적인 덧셈은 수직선상에서의 평행이동과 동일하게 취급될 수 있다.

물론 이 밖에 다른 정수해도 있을 수 있다. 그러나 무한히 많은 정수 중에서 이 특별한 방정식을 만족시키는 모든 정수해를 이렇게 주먹구구식으로 찾을 수는 없는 노릇이다. 그렇다고 포기할 수도 없기에 수학자들은 한정된 범위 안에서 정수해를 구하는 차선책을 강구했다. 이것이 바로 소위 '시계 대수학(clock arithmetic)'이라는 것이다.

이 책의 앞부분에서 우리는 모든 정수를 무한히 긴 직선상의 점으로 표현할 수 있음을 알았다(〈그림 16〉 참조). 이제 정수의 집합을 유한하게 만들기 위해 시계 대수학은 무한히 긴 직선을 잘라내는 수술을 감행한다. 즉 수직선을 적당한 길이에서 잘라낸 뒤 그것을 동그랗게 말아 원형으로 만드는 것이다.

〈**그림 17**〉 5시 대수학의 숫자체계는 0부터 5까지의 수직선을 잘라내어 만든 원으로 표현된다. 5와 0은 동일한 수이므로 0으로 대치되었다.

〈그림 17〉은 5에서 자른 뒤 5와 0을 연결한 다섯 시간짜리 시계를 나타낸다. 여기서 숫자 5는 0으로 대치되어 있는데, 이는 5와 0이 동일한 수

임을 나타낸다. 따라서 다섯 시간짜리 시계 대수에 등장하는 숫자는 0, 1, 2, 3, 4이다.

우리가 알고 있는 정상적인 덧셈은 수직선 상에서 숫자의 위치를 평행이 동시키는 연산이었다. 예를 들어 4+2=6은 다음과 같이 설명할 수 있다. "수직선상의 4에서 출발하여 2만큼 전진하면 6의 위치에 도달한다."

그러나 다섯 시간짜리 시계 대수에 따른 덧셈은 전혀 사정이 다르다.

$$4+2=1.$$

누가 봐도 어리둥절한 이 계산 결과는 시계 대수의 주기적 성질에서 비롯된 것이다. 4에서 출발하여 시계 방향으로 2만큼 돌아가면 1의 위치에 도달하기 때문이다. 시계 대수학은 언뜻 보기에 매우 생소한 듯 보이지만 이름이 시사하는 바와 같이 이것은 우리가 시간을 계산할 때마다 항상 사용하는 계산법이다. 11시에서 네 시간이 지나면(즉 11+4) 15시가 되는 것이 아니라 3시가 된다. 따라서 이것은 12시간짜리 시계 대수학에 해당한다.

시계 대수학에서는 덧셈뿐 아니라 곱셈도 새롭게 정의될 수 있다. 12시 대수학에서는 5×7=11이 된다. 이 결과는 다음과 같은 논리로 얻을 수 있다. "0에서 출발하여 시계 방향으로 다섯 칸씩 일곱 번 돌아가면 11에 이르게 된다." 시계 대수학의 곱셈은 이런 식으로 이해할 수도 있지만 곱셈법칙을 좀 더 쉽게 이해하는 다른 방법이 있다. 12시 대수학으로 5×7을 계산할 때, 우선 정상적인 대수학으로 35라는 답을 얻은 뒤에 이것을 12로 나눈 나머지를 답으로 취하는 것이다. 35÷12는 몫 2에 나머지가 11이므로 12시 대수학에서 5×7=11이라는 결과를 쉽게 얻을 수가 있다. 이것은 0시에서 출발한 시계가 두 바퀴를 돈 뒤에 다시 11시까지 돌아간 것과 동일한 결과이다.

시계 대수학은 유한한 개수의 수에만 적용되므로 타원 방정식의 해를 이렇게 한정된 범위 안에서 찾는다면 문제가 한층 쉬워진다. 예를 들어 5시 대수학의 연산법에 의거하여 다음 타원 방정식의 모든 가능한 정수해를 찾아보자.

$$x^3 - x^2 = y^2 + y$$

해답은 다음과 같다.

$$x = 0, \quad y = 0,$$
$$x = 0, \quad y = 4,$$
$$x = 1, \quad y = 0,$$
$$x = 1, \quad y = 4$$

정상적인 대수학이라면 위에 열거한 해들 중에는 기존의 방정식을 만족시키지 못하는 것도 있다. 그러나 5시 대수학에서 이들은 모두 방정식을 만족시키는 해가 될 수 있다. 일례로서 네 번째 나열한 정수해 ($x = 1, y = 4$)의 검산 과정은 다음과 같다.

$$x^3 - x^2 = y^2 + y$$
$$1^3 - 1^2 = 4^2 + 4$$
$$1 - 1 = 16 + 4$$
$$0 = 20$$

얼핏 보면 틀린 것 같지만 20을 5로 나눈 나머지가 0이므로 5시 대수학에서 0과 20은 같은 수이다.

무한히 많은 정수를 대상으로 하여 타원 방정식의 모든 해를 나열하는 것은 불가능한 일이었으므로 와일즈를 비롯한 수학자들은 여러 가지 서로 다른 시계 대수학을 도입하여 각각의 경우에 해당하는 정수해들을 계산하는 편법을 사용했다. 전술한 타원 방정식의 경우, 5시 대수학의 숫자체계에 의거하여 구해진 해는 모두 네 개이다. 수학자들은 이것을 $E_5 = 4$라는 간략한 표기로 대신한다. 다른 시계 대수학체계 아래에서도 비슷한 방법으로 해를 구할 수 있다. 7시 대수학의 해는 모두 아홉 개이며 따라서 $E_7 = 9$로 표현된다.

수학자들은 이 모든 계산 결과를 길게 나열해 놓고 '타원 방정식의 L-급수(L-series)'라는 이름을 붙여 놓았다. 'L'이라는 알파벳이 붙은 이유는 잘 알려져 있지 않지만 타원 방정식의 해법에 업적을 남긴 페테르 구스타프 르죈느 디리클레의 이름에서 따왔다고 주장하는 사람들도 있다. 이 책에서는 논쟁의 소지를 없애기 위해 타원(elliptic)의 첫자를 빌려 'E-급수'라 표현하기로 한다. 앞에서 구한 E-급수는 다음과 같다.

$$\text{타원 방정식} : x^3 - x^2 = y^2 + y$$
$$E\text{-급수} : E_1 = 1,$$
$$E_2 = 4,$$
$$E_3 = 4,$$
$$E_4 = 8,$$
$$E_5 = 4,$$
$$E_6 = 16,$$
$$E_7 = 9,$$

$$E_8 = 16,$$

$$\vdots$$

무한히 많은 정수 중에서 하나의 타원 방정식을 만족하는 정수해가 몇 개나 되는지를 알 수 있는 방법은 없다. 따라서 E-급수야말로 타원 방정식의 해를 표현하는 훌륭한 차선책이라고 할 수 있다. 또한 타원 방정식이 담고 있는 모든 정보는 E-급수 안에 함축적으로 내포되어 있다. 살아 있는 생명체에 대한 모든 정보가 DNA에 담겨 있는 것처럼, E-급수는 타원 방정식의 핵심 정보를 담고 있는 것이다. 수학자들은 타원 방정식의 DNA라 할 수 있는 E-급수를 연구함으로써 타원 방정식에 관한 '모든 것'을 계산할 수 있을 것으로 믿고 있다.

와일즈는 존 코티스 교수의 지도를 받으면서 타원 방정식과 E-급수의 연구에 몰두하여 유능한 정수론 학자로서 명성을 날리게 되었다. 새로운 결과가 얻어지고 새로운 논문이 속속 탄생했지만 와일즈 자신은 이런 업적들이 훗날 〈페르마의 마지막 정리〉를 증명하는 데 밑거름이 될 것이라는 생각을 전혀 하지 못했다.

바로 그 무렵, 아무도 모르는 사이에 일본의 전후세대 수학자들은 타원 방정식과 〈페르마의 마지막 정리〉를 서로 단단히 연결해 주는 일련의 발견을 이루어 나가고 있었다. 코티스 교수는 와일즈를 타원 방정식 분야로 인도하여 소년 시절부터 지켜왔던 와일즈의 꿈을 실현할 수 있는 최적의 환경을 만들어준 셈이다.

5장

귀류법

수학자는 화가나 시인처럼 아름다운 심성을 지녀야 한다. 수학적 아이디어는 색채나 시어
(詩語)처럼 서로 조화롭게 어울려야 한다. 수학에서 아름다움은 필수적인 요소이다. 보기
흉한 수학이 설 곳은 이 세상 어디에도 없다.

– G. H. 하디

다니야마 유타카(谷山豊)

1954년 1월 어느 날, 도쿄 대학의 젊고 유능한 수학자 한 사람이 수학과 도서관을 찾았다. 매일같이 도서관에서 책을 뒤지면서 수학과 더불어 살던 이 사람의 이름은 시무라 고로였다. 그는 《수학 연보(Mathematische Annalen)》 중 제24권을 찾고 있었는데, 그중에서도 특히 복소수의 곱셈에 관한 듀링(Deuring)의 논문이 필요했다. 이것은 지금 그가 수행하고 있는 이상하고도 비밀스런 계산에 반드시 필요한 참고 문헌이었다.

그러나 실망스럽게도 누군가가 이미 빌려가고 없었다. 대출자의 이름을 확인해 보니 다니야마 유타카였다. 그의 연구실은 시무라의 연구실과 캠퍼스 정반대편에 있었기 때문에 평소 잘 알고 지내는 사람은 아니었다. 시무라는 곧바로 다니야마에게 편지를 썼다. 지금 수행하고 있는 난해한 계산을 끝내려면 당신이 빌려간 책이 반드시 필요하니, 가능하면 빨리 도서관에 반납해 줬으면 좋겠다는 내용이었다. 더불어 매우 공손하게 언제쯤 책을 돌려줄 수 있는지도 물었다.

그로부터 며칠 뒤, 우편엽서 한 장이 시무라의 책상 위에 배달되었다. "나 자신도 당신과 동일한 계산을 하고 있으며 계산의 목적도 당신과 같

시무라 고로(志村五郎)

다."는 다니야마의 답장이었다. 그는 또 두 사람이 서로 만나서 의견을 나눌 것을 제안했으며, 더 나아가 공동 연구를 할 의사까지 타진해왔다. 한 권의 책으로 맺어진 두 사람의 인연—이것이 뒷날 수학사의 줄기를 바꾸게 되리라는 엄청난 사실을 두 사람은 전혀 짐작하지 못했다.

다니야마는 1927년 11월 12일 도쿄에서 남쪽으로 몇 km 떨어진 조그만 시골 마을에서 태어났다. 그의 이름은 일본식 발음으로 '도요(とよ)'라고 읽는 것이 정상이었지만 대다수의 사람이 '유타카(ゆたか)'로 잘못 읽는 바람에 결국 그는 '다니야마 유타카'라는 이름을 자신의 정식 이름으로 사용하게 되었다고 한다. 어린 시절 다니야마는 여러 가지 이유 때문에 학교를 꾸준히 다니지 못했다. 그는 매우 병약한 체질이었으며 10대에는 결핵에 걸려 다니던 고등학교를 2년간 쉬어야 했다. 2차대전이 발발하면서 그의 학업은 또다시 중단되었다.

시무라 고로는 다니야마보다 한 살 아래였는데, 그는 전쟁 중에 전혀 학교에 다니지 못했다. 학교가 아예 문을 닫아버렸던 것이다. 시무라는 이 기간에 강제 징용되어 비행기 부품을 조립하는 공장에서 일해야 했다. 매일 저녁, 그는 뒤떨어진 학업을 보충하기 위해 책과 씨름했는데, 그의 관심사는 오로지 수학뿐이었다. "물론 공부할 만한 분야는 많이 있었지만 그중에서도 수학이 제일 쉬웠습니다. 수학책은 그저 읽어 나가기만 하면 머릿속에 들어왔으니까요. 저는 이런 방법으로 미적분학을 공부했습니다. 그저 무작정 읽어 내려갔지요. 제가 만약 화학이나 물리학에 관심을 가졌었다면 실험 기자재가 필요했을 텐데, 당시에는 그런 기구를 구할 방법이 없었어요. 저는 결코 탁월한 재능을 가진 사람이 아니었습니다. 그저 호기심이 많았던 것뿐이죠."

몇 년 뒤 전쟁은 끝나고 시무라와 다니야마는 다시 대학에 다닐 수 있게 되었다. 도서관의 책 덕분에 두 사람의 인연이 맺어진 이후로 도쿄에서의 삶은 다시 평온함을 회복했고, 게다가 한두 가지의 사치까지 누릴 수 있었다. 두 사람은 매일 오후 구내 커피숍에서 만나 차 한잔과 함께 대화를 나누었으며 일과가 끝난 뒤에는 고래고기로 유명한 조그만 식당에서 저녁 식사를 하기도 했다. 그리고 주말에는 식물원이나 공원 근처로 산책을 나가곤 했다. 이 모든 곳은 두 사람의 최신 연구 결과를 토론하는 데 더없이 좋은 장소였다.

시무라는 약간 변덕스런 기질을 가진 사람이었다(그는 불교의 선문답을 매우 좋아했다). 그는 다니야마보다 보수적이고 전통적인 사고방식을 갖고 있었다. 시무라는 이른 새벽에 일어나 곧바로 책상 앞에 앉는 반면, 그의 연구 동료인 다니야마는 낮에 자고 밤에 공부하는 올빼미형 학자였다. 그래서 이들이 함께 살고 있는 아파트에 찾아온 손님들은 환한 대낮에 꾸벅꾸벅 졸고 있는 다니야마를 이상한 눈으로 바라보곤 했다.

시무라는 까다로운 성격이었던 반면, 다니야마는 자유분방하고 게으른 기질이었다. 그런데 놀랍게도 시무라는 다니야마의 이러한 기질을 부러워했다. "그는 자주 실수를 저지르곤 했는데, 그 실수라는 것이 항상 올바른 방향으로 저질러지더군요. 정말이지 신기할 정도였어요. 저는 그것이 부러워 억지로 흉내라도 내보려고 꽤나 애를 썼지만 뜻대로 되지 않았습니다. 훌륭한 실수를 저지르는 것은 결코 쉬운 일이 아닐 테니까요. 다니야마는 그 방면으로 천부적인 재질을 타고난 친구였지요."

다니야마는 '명청한 천재'의 전형이었으며, 이것은 그의 외모에도 잘 나타나 있었다. 그는 구두끈조차 제대로 매지 못하여 늘 구두끈을 풀어놓은 채로 다녔다. 그는 또 이상하게 생긴 푸른색 셔츠를 입고 다녔는데, 항상 금속 표면처럼 윤이 났다. 때가 찌들대로 찌들었던 것이다. 다니야마의 이러한 기질은 그의 가족조차 혀를 내두를 정도였다.

1954년 다니야마와 시무라가 처음 만나던 무렵, 그들은 이제 막 수학자로서 첫발을 내딛던 시기였다. 당시의 전통에 따르면(지금도 그렇지만) 갓 공부를 끝낸 젊은 학자들은 자신을 교육시켜 준 지도교수 밑에서 첫 경력을 쌓는 것이 관례로 되어 있었으나 다니야마와 시무라는 이를 거절했다. 전쟁 기간에 연구 활동은 완전히 중단된 상태였고 이 영향으로 1950년대의 일본 수학계는 아직도 정상을 회복하지 못하고 있었다. 시무라의 표현에 따르면 당시의 대학 교수들은 '전쟁에 지치고 질려서 환멸을 느끼고 있었다.' 그러나 이와는 대조적으로 전후세대의 학생들은 열정적으로 향학열을 불태웠다. 그리고 그들은 의욕을 잃은 교수들에게 의지하지 않고 스스로 공부하는 것만이 학자로서 성공하는 유일한 길임을 곧 깨닫게 되었다. 학생들은 자체적으로 세미나를 개최하여 학계의 최근 동향에 관한 정보를 주고받았다. 다니야마는 평소 나사가 반쯤 풀린 듯한 행동을 하고 다녔지만 일단 세미나에 참석하기만 하면 다른 학생들을 사정없이 몰아붙였다. 그는 선배들한테 미개척 분야를 연구할 수 있는 용기를 북돋아 주었으며 후배들한테는 스승과도 같은 존재였다.

이들은 학문적으로 고립되어 있었기 때문에 미국과 유럽에서 이미 한물간 낡은 주제로 열띤 토론을 벌이는 경우도 종종 있었다. 학생들은 서구 학회에서 이미 해결을 포기해 버린 방정식을 놓고 해를 구하기 위해 진땀을 흘리기 일쑤였다. 그중에서도 특히 다니야마와 시무라의 관심을 끌었던 '한물간' 연구 주제는 바로 '모듈 형태론(modular forms)'이었다.

모듈 형태론은 수학의 여러 분야 중에서도 가장 기이하고 경이로운 연구 대상이라 할 수 있다. 이것은 매우 비밀스럽게 전수되어 온 수학으로서, 20세기의 수학자 마르틴 아이클러(Martin Eichler)는 가장 근본적인 다섯 개의 수학 연산 중 하나가 모듈 형태라고 간주했다. 즉 덧셈과 뺄셈, 곱셈, 나눗셈, 그리고 모듈 형태—이 다섯 가지가 수학의 근간을 이루는 기본 연산이라는 것이다. 수학자들은 이 다섯 가지 중 처음의 네 가지에는 도사 같

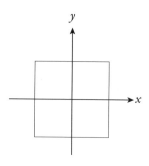

〈그림 18〉 정사각형은 회전대칭 및 반전대칭을 가진다.

은 사람들이지만 다섯 번째 연산만은 어느 누구도 완벽하게 정복하지 못하고 있다.

모듈 형태의 가장 중요한 성질은 '대칭성(symmetry)'이다. 이는 일상생활 속에서 일반인들에게도 친숙한 개념이지만 수학에서의 대칭성은 매우 특별한 의미가 있다. 어떤 대상물을 특정한 방법으로 변형했을 때 변형 전과 달라지지 않는 성질이 있다면 그 대상물은 대칭성이 있다고 말한다. 모듈 형태는 이러한 대칭성을 매우 많이 가졌는데, 이 점을 이해하기 위해 우선 간단한 정사각형을 예로 들어보자.

정사각형이 지닌 첫 번째 대칭성은 회전대칭(rotational symmetry)이다. 다시 말해 〈그림 18〉과 같이 x축과 y축이 만나는 점을 중심으로 하여 정사각형을 90° 회전시키면 회전시키기 전의 정사각형과 그 형태가 정확하게 일치한다. 마찬가지로 정사각형을 180°, 270° 또는 360° 회전시켜도 역시 형태가 변하지 않는다.

회전대칭과 더불어 정사각형은 반전대칭(reflectional symmetry)도 가진다. x축과 나란한 방향으로 거울을 갖다 놓으면 거울에 비친 정사각형의 상반부는 하반부와 정확하게 일치한다. 그리고 거울에 비친 하반부 역시 상반

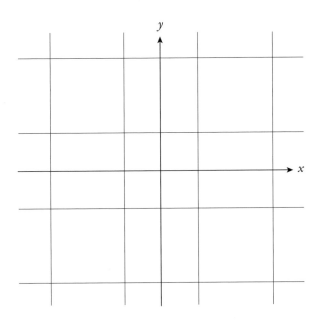

〈그림 19〉 무한히 많은 정사각형을 연결하면 회전대칭과 반전대칭 이외에 병진대칭을 갖게 된다.

부와 일치하게 된다. 따라서 정사각형의 상반부와 하반부를 맞바꾸는 반전변형을 가해도 도형의 형태는 변하지 않는다. 이와 마찬가지로 거울을 y축 방향으로 놓거나 대각선 방향으로 놓아도 역시 같은 결과를 얻는다. 원래의 반쪽과 거울에 비친 반쪽을 합하면 원래의 정사각형 모습이 그대로 재현되는 것이다.

정사각형은 회전대칭과 반전대칭을 갖고 있지만 병진대칭(translational symmetry)은 없다. 즉 임의의 방향으로 정사각형을 평행이동시키면, 그 결과로 얻은 정사각형은 원래의 도형과 일치하지 않는다. 위치가 변했으므로 이것은 당연한 결과이다. 그러나 무한히 큰 평면 전체를 동일한 정사각형으로 가득 메웠다면(〈그림 19〉 참조), 이런 도형은 병진대칭을 갖게 된다. 무한히 연결된 정사각형의 연속 무늬를 좌우, 또는 상하로 정사각형 한 변의 길이만큼 평행이동을 시키면 그 결과는 이동시키기 전의 형태와 정확하게 일치할 것이다.

무한개의 정사각형을 연결한 무한히 큰 도형이 대칭성을 갖는다는 것은 비교적 이해하기 쉽다. 그러나 언뜻 보기에 매우 단순한 개념이라 해도 그 안에는 간과해 버리기 쉬운 미묘한 성질들이 숨어 있는 경우가 종종 있다. 한 가지 예를 들어보자. 1970년대에 영국의 물리학자이자 수학자였던 로저 펜로즈(Roger Penrose)는 서로 모양이 다른 몇 가지 조각들로 평면을 가득 채우는 놀이에 빠진 적이 있었다. 이리저리 조각을 맞추던 끝에 그는 매우 흥미롭게 생긴 두 가지의 조각을 발견하여, 각각 카이트(Kite, 연)와 다트(dart, 창)라는 이름을 붙였다(《그림 20》 참조). 이 두 가지 모양의 조각 중 한 가지만을 사용하여 평면을 가득 채우는 것은 아무리 애를 써도 불가능하다. 독자들도 직접 해보면 알겠지만 거기에는 항상 채울 수 없는 여백이 남거나, 아니면 두 개 이상의 조각이 서로 겹쳐지는 경우가 생길 것이다. 그러나 카이트와 다트를 함께 사용하면 엄청나게 다양한 방법으로 과부족 없이 평면을 가득 채울 수 있다. 이들 중 한 가지 방법이 《그림 20》에 소개되어 있다.

펜로즈가 카이트와 다트로 만들어낸 도형(두 종류의 조각이 복잡하게 맞물려 이루어진 평면도형)이 지닌 또 하나의 특징은 그것이 매우 제한된 대칭성을 지닌다는 점이다. 얼핏 보기에 《그림 20》에 그려진 도형은 병진대칭을 지닌 것처럼 보인다. 그러나 정작 이 도형을 어떤 방향으로 평행이동시키든지 원래의 모습과 정확하게 일치하는 경우는 없다. 수학자들은 펜로즈의 도형에 내재된 대칭성이 극히 제한되어 있다는 사실에 대단한 흥미를 느꼈으며, 여기에서 전혀 새로운 수학 분야가 탄생하게 되었다.

신기하게도 펜로즈의 도형은 재료공학적 측면에서 반발력이 매우 큰 구조물로 알려져 있다. 결정학자(結晶學者)들은 대부분의 결정들이 정사각형을

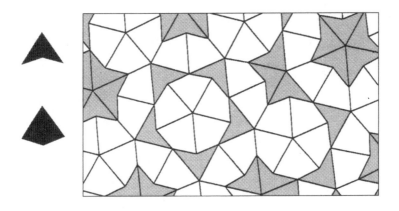

〈**그림 20**〉 펜로즈는 카이트와 다트라 불리는 두 가지 조각을 사용하여 평면을 가득 채울 수 있었다. 그러나 펜로즈가 창출해 낸 이 도형은 병진대칭성을 갖고 있지 않다.

연속적으로 연결한 구조를 갖고 있으며, 따라서 병진대칭을 갖고 있다고 믿고 있다. 이론적으로 결정구조는 매우 규칙적이고 반복적인 형태를 띤다. 그러나 1984년에 이르러 과학자들은 알루미늄과 망간으로 이루어진 금속의 결정이 펜로즈가 발견한 결정구조를 갖고 있다는 놀라운 사실을 발견했다. 알루미늄과 망간이 카이트와 다트 모양으로 서로 얽혀 있는 이 결정은 매우 규칙적인 배열이었으나, 그 배열방식이 일정하지는 않았다. 프랑스의 한 회사는 최근 들어 펜로즈의 결정구조를 이용하여 프라이팬을 코팅하는 기술을 개발하기도 했다.

펜로즈의 평면도형이 극히 제한된 대칭을 갖는다는 이유로 학자들의 관심을 끌었던 반면, 모듈 형태는 매우 다양한 대칭성으로 인해 수학자들의 관심을 끌었다. 실제로 모듈 형태는 무한히 많은 대칭성을 갖고 있다. 다니야마와 시무라가 연구에 몰두했던 모듈 형태는 병진대칭, 교환대칭, 반전대칭, 그리고 회전대칭 등 거의 모든 변환에 대하여 대칭성을 갖고 있었으며, 이것은 수학적 대상들 중에서 가장 다양한 대칭성을 보여주고 있었다. 19

세기 프랑스의 과학자 앙리 푸앵카레(Henri Poincaré)는 모듈 형태를 연구하던 중 엄청나게 많은 종류의 대칭성을 일괄적으로 다룰 방법이 없어 난관에 봉착하게 되었다. 그래서 그는 특정한 패턴의 모듈 형태를 선별하여 2주일 동안 거의 식음을 전폐해 가면서 계산에 몰두했다. 그리고 15일째 되던 날, 결국 그는 모듈 형태가 지닌 대칭성은 무한히 많다는 사실을 받아들일 수밖에 없었다.

안타깝게도 모듈 형태 자체는 그림으로 표현할 방법이 없다. 그것은 머릿속으로 상상하는 것조차 불가능하다. 정사각형을 사방으로 이어붙이는 경우에는 뚜렷한 2차원적 대상(정사각형)이 존재하기 때문에 x축과 y축을 그려 넣어 도형의 위치를 정확하게 정의할 수 있었다. 모듈 형태 역시 두 개의 기준축상에서 정의되긴 하지만 각각의 측에는 실수가 아닌 복소수가 대응된다. 즉 축상의 한 점에 대응되는 수는 실수부와 허수부를 모두 갖는 것이다. 따라서 모듈 형태의 기준이 되는 좌표축 하나는 사실상 두 개의 역할을 하는 셈이다. 첫 번째의 복소수축은 실수 부분을 나타내는 x_r축과 허수 부분을 나타내는 x_i축으로 표현되며, 두 번째 복소수 역시 같은 원리로 y_r축(실수부)과 y_i축(허수부)으로 표현된다. 엄밀히 말해 모듈 형태는 두 개의 복소수축이 만드는 평면 중 위쪽 상반부에서만 정의된다. 그러나 분명히 짚고 넘어가야 할 사실은 두 개의 복소수축이 만드는 공간은 네 개의 좌표 (x_r, x_i, y_r, y_i)에 의해 정의되므로 4차원의 공간이라는 점이다.

이 4차원 공간은 '하이퍼볼릭 공간(hyperbolic space)'이라 부르기도 한다. 우리가 속해 있는 우주 공간도 하이퍼볼릭 공간인데, 우리는 가시적인 3차원의 공간만 인식하면서 살고 있기 때문에 이 공간이 4차원이라는 사실을 간과한다. 그러나 수학적으로 볼 때 이 우주는 분명히 4차원이며, 모듈 형태에 방대한 종류의 대칭성을 부여하는 것도 바로 이 여분의 차원이다. 화가 모리츠 에셔(Mauritz Escher, 마우리츠 에스허르, 1898~1972)는 수학의 '대칭성'이

〈그림 21〉 모리츠 에셔의 〈원의 극한 IV〉. 여기에는 모듈 형태가 지닌 대칭성이 부분적으로 표현되어
있다.

라는 개념에 매료되어 판화와 그림을 통해 하이퍼볼릭 공간의 개념을 시각
화해 주는 작품을 많이 남겼다. 그중 하나인 〈원의 극한 IV(Circle Limit IV)〉라
는 작품이 〈그림 21〉에 소개되어 있다. 이 그림은 하이퍼볼릭 공간을 2차
원 평면인 화폭에 표현한 것이다. 그림에는 천사와 박쥐가 거의 같은 크기
로 표현되어 있는데, 이들을 반복해 그림으로써 고도의 대칭성을 시각적으
로 보여주고 있다. 다양한 대칭성 중 일부는 이렇게 종이 위에 표현될 수도
있지만 그림의 가장자리로 갈수록 형태가 왜곡되면서 대부분의 대칭적 성

질들은 시야에서 사라져 버린다.

하이퍼볼릭 공간에 존재하는 모듈 형태는 다양한 형태와 크기를 지니지만 이들 모두는 동일한 기초에서 형성된 것이다. 각각의 모듈 형태는 그것을 이루는 구성 요소의 개수에 따라 구별되는데, 이 구성 요소는 1부터 무한대까지 M_1, M_2, M_3, M_4, … 등으로 표현된다. 첫 번째 구성 요소가 1개이면 $M_1 = 1$이며, 두 번째 구성 요소가 3개이면 $M_2 = 3$, 그리고 세 번째 구성 요소가 2개이면 $M_3 = 2$가 된다. 모듈 형태의 구조를 설명해 주는 이 값들을 나열해 놓은 급수를 '모듈 급수', 또는 'M-급수'라 하는데, 여기에는 어떤 특정한 모듈 형태에 관한 모든 정보가 함축되어 있다.

$$M\text{-급수} ; M_1 = 1,$$
$$M_2 = 3,$$
$$M_3 = 2,$$
$$\vdots$$

E-급수가 타원 방정식의 DNA 역할을 하는 것처럼, M-급수는 모듈 형태의 DNA 역할을 한다. M-급수에 나타나 있는 구성 요소의 개수는 매우 중요하다. 이것을 변화시키면 동일한 대칭성을 가지면서도 완전히 다른 모듈 형태를 만들어낼 수 있거나 아예 대칭성을 완전히 잃어버려 더 이상 모듈 형태가 아닌 새로운 대상을 만들어낼 수도 있다. 만일 누군가가 M-급수의 값을 마음대로 정했다면 필시 그것은 모듈 형태가 아니라 매우 빈약한 대칭성을 갖는(또는 대칭성이 전혀 없는) 무언가가 될 것이다.

모듈 형태는 수학에서 매우 독립적으로 유지되는 분야이다. 특히 이것은 와일즈가 케임브리지 대학에서 공부하던 타원 방정식과 아무런 연관성이 없다. 모듈 형태는 너무나도 복잡하고 또 대칭성만이 유일한 관심사이기

1955년 도쿄에서 개최된 국제수학회에 참석 중인 시무라 고로와 다니야마 유타카.

때문에 19세기가 되어서야 수학자에게 발견되었지만, 타원 방정식은 이미 고대 그리스의 수학자들도 익히 알고 있었으며 대칭성과는 아무런 관계가 없다. 모듈 형태와 타원 방정식은 둘 다 수학임에 틀림없지만 분야가 너무도 판이하게 달라서 둘 사이에 모종의 관계가 있을 것이라고 생각하는 사람은 아무도 없었다. 그러나 다니야마와 시무라는 타원 방정식과 모듈 형태가 근본적으로 동일하다는 사실을 발표하여 수학계를 경악케 했다. 자유로운 사고를 가진 이 두 명의 수학자에 의해 모듈 형태와 타원 방정식은 하나의 수학 분야로 통일되었던 것이다.

희망사항

1955년 9월, 도쿄에서 국제수학회가 개최되었다. 이 학회는 당시 일본의 젊은 학자들이 자신의 연구 결과를 서방 세계에 알릴 수 있는 유일한 기회였다. 그래서 주최 측이었던 일본의 수학자들은 그들의 연구 분야와 관련된 36개의 문제들을 일목요연하게 정리하여 학회 참석자들에게 배포했는데, 거기에는 다음과 같이 짤막한 서문이 적혀 있었다.

"아직 해결되지 않은 수학 문제들: 여기 수록된 문제들은 확실한 검증을 거치지 못했으므로 이 중에는 여러분들이 하찮게 여기는 문제나 혹은 이미 해결된 문제가 있을 수도 있습니다. 참가자 여러분의 많은 관심과 조언을 기다리겠습니다."

이들이 제시한 36개의 문제들 중 네 개는 다니야마가 제안한 것이었는데, 모두가 모듈 형태와 타원 방정식 사이의 미묘한 관계를 시사하는 문제들이었다. 어찌 보면 순진해 보이기까지 하는 이 네 개의 질문은 결국 정수론의 체계를 완전히 뒤엎는 일대 혁명을 일으키게 된다. 다니야마는 어느 특정한 모듈 형태의 $M-$급수 중 처음의 몇 개를 눈여겨 살펴보다가 그것이 이미 잘 알려진 타원 방정식의 $E-$급수와 동일한 패턴을 갖고 있음을 간파했다. 몇 개의 급수를 더 계산해 본 뒤에 그는 모듈 형태의 $M-$급수와 타원 방정식의 $E-$급수가 완전하게 일치한다고 확신하게 되었다.

이것은 매우 놀라운 발견이었다. 왜냐하면 모듈 형태와 타원 방정식은 너무나 다른 수학 분야여서 이들 사이의 상호관계란 상상도 할 수 없는 일이었기 때문이다. 그러나 다니야마는 분명히 확인했다. $M-$급수와 $E-$급수의 값은 거짓말처럼 일치하고 있었다. 이들에 관한 모든 정보를 담고 있는 수학적 DNA가 완전히 동일했던 것이다. 다니야마의 발견은 두 가지 면에서 그 의미를 찾을 수 있다. 첫째로 그것은 수학 중에서도 완전히 정반대의 분야로 취급되던 모듈 형태와 타원 방정식의 근본적인 상호 연관관계를 보여주었으며, 둘째로 이 발견 덕분에 이미 모듈 형태의 M-급수를 잘 알고 있는 수학자들은 이제 더 이상 E-급수를 새로 계산할 필요가 없어졌다는 것이다.

전혀 다르게 보였던 분야들이 새로운 방법으로 통합된다는 것은 그만큼 문제에 대한 이해가 깊어졌다는 뜻이며, 따라서 이것은 학문이 그만큼 발전했다는 것을 의미한다. 이들 사이의 상호관계에서 새로운 진리가 발견되고, 그로 인해 개개의 분야는 연구의 중요성이 한층 더 부각되는 것이다. 물리학에서도 이와 비슷한 사례가 있었다. 예부터 물리학자들은 전기 현상과 자기 현상이 완전히 독립된 별개의 자연 현상이라고 믿어왔다. 그러나 19세기에 이르러 이론 및 실험물리학자들은 전기와 자기가 본질적으로 동일한 근원을 지니며 따라서 이 두 가지는 긴밀하게 연결되어 있는 현상임을 알게 되었다. 그리고 이 사실이 밝혀지면서 전기와 자기에 대한 이해는 한층 더 깊어지게 되었다. 전류는 자기장을 만들고, 자석은 주변의 도선에 전류를 유도한다. 이 원리를 이용하여 과학자들은 발전기와 전기 모터를 발명했으며, 더 나아가 빛의 정체를 규명해 내는 데 성공했다. 빛이란 전기장과 자기장이 서로 조화를 이룬 상태에서 파동처럼 진행하는 일종의 전자기파(electromagnetic wave)였던 것이다.

다니야마는 몇 개의 모듈 형태를 추가로 계산해 보았다. 역시 각각의 M-급수는 특정한 타원 방정식의 E-급수와 완벽하게 일치하고 있었다. 이쯤 되자 그는 다음과 같은 가능성을 생각하게 되었다. '모든 종류의 모듈 형태는 자신의 M-급수와 동일한 E-급수를 갖는 타원 방정식을 마치 파트너처럼 갖고 있는 것이 아닐까?' 모든 모듈 형태는 동일한 DNA를 갖는 타원 방정식과 1:1로 대응될지도 모를 일이었다. 더 나아가, 모든 모듈 형태

시무라 고로는 친구이자 동료였던 다니야마 유타카의 마지막 편지를 평생 간직했다.

의 근본은 교묘하게 위장된 타원 방정식 그 자체일지도 모른다. 그가 국제 수학회에 제출한 네 개의 문제는 모두 이런 내용을 담고 있었다.

타원 방정식이 모듈 형태와 관련되어 있다는 다니야마의 아이디어는 기존의 상식을 완전히 뛰어넘은 것이었기에 다른 수학자들은 그것이 단순한 관찰 결과일 뿐이라며 대수롭지 않게 여겼다. 다니야마는 몇 개의 타원 방정식이 특정한 모듈 형태와 밀접한 관계가 있는 것을 구체적인 계산으로 증명해 보였지만 학자들은 우연의 일치라며 다니야마의 주장을 받아들이지 않았다. 그들 중 특히 회의적인 반응을 보였던 사람들은 다니야마의 주장이 일반적인 경우에 성립하는지를 증명하는 것은 거의 불가능하다고 생각했으며, 그의 가설은 실질적 증거가 아닌 직관에서 탄생했다고 믿었다.

다니야마의 편에 서서 그의 주장을 옹호한 사람은 시무라뿐이었다. 시무라는 다니야마의 깊은 사고력을 굳게 믿었다. 국제학회가 끝난 뒤, 시무라는 다니야마와 함께 그의 가설을 꾸준히 연구해 나갔다. 확실한 증거를 제시하여 서방 세계의 학자들이 더 이상 자신들의 주장을 무시하지 못하도록 만들고 싶었던 것이다. 시무라는 타원 방정식과 모듈 형태의 상호관계를 입증하는 더욱 많은 증거를 확보하고자 노력했다. 그러나 1957년에 프린스턴의 고등과학원에서 시무라를 객원 교수로 초빙한 이후 두 사람의 공동 연구는 중단되었다. 미국에서 2년 동안 교수생활을 한 뒤 시무라는 다시 다니야마와 공동 연구를 하고 싶었지만 끝내 뜻을 이루지 못했다. 1958년 11월 17일, 다니야마 유타카가 스스로 목숨을 끊은 것이다.

천재의 죽음

시무라는 도서관에서 다니야마와 처음으로 인연을 맺었을 때 그가 보내왔던 엽서를 평생 간직했다. 또 자신이 프린스턴에 있을 때 다니야마가 보낸 마지막 편지도 소중히 간직했다. 그러나 다니야마의 마지막 편지에는 두 달 뒤 일어나게 될 끔찍한 사건에 대하여 아무런 언급도 없었다. 시무라는 끝까지 다니야마가 자살한 이유를 자세히 알지 못했다. "당시 저는 무척 혼란스러웠습니다. 한마디로 당혹함 그 자체였어요. 물론 슬프기도 했지만 너무나 갑작스러운 일이라 슬퍼할 정신조차 없었던 거지요. 다니야마의 마지막 편지를 9월에 받았는데 11월에 갑자기 가버렸으니, 뭐가 어떻게 된 일인지 전혀 종잡을 수가 없더군요. 그 뒤 사람들이 그의 죽음에 관해 여러 가지 이야기를 했습니다. 저는 모든 이야기를 귀담아 들으면서 나름대로 이유를 찾아보려고 노력했지요. 어떤 사람은 다니야마가 자존심에 심한 상처를 입었을 거라고 하더군요. 물론 수학적 자존심이 상한 건 아닐 겁니다."

다니야마는 그 당시 스즈키 미사코라는 여인과 사랑에 빠져 그 해 말경에 결혼식을 올릴 예정이었기에 시무라는 더욱 당혹스러웠다. 시무라는 다니야마의 약혼과 자살에 관한 배경을 정리하여 런던 수학회에서 발간하는 회보에 기고했다.

그들이 약혼했다는 소식을 듣고 나는 놀라움을 감출 수 없었다. 그녀는 다니야마가 좋아하는 타입의 여성이 아니라고 생각했기 때문이다. 하지만 걱정될 정도는 아니었다. 후에 들은 소식에 의하면 이 예비부부는 결혼 후 살게 될 아파트의 전세 계약을 끝내고 주방용품을 사러 다니는 등 결혼 준비로 바쁜 나날을 보냈다고 한다. 모든 것이 희망에 차 있었다. 그러던 어느 날 대재난이 들이닥친 것이다.

1958년 11월 17일 아침, 책상 위에 노트 한 권을 남기고 죽어 있는 다니야마를 아파트 관리인이 발견했다. 노트에는 다니야마 특유의 학자풍 문체로 적힌 글이 세 페이지나 이어져 있었다. 그 첫 문장은 다음과 같이 시작되었다.

"어제까지만 해도 나는 자살할 생각이 전혀 없었다. 그러나 나의 주변 사람들은 최근 들어 내가 육체적으로나 정신적으로 많이 지쳐 있다는 사실을 잘 알고 있을 것이다. 내가 왜 자살을 하고 싶은지, 나 자신도 정확히 알 수가 없다. 어떤 특별한 사건이나 계기로 인해 죽으려는 것이 아니다. 사실 나는 미래에 대한 자신감을 완전히 잃어버렸다. 나의 죽음으로 인해 충격을 받거나 슬픔에 빠지는 사람도 있을 것이다. 나의 죽음이 그 사람들의 앞날에 암울한 그림자를 드리우지 않기만을 간절히 바랄 뿐이다. 이유야 어찌 되었건 스스로 목숨을 끊는 것은 주변 사람들에 대한 배신 행위임이 분명하다. 그러나 지금까지 나는 모든 일을 스스로 결정하면서 살아왔으니, 죽음 역시 나 스스로 선택한 마지막 행위임을 이해해 주기 바란다. 모든 분께 용서를 빈다."

그는 차분한 문체로 계속해서 글을 써내려갔다. 자신이 남긴 유산과 유품들을 정리하는 문제, 그리고 도서관이나 친구들에게 빌려온 책의 목록과 함께 반드시 주인에게 돌려주라는 당부의 말까지 잊지 않았다. 유서에는 이런 글도 적혀 있었다. "만일 미사코가 허락한다면, 내 모든 음반을 그녀에게 주고 싶다." 그는 또 자신이 학부생들에게 강의하던 미적분학과 선형대수학 수업의 진도가 얼마나 나갔는지도 자세히 적어놓았으며 자신의 죽음으로 여러 가지 불편을 겪게 될 동료 교수들에게 미안하다는 사죄의 말로 유서를 마무리지었다. 앞날이 구만리 같은 당대 최고의 천재는 자신의 서른한 번째 생일을 맞이한 지 5일 만에 이렇게 스스로 삶을 마감했다.

다니야마의 자살 소식이 알려지고 수주일이 지난 뒤, 또 하나의 비극적 소식이 전해졌다. 그의 약혼녀였던 스즈키 미사코가 다니야마의 뒤를 따라간 것이다. 들리는 말에 따르면 그녀 역시 다음의 글귀를 적은 노트 한 권을 남겼다고 한다. "우리는 어디를 가건 함께하기로 굳게 맹세했습니다.

이제 그가 떠나갔으므로 저 역시 그와 함께하기 위해 떠나야만 합니다."

선(善)의 철학

다니야마는 수학자로서의 짧은 경력 기간 동안 파격적인 아이디어를 여러 차례 발표했다. 학회에서 그가 제기한 질문들은 깊은 통찰에서 탄생한 것이었지만 다른 수학자들보다 너무 앞서갔기 때문에 결국 그는 자신이 정수론 학계에 끼친 영향을 미처 보지도 못한 채 세상을 뜨고 말았다. 일본의 젊은 과학자들은 다니야마의 지적 창의력과 개척 정신을 마음속 깊이 새겨두었다. 시무라는 다니야마가 주변 사람들에게 끼쳤던 영향을 분명하게 기억하고 있다. "그는 동료들과 후배들에게 매우 친절한 사람이었습니다. 특히 후배들을 극진히 보살폈지요. 그와 수학으로 인연을 맺었던 사람들은 모두가 한결같이 그를 의지하며 따랐습니다. 물론 저도 그들 중 한 사람이었지요. 아마도 그는 생전에 자신이 어떤 역할을 하고 있는지 전혀 의식하지 못했을 겁니다. 저는 그가 죽은 뒤에 그가 정말로 포용력 있는 인물이었다는 사실을 더욱 강하게 느낍니다. 그러나 그가 절망에 빠져 누군가의 도움을 간절히 원하고 있을 때, 우리들 중 어느 누구도 그를 돕지 못했습니다. 이 생각만 하면 저는 지금도 가슴이 미어집니다."

다니야마가 죽은 뒤 시무라는 만사를 제쳐두고 타원 방정식과 모듈 형태 사이의 상호관계를 집중적으로 연구하기 시작했다. 몇 년의 세월 동안 그는 다니야마의 주장을 뒷받침할 만한 논리적 근거와 증거들을 수집하는 데 모든 노력을 기울였다. 그러면서 시무라는 타원 방정식과 모듈 형태의 밀접한 상호관계를 점차 확신하게 되었다. 다른 수학자들은 여전히 회의적인 반응을 보이고 있었는데, 당시 유명세를 타던 한 동료 교수가 어느 날 시무라에게 질문을 던졌다. "일부 타원 방정식들이 모듈 형태와 무언가 관계가 있다고 주장하신다지요?" 시무라는 대답했다. "천만에요, 무언가 단단히 오해를 하고 계시는군요. '일부'가 아니라 '모든' 타원 방정식이 모듈 형태와 관계가 있는 겁니다!"

시무라는 이것을 일반적으로 증명할 수가 없었다. 그러나 그가 실행했던 모든 계산은 이것이 사실임을 보여주고 있었다. 그가 지닌 수학철학적인 관점에서 볼 때에도 타원 방정식과 모듈 형태는 필연적으로 깊은 관계를 맺고 있어야만 할 것 같았다. "저는 선(善)의 철학을 신봉합니다. 수학은 선한 것을 담고 있습니다. 타원 방정식의 경우에도 그것이 모듈 형태로 표현된다면 타원 방정식은 선한 수학이 될 것입니다. 세련된 철학은 아니지만 이런 생각은 난해한 수학 문제를 해결하기 위한 출발점이 될 수 있습니다. 물론 저의 가설을 뒷받침해 줄 수 있는 여러 가지 계산법을 개발해야겠지요. 하지만 저의 가설은 어디까지나 선의 철학에 기초를 두고 있다는 점만은 강조해 두고 싶군요. 대부분의 수학자는 각자 나름의 심미안을 가지고 연구를 합니다. 선의 철학 역시 제 나름의 심미적 관점에서 탄생한 것입니다."

시무라가 수집한 증거들이 어느 정도 쌓이게 되자 타원 방정식과 모듈 형태의 상호관계에 대한 이론은 널리 수용되기 시작했다. 시무라는 여전히 그것을 수학적으로 증명하지 못했지만, 둘 사이에 모종의 관계가 있음을 증명하는 것은 이제 누구나 바라는 '희망사항'이 되어 있었다. 그리고 이 희망사항을 포기하지 않아도 좋을 만큼 충분한 증거들이 확보되어 있었다. 이 추론은 처음 문제를 제시했던 다니야마와 그것을 더욱 발전시킨 시무라의 이름을 따서 〈다니야마-시무라의 추론〉이라 불리게 되었다.

그로부터 얼마 지나지 않아 '19세기 정수론의 대부'라 불리던 앙드레 배유가 〈다니야마-시무라의 추론〉을 받아들여 서방 세계에 소개했다. 앙드레 베유는 다니야마와 시무라의 아이디어를 자세히 검토한 뒤에 추론을 입증할 만한 더욱 확실한 증거를 발견했다. 그 뒤로 이 추론은 〈다니야마-시무라-베유의 추론〉이라는 다소 긴 이름으로 불려졌으며 가끔씩은 〈다니야마-베유의 추론〉, 또는 아예 줄여서 〈베유의 추론〉이라고 불리기도 했다. 사실 이 추론의 정식 명칭을 두고 여러 차례 논쟁이 벌어졌는데, 그도 그럴 것이 세 사람의 이름을 나열하는 방법의 가짓수만도 열다섯 개나 되기 때문에 누구나 거부감 없이 받아들일 만한 이름을 찾는 것이 그리 간단한 일은 아닐 것이다. 그동안 발간된 학술지와 논문을 뒤져보면 열다섯 가지의 가능한 배열들이 모두 등장한다. 그러나 이 책에서는 애초에 아이디어를 제창했던 다니야마와 그것을 발전시킨 시무라의 이름을 따서 〈다니야마-시무라의 추론〉이라 부르기로 하겠다.

앤드루 와일즈가 학생이던 시절에 그의 지도교수였던 존 코티스 교수는 〈다니야마-시무라의 추론〉이 서방 세계에 알려지던 무렵, 그 역시 학생신분이었다. "저는 다니야마와 시무라의 추론이 전 세계 수학자들의 관심사로 떠올랐던 1966년에 연구생활을 시작했습니다. 당시 수학자들은 너나없이 모두가 타원 방정식과 모듈 형태를 연구 주제로 삼을 정도였어요. 정말로 흥미진진했던 시절이었습니다. 물론 그 아이디어를 더욱 발전시키는 것은 거의 불가능해 보였지요. 하지만 우리 수학자들은 그런 상황을 즐기는 사람들입니다."

1960년대 후반에는 전 세계 수학자들이 〈다니야마-시무라의 추론〉을 연구했다. 그들은 타원 방정식과 E-급수에서 출발하여 이와 동일한 M-급수를 갖는 모듈 형태를 찾아내는 데 모든 노력을 기울였다. 계산을 거듭할수록 모든 타원 방정식은 그에 대응하는 모듈 형태를 파트너처럼 갖고 있다는 사실이 분명해졌다. 그러나 이 모든 것은 〈다니야마-시무라의 추론〉을 뒷받침하는 증거일 뿐, 증명이 될 수는 없었다. 수학자들은 〈다니야마-시무라의 추론〉이 사실일 것이라는 심증은 있었지만 수학적 논리를 통한 엄밀한 증명이 이루어지지 않는 한 그것은 어디까지나 추론으로 남아 있어야 했다.

하버드 대학 교수 배리 마주르는 〈다니야마-시무라의 추론〉이 처음 탄생했을 때 그것을 현장에서 지켜본 산 증인이다. "그것은 정말 대단한 추론이었습니다. 모든 타원 방정식이 모듈 형태와 연관되어 있다는 추측이었는데, 다른 수학자들의 반응은 냉담했지요. 화젯거리로 오르지도 못했습니다. 생각해 보세요, 한편에는 타원의 세계가 있고 다른 한편에 모듈 세계가 있습니다. 이 두 개의 분야는 그동안 충분히 연구된 바 있지만 전혀 별개의 분야로 취급되었습니다. 타원 방정식을 연구하는 수학자들은 모듈에 대해 별로 아는 것이 없고, 그 반대의 경우도 마찬가지였습니다. 그런데 다니야마와 시무라는 이 두 개의 전혀 다른 분야를 서로 연결해 주는 다리를 발견한 것입니다. 수학자들은 이런 종류의 다리를 건설하는 일을 매우 좋아하지요."

'수학의 다리'는 수학에서 매우 중요한 역할을 한다. 서로 동떨어진 분야를 연구하고 있는 수학자들은 이 다리를 통하여 서로 아이디어를 교환하거나 상대방의 업적을 이해할 수 있다. 예를 들어 한 섬에는 사물의 모양과 형태를 연구하는 기하학자가 살고, 다른 한 섬에는 사건이 일어날 확률만을 계산하는 확률학자가 살고 있다고 하자. 수학의 바다에는 이들 외에도 수십 개의 섬들이 이곳저곳에 자리 잡고 있다. 각각의 섬에서는 그곳에서만 통용되는 언어를 사용하기 때문에 다른 섬에 사는 수학자들의 말을 이해하기란 그리 쉬운 일이 아니다. 기하학의 언어는 확률학의 언어와 전혀 다른 구조를 갖는다. 미적분학의 섬에서 통용되는 은어들을 통계학의 섬에 사는 수학자가 이해할 리 없는 것이다.

〈다니야마-시무라의 추론〉은 서로 고립된 두 개의 섬을 하나로 연결하여 전혀 다른 분야를 연구하던 수학자들 간의 대화를 가능하게 만들었다. 이것은 수학 역사상 최초로 건설된 '수학의 다리'였다. 배리 마주르는 〈다니야마-시무라의 추론〉을 로제타석(Rosetta stone)에 비유했다. 로제타석에는 고대 이집트 문자와 그리스 문자, 그리고 상형문자가 함께 새겨져 있었는데, 이집트와 그리스 문자를 이미 알고 있었던 고고학자들은 이것에서 상형문자를 최초로 해독하는 데 성공했다. 마주르는 말한다. "로제타석은 하나의 언어에서 다른 언어를 이해할 수 있는 가교 역할을 한 셈입니다. 그러나 〈다니야마-시무라의 추론〉은 로제타석의 기능을 훨씬 초월하는 마술적 힘을 지니고 있었습니다. 이 추론에 의하면 모듈 세계에 대한 직관적인 이해에서 타원 세계의 깊은 진리를 유추해 낼 수 있으며, 또 그 반대의 경우도 가능해집니다. 게다가 타원 세계의 심오한 문제들은 다니야마-시무라의 로제타석을 이용하여 모듈 세계의 언어로 바꾸어놓을 수 있는데, 이렇게 번역된 문제는 모듈 세계에서 통용되는 수학으로 쉽게 해결되는 수도 있습니다. 타원 세계의 언어로는 풀 수 없었던 문제가 모듈 세계의 언어로는 의외로 쉽게 풀릴 수도 있다는 말이지요."

만일 〈다니야마-시무라의 추론〉이 사실로 판명된다면 수학자들은 수세기 동안 풀리지 않던 타원 문제들을 모듈 형태의 문제로 변환하여 새롭게 시도할 수도 있는 상황이었다. 타원 방정식과 모듈 형태가 하나로 통합되는 것은 이제 모든 수학자의 희망사항이 된 것이다. 학자들은 더 나아가 다른 수학 분야에서도 이렇게 둘 사이를 연결하는 다리가 존재할 수도 있다는 기대에 찬 생각을 하게 되었다.

1960년대 말기에 프린스턴 고등과학원 연구원이었던 로버트 랭글런즈(Robert Langlands)는 〈다니야마-시무라의 추론〉이 지닌 엄청난 잠재력에 경탄을 금치 못했다. 랭글런즈는 비록 이 추론이 증명되지 못한다 해도 그것은 더욱 규모가 큰 대통합의 한 단면에 불과하다는 엄청난 사실을 간파했다. 그는 모든 수학 분야 사이에 모종의 연결고리가 반드시 존재한다는 심증을 굳히고 역사적인 통일 작업에 착수했다. 그로부터 몇 년이 지난 뒤, 몇 개의 연결고리들이 서서히 모습을 드러내기 시작했다. 이때 발견된 연결고리는 〈다니야마-시무라의 추론〉보다 논리적 기반이 약하고 불확실한 것이었지만, 이들은 다양한 수학 분야를 하나로 엮는 복잡한 통신망을 구축하는 데 손색이 없었다. 랭글런즈는 모든 추론이 하나둘씩 증명되어 마침내 거대한 하나의 몸통으로 통일되는 '대통일 수학(grand unified mathematics)'을 꿈꾸고 있었다.

랭글런즈는 자신의 원대한 계획을 다른 수학자들에게 알리면서 함께 동참할 것을 권유했다. 무수히 많은 추론을 증명해 나가는 이 계획을 가리켜 사람들은 '랭글런즈 프로그램(Langlands programme)'이라 불렀다. 다소 추상적인 연결고리들은 쉽게 증명될 것 같지 않았지만, 일단 실현되기만 한다면 그것은 누가 봐도 세기적인 업적임에 틀림없었다. 해결 불가능한 수학 문제가 있으면 그것을 다른 수학 분야의 유사한 문제로 변환시켜 새로운 접근을 시도할 수 있고, 이것마저 실패한다면 문제가 완전히 풀릴 때까지 계속해서 다른 수학 분야의 문제로 바꾸어 나갈 수 있을 것이다. 랭글런즈 프로그램이 성공한다면 수학의 세계에서 해결 불가능한 문제란 전혀 없을 것만 같았다.

랭글런즈 프로그램은 응용과학 및 공학 분야와도 밀접한 관계가 있다. 서로 충돌하는 쿼크의 상호작용이나 원거리 통신망의 효율적인 운영법 등을 연구할 때 가장 중요한 것은 수학적 계산이다. 과학기술 분야 중에는 계산이 너무나도 복잡하고 방대하여 더 이상 진보하지 못하고 있는 분야도 있다. 모든 이론체계가 확립되었는데도 단지 계산을 하지 못해 발이 묶여 있는 것이다. 만일 랭글런즈 프로그램이 실현된다면 추상적인 수학뿐만 아니라 일상생활과 직결되는 이러한 문제들도 간단하게 해결될 수 있을 것이다.

1970년대까지 랭글런즈 프로그램은 수학의 미래를 그려놓은 청사진으로 인식되었다. 그러나 문제해결사들의 낙원으로 가는 이 길은 그리 만만치가 않았다. 랭글런즈의 추론들을 증명할 만한 수학적 아이디어가 전혀 없었던 것이다. 이들 중에서 가장 그럴듯한 추론은 〈다니야마-시무라의 추론〉이었는데, 이것 역시 속수무책이었다. 〈다니야마-시무라의 추론〉이 증명된다면 랭글런즈 프로그램은 비로소 첫발을 내딛게 될 것이며 이를 이룩한 장본인은 현대 정수론 역사상 가장 위대한 업적을 남긴 인물로 영원히 역사에 남게 될 것이었다.

〈다니야마-시무라의 추론〉은 증명되지 않았음에도 불구하고 그것이 증명되었을 때 야기될 파급효과를 다룬 논문들이 수백 편씩 발표되었다. 이 논문들은 한결같이 '만일 〈다니야마-시무라의 추론〉이 사실이라면…'이라는 문장으로 시작되었으며 그로부터 해결될 가능성이 있는 미해결 문제의 해를 대략적으로 그려보는 내용으로 일관하고 있었다. 물론 이들이 제시한 해는 〈다니야마-시무라의 추론〉이 사실이라는 가정하에 언급된 것이므로 그 역시 가상의 해일 수밖에 없었다. 이 가상의 결과들은 〈다니야마-시무라의 추론〉에 의거한 수학이 성행하면서 나름의 체계를 형성해 나가고 있었다. 〈다니야마-시무라의 추론〉은 어느새 수학이라는 거대 구조물을 지탱하는 주춧돌이 되어 있었다. 그러나 증명되지 않는 한 그것은 언제 무너질지 모르는 위험스런 구조물일 수밖에 없었다.

그 당시 앤드루 와일즈는 케임브리지 대학의 젊은 연구원이었다. 그는 1970년대 전 세계 수학계에 만연했던 위기의식을 다음과 같이 회고했다. "우리는 계속해서 더욱 많은 추론을 양산해 냈습니다. 그러나 〈다니야마-시무라의 추론〉이 사실이 아니라면 이것들은 모두 쓰레기통으로 던져져야 할 판이었지요. 수학자들이 꿈꾸는 미래가 재앙으로 돌변하는 비극을 막기 위해서라도 〈다니야마-시무라의 추론〉은 반드시 증명되어야 했습니다."

수학자들은 약간의 미풍에도 금방 허물어질 듯한 '종이로 만든 집'을 지어놓고는 훗날 누군가가 튼튼한 기초를 다져주리라 기대하고 있었다. 그러나 마음 한구석으로는 다니야마와 시무라가 틀렸다는 사실이 입증되어 20여 년에 걸친 그들의 노력이 한순간에 물거품으로 변하는 악몽을 떨쳐버릴 수가 없었다.

잃어버린 연결고리

1984년 가을, 엄정하게 선정된 한 무리의 정수론 학자들이 독일의 슈바르츠발트(독일 남서부의 삼림지대: 옮긴이) 중심부에 위치한 오버볼파흐라는 조그만 마을에 모여들었다. 모임의 형태는 소규모 학회였으며 참석자들은 최근에 진행된 타원 방정식의 연구 결과를 주제로 다양한 토론을 벌였다. 어떤 발표자는 〈다니야마-시무라의 추론〉을 증명하는 데 약간의 진전이 있었다며 자신의 계산 결과를 조심스럽게 공개하기도 했다. 발표자 중한 사람이었던 사르브뤼켄 출신의 게르하르트 프라이(Gerhard Frey)는 문제의 추론을 증명할 만한 아이디어를 제시하지는 못했지만 귀가 번쩍 뜨이는 놀랄 만한 주장을 펼쳤다. 〈다니야마-시무라의 추론〉이 증명되기만 하면 〈페르마의 마지막 정리〉도 덩달아 증명된다는 것이었다.

프라이의 차례가 되자, 그는 자리에서 일어나 칠판 위에 페르마의 방정식을 적어내려갔다.

$$x^n + y^n = z^n : n \text{은 3 이상의 정수.}$$

〈페르마의 마지막 정리〉가 주장하는 바는 이 방정식을 만족하는 정수해(x, y, z)가 존재하지 않는다는 것이다. 그러나 프라이는 접근 방식을 조금 바꾸어 〈페르마의 마지막 정리〉가 사실이 아닌 경우 어떤 일이 일어날지를 생각했다. 만일 그렇다면 위의 방정식을 만족하는 정수해는 적어도 하나 이상 존재하게 된다. 프라이는 이 가상의 정수해가 어떤 숫자인지 알 길이 없었으므로 다음과 같이 A, B, C라는 기호를 사용하여 정수해를 표현했다.

$$A^n + B^n = C^n.$$

프라이는 약간의 재주를 부려 방정식의 형태를 바꾸어놓았다. 그가 사용했던 방법은 물론 수학적으로 아무런 하자가 없는 연산으로서, 방정식의 겉모습만 달라질 뿐 그 의미는 변하지 않는 지극히 정상적인 연산이었다. 몇 단계의 계산을 능숙하게 해치운 결과, 가상의 해(A, B, C)가 대입된 페르마의 방정식은 다음과 같은 형태로 변했다.

$$y^2 = x^3 + (A^N - B^N)x^2 - A^N B^N.$$

언뜻 보기에는 원래의 방정식과 전혀 다른 것 같지만, 이것은 페르마의 방정식에 정수해가 존재한다면 반드시 성립해야 하는 방정식이었다. 프라이가 여기까지 설명했을 때만 해도 좌중의 학자들은 별다른 관심을 보이지 않고 있었다. 그런데 바로 그 다음에 프라이의 입에서 나온 한마디는 사람들의 넋을 빼놓기에 부족함이 없었다. 위에 적힌 방정식은 바로 전형적인 타원 방정식이라는 것이었다. 일반적으로 타원 방정식은 다음의 형태를 가진다.

$$y^2 = x^3 + ax^2 + bx + c,$$

여기에,

$$a = A^N - B^N, \quad b = 0, \quad c = -A^N B^N,$$

을 대입하면 곧바로 프라이가 유도해 낸 방정식이 된다.

페르마의 방정식을 타원 방정식의 형태로 변환함으로써, 프라이는 〈페르마의 마지막 정리〉와 〈다니야마-시무라의 추론〉을 연관시킨 것이다. 그리고 프라이는 페르마의 방정식에서 유도된 타원 방정식이 정상에서 벗어난 기형적인 방정식임을 지적했다. 자신이 만들어낸 타원 방정식이 정말로 존재한다면 〈다니야마-시무라의 추론〉은 틀린 것이어야 한다는 주장이었다.

프라이의 타원 방정식은 유령 방정식과도 같다. 왜냐하면 그것은 〈페르마의 마지막 정리〉가 틀렸다는 가정하에서 유도된 방정식이기 때문이다. 그러나 만일 프라이의 방정식이 정말로 존재하는 것이라면 이에 대응하는 모듈 형태를 찾을 수 있어야 하는데, 방정식의 형태가 너무도 기이하여 모듈 세계의 파트너를 찾는 것은 불가능해 보였다. 그런데 〈다니야마-시무라의 추론〉에 따르면 '모든' 타원 방정식은 모듈 형태와 반드시 연관 지어져야만 한다. 따라서 프라이의 타원 방정식이 존재하려면 〈다니야마-시무라의 추론〉은 틀린 것이어야만 했다.

프라이의 주장을 정리해 보면 다음과 같다.

(1) 〈페르마의 마지막 정리〉가 틀렸다면 프라이의 타원 방정식이 존재하게 된다.

(2) 프라이의 타원 방정식은 기형적인 방정식이어서 모듈 형태로 변환될 수 없다.

(3) 그런데 〈다니야마-시무라의 추론〉에 의하면 모든 타원 방정식은 모듈적 성질을 가져야 한다.

(4) 따라서 〈다니야마-시무라의 추론〉은 틀린 것이다!

프라이는 자신의 주장을 더욱 분명하게 표현하기 위해 논리의 순서를 다음과 같이 바꾸어보았다.

(1) 만일 〈다니야마-시무라의 추론〉이 사실로 판명된다면 모든 타원 방정식은 모듈적 성질을 가져야 한다.

(2) 만일 모든 타원 방정식이 모듈적 성질을 가져야 한다면 프라이의 타원 방정식은 존재할 수 없다.

(3) 만일 프라이의 타원 방정식이 존재하지 않는다면 페르마의 방정식에 정수해란 있을 수 없다.

(4) 따라서 〈페르마의 마지막 정리〉는 맞는 것이다!

게르하르트 프라이의 결론은 실로 대단했다. 그의 논리에 따라 〈다니야마-시무라의 추론〉이 증명되기만 하면 〈페르마의 마지막 정리〉는 자동으로 증명되는 셈이었다. 〈다니야마-시무라의 추론〉을 증명하는 사람은 곧 〈페르마의 마지막 정리〉를 증명한 영웅이 되기도 하는 것이다. 실로 100여 년 만에 역사상 최대 난제였던 〈페르마의 마지막 정리〉가 만만해 보이기 시작했다. '다니야마-시무라 추론의 증명'이라는 난관만 극복하면 〈페르마의 마지막 정리〉가 드디어 정복되는 것이다!

청중은 프라이의 천재적인 발상에 깊은 감명을 받았으나, 잠시 후 그의 논리에 근본적인 허점이 있음을 간파하고 또 한 번의 충격을 받았다. 프라이를 제외한 모든 사람이 이 점을 지적하고 나섰다. 프라이가 범한 오류는 그다지 심각한 문제는 아닌 것 같았지만, 어쨌거나 이것을 수정하지 않는 한 그의 주장은 완전한 논리가 될 수 없었다. 상황은 또다시 급변하고 있었다. 누군가 프라이의 오류를 바로잡는 사람이 페르마와 다니야마-시무라 사이의 다리를 완성하는 공신이 되는 상황인 것이다.

프라이의 강연이 끝나자 좌중에 앉아 있던 학자들은 일제히 자리를 박차고 일어나 복사실을 향해 눈썹이 휘날릴 정도로 내달렸다. 학회 발표장에서 한 학자가 얼마나 중요한 내용을 발표했는가 하는 것은 발표가 끝난 뒤 내용을 복사하기 위해 복사실 앞에 늘어서 있는 사람들의 머릿수를 세어보면 대충 짐작할 수 있다. 강연에 참석했던 사람들은 프라이의 아이디어를 완전하게 이해하고 난 뒤 각자 자신이 속한 대학이나 연구소로 돌아가 프라이의 오류를 수정하는 작업에 본격적으로 몰두하기 시작했다.

프라이는 페르마의 방정식에서 유도된 타원 방정식이 비정상적인 모습을 하고 있기 때문에 여기에 대응하는 모듈 형태를 찾을 수 없다고 했다. '프라이의 오류'란 바로 이것이었다. 즉 그는 자신이 유도한 타원 방정식이 정말 그 정도로 비정상적인지를 완전하게 증명하지 못했던 것이다. 누군가가 프라이의 타원 방정식이 존재할 수 없는 기형적 방정식이라는 사실을 수학적으로 증명해 내야만 〈다니야마-시무라의 추론〉과 〈페르마의 마지막 정리〉 사이의 관계가 분명해질 수 있었다.

처음 이 문제가 대두되었을 때, 수학자들은 그다지 어려운 문제가 아니라고 생각했다. 프라이가 학회 현장에서 범한 오류는 언뜻 보기에 기초 수학적인 문제처럼 보였기 때문에, 오버볼파흐에서 프라이의 강연을 직접 들었던 수학자들은 그것이 오로지 시간의 문제일 뿐, 별다른 어려움은 없을 거라고 낙관했다. 그래서 가장 계산 속도가 빠른 누군가가 며칠 내로 프라이의 타원 방정식이 수학적 기형임을 증명하여 곧바로 전자우편을 통해 알려올 것으로 기대하고 있었다.

그러나 일주일이 지나도 전자우편은 배달되지 않았다. 다시 몇 개월의 시간이 아무 일 없이 지나가면서 100m 달리기 경주처럼 보였던 이 문제는 점점 마라톤으로 변해가고 있었다. 아직도 페르마의 유령이 순진한 후손들을 놀리는 것만 같았다. 프라이는 매우 독특한 방법으로 〈페르마의 마지막 정리〉를 증명하는 길을 열어주었지만, 그의 타원 방정식에 대응하는 모듈 형태가 정말로 존재하지 않는다는 것이 증명되어야만 의미를 가질 수 있었다. 전 세계의 수학자들은 목이 빠지도록 희소식을 기다리면서도, 한편으로는 도저히 대적할 수 없는 페르마의 위력에 다시 한 번 좌절감을 느꼈다.

프라이의 타원 방정식이 모듈적 성질을 갖고 있지 않다는 것을 증명하기 위해, 수학자들은 이 책의 4장에서 언급한 바 있는 '불변량(invariant)'을 찾으려고 애썼다. 매듭 불변성은 하나의 매듭이 다른 매듭으로 변환될 수 없음을 보여주며, 로이드 퍼즐의 불변성은 '14-15' 퍼즐이 결코 순서대로 재배열될 수 없음을 뜻한다. 만일 어떤 정수론 학자가 프라이의 타원 방정식을 서술할 수 있는 모종의 불변량을 발견한다면, 이로부터 프라이의 타원 방정식이 모듈 형태로 변환되지 못한다는 것을 수학적으로 증명할 수 있을 것이다.

〈다니야마-시무라의 추론〉과 〈페르마의 마지막 정리〉 사이의 관계를 분명하게 증명하는 일은 어느덧 세계적인 관심사가 되어 수많은 학자가 이 문제로 몰려들었는데, 버클리의 캘리포니아 대학 교수 켄 리벳도 그중 한 사람이었다. 오버볼파흐에서 프라이가 했던 강연이 학계에 알려진 뒤로 리벳은 프라이의 타원 방정식이 모듈 형태로 변환될 수 없음을 증명하는 데 모든 시간을 보내고 있었다. 이 문제에 매달린 채 8개월의 시간을 보냈지만 다른 사람들과 마찬가지로 그 역시 별다른 소득이 없었다. 그러던 중 1986년 어느 여름날, 리벳의 연구 동료인 배리 마주르 교수가 국제수학회에 참석하기 위해 리벳이 있는 버클리를 방문하게 되었다. 두 사람은 스트라다 카페에 앉아 카푸치노를 마시면서, 별 소득 없이 보내버린 시간과 막다른 길로 접어든 수학의 처지를 한탄했다.

두 사람의 대화는 자연스럽게 수학 쪽으로 옮겨갔다. 프라이의 타원 방정식이 수학적 기형임을 증명하는 최신 논리들을 거론하던 중에 리벳은 자신이 시험삼아 시도해 보았던 방법을 배리 마주르에게 설명해 주었다. 그의 방법은 제법 그럴듯했지만 필요한 부분 중 극히 일부분만 증명한 뒤 막다른 길에 접어들어 있었다. "저는 배리와 마주앉아 제 연구 결과를 설명하고 있었습니다. 특별한 경우에 한해서는 증명이 되었는데, 그 결과를 어떻게 일반화해야 할지 도무지 모르겠다며 푸념을 늘어놓았지요."

마주르 교수는 카푸치노를 마시면서 리벳의 이야기를 듣고 있었다. 그러다가 갑자기 그는 놀란 토끼눈을 한 채 리벳을 멍하니 바라보았다. "이봐! 자네, 아직도 모르겠나? 자넨 이미 증명해 낸 거라구! 여기에 (M)구조의 감마-제로(gamma-zero)를 끼워넣으면 모든 게 완벽해지잖아! 그래, 자네가 해냈어, 해냈다니까!"

리벳은 카푸치노 잔과 마주르를 번갈아 쳐다보며 한동안 멍하니 앉아 있었다. 그것은 리벳이 평생을 두고 잊지 못할 순간이었다. "그때 저는 이렇게 말했지요. '자네 말이 맞아! 왜 진작 그런 생각을 못했지?' (M)구조의 감마-제로를 추가로 더한다는 생각은 전혀 해본 적이 없었습니다. 매우 간단한 발상이긴 하지만 아무 때나 쉽게 떠오를 만한 생각은 아니었습니다."

켄 리벳은 '(M)구조의 감마-제로를 더한다'는 아이디어가 간단한 발상이라고 했지만, 카푸치노를 마시며 가벼운 대화를 나누는 자리에서 그러한 생각을 떠올릴 수 있는 수학자는 사실 전 세계적으로 몇 명밖에 없을 듯하다. 그 정도로 마주르의 조언은 결정적인 실마리를 제공했다.

"그것은 제가 미처 생각해 내지 못했던 결정적인 아이디어였습니다. 순식

켄 리벳(Ken Ribet)

간에 모든 것이 명백해지더군요. 저는 집으로 돌아와 깊은 생각에 잠겼습니다. '하느님, 제가 정말로 해낸 겁니까?' 저는 완전히 넋이 나간 상태에서 종이 위에 계산을 휘갈기기 시작했습니다. 한두 시간이 지난 뒤 저는 모든 계산을 끝낼 수 있었습니다. 마주르와 저의 예상대로 결과는 완벽했지요. 논리의 요지를 정리한 뒤에 저는 혼자 중얼거렸습니다. '됐다. 증명은 끝났다!' 저는 국제학회에 참석한 학자들 중 몇 사람에게 계산 결과를 알려주었습니다. 그랬더니 소문이 번개같이 퍼져서 나중에는 모르는 사람이 없더군요. 학회장에 나가보니 사람들이 제게 달려와 물었습니다. '프라이의 타원 방정식이 모듈 형태로 변환되지 않는다는 것을 당신이 증명했다는 게 사실입니까?' 저는 잠시 생각한 후에 대답했지요. '네, 사실입니다.'"

이렇게 해서 〈페르마의 마지막 정리〉는 〈다니야마-시무라의 추론〉과 한데 엮여서 운명을 같이 하게 되었다. 이제 누군가가 "모든 타원 방정식은 모듈 형태로 변환된다."는 것을 증명하기만 하면, 그것은 곧 페르마의 방정식에 정수해가 없다는 것을 의미하게 된다. 다시 말해, 〈페르마의 마지막 정리〉가 증명되는 것이다.

지난 350년간 〈페르마의 마지막 정리〉는 완전히 독립된 문제로 취급되어 왔다. 그것은 신기하고도 지독하게 어려운 변두리 수학이었다. 그러나 게르하르트 프라이와 켄 리벳에 의해 이제 〈페르마의 마지막 정리〉는 수학의 중심부에 놓이게 되었다. 17세기 이후 가장 중요하게 취급되어 오던 문제가 20세기의 가장 중요한 문제와 환상적인 결합을 이룬 것이다. 수많은 역사와 애환을 낳았던 수수께끼는 드디어 20세기의 수학혁명을 가져온 하나의 추론과 세기적 결합을 이루었다. 이제 수학자들은 〈페르마의 마지막 정리〉를 증명하는 수단으로 '귀류법'이라는 증명법을 채택하게 되었다. 즉, 〈페르마의 마지막 정리〉가 참이라는 것을 증명하기 위해 일단 그것이 거짓이라고 가정을 한 뒤 논리를 전개해 나가는 방식이었다. 〈페르마의 마지막 정리〉

가 거짓이면 〈다니야마-시무라의 추론〉도 틀린 추론이어야만 한다. 그러나 일단 〈다니야마-시무라의 추론〉이 '참'으로 판명된다면 〈페르마의 마지막 정리〉는 반론의 여지없이 완벽하게 증명될 것이다.

프라이는 수학자들의 갈 길을 명확하게 정해 놓았다. 우선 〈다니야마-시무라의 추론〉을 증명하면 〈페르마의 마지막 정리〉는 자동으로 증명될 것이므로, 수학자들은 앞뒤 재볼 것도 없이 〈다니야마-시무라의 추론〉과 씨름을 벌이기 시작했다.

처음에는 모두가 희망을 품고 의욕적으로 나섰다. 그러나 시간이 지나면서 상황은 분명한 현실로 다가왔다. 지난 30년간 수학자들은 〈다니야마-시무라의 추론〉을 증명하기 위해 백방으로 노력해 왔지만 모두 실패하고 말았다. 대체 무엇이 잘못된 것인가? 회의론자들은 〈다니야마-시무라의 추론〉이 증명 불가능하다며 비관적인 태도를 보였다. 〈페르마의 마지막 정리〉를 증명하는 것이 그토록 어려웠으므로, 이와 동등한 결과를 가져오는 다른 문제들도 마찬가지로 해결 불가능하다는 것이었다.

이 문제에 획기적인 공헌을 했던 켄 리벳조차 나중에는 회의적인 생각을 하게 되었다. "다른 사람들과 마찬가지로 저 역시 〈다니야마-시무라의 추론〉은 증명이 불가능하다는 심증을 굳히게 되었습니다. 이런 상황에서도 자신의 꿈을 끝까지 포기하지 않고 고독한 싸움을 계속해 나갈 수 있는 사람은 진정으로 용기 있는 사람이겠지요. 앤드루 와일즈가 바로 그런 사람이었습니다."

6장

비밀리에
수행된 계산

능숙한 문제해결사는 두 가지 자질을 동시에 지녀야 한다. 끊임없는 상상력과 불굴의 의지

가 바로 그것이다.

− 하워드 이브스(Howard W. Eves)

1986년, 앤드루 와일즈는 〈다니야마-시무라의 추론〉을 통해 〈페르마의 마지막 정리〉를 증명하는 것이 가능하다는 사실을 인식하게 되었다.

"1986년의 여름이 끝나가던 어느 날 저녁, 저는 친구 집에서 아이스티를 마시고 있었습니다. 대화 중에 제 친구가 불쑥 켄 리벳 이야기를 꺼냈지요. 〈다니야마-시무라의 추론〉과 〈페르마의 마지막 정리〉가 리벳에 의해 하나의 문제로 통합되었다고 하더군요. 그 순간 저는 온몸에 전율을 느꼈습니다. 그 순간부터 저의 삶은 새로운 국면으로 접어들었던 겁니다. 〈페르마의 마지막 정리〉를 증명하는 것이 제 인생의 목표였는데, 그것을 이루기 위해서는 〈다니야마-시무라의 추론〉을 반드시 증명해야만 했으니까요. 드디어 제 꿈이 실현 가능한 실체로 모습을 드러내는 순간이었지요. 그 일을 반드시 이루어야 한다는 일종의 의무감 같은 것이 떠오르더군요. 제가 할 일이란, 당장 집으로 달려가 〈다니야마-시무라의 추론〉을 집중 공략하는 것이었습니다."

앤드루 와일즈가 소년 시절에 도서관에서 우연히 마주쳤던 한 권의 책—그 책으로 인해 와일즈는 〈페르마의 마지막 정리〉를 증명하겠다는 일념으로 20년의 세월을 보냈다. 그리고 이제 그 꿈은 실현 가능한 구체적인 형태로 와일즈 앞에 모습을 드러낸 것이다. 그날 밤 와일즈는 〈다니야마-시무라의 추론〉을 주도면밀하게 살펴보고는 필생의 투지를 불태우기 시작했다. "〈다니야마-시무라의 추론〉에 관해 어떤 수학자가 했던 말이 생각났습니다. 관심 있는 사람들이 연습문제로 풀어볼 만하다는 치기 어린 농담이었지요. 그런데 제게는 전혀 농담처럼 들리지가 않았습니다. 저는 마음속으로 이렇게 외쳤습니다. '그래, 여기 있다. 지독하게 관심 있는 사람이 바로 여기 있다구!'"

케임브리지 대학에서 존 코티스 교수의 지도하에 박사 학위 과정을 마친 와일즈는 대서양을 건너 미국 프린스턴 대학에서 교수생활을 시작했다. 그는 코티스 교수 덕분에 타원 방정식에 관한 한 전 세계 어느 누구보다도 전문적인 지식을 갖고 있었지만, 당장 눈앞에 닥친 업무가 산더미처럼 쌓여 있었기 때문에 자신의 탁월한 배경 지식과 계산 능력을 마음껏 발휘할 수가 없었다.

존 코티스를 비롯한 대부분의 수학자는 〈다니야마-시무라의 추론〉을 증명하는 일에 시간을 보내는 것이 무의미한 헛수고라고 생각했다. "저는 〈다니야마-시무라의 추론〉으로 〈페르마의 마지막 정리〉를 증명하는 일에 매우 회의적인 견해를 갖고 있었습니다. 너무나 다루기가 어려워서 아무도 해낼 수 없으리라 생각했던 거지요. 솔직히 말해서 제가 살아 있는 동안에는 증명되지 못할 거라고 거의 확신하고 있었습니다."

와일즈도 낙관만 하고 있지는 않았다. 그러나 자신이 〈페르마의 마지막 정리〉를 증명하는 데 결국 실패한다 해도 그것은 나름대로 가치 있는 일이라고 생각했다. "물론 〈다니야마-시무라의 추론〉은 여러 해 동안 아무도 증명하지 못한 난제임에 틀림없었지요. 그럴듯한 아이디어조차 전무한 상태였습니다. 그러나 아무리 어렵다고 해도 그것은 분명히 현대 수학의 주류를 이루는 매우 중요한 문제였습니다. 증명을 완전하게 끝내지 못한다 해도 시도해 볼 만한 가치는 있었어요. 일부만 증명되어도 수학은 그만큼 발전하게 될 테니까 말이죠. 시간 낭비라는 생각은 조금도 하지 않았습니다. 일생 동안 저를 따라다녔던 페르마의 환영이 이제 드디어 저의 전문적인 지식을 밑천 삼아 대적할 수 있는 대상으로 느껴지기 시작했던 겁니다."

은둔생활

20세기로 접어들던 무렵에 세계적인 논리학자로 명성을 떨쳤던 힐베르 트는 사람들에게서 '왜 〈페르마의 마지막 정리〉를 증명하려는 시도를 하지 않느냐.'라는 질문을 받고 다음과 같이 대답했다. "〈페르마의 마지막 정리〉 를 증명하려면 적어도 3년 이상의 시간을 집중적으로 투자해야 합니다. 하 지만 실패할 것이 빤히 보이는 그런 무모한 일에 그 정도의 시간을 투자할 여력이 제게는 없습니다." 와일즈 역시 목적 달성을 위해서는 문제에 완전 히 몰입해야 한다는 것을 잘 알고 있었다. 그러나 그는 결정적으로 힐베르 트와 다른 점이 있었다. 그는 실패를 받아들일 준비가 되어 있었던 것이다. 그는 가장 최근에 발간된 학술지들을 있는 대로 수집하여 여러 학자가 개 발해 낸 최신의 계산법을 익혀나갔다. 계산이 완전히 손에 익어 습관처럼 몸에 밸 때까지, 지루할 정도로 연습을 반복했다. 한바탕 벌어질 전쟁에 대 비하여 필요한 무기들을 모두 준비한 뒤에, 와일즈는 타원 방정식과 모듈 형태에 관련된 모든 수학을 섭렵하면서 18개월의 시간을 보냈다. 그러나 그 정도는 시작에 불과했다. 그는 완전한 증명을 끝내기 위해서는 오로지 한 가지 생각만으로 10년 이상의 세월을 인내해야 한다고 생각했다.

와일즈는 〈페르마의 마지막 정리〉를 증명하는 것과 직접적인 관련이 없 는 모든 일에서 손을 뗐다. 전 세계를 돌면서 끊임없이 계속되는 학술 모 임과 세미나에도 더 이상 참석하지 않았다. 단, 프린스턴 대학의 수학과 교수로서 학부생들을 대상으로 하는 강의와 세미나에는 빠지지 않고 참석했다. 빈번한 교수회의 때문에 집중력이 산만해지는 것을 피하기 위해 그는 대부분의 계산을 집에서 은밀하게 수행했다. 다른 학자들과 교류가 거의 없는 상태에서 와일즈는 기존의 계산법을 더욱 강화하는 데 주력했으며, 〈다니야마-시무라의 추론〉을 정복하기 위한 작전을 구상하는 데 모든 시간을 쏟아부었다.

"저는 계산을 시작하면서 어떤 패턴을 찾으려고 노력했습니다. 무작정 계산만 할 것이 아니라 계산 자체가 수학적으로 어떤 의미를 갖는지 깊이 이해해야 한다고 생각했지요. 제가 염두에 두고 있는 특별한 수학 분야에서 그동안 통용되어 왔던 개략적인 개념에 제 나름의 생각을 조화시키는 데 최선의 노력을 기울였습니다. 무엇보다도 기존의 개념들을 이해하기 위해 많은 책을 읽어야 했지요. 그러다 보니 기존의 개념들이 지닌 문제점이 하나씩 눈에 띄기 시작했습니다. 어떤 개념은 약간의 수정만 가하면 문제점이 해결되었지만, 개중에는 전혀 쓸모없는 것들도 있었습니다. 이런 식으로 보완을 해나가던 중 저는 무언가 완전히 새로운 개념이 필요하다는 생각을 하게 되었습니다. 그 '무언가'의 정체는 여전히 오리무중이었지만, 근본적으로 그것은 사고방식의 문제였습니다. 사람들은 머릿속에 떠오른 생각을 구체화하기 위해 흔히 종이 위에 무언가를 끄적거려 보지만, 이것은 반드시 필요한 행위가 아니라고 생각합니다. 특히 막다른 길에 다다르거나 도저히 극복할 수 없는 문제에 직면했을 때, 지루한 수학적 사고는 별 도움이 되지 않습니다. 무언가 새로운 아이디어가 떠오르려면 한 문제에 완전히 집중한 채로 엄청난 시간을 인내해야만 합니다. 다른 생각 없이 오로지 그 문제만 생각해야 합니다. 한마디로 완전한 집중, 그 자체지요. 그런 다음에 생각을 멈추고 잠시 휴식을 취하면 무의식이 서서히 작동하기 시작합니다. 바로 이때 새로운 영감이 떠오르게 되지요. 완전한 집중 뒤의 휴식, 이

때가 가장 중요한 순간입니다."

증명을 위한 필생의 작업을 시작하면서 와일즈는 모든 계산 결과를 절대 공개하지 않기로 마음먹었다. 현대 수학은 완전하게 개방된 공동연구 체제 아래에서 진행되고 있으므로 와일즈의 결심은 매우 구시대적인 발상처럼 보일 수도 있다. 페르마도 자신의 계산을 혼자만 간직한 채로 세상을 떠났다. 와일즈는 페르마를 흉내내려는 것이 아니라 말 많은 사람들의 방해를 피하기 위해 연구 진행상황을 공개하지 않았다고 설명했다. "〈페르마의 마지막 정리〉와 조금이라도 관계된 내용은 항상 지나칠 정도로 사람들의 관심을 끌었습니다. 구경꾼이 많아지면 집중력이 떨어져서 제가 계획했던 대로 계산을 진행해 나갈 수가 없다고 생각했던 거지요."

와일즈가 자신의 연구 내용을 공개하지 않았던 또 하나의 이유는 아마도 그의 명예욕 때문이었을 것이다. 그는 자신이 거의 모든 문제를 다 해결해 놓은 상황에서 최후의 마무리 작업을 다른 사람에게 빼앗길까봐 내심 걱정했다. 와일즈가 〈페르마의 마지막 정리〉를 거의 증명했다는 소문이 퍼지면 그와 경쟁을 벌이던 다른 수학자들이 벌 떼처럼 모여들어 최후의 계산을 번개같이 해낼 것임은 불을 보듯 뻔한 일이었다. 그렇게 되면 와일즈는 10년 공부를 송두리째 도둑맞는 꼴이 될 것이다.

와일즈가 발견했던 획기적인 계산법들은 그의 증명이 완전하게 종결될 때까지 전혀 공개되지 않았다. 가장 가까운 동료들조차 그의 연구에 대하여 전혀 아는 것이 없었다. 존 코티스 교수는 와일즈가 철저하게 비밀을 지키던 시기에 그와 나누었던 대화를 회상하며 말했다. "저는 종종 와일즈에게 이렇게 말하곤 했지요. '그래, 〈페르마의 마지막 정리〉가 이 문제와 관련이 있다는 건 나도 인정하네. 하지만 〈다니야마-시무라의 추론〉이 증명될 가능성은 전혀 없다구.' 그래도 와일즈는 씩 웃기만 할 뿐, 아무런 말도 하지 않았습니다."

〈페르마의 마지막 정리〉와 〈다니야마-시무라의 추론〉 사이의 결정적인 연결고리를 찾아낸 켄 리벳 역시 와일즈의 연구 동향에 관하여 전혀 아는 바가 없었다. "한 사람이 그토록 오랜 시간 동안 자신의 연구 상황을 공개하지 않고, 또 한마디 대화도 없이 비밀리에 연구를 했다는 것은 정말로 드문 일입니다. 오직 와일즈만이 해낼 수 있는 일이지요. 저도 이런 경우는 처음 봅니다. 수학계에서는 모든 사람이 아이디어를 서로 공유하는 게 관례로 되어 있으니까요. 수학자들은 학회나 세미나를 통해 항상 의견을 나누고 있으며, 전자우편과 전화로 자신의 최근 연구를 알리려고 애를 씁니다. 수학자들은 항상 교류하고 있습니다. 다른 사람들과 대화를 나누면서 위로를 받을 수 있고, 또 유용한 조언이나 새로운 아이디어를 얻어낼 수도 있기 때문이지요. 그것은 학자로서의 생명을 유지시켜 주는 일종의 자양분이라고도 할 수 있습니다. 자신을 고립시키면 흔히 비정상적인 심리 상태에 빠지게 됩니다."

와일즈는 사람들의 호기심을 자극하지 않기 위해 동료 수학자들의 관심을 다른 곳으로 끌 만한 계략까지 생각해 냈다. 1980년대 초반, 그러니까 리벳과 프라이의 획기적인 업적이 탄생하기 전에 와일즈는 특별한 형태의 타원 방정식을 집중적으로 연구하여 여러 편의 논문을 이미 작성해 놓았는데, 이들 중 상당수는 학술지에 발표하지 않은 채로 남아 있었다. 와일즈는 이 논문들을 6개월마다 한 편씩 차례로 발표하여 동료들로 하여금 아직도 그가 예전에 수행하던 평범한 연구를 계속하고 있다고 믿게 했다. 이러한 위장전술 덕분에 와일즈는 계산 내용을 전혀 알리지 않은 채 자신의 진짜 관심사에 본격적으로 몰입할 수 있었다.

와일즈의 비밀을 알고 있는 유일한 사람은 그의 아내 나다(Nada)였다. 그녀는 와일즈가 증명을 향한 첫발을 내딛던 무렵에 그와 결혼했다. 어느 정도 계산이 진행된 후에 와일즈는 아내에게 모든 사실을 솔직하게 털어놓았다. 이제 그의 가족 외에는 그 무엇도 와일즈의 비밀 연구를 방해하지 않게 되었다. "제가 〈페르마의 마지막 정리〉와 남몰래 사투를 벌이고 있다는 사실은 제 아내만이 알고 있었습니다. 제 아내는 〈페르마의 마지막 정리〉를 알고는 있었지만 그것이 수학자들에게 얼마나 매력적으로 보였는지는 잘 이해하지 못했을 겁니다. 사실, 수학 공부를 해보지 않은 사람에게 그 불같은 열정을 이해시키기란 결코 쉬운 일이 아니었습니다."

무한대와의 한판 승부

〈페르마의 마지막 정리〉를 증명하기 위해 와일즈는 〈다니야마-시무라의 추론〉을 증명해야만 했다—'모든 타원 방정식은 모듈 형태와 연관될 수 있다.' 〈페르마의 마지막 정리〉와의 관련 여부가 알려지기 전부터 수학자들은 〈다니야마-시무라의 추론〉을 증명하려고 애써왔다. 그러나 성공한 사람은 아무도 없었다. 와일즈는 이 추론의 증명이 얼마나 어려운 것인지를 잘 알고 있었다. "궁극적으로 사람들이 시도하려고 했던 것은 타원 방정식의 개수와 모듈 형태의 개수를 알아낸 뒤 이 두 개의 숫자가 서로 같음을 보이는 것이었습니다. 그러나 개수를 셀 만한 방법이 없었어요. 왜냐하면 두 가지 모두 무한대였으니까요. 무한대를 세는 방법은 어디에도 없습니다."

해답을 구하기 위해 와일즈는 자신이 개발한 방법을 어려운 문제들에 적용해 보았다. "저는 이따금 낙서하는 습관이 있습니다. 뭔가 중요한 내용을 담고 있는 게 아니라 그저 무의식적으로 휘갈기는 낙서 말입니다. 저는 컴퓨터를 전혀 사용하지 않았습니다." 정수론을 연구할 때 흔히 있는 일이지만, 이런 경우에 컴퓨터는 별로 도움이 되지 않는다. 〈다니야마-시무라의 추론〉은 무한히 많은 방정식에 적용되기 때문에 제아무리 연산속도가 빠른 컴퓨터라 해도 모든 경우를 일일이 확인해볼 수 없다. 이런 무식한 방법보다는 논리적인 단계를 거쳐 모든 타원 방정식이 모듈적일 수밖에 없는 이유를 일괄적으로 설명해 주는 수학적 방법을 찾아야 했다. 와일즈는 이것을 구현하기 위해 오로지 종이와 연필, 그리고 자신의 머리만을 사용했다. "자나깨나 한 가지 생각뿐이었습니다. 아침에 일어나서 밤에 잠자리에 들 때까지 저는 〈다니야마-시무라의 추론〉과 함께 살았습니다. 아무런 방해도 받지 않은 채 제 마음속에는 계속해서 동일한 과정이 되풀이되고 있었지요."

1년 동안의 심사숙고 끝에 와일즈는 증명의 기본틀로 '귀납법(induction)'을 사용하기로 결정했다. 귀납법은 단 한 가지 경우만을 증명함으로써 무한히 많은 경우에 대한 증명을 대신할 수 있기 때문에 증명법 중에서도 매우 강력한 기능을 갖고 있다. 예를 들어 1부터 무한대에 이르는 모든 정수에 대하여 어떤 수학적 명제를 증명한다고 상상해보자. 제일 먼저 할 일은 우선 숫자 1에 대하여 주어진 명제가 참임을 증명하는 것이다. 대부분의 경우에 이것은 그다지 어려운 일이 아니다. 그 다음에 해야 할 일은 다음의 사실을 증명하는 것이다. '주어진 명제가 1에 대하여 성립한다면 2일 때에도 성립한다. 2일 때 성립한다면 3일 때에도 성립한다. 3일 때 성립한다면 4일 때에도 성립한다. 4일 때…' 이것을 더욱 일반적으로 표현하면, 두 번째로 해야 할 일은 바로 다음의 사실을 증명하는 것이다. '주어진 명제가 임의의 수 n에 대하여 성립한다면, 그 명제는 $n+1$에 대해서도 성립한다.'

귀납법에 의한 증명은 다음과 같은 두 가지 과정을 거쳐 이루어진다.

(1) 첫 번째 경우에 주어진 명제가 성립함을 증명한다.

(2) 임의의 경우에 주어진 명제가 성립하면 바로 그 다음의 경우에도 주어진 명제가 성립한다는 것을 증명한다.

귀납법의 원리를 이해하는 또 하나의 방법으로는 길게 늘어서 있는 도미노를 상상하는 것이다. 이 경우, 하나의 도미노를 쓰러뜨리는 것이 곧 그 도미노에 대한 증명이라고 생각하면 된다. 만일 도미노를 하나씩 일일이 쓰러뜨린다면 무한대의 노력과 시간이 걸릴 것이다(그리고 이런 것은 도미노라고 부르지도 않는다). 그러나 귀납법에 입각하여 무한히 많은 도미노를 모두 쓰러뜨리려면 단지 첫 번째 도미노 하나만 쓰러뜨리면 된다. 도미노가 모두 적절한 간격으로 세워져 있다면 첫 번째 도미노가 쓰러지면서 두 번째 도미노를 쓰러뜨리고, 두 번째 도미노는 세 번째 도미노를 쓰러뜨리고… 이런 식으로 무한개의 도미노가 모두 쓰러지게 된다. 귀납법은 바로 이러한 도미노의 원리를 수학에 적용한 것이다. 수학적 도미노를 이용하면 첫 번째 경우만을 증명함으로써 무한히 많은 경우에 대한 증명을 단칼에 해결할 수 있다. 이 책의 끝부분에 첨부된 〈부록 10〉에는 모든 정수에 적용되는 간단한 수학정리를 귀납법으로 증명한 일례가 소개되어 있다.

와일즈가 해야 할 일은 무한히 많은 수의 타원 방정식이 무한히 많은 수의 모듈 형태와 일대일로 대응관계를 이룬다는 사실을 수학적 귀납법으로 증명하는 것이었다. 이를 구현하려면 우선 첫 번째 경우에 전술한 희망사항이 성립한다는 것을 증명해야 하며, 그 다음에는 증명 결과가 모든 경우에 도미노처럼 파급되도록 만들어야 한다. 와일즈는 첫 번째 경우에 대한 증명을 연구하던 중 이것이 19세기 프랑스에서 비극적인 삶을 살다간 한 무명의 천재에 의해 이미 증명되었음을 알게 되었다.

에바리스트 갈루아는 프랑스 혁명이 발발한 지 22년이 지난 1811년 10월 25일, 파리 남쪽 근교에 있는 부르 라 레느라는 작은 마을에서 태어났다. 당시 나폴레옹 보나파르트(Napoléon Bonaparte)는 최고의 권력을 휘두르고 있었는데, 러시아 원정에서 절망적인 실패를 겪은 다음 해인 1814년에 엘바 섬으로 유배되고 루이 18세가 왕으로 즉위했다. 1815년, 엘바 섬에서 탈출한 나폴레옹은 파리에 입성하여 다시 재기했으나 100일도 되기 전에 워털루 전투에서 참패를 당한 뒤 왕위는 다시 루이 18세에게 돌아갔다. 갈루아는 소피 제르맹과 마찬가지로 역사적 격동기를 겪으며 성장했다. 제르맹은 프랑스 혁명으로 야기된 사회적 혼란에 일절 관여하지 않고 오로지 수학에만 몰두했던 반면, 갈루아는 정치적 논쟁에 적극적으로 참여하는 다소 다혈질적인 인물이었다. 그의 천재적인 학자로서의 기질 역시 그의 사회 활동과 전혀 무관하게 발휘되어 주변 사람들을 놀라게 했다. 그러나 갈루아는 격동의 시대에 정치적 성향을 억제하지 못하여 결국 비극적인 죽음을 맞이하게 된다.

당시에는 모든 사람이 사회적 불안감 속에서 살고 있었다. 갈루아의 정치적 성향은 그의 아버지 니콜라 가브리엘 갈루아(Nicolas-Gabriel Galois)에게서 물려받은 것이었다. 에바리스트가 네 살이 되던 해에 그의 아버지는 부르 라 레느 시의 시장으로 선출되었다. 이때는 나폴레옹이 재집권에 성공하여 또 한 번의 야망을 불태우던 시기였는데, 니콜라의 진보적인 성향은 당시의 사회적 분위기와 그런대로 조화를 이루고 있었다. 니콜라 가브리엘 갈루아는 교양 있고 친절한 사람으로, 시장으로 선출된 직후부터 여러 사람의 존경을 한 몸에 받았다. 뒤에 루이 18세가 다시 왕위에 올랐을 때에도 시장직을 박탈당하지 않았을 정도로 누구에게나 호감을 주는 사람이었다. 정치 활동 이외에 그는 풍자시를 즐겨 쓰곤 했는데, 시의회 회의 석상에서 청중을 즐겁게 해주기 위해 자작시를 직접 낭송하는 일도 있었다. 그러나 그는 결국 자신이 지은 풍자시 때문에 몰락의 길을 걷게 된다.

에바리스트 갈루아는 열두 살 때 루이 르 그랑(Louis-le-Grand)이라는 리세(Lycée, 국립 중·고등학교: 옮긴이)에 입학했다. 이 학교는 전국적으로 잘 알려져 있으나, 매우 보수적이고 권위주의적인 학풍을 가진 학교였다. 입학 초기에 갈루아는 수학과 관계된 과목을 전혀 수강하지 않았으며, 학교 성

에바리스트 갈루아(Évariste Galois)

적은 좋은 편이었지만 그다지 뛰어난 학생은 아니었다. 그러나 첫 학기에 일어났던 하나의 사건으로 인해 그의 삶은 변하기 시작했다. 갈루아가 다니던 리세는 원래 예수회 재단에서 설립한 학교였는데 "이제 곧 학교가 가톨릭 재단으로 넘어간다."는 소문이 공공연히 나돌고 있었다. 그 당시에는 공화정을 신봉하는 공화주의자들과 군주제를 신봉하는 군주주의자들이 심각하게 대립하고 있었다. 이 대립은 곧 루이 18세와 시민 대표들 사이의 대립을 의미했고, 가톨릭 사제들의 영향력이 점차 커지면서 대립은 루이 18세에게 유리한 쪽으로 기울었다. 대부분이 공화주의적 성향을 가졌던 학생들은 비밀리에 무력 시위를 계획했으나 당시 교장이었던 베르토(Berthod)가 이 사실을 알아내어 수십 명의 주동자들을 퇴학시키는 강경한 조치를 취했다. 그 다음날 베르토는 상급 학생들을 모아놓고 학교 재단의 방침에 무조건 따르겠다는 서약서에 서명할 것을 요구했다. 그러나 학생들은 그의 말을 듣지 않았으며 이 일로 인해 100여 명의 학생들이 또다시 제적되었다. 갈루아는 그 당시 나이가 너무 어렸기 때문에 이러한 일련의 집단 제적 사태에 휘말리지 않고 끝까지 학교에 남을 수 있었다. 그러나 학교에서 억울하게 쫓겨나는 선배들을 보면서 어린 갈루아의 가슴속에는 공화주의적 성향이 서서히 불타오르기 시작했다.

갈루아는 16세가 되어서야 처음으로 수학 수업을 접할 수 있었다. 평소 성실한 수업 태도를 보였던 그는 이 수업 때문에 통제 불가능한 문제 학생으로 낙인찍히게 된다. 생활기록부에 따르면 그는 다른 과목들을 완전히 제쳐놓고 오로지 수학 공부에만 몰두했다고 한다.

갈루아의 관심사는 오로지 최첨단의 수학뿐입니다. 수학에 완전히 미쳐 있습니다. 그러니 부모님께서는 이 학생이 앞으로도 수학 공부에만 전념할 수 있도록 도와주시는 것이 좋을 듯합니다. 갈루아에게 본교의 교과과정에 골고루 충실할 것을 강요한다면 그는 자괴감에 휩싸여 불행해질 것입니다. 갈루아의 열정 때문에 선생님들도 고통을 겪고 있습니다.

갈루아의 수학 실력은 급속도로 성장하여 급기야는 학교의 수학 선생조차 그에게 더 이상 가르칠 것이 없게 되었다. 그래서 그는 당대 최고의 대가들이 집필한 수학책을 보면서 혼자 공부를 계속해 나갔다. 갈루아는 아무리 복잡한 개념이라 해도 구구단을 외우듯이 쉽게 이해했으며, 17세의 어린 나이에 첫 번째 수학 논문을 작성하여 《아날 드 제르곤(Annales de Gergonne)》이라는 학술지에 발표했다. 이렇듯 수학에 천재적인 재능을 타고 난 갈루아였지만, 바로 이 천재적 재능 때문에 그의 앞길은 결코 평탄하지 못했다. 그의 수학 실력은 리세의 시험을 통과하고도 남을 정도였음에도 불구하고 답안지에 적힌 내용이 너무나 복잡하고 파격적이어서 채점하는 선생들도 이해하지 못하는 경우가 태반이었다. 게다가 갈루아는 머릿속으로만 계산을 끝낼 뿐, 그것을 종이 위에 자세히 옮겨적는 일을 싫어했기 때문에, 좋은 시험 성적을 받기에는 애초부터 문제가 많은 학생이었다.

이 젊은 천재는 학교 선생이나 친구 등 주변의 모든 사람에게 대체로 무관심한 반응을 보여 사람들의 빈축을 샀다. 갈루아가 당대 최고의 명문인 에콜 폴리테크니크(École Polytechnique)에 응시했을 때에도 그는 퉁명스럽고 귀찮다는 듯한 말투로 인해 면접 시험에서 낙방하고 말았다. 갈루아는 폴리테크니크에 입학하지 못한 것에 대해 커다란 좌절감을 느꼈다. 우수한 수학 실력을 갖고 있으면서 낙방한 것도 억울한 일이었지만, 갈루아가 더욱 안타까워한 것은 그곳이 바로 공화주의 운동의 총본산이기 때문이었다. 1년이 지난 뒤 그는 다시 한 번 시험에 응시했다. 그러나 면접 시험장에서의 그의 설명은 여전히 논리적 비약으로 일관되었기 때문에 면접 담당교수였던 디네(Dinet)의 머리를 혼란스럽게 만들 뿐이었다. 면접이 끝나갈 무렵, 갈루아는 또다시 낙방할 것 같은 예감이 들면서 자신의 뛰어난 능력을 알아보지 못하는 면접관에게 원망스런 마음을 품기 시작했다. 결국 갈루아는 성질을 참지 못하고 디네를 향해 칠판지우개를 집어던졌다. 그리고 그것은 디네의 안면에 정확하게 명중했다. 이 사건으로 인해 갈루아는 두 번 다시 폴리테크니크에 응시할 수 없게 되었다.

그러나 갈루아는 더 이상 좌절하지 않았다. 그는 자신의 수학적 재능에 상당한 자부심이 있었기에 알아주는 사람이 전혀 없는 상황에서도 비밀리에 연구를 계속해 나갔다. 그의 주된 관심사는 2차 방정식을 비롯한 여러 가지 방정식의 일반적인 해를 구하는 일이었다. 2차 방정식은 일반적으로 다음과 같은 형태를 갖고 있다.

$$ax^2 + bx + c = 0, \quad a, b, c \text{ 는 임의의 상수}$$

방정식을 '푼다'는 것은 이 등식을 만족시키는 x 값을 있는 대로 모두 찾아낸다는 뜻이다. 수학자들은 x에 몇 가지 값을 대입하여 주먹구구식으로 찾는 것보다는 a, b, c 값에 상관없이 언제나 적용하여 x를 구할 수 있는 일반적인 해결책을 선호한다. 이 경우에는 다행히도 그들을 만족시켜 줄 수 있는 처방전이 다음과 같이 알려져 있다.

$$x = \frac{-b \pm \sqrt{b^2 - 4ac}}{2a}$$

원래의 방정식에 주어진 a, b, c 의 값을 이 식에 대입하여 계산하면 올바른 해, 즉 방정식을 만족시키는 x의 값을 구할 수 있다(이것은 흔히 '근의 공식'이라 불리는데, 중학교 수학 교과과정을 이수한 사람이라면 누구나 알고 있는 초등 수학의 기본 지식이다: 옮긴이). 예를 들어 다음과 같은 방정식의 해를 위에 서술한 처방전으로 구해보자.

$$2x^2 - 6x + 4 = 0, \quad a = 2, \quad b = -6, \quad c = 4$$인 경우.

방정식에 나타난 a, b, c의 값을 처방전에 대입해 보면 $x = 1$과 $x = 2$라는 해가 쉽게 얻어진다(해가 두 개인 이유는 처방전에 나타나 있는 '±'라는 부호 때문이다. 즉 $x = 1$은 '−' 부호에 해당하는 해이고, $x = 2$는 '+' 부호에 해당한다. 일반적으로 2차 방정식은 두 개의 해를 가지며, n차 방정식은 n개의 해를 갖는다: 옮긴이).

2차 방정식은 '다항식(polynomial)'이라고 부르는 다양한 방정식 중에서 특별한 경우에 지나지 않는다. 2차 방정식보다 조금 더 복잡한 다항식으로는 3차 방정식을 예로 들 수 있다.

$$ax^3 + bx^2 + cx + d = 0$$

x의 3차항, 즉 x^3이 추가로 더해졌기 때문에 이 방정식의 풀이는 한층 더 복잡해진다. 여기에 x의 4차항(x^4)을 추가하면 더욱더 복잡한 4차 방정식을 얻게 된다.

$$ax^4 + bx^3 + cx^2 + dx + e = 0$$

19세기의 수학자들은 3차 및 4차 방정식까지 적용할 수 있는 처방전을 갖고 있었으나, 다음과 같은 5차 방정식의 해를 일반적으로 구하는 방법은 모르고 있었다.

$$ax^5 + bx^4 + cx^3 + dx^2 + ex + f = 0$$

갈루아는 당대 수학계의 최대 현안이었던 '5차 방정식의 일반해'를 구하는 문제에 깊이 몰두하여 불과 17세의 나이로 이 문제와 관련된 두 편의 논문을 과학학술원에 제출했다. 그 당시 갈루아의 논문을 심사한 학자는 오귀스탱 루이 코시였는데, 훗날 〈페르마의 마지막 정리〉를 증명했다 하여 라메와 일대 설전을 벌였던 바로 그 인물이었다(앞에서 말한 대로 코시와 라메의 증명은 결국 잘못된 것으로 판명되었다). 코시는 젊은 천재의 논문에 깊은 감명을 받아 학술원에서 수여하는 수학상을 받을 자격이 있다고 판단했다. 단 수상 후보에 오른 다른 학자들의 논문과 공정한 경쟁을 벌이려면 갈루아가 보낸 두 편의 논문을 한 편으로 축약해야만 했다. 그래서 코시는 '논문을 한 편으로 축약해 달라.'는 편지와 함께 갈루아의 논문을 되돌려 보낸 뒤 기대에 찬 마음으로 답장을 기다렸다.

학교 선생들의 비난과 에콜 폴리테크니크의 낙방을 겪은 끝에 이제 비로소 갈루아의 천재성은 세상의 빛을 보는 듯했다. 그러나 이후 3년간 갈루아의 신상에 일어난 일련의 사건들은 그의 야망을 철저하게 짓밟고 말았다. 1829년 7월, 갈루아의 부친이 시장으로 있던 부르 라 레느에 새로 선출된 예수회 신부가 부임했다. 공화주의적 성향을 가진 시장을 예의 주시하던 신부는 얼마 후 사방에 악성 루머를 퍼뜨리면서 그를 시장직에서 몰아내려고 했다. 계책에 능했던 예수회 신부는 니콜라 가브리엘 갈루아가 풍자시를 즐긴다는 사실을 알고는 당대의 유력 인사들을 조롱하는 저속한 시를 자신이 직접 지어놓고 그 밑에 시장의 서명을 적어 사방에 유포했다. 그 결과 엄청난 비난과 공격이 갈루아의 부친에게 쏟아졌으며, 이를 견디다 못한 그는 결국 자살로써 명예를 지켰다.

부친의 장례식에 참석하기 위해 고향에 돌아온 갈루아는 새로 부임한 예수회 신부 때문에 시민들의 성향이 양분되어 가는 현장을 목격하게 된다. 부친의 관이 땅 속에 묻히던 순간, 장례식을 집도하던 예수회 신부와 무언가 음모의 낌새를 눈치챈 시장 지지자들이 한바탕 싸움을 벌인 것이다. 그 와중에 신부는 머리에 상처를 입었고 싸움은 폭동으로 변하여 사자(死者)의 관은 예식을 거치지도 못한 채 땅속으로 내던져졌다. 부패한 프랑스의 권력체제와 비참하게 던져진 아버지의 시신을 보면서 갈루아는 극도로 격분했으며, 이때부터 그는 극렬한 공화주의자가 되었다.

파리로 돌아온 갈루아는 코시의 권유대로 두 편의 논문을 하나로 축약하여 과학학술원에 다시 보냈다. 그 당시 학술원의 실무자였던 조제프 푸리에(Joseph Fourier)는 갈루아의 논문을 높이 평가하여 수학상 심사위원회에 정식 심사를 의뢰하기로 마음먹었다. 그 논문에는 5차 방정식의 일반해가 계산되어 있지는 않았으나 논리의 이곳저곳에 천재적인 영감이 돋보이는 명실공히 당대 최고의 논문임이 분명했다. 코시를 비롯한 다른 수학자들도 갈루아가 수상자로 선정되리라 짐작하고 있었다. 그러나 수학상은 결국 엉뚱한 사람에게 돌아가고 말았다. 더욱 놀라운 사실은 갈루아의 논문이 최종 심사대상에서 아예 누락되었다는 것이다. 최종 심사를 몇 주 앞두고 푸리에가 갑자기 세상을 뜨는 바람에 그가 생전에 별도로 보관해 두었던 갈루아의 논문을 위원회 사람들이 미처 발견하지 못한 것이다. 그 뒤로도 갈루아의 논문은 발견되지 않았으며, 프랑스의 한 저널리스트는 당시 심사의 불공정성에 대하여 다음과 같은 글을 남겼다.

작년 3월 1일 이전에 갈루아는 대수 방정식의 풀이에 관한 논문을 심사위원회에 제출했다. 그의 논문은 두 개의 논문을 하나로 축약한 것이었는데, 누가 보아도 최종 심사에 오를 만한 매우 훌륭한 논문이었다. 갈루아는 라그랑주조차 해결하지 못한 부분을 완벽하게 풀어냈으므로 대상을 받는 것이 당연했다. 코시도 그의 논문에 극찬을 아끼지 않았다. 그런데 결과는 어떠했는가? 갈루아의 논문은 사라져 버리고 이 젊은 석학이 제외된 채로 심사가 진행되어 대상은 엉뚱한 사람에게 돌아갔다.

—르 글로브(Le Globe), 1831

갈루아는 정치적 성향이 짙은 위원회의 임원들이 자신의 논문을 의도적으로 누락시켰다고 생각했다. 그로부터 1년 뒤, 그는 학술원에 또 한 편의 논문을 보냈다가 게재를 거절당했는데, 이로써 그의 심증은 더욱 확고해졌다. 당시 학술원이 갈루아의 논문에 대하여 내린 평가는 "논리가 불분명하거나, 아니면 우리가 심사할 수 있을 정도로 단정하게 정돈되어 있지 않다."는 것이었다. 갈루아는 그것이 자신을 학계에서 추방하려는 학술원의 음모라고 생각했으며, 이때부터 개인적인 연구 활동을 모두 집어치우고 공화주의를 위해 싸우는 투사의 길을 걷기 시작했다. 당시 그는 에콜 폴리테크니크보다 다소 지명도가 떨어지는 고등사범학교(École Normale Supérieure)의 학생이었다. 갈루아는 고등사범학교에서도 문제를 일으키는 요주의 인물로 잘 알려져 있었는데, 이 때문에 주변 사람들은 그의 천재적인 수학적 재능에 대하여 별로 관심을 두지 않았다. 1830년, 7월 혁명이 일어나 샤를 10세가 축출되고 여러 정치적 계파들이 싸움을 일삼던 무렵에 갈루아의 악명은 그 절정에 이르게 된다. 당시 갈루아가 다니던 학교의 교장은 기니올(Guigniault)이라는 군주제 신봉자였다. 그는 학생들 중 대다수가 공화주의적 사상에 물들어 있음을 눈치채고는 교문을 걸어잠근 채 학생들의 외출을 금지했다. 이 때문에 갈루아는 뜻을 같이하는 동지들과 더 이상 같이 싸울 수 없게 되었다. 그리고 공화주의를 지지하는 세력들이 결국 왕권에 무릎을 꿇게 되자 갈루아의 좌절과 분노는 극에 달하게 되었다. 기회를 노리며 절치부심하던 끝에 갈루아는 교장에게 대반격을 가하기로 결심하고 그가 비겁한 겁쟁이라는 내용의 글을 사방에 뿌리고 다녔다. 이에 격분한 기니올 교장은 고분고분하지 않은 학생들을 모두 학교에서 쫓아냈으며, 이것으로 갈루아의 공식적인 수학 경력은 막을 내리게 된다.

그 해 12월 4일, 학자로서의 꿈이 좌절된 젊은 천재는 공화주의 의용군 단체인 주 방위군의 포병부대에 입대하여 이른바 '직업 반란군'의 길을 걷기 시작했다. 그러나 며칠 뒤에 새로 즉위한 루이 필리프 왕은 폭동의 근원을 제거하기 위해 주 방위군 제도를 폐지해 버렸다. 그 바람에 갈루아는 오갈 데 없는 빈털터리 신세가 되고 말았다. 파리에서 가장 뛰어난 재능을 가진 젊은 천재는 이렇듯 하는 일마다 뜻대로 되는 것이 하나도 없었다. 그를 알고 있는 수학자들도 곤경에 빠진 갈루아를 걱정하기 시작했다. 그 당시 프랑스 수학계에서 활약하고 있던 수학자 소피 제르맹은 리브리 카루치 백작 집안의 한 친구에게 자신의 관심사를 이렇게 털어놓았다.

최근 수학계에는 불행한 일이 일어나고 있습니다. 푸리에 선생님께서 돌아가신 것은 갈루아라는 학생에게 치명적인 타격이었습니다. 갈루아는 무례한 구석이 있긴 하지만 수학의 천재인 것만은 확실합니다. 그는 고등사범학교에서 쫓겨난 데다가 가진 돈도 전혀 없다고 들었습니다. 그의 어머니도 가난에 시달리고 있는데 그는 계속해서 무례한 행동만 하고 다닙니다. 사람들은 그가 완전히 미쳤다고 생각하는 것 같습니다. 저는 사람들의 생각이 사실일까봐 겁이 납니다.

당시 프랑스의 위대한 작가였던 알렉상드르 뒤마(Alexandre Dumas)는 정치를 향한 갈루아의 열정이 수그러들지 않는 한 그의 미래는 여전히 불운으로 일관하게 될 것임을 경고했다. 그즈음 모반 혐의로 체포된 열아홉 명의 공화주의자들이 석방되면서 방당주 드 부르고뉴 레스토랑에서 환영 행사가 열렸는데, 행사에 참석했던 뒤마는 다음과 같은 글을 남겼다.

나는 왼쪽 자리에 앉은 사람과 대화를 나누고 있었다. 그런데 갑자기 누군가가 호루라기를 불어대어 소리나는 쪽을 돌아보았다. 그랬더니 15~20 좌석쯤 떨어진 곳에서 진풍경이 벌어지고 있었다. 무려 200명도 더 될 것 같은 한 무리의 사람들이 반정부 구호를 외치며 소란을 피우고 있었다. 파리에서는 가끔 공화주의자들의 소규모 시위가 벌어지곤 했지만 이런 대규모 시위는 극히 드문 일이었다.

무리 속에는 한 젊은이가 술잔과 단검을 든 채 사람들의 시선을 끌고 있었다. 에바리스트 갈루아는 가장 극렬한 공화주의자였다. 장내는 너무 소란스러워서 그가 외치는 소리를 전혀 알아들을 수가 없었다. 내가 알 수 있는 것이라고는 그가 루이 필리프라는 이름을 간간이 외치면서 적의에 찬 표정으로 단검을 높이 치켜들고 있다는 것뿐이었다.

그의 행동은 다소 정도를 넘어선 것이었다. 내 왼쪽 자리에 앉은 사람은 알고 보니 루이 필리프 왕의 익살꾼이었다. 그는 더 이상 자리에 앉아 있을 수가 없었는지 함께 레스토랑에서 나가자고 내게 애원을 했다. 우리는 창문을 열고 밖으로 뛰어내렸다. 나는 불안한 마음으로 집에 돌아왔다. 당시의 사회적 분위기로 미루어 볼 때 그 일은 결코 묵과되지 못할 것 같았다. 그로부터 2~3일이 지난 뒤, 에바리스트 갈루아는 결국 체포되었다.

갈루아는 생트 펠라지 감옥에 한 달 동안 수감되었다가 왕의 목숨을 위협한 혐의로 재판에 회부되었다. 그의 행동에 관한 증언들을 종합해보면, 유죄 판결을 내릴 만한 증거가 없는 것은 아니었지만, 사건 당일 레스토랑 내부가 너무 소란스러웠기 때문에 갈루아가 왕의 목숨을 위협했다는 증언을 자신 있게 할 수 있는 사람은 아무도 없었다. 재판관은 갈루아의 나이가 아직 어린 것을 감안하여(그는 당시 20세였다) 그를 석방시켰다. 그러나 한 달이 지난 뒤에 갈루아는 또다시 체포되었다.

1831년 7월 14일, 프랑스 혁명 기념일이었던 그날 갈루아는 법으로 착용이 금지된 주 방위군 포병부대의 군복을 입고 파리 시내를 활보하면서 시위를 벌였다. 이것은 비록 왕실에 저항하는 단순한 행위에 불과했지만 비슷한 죄명으로 재판받은 전과가 있다 하여 그는 6개월 실형을 선고받고 생트 펠라지 감옥에 또다시 수감되었다. 평소 술을 전혀 모르던 갈루아였지만 부랑자들의 틈 속에서 그는 점점 알코올 중독자가 되어갔다. 식물학자이자 극렬한 공화주의자였던 프랑수아 라스파유(François Raspail)는 루이 필리프가 수여한 십자훈장을 거절하여 갈루아와 같은 감옥에 수감되어 있었는데, 그는 갈루아가 처음으로 술을 마시던 광경을 다음과 같이 회고했다.

> 그는 마치 소크라테스가 독잔을 받아들 듯이 비장한 표정으로 작은 술잔을 움켜쥐었다. 그리고는 눈을 깜빡이거나 인상을 찌푸리지 않은 채 단숨에 술잔을 비웠다. 두 번째 술잔은 한결 쉽게 넘어갔으며, 이런 식으로 그의 폭주는 계속되었다. 그리고는 완전히 취해버렸다. 승리를 위해! 감옥 안에 거하시는 술의 신 바쿠스에게 경배를! 순진한 영혼은 이렇게 술에 대한 두려움 속에서 서서히 취해갔다.

일주일 뒤, 감옥 맞은편 건물에서 발사된 저격병의 총탄이 날아들어 갈루아의 옆방에 수감되어 있던 한 남자가 큰 상처를 입었다. 갈루아는 그것이 자신을 암살하기 위한 정부의 음모라고 확신했다. 정치적인 박해 속에서 그는 점점 피해의식과 공포에 시달렸으며, 가족이나 친구들과의 결별, 좌절된 수학자의 꿈 등으로 인해 완전히 절망의 늪에 빠져 버렸다. 만취한 상태에서 칼로 자살을 기도할 때마다 라스파유를 비롯한 감방 동료들은 칼을 빼앗고 그를 진정시켰다. 라스파유는 갈루아가 자살을 기도하기 직전에 했던 말을 이렇게 회고했다.

> 제가 왜 친구가 없는지 아세요? 당신한테만 고백하지요. 제가 마음속 깊이 사랑했

던 사람은 제 아버지뿐이었어요. 아버지가 돌아가신 뒤로는 그 누구도 제 마음속의 빈자리를 채워주지 못했다구요. 제 얘기 듣고 계시는 겁니까…?

1832년 3월, 갈루아의 형기 만료일을 한 달쯤 남겨두고 파리 시내에 콜레라가 돌기 시작하여 생트 펠라지에 수감되어 있던 죄수들이 모두 석방되었다. 그 뒤 몇 주간에 걸쳐 일어났던 일련의 사건들은 갈루아로 하여금 깊은 사색에 빠지게 했는데, 이때 일어난 사건들은 거의 모두가 스테파니 펠리시 포트린 뒤 모텔(Stéphanie-Felicie Poterine du Motel)이라는 여인과의 연분에서 비롯된 것이었다. 그녀는 파리 시민의 존경을 받았던 한 의사의 딸이었다. 이 두 남녀가 어떻게 서로 알게 되었는지는 알려지지 않았지만 이들의 비극적인 종말에 관해서는 비교적 자세한 기록이 남아 있다.

스테파니는 페쉬 데르벵뷰(Peschex d'Herbinville)라는 남자와 이미 약혼한 사이였는데, 스테파니가 갈루아와 사랑에 빠져 있음을 눈치챈 데르벵뷰는 이성을 잃을 정도로 격분하여 갈루아에게 결투를 청했다. 프랑스 제일의 명사수였던 데르벵뷰의 명성은 갈루아도 익히 알고 있었다. 결투를 치르기 전에 갈루아는 이제 마지막이라는 심정으로 친구들에게 편지를 썼다. 그 편지에는 당시의 상황이 다음과 같이 표현되어 있다.

여러 우국지사와 친구들에게 간곡히 바라건대, 제가 조국을 위해 죽지 못하고 엉뚱한 일로 죽었다 하여 비난하지 말아주십시오. 저는 한 간교한 여자의 정숙치 못한 행실을 미리 간파하지 못한 어리석음 때문에 죽는 것입니다. 저의 삶이 이렇게 끝나는 것은 정말 불명예스러운 일입니다. 아! 저는 왜 이토록 하찮고 사소한 일로 죽어야 하는 겁니까? 제가 이 대결을 얼마나 피하고 싶은지는 하늘도 알고 계실 겁니다.

공화주의 사회운동에 적극적으로 참여했고 또 여인과의 스캔들에도 연루되는 등, 어린 나이에 비교적 파란만장한 삶을 살았으나 갈루아는 수학에 대한 열정을 한시도 잊은 적이 없었다. 그는 학술원에서 인정받지 못한 자신의 연구 결과가 그대로 사장되는 것을 가장 안타까워했다. 그래서 결투를 하루 앞둔 날 밤에 그는 어떻게든 자신의 수학을 세상에 남겨야겠다는 처절한 마음으로 5차 방정식의 일반해를 구하는 방법을 비교적 자세한 설명과 함께 노트에 적어 내려갔다. 〈그림 22〉는 이때 갈루아가 남긴 노트의 마지막 페이지이다. 여기에는 그가 코시와 푸리에에게 제출했던 논문의 주된 아이디어가 정리되어 있는데, 복잡한 수식들 사이에 간간이 '스테파니' '여인' 등과 같은 단어가 낙서처럼 적혀 있고, '시간이 없다. 시간이 없다구!'처럼 절망 섞인 절규를 휘갈겨놓은 페이지도 눈에 띈다. 그날 밤, 계산을 끝낸 뒤 갈루아는 친구인 오귀스트 슈발리에(Auguste Chevalier)에게 마지막 편지를 썼다. 자신이 죽으면 계산 결과를 유럽 최고의 수학자들에게 보내달라는 내용이었다.

사랑하는 나의 친구에게

계산 도중에 나는 몇 가지 새로운 발견을 했다네. 그중 하나는 5차 방정식의 풀이법에 관한 것이고 나머지는 적분함수에 관한 발견이었지.

그동안 나는 근호를 이용하여 방정식의 풀이 가능성을 판정하는 방법에 대하여 연구했다네. 그러다 보니 방정식에 대한 이해도 깊어지고 풀이가 가능한 방정식을 변환시키는 방법도 알게 되었지. 함께 동봉한 세 편의 논문에 이 모든 내용을 적어놓았네….

그동안 나는 종종 나 자신도 확신하지 못하는 수학명제들을 만들어내곤 했었는데, 여기 적힌 내용들만은 전혀 그렇지가 않다네. 모든 것은 1년여에 걸친 심사숙고 끝에 완전하게 정립된 결과이며, 증명되지 않은 정리를 주장하여 논리의 맥이 끊어

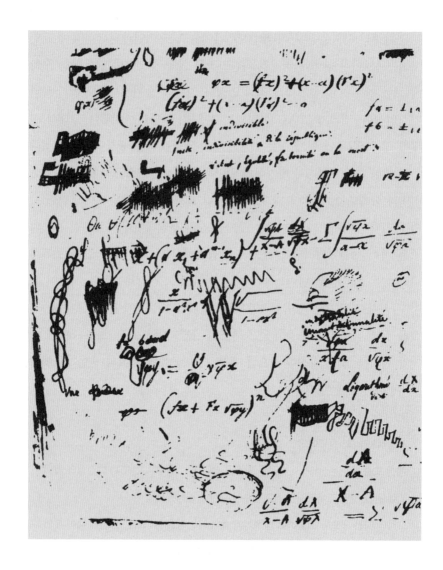

〈그림 22〉 (a) 결투 전날 밤, 갈루아는 자신의 모든 수학적 아이디어를 기록으로 남기려고 했다. 그런데 당시의 심정을 말해 주듯 노트에는 수학과 전혀 관계없는 낙서들이 여기저기 적혀 있다. 이 페이지의 왼쪽 하단부에 '한 여자(Une femme)'라는 단어가 적혀 있고, 두 번째 단어는 썼다가 지운 듯한 흔적이 보인다. 아마도 결투의 원인이 되었던 스테파니를 가리키는 것으로 보인다.

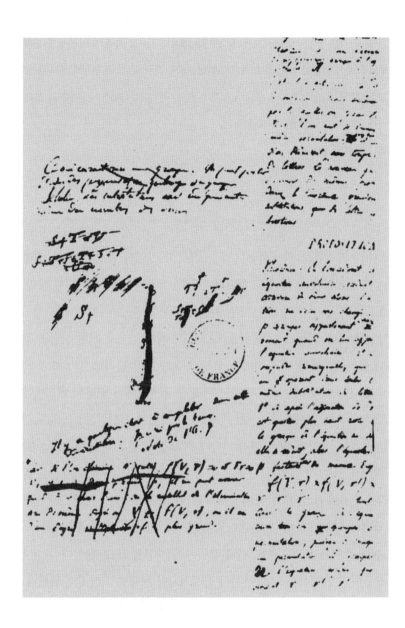

〈그림 22〉 (b) 갈루아는 운명의 시간이 오기 전에 모든 것을 기록으로 남기려 했다. 그러나 방정식에 관한 그의 이론을 모두 적기에는 시간이 충분하지 않았던 것 같다. 이 페이지의 좌측 하단부에는 'je n'ai pas le temps(시간이 없다)'라는 글이 적혀 있다.

진 곳도 없을 것이라고 생각하네. 야코비(Jacobi)나 가우스에게 이 논문들을 보여 주고 그들의 의견을 들어보게. 계산의 타당성을 논하지 말고, 이 논문이 얼마나 중 요한 것인지를 물어보게나. 훗날 누군가에 의해 나의 방정식이론이 유용하게 쓰이 기를 기대하며 이만 줄이기로 하겠네.

깊은 애정을 보내며,

E. 갈루아.

다음날 아침, 정확하게는 1832년 3월 30일 수요일 아침에 갈루아와 데 르벵뷰는 한적한 들판에서 서로를 노려보고 있었다. 이들은 각자 권총을 지닌 채 스물다섯 걸음 정도 떨어져 있었다. 데르벵뷰는 일행을 한 사람 대 동했고 갈루아는 혼자였다. 그는 자신이 처한 상황을 아무에게도 알리지 않았던 것이다. 갈루아는 형 알프레드(Alfred)에게 소식을 전할 사람을 보내 긴 했지만 결투가 끝나기 전에는 아무런 말도 하지 말라고 당부해 두었고, 전날 밤 친구에게 써두었던 편지는 며칠이 지난 뒤에야 배달될 예정이었다.

드디어 총이 발사되었다. 데르벵뷰는 그 자리에 가만히 서 있었고 갈루 아는 복부에 총알을 맞은 채 땅바닥에 쓰러졌다. 결투 현장에 그를 치료해 줄 의사가 있을 리 없었다. 승자는 치명상을 입은 상대가 죽어가는 모습을 바라보며 유유히 사라져 버렸다. 몇 시간이 지난 뒤 형 알프레드가 허겁지 겁 달려와 갈루아를 코셍 병원으로 데려갔다. 그러나 때는 너무 늦어 있었 다. 심한 출혈과 복막염으로 인해 갈루아는 세상을 뜨고 말았다.

갈루아의 장례식은 그의 부친의 장례식처럼 제대로 치러지지 못했다. 장 례식 때 군중 시위가 벌어질 것을 두려워한 경찰은 전날 밤에 갈루아의 동 료 30명을 체포했다. 이러한 사전 조치에도 불구하고 장례식에는 2,000여 명의 인파가 몰려들었으며, 행사를 예의 주시하던 경찰과 갈루아의 동료들 사이에 일대 난투극이 벌어졌다.

장례식에 모인 애도자들은 데르벵뷰와 스테파니가 단순한 약혼자 사이가 아니라, 갈루아를 죽이기 위해 정부에서 파견한 교활한 스파이라고 주장하면서 분노를 감추지 못했다. 그들은 갈루아가 생트 펠라지 감옥에 수감되어 있을 때 총알이 감옥으로 날아들었던 것도 눈엣가시였던 갈루아를 제거하기 위해 사전에 치밀하게 계획한 살인음모였다고 주장하면서, 정부가 애정행각을 위장한 브로커를 고용하여 그를 살해했다고 단정지었다. 역사가들은 그때의 결투가 과연 애정문제 때문이었는지, 아니면 정치적 음모였는지를 놓고 지금도 논쟁을 벌인다. 그러나 어찌 되었든 간에 5년간의 수학 공부로 세계 최고 수준의 학문을 이룬 20세의 천재가 비명에 사라진 것은 분명한 사실이다.

갈루아의 형 알프레드와 친구 오귀스트 슈발리에는 갈루아가 죽기 전날 남겼던 논문들을 배포하기 전에 다시 한 번 깨끗하게 정리했다. 평소에도 자신의 아이디어에 관하여 결코 자세한 설명을 하지 않았던 갈루아가 죽음을 하루 앞두고 지난 수년간의 연구 결과를 모두 적어놓았으니, 그 상태가 부실한 것은 당연한 일이었다. 알프레드와 슈발리에는 갈루아의 마지막 노트를 꼼꼼히 읽어본 뒤 부족한 설명을 추가하고 필요없는 군더더기를 삭제하는 등 정상적인 논문의 형식을 갖추어 카를 구스타프 야콥 야코비(Carl Gustav Jacob Jacobi)와 카를 가우스를 비롯한 여러 수학자에게 우송했다. 그러나 이들 중 갈루아의 업적을 인정하는 사람은 아무도 없었다. 그로부터 10여 년이 지난 1846년, 갈루아의 논문이 수학자 조제프 리우빌의 손에 들어왔다. 리우빌은 젊은 천재의 뛰어난 영감에 깊은 감명을 받아 몇 달 동안 갈루아의 논문을 집중적으로 연구했다. 그리고는 당대의 유명한 학술지 《순수수학 및 응용수학 저널(Journal de Mathématiques Pures et Appliquées)》에 연구 결과를 발표했다. 리우빌의 기사를 읽은 수학자들은 경탄을 금치 못했다. 갈루아가 제시했던 5차 방정식의 해법이 너무나도 기발하고 수학적으로도 완벽했기 때문이었다. 갈루아는 모든 5차 방정식을 '풀이 가능한' 것들과 '풀이 불가능한' 두 가지 형태로 분류했다. 이들 중 풀이 가능한 5차 방정식에 대해서는 일반적인 해법을 제시했는데, 그의 논리는 5차 방정식에 제한된 것이 아니라 풀이 가능한 6차, 7차 등 고차 방정식에도 똑같이 적용될 수 있는 것이었다. 그것은 비극적 삶을 살다간 영웅에 의해 이루어진 19세기 최고의 수학적 쾌거였다.

리우빌은 논문 서두에서 갈루아의 연구 결과가 학술원에 받아들여지지 않았던 이유와 자신이 어떻게 갈루아의 연구를 재현할 수 있었는지에 대하여 다음과 같이 서술했다.

다소 추상적인 개념의 순수대수학은 약간의 설명이 빠져도 이해가 거의 불가능하다. 따라서 이런 내용을 지나칠 정도로 간결하게 설명한다는 것은 매우 위험한 일이다. 특히 새로운 내용의 대수학을 설명할 때에는 더욱 세심한 주의를 기울여야 한다. 이런 경우에 가장 필요한 것이 바로 논리의 '명료성'이다. 데카르트의 말대로 "초월적인 문제를 논할 때에는 초월적으로 명료해야 한다." 갈루아는 이 사실을 종종 망각했던 것이다. 그동안 여러 훌륭한 수학자는 초보 수학자들의 이러한 실수를 현명하고 날카롭게 지적하여 다듬어지지 않은 천재들을 올바른 길로 인도해 왔다. 아무리 심한 비난을 받았다 해도 수학을 향한 열정만 간직한다면 학자들의 충고를 발판삼아 더욱 크게 성장할 수 있을 것이다.

그러나 이제 모든 것이 바뀌었다. 갈루아는 모든 면에서 예외적인 천재였다! 쓸모 없는 비난은 그만두기로 하자. 그의 단점은 잠시 접어두고 장점을 자세히 살펴보자… 그동안 나의 노력은 이것으로 충분한 보상을 받았다. 나는 갈루아의 논리를 보강하면서 말로 표현할 수 없는 기쁨을 맛보았다. 갈루아의 아름다운 수학정리와 증명과정은 이제 완벽하게 되었다.

첫 번째 도미노를 쓰러뜨리다

갈루아의 계산에 도입된 주요 개념은 군론(群論, group theory)으로서, 해를 구할 수 없다고 알려져 있던 5차 방정식을 풀기 위해 도입한 아이디어였다. 군(群, group)이란 덧셈이나 뺄셈 등의 연산을 사용하여 한데 묶을 수 있는 요소들의 집단으로, 각각의 군은 특정한 수학적 성질을 만족한다. 군이 만족해야 하는 성질 중 특히 중요한 것은 군을 이루는 임의의 원소 두 개를 추출하여 어떤 특정한 연산을 가했을 때, 그 결과 역시 군을 이루는 제3의 원소가 되어야 한다는 것이다. 이러한 군의 성질을 가리켜 수학자들은 '폐쇄성(closed)'이라는 용어를 쓴다.

예를 들어, 정수 전체의 집합은 '덧셈'이라는 연산에 대하여 하나의 군을 이룬다. 하나의 정수에 또 다른 정수를 더하면 그 결과는 제3의 정수가 되기 때문이다. 즉,

$$4 + 12 = 16.$$

어떠한 정수를 더한다 해도 그 결과는 항상 정수로 나타나기 때문에 수학자들은 '정수는 덧셈에 대하여 닫혀 있다.'라거나, 혹은 '정수는 덧셈이라는 연산하에서 하나의 군을 형성한다.'라고 말한다. 반면에, 정수의 집합은 나눗셈 연산하에서는 군을 형성하지 않는다. 한 정수를 다른 정수로 나누었을 때, 그 결과는 정수가 아닐 수도 있기 때문이다. 즉,

$$4 \div 12 = \frac{1}{3}.$$

$\frac{1}{3}$은 정수가 아니므로 정수군에 속하지 않는다. 그러나 분수(유리수)까

지 포함하는 더욱 큰 집단을 고려한다면 폐쇄성이 유지될 수 있다. 즉 '유리수는 나눗셈에 대하여 닫혀 있다.' 그러나 아직은 안심할 수 있는 단계가 아니다. 임의의 유리수를 0으로 나누면 무한대가 되어 그때부터 수학적 악몽이 시작된다. 이런 이유 때문에 '0을 제외한 유리수는 나눗셈에 대하여 닫혀 있다.'고 말해야 정확한 표현이 된다. 많은 경우에 있어서 폐쇄성의 개념은 이 책의 앞부분에서 설명한 '완전성'의 개념과 매우 비슷하다.

정수, 또는 유리수는 무한히 큰 군을 이룬다. 여기에 규모가 더 큰 군을 도입하면 더욱 재미있는 수학이 만들어질 수도 있을 것이다. 그러나 갈루아는 '작은 것이 크다.'라는 역설적인 철학을 갖고 있었기에 여러 가지 재미있는 수학적 성질을 가지면서도 규모가 아주 작은 군을 만들어냈다. 갈루아는 어떤 특정한 방정식에서 출발하여 방정식의 해들을 한데 모아 소규모의 군을 만들 수 있었다. '갈루아의 군(群)'을 이루는 원소들은 모두가 5차방정식의 해였다. 그로부터 150여 년이 지난 뒤 와일즈는 〈다니야마-시무라의 추론〉을 증명하는 데 갈루아의 아이디어를 도입했다.

〈다니야마-시무라의 추론〉을 증명하려던 무한히 많은 타원 방정식이 무한히 많은 모듈 형태와 일일이 짝을 이룬다는 것을 보여야 했다. 수학자들은 타원 방정식의 모든 정보를 담고 있는 DNA(E-급수)와 모듈 형태의 DNA(M-급수)가 서로 연관되어 있다는 것을 가장 간단한 경우에 대하여 증명한 뒤, 그 다음의 경우로 확장하는 작전을 구상하고 있었다. 이것은 물론 가장 그럴듯한 접근법이었지만 무한히 많은 타원 방정식과 모듈 형태에 순차적으로 적용할 수 있는 논리를 찾기란 결코 쉬운 일이 아니었다.

와일즈는 전혀 다른 방법으로 접근을 시도했다. '하나의 E-급수와 M-급수에 들어 있는 모든 원소의 값을 일일이 대조하여 일치함을 확인한 뒤 다음 급수로 넘어간다.'는 기존의 방법 대신에, '모든 E-급수의 한 원소와 모든 M-급수의 한 원소를 비교한 뒤 그 다음 원소로 넘어간다.'는 새로운 방법을 시도한 것이다. 각각의 E-급수는 무한히 많은 원소를 갖고 있는데 이 원소들은 하나하나가 모두 타원 방정식의 '유전자'로서, 이들이 한데 모여 원래 타원 방정식의 DNA를 이룬다. 와일즈는 모든 E-급수의 첫 번째 유전자들이 모든 M-급수의 첫 번째 유전자들과 일치할 것이라고 추정했던 것이다. 이것이 성공할 경우 와일즈가 다음으로 할 일은 모든 E-급수의 두 번째 유전자와 모든 M-급수의 두 번째 유전자가 일치함을 증명하고, 이 작업을 세 번째, 네 번째… 등으로 확장해 나가는 것이었다.

수학자들이 사용했던 기존의 방법으로는 무한히 많은 증명을 해야 했다. 즉 하나의 E-급수와 하나의 M-급수가 일치함을 보였다 해도, 증명을 기다리는 나머지 E-급수와 M-급수의 개수는 여전히 무한개였던 것이다. 와일즈가 창안해 낸 방법도 대상이 무한대이긴 마찬가지였다. 왜냐하면 임의의 E-급수와 M-급수의 원소 개수가 무한개이기 때문이다. 그러나 와일즈식 접근 방법은 기존의 방법들보다 훨씬 유리한 장점이 있었다.

기존의 방법으로 증명을 한다면, 일단 하나의 E-급수와 하나의 M-급수가 일치한다는 것을 증명했다 해도 여전히 어려운 문제가 남는다. 즉 그 다음으로 일치할 E-급수와 M-급수가 어떤 것인지 구별해 낼 방법이 없는 것이다. 무한히 많은 E-급수와 M-급수에는 '순서'라는 개념이 전혀 없으므로 아무거나 임의로 골라내어 확인해 보는 수밖에 없다. 그러나 와일즈의 증명 방법을 따른다면 거기에는 분명한 순서가 있다. E-급수와 M-급수의 원소들은 각기 고유한 번호가 있으므로(E_1, E_2, … ; M_1, M_2, …) 첫 번째 유전자가 서로 같다는 사실을 증명했다면($E_1 = M_1$), 그 다음으로 할 일은 당연히 두 번째 유전자가 서로 같음을 증명하는 것이다($E_2 = M_2$).

이렇듯 명확한 순서가 이미 정해져 있었기에 와일즈는 수학적 귀납법을 사용할 수 있었다. 그의 방법은 우선 모든 E-급수의 첫 번째 원소들이 모든 M-급수의 첫 번째 원소들과 1:1로 일치한다는 것을 증명한 뒤, '첫 번째 원소들이 모두 일치하면 두 번째 원소들도 모두 일치해야만 한다.'를 증명하는 것이었다. 그리고 이 논리를 똑같이 적용하면 세 번째, 네 번째…의 원소들도 모두 일치한다는 사실을 증명할 수 있을 것이다. 맨 먼저 첫 번째 도미노를 쓰러뜨리고, 그 다음에는 '하나의 도미노가 쓰러지면, 그 다음 도미노도 쓰러진다.'는 것을 증명하면 그만이었다.

와일즈가 첫 번째 도미노를 쓰러뜨리는 데에는 '갈루아의 군(群)'이 결정적인 역할을 했다. 다양한 타원 방정식의 일부 해들이 하나의 군을 형성했던 것이다. 몇 달에 걸친 계산 끝에 와일즈는 이것에서 부인할 수 없는 결론을 얻었다. 모든 E-급수의 첫 번째 원소들이 모든 M-급수의 첫 번째 원소들과 정확하게 일치한다는 결론이 바로 그것이었다. 갈루아 덕분에 와일즈는 드디어 첫 번째 도미노를 쓰러뜨릴 수 있었다. 이제 수학적 귀납법이 제대로 적용되려면 다음의 사실을 증명해야 했다. '만일 모든 E-급수의 n번째 원소들과 모든 M-급수의 n번째 원소들이 서로 일치한다면, 모든 E-급수의 $n+1$번째 원소들과 모든 M-급수의 $n+1$번째 원소들도 서로 일치한다.' 이것이 증명되기만 하면 와일즈는 모든 도미노를 쓰러뜨리면서 〈다니야마-시무라의 추론〉을 드디어 정복하게 될 것이었다.

와일즈가 〈페르마의 마지막 정리〉에 정식으로 도전장을 던진 후, 첫 번째 도미노를 쓰러뜨릴 때까지만도 2년이라는 세월이 걸렸다. 그리고 나머지 도미노들을 단 한 번에 쓰러뜨릴 수 있는 귀납적 증명법을 찾아내는 데 얼마의 시간이 더 걸릴지는 예측조차 할 수 없었다. 와일즈는 자신이 앞으로 해야 할 일을 정확하게 알고 있었다. "풀리지 않을 수도 있는 문제에 제가 어떻게 그토록 집요하게 매달릴 수 있었는지 의아해하실지도 모릅니다. 저는 그저 이 문제와 씨름을 벌이는 그 자체가 즐거웠어요. 완전히 몰두했던 거지요. 제가 생각했던 방법을 초지일관 밀고 나가면, 〈다니야마-시무라의 추론〉이나 〈페르마의 마지막 정리〉를 증명하지 못한다 해도 결국엔 무언가를 증명하게 되리라 생각했습니다. 제가 가는 길은 분명 막다른 길이 아니었습니다. 그것은 훌륭한 수학이었고, 또 항상 그래 왔습니다. 〈페르마의 마지막 정리〉를 결국 증명하지 못하게 될 가능성도 있었지만, 제가 하고 있는 일이 시간 낭비라고 생각한 적은 단 한 번도 없었습니다."

〈페르마의 마지막 정리〉가 증명되다?

'갈루아의 군(群)'을 이용한 와일즈의 논리는 〈다니야마-시무라의 추론〉을 정복하는 신호탄 정도에 불과했지만, 그 아이디어 자체는 학술지에 투고할 만한 가치가 충분히 있는 것이었다. 그러나 와일즈는 자신의 연구 결과를 세상에 알리지 않은 채 은둔생활을 계속했다. 그는 바깥 세상과 완전하게 격리된 상태였기에, 그동안 누군가가 자신과 비슷한 쾌거를 이루어냈는지도 전혀 알 길이 없었다.

와일즈는 어디선가 자신과 비슷한 연구를 하고 있을 경쟁자들에 대하여 이런 생각을 했다. "글쎄요, 수년간의 노력 끝에 무언가를 간신히 알아냈는데, 누군가 다른 사람이 똑같은 사실을 알아내어 나보다 수주일 앞서 발표해 버린다면 결코 기분 좋을 리가 없겠지요. 그런데 이상하게도 저는 그런 걱정이 별로 없었습니다. 제가 풀려고 하던 문제는 대부분의 사람이 해결 불가능하다고 이미 포기해 버린 상태였거든요. 그래서 경쟁심 따위는 별로 염두에 두지 않았습니다. 저뿐만 아니라 어느 누구도 마땅한 해결책을 찾지 못하고 있었으니까요."

1988년 3월 8일, 와일즈는 신문을 읽다가 한 머리기사를 보고 머리를 얻어맞은 듯한 충격을 받았다. 〈페르마의 마지막 정리〉가 드디어 증명되었다는 기사가 대서특필되었던 것이다. 〈워싱턴 포스트〉와 〈뉴욕 타임스〉는 도쿄도립대학의 서른한 살 난 미야오카 요이치가 세계 최고의 난제를 해결했다고 보도했다. 그 당시 미야오카는 자신의 증명을 아직 공식적으로 발표하지 않은 상태였는데, 본에 있는 막스 프랑크 수학연구소의 세미나장에서 그가 증명의 개요를 대략적으로 설명한 것이 기사화되었던 것이다. 문제의 세미나에 참석했던 돈 자이에(Don Zagier)는 당시 학자들의 반응을 이렇게 설명했다. "미야오카의 증명은 매우 흥미로웠습니다. 세미나에 참석했던 일부 학자들은 그의 논리에 전혀 하자가 없다고 생각했지요. 확신을 가질 정도는 아니었지만 별 문제가 없는 듯이 보였던 건 사실입니다."

미야오카는 '미분기하학(differential geometry)'이라는 전혀 새로운 분야를 이용하여 접근을 시도했다. 지난 수십 년간 미분기하학자들은 공간도형, 특히 표면의 특성을 수학적으로 연구하여 도형에 대한 더욱 깊은 이해를 도모함으로써 미분기하를 수학의 중요한 분야로 확립했다. 1970년대에는 아라켈로프(S. Arakelov) 교수가 이끄는 러시아 연구진에 의해 미분기하학과 정수론 사이의 유사성이 밝혀지기 시작했다. 랭글런즈 프로그램의 한 지류로서 추진되었던 이 연구의 목적은 정수론 분야에 남아 있는 문제들을 이미 알고 있는 미분기하학적 문제로 변환하여 해답을 찾는 것이었다. 학자들은 이들의 연구를 '유사성의 철학(philosophy of parallelism)'이라고 불렀다.

그 뒤로 정수론 문제를 연구하는 미분기하학자들은 '산술대수기하학자(arithmetic algebraic geometrists)'라는 묘한 이름을 얻게 되었으며, 1983년에 이르러 그들은 첫 번째 쾌거를 이루어냈다. 프린스턴 고등과학원의 게르트 팔팅스(Gerd Faltings)가 〈페르마의 마지막 정리〉를 미분기하학적으로 이해하는 획기적인 방법을 고안해 낸 것이다. 다시 한 번 〈페르마의 마지막 정리〉를 상기해 보자. 〈페르마의 마지막 정리〉에 의하면 다음의 방정식에는 정수해가 존재하지 않는다.

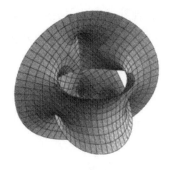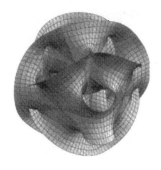

〈그림 23〉 이 그림은 수학용 컴퓨터 프로그램인 매스매티카(Mathematica)를 사용하여 그린 것으로, x^n + y^n = 1이라는 방정식을 기하학으로 표현했다. 첫 번째 그림은 n = 3인 경우이며 두 번째는 n = 5인 경우이다. 여기서 x와 y는 복소수로 취급되었다.

$$x^n + y^n = z^n, \ n은 \ 3 \ 이상의 \ 정수.$$

팔팅스는 여러 가지 n값에 대응하는 기하학적 도형들을 연구함으로써 〈페르마의 마지막 정리〉를 증명하는 데 필요한 단서를 얻을 수 있다고 믿었다. n값이 달라지면 도형의 생김새도 달라지지만 거기에는 한 가지 공통점이 있었다. 모든 도형에는 구멍이 뚫려 있었다. 실제의 도형은 4차원 도형이었는데 이것을 그려낼 방법이 없었기에 팔팅스는 2차원 도형으로 단순화하여 그려 보았다. 〈그림 23〉에는 이들 중 두 개의 도형이 소개되어 있다. 모든 도형은 여러 개의 구멍이 뚫린 도넛 모양을 하고 있으며, 방정식의 n값이 커질수록 구멍의 개수도 많아진다.

팔팅스는 다음과 같은 사실을 증명했다. '모든 도형은 적어도 두 개 이상의 구멍을 갖고 있으므로, 각각의 도형에 대응되는 페르마의 방정식은 '유한한' 개수의 정수해를 갖는다.' 정수해의 개수가 유한하다는 것은 0개부터 시작하여(이것은 해가 없는 경우에 해당한다) 100만 개, 혹은 10억 개 등 '셀 수 있는' 만큼의 정수해가 존재한다는 뜻이다. 따라서 팔팅스는 〈페르마의 마지막 정리〉를 증명하지는 못했지만, 해의 개수가 무한히 많지 않다는 사실을 증명함으로써 페르마와 사투를 벌이는 학자들에게 한가닥 희망의 빛을 던져주었다.

그로부터 5년 뒤, 미야오카는 자신이 한 단계 더 진전을 보였다고 주장했다. 그는 20대 초반에 이른바 '미야오카 부등식'이라는 일종의 기하학적 추론을 제기한 적이 있었다. 만일 미야오카의 기하학적 추론이 사실로 판명된다면 그것은 곧 〈페르마의 마지막 정리〉가 증명된다는 것을 의미했다. 미야오카의 부등식이 참이라는 가정하에서 논리를 전개하면, 페르마의 방정식을 만족하는 정수해의 개수가 유한할 뿐만 아니라 그 개수가 정확하게 '0'이라는 결론에 도달하기 때문이었다. 미야오카의 접근 방법은 〈페르마의 마지막 정리〉를 증명하기 위해 정수론과 전혀 다른 수학 분야의 추론을 도구로 삼았다는 점에서 와일즈의 접근 방법과 유사한 점이 있었다. 미야오카의 도구는 미분기하학이었고 와일즈의 도구는 타원 방정식과 모듈 형태였다. 그러나 불행히도 와일즈가 〈다니야마-시무라의 추론〉과 씨름을 벌이고 있는 도중에 미야오카가 자신이 제기했던 추론, 즉 '미야오카 부등식'을 증명한 것이다. 이것이 사실로 판명된다면 〈페르마의 마지막 정리〉는 자동으로 증명되는 상황이었다.

미야오카는 본에서 간략한 세미나를 가진 뒤 2주 만에 다섯 페이지에 걸친 자신의 증명과정을 낱낱이 공개했고 그때부터 학자들은 본격적인 검증 과정에 돌입했다. 전 세계의 정수론 학자들과 미분기하학자들은 미야오카의 논문을 한 줄 한 줄 신중하게 읽어 내려가면서 논리상의 사소한 오류나 잘못된 가정을 사용했는지의 여부를 주도면밀하게 살펴보았다. 그리고 며칠 만에 몇 명의 수학자들이 미야오카의 증명에 모순을 유발할 가능성이 있는 취약점을 찾아냈다. 미야오카가 정수론적으로 내린 어느 특정한 결론을 미분기하학적으로 변환하면 모순된 결과를 초래한다는 것이었다. 게다가 이것은 미분기하학자들에 의해 이미 수년 전에 확인된 일반적인 사실이었다. 물론 이것만으로는 미야오카의 증명이 틀렸다고 말할 수 없었지만, 이 사건으로 인해 정수론과 미분기하학 사이의 유사성, 즉 '유사성의 철학'은 존폐의 위기에 놓이게 되었다.

다시 2주가 지난 뒤, 미야오카의 앞길을 개척했던 게르트 팔팅스는 자신이 '유사성의 철학'의 급소를 정확하게 찾아냈으며, 따라서 미야오카가 발표한 증명의 논리적 오류를 입증했다고 주장했다. 미야오카는 미분기하를 전공한 수학자였기 때문에 자신의 아이디어를 정수론 쪽으로 변환할 때 완벽한 검증 과정을 거치지 못했던 것이다. 일단의 정수론 학자들은 미야오카를 도와 논리상의 허점을 보완하려고 안간힘을 써보았지만 실패하고 말았다. 이리하여 〈페르마의 마지막 정리〉를 증명한 미야오카의 논문은 학계에 발표된 지 2개월 만에 결국 틀린 것으로 공식 판명되었다.

과거의 수학자들이 줄곧 그래 왔듯이, 미야오카는 비록 〈페르마의 마지막 정리〉를 증명하는 데는 실패했지만 사람들의 관심을 끌 만한 새로운 수학 분야를 창조했다. 그가 증명에 사용했던 부분 논리들은 미분기하와 정수론에 유용하게 적용되어, 몇 년 뒤 이로부터 다른 여러 가지 수학정리들을 증명할 수 있었다. 그러나 〈페르마의 마지막 정리〉만은 결코 증명되지 않았다.

'페르마 소동'은 곧 잠잠해졌고 신문들은 "300년의 역사를 가진 난제가 여전히 풀리지 않은 채로 남아 있다."는 짤막한 기사를 보도했다. 그 당시 뉴욕 8번가의 지하철역에서는 다음과 같은 낙서가 발견되기도 했다.

$x^n + y^n = z^n$: 이 방정식에는 정수해가 없다.

나는 경이적인 방법으로 이 정리를 증명했다. 그러나 지금 내가 탈

기차가 오고 있기 때문에 여기 적을 만한 시간이 없다!

어두운 아파트

　와일즈는 남몰래 안도의 한숨을 내쉬었다. 〈페르마의 마지막 정리〉는 증명을 기다리는 상태로 되돌아갔고, 그는 〈다니야마-시무라의 추론〉을 무기삼아 페르마와의 전쟁을 계속할 수 있게 되었다. "저는 대부분의 시간을 책상 앞에 앉아서 보냈습니다. 가끔씩은 문제를 단순화시킬 수 있는 실마리가 떠오르기도 했는데, 그것이 워낙 추상적이어서 수학적으로 구체화할 수가 없었지요. 이런 상태가 되면 저는 더 이상의 계산을 접어두고 호숫가로 산책을 나갔습니다. 호숫가를 거닐면서도 제 머릿속에는 방금 전에 떠올랐던 실마리가 계속 맴돌곤 했지요. 그러다가 무언가 구체적인 아이디어가 떠오르면 언제라도 적어놓을 수 있도록 연필과 종이를 항상 몸에 지니고 다녔습니다."

　3년간의 끈질긴 노력 끝에 와일즈는 몇 가지 커다란 진전을 이루어냈다. 그는 '갈루아의 군(群)'을 타원 방정식에 도입하여 타원 방정식을 무한히 많은 조각으로 분해한 뒤 그중 첫 번째 조각이 모듈 형태와 일치한다는 것을 증명했다. 이렇게 하여 일단 첫 번째 도미노를 쓰러뜨리는 데는 성공했는데, 문제는 나머지 도미노들을 모두 쓰러뜨릴 수 있는 수학적 테크닉이 떠오르지 않는다는 것이었다. 와일즈의 접근 방법은 어느 모로 보나 자연스러운 발상이었지만 뚜렷한 확신이 없는 상태에서 자신의 판단을 초지일관 밀고 나가기란 여간 어려운 일이 아니었다. 갈림길이 나타날 때마다 과감한 결단을 내려야 했으며 회의적인 생각이 떠오를 때마다 마음을 추스리며 스스로를 이겨내야 했다. 와일즈는 자신의 연구생활을 '어두운 아파트'에 비유하면서 이렇게 말했다. "한 사람이 어두운 아파트 안으로 들어갔다고 상상해 봅시다. 칠흑같이 어두운 아파트 말입니다. 처음에는 아무것도 보이지 않으니 이리저리 가구에 부딪쳐 넘어지면서 갈피를 잡지 못하겠지요. 하지만 이런 시행착오를 거듭하다 보면 어둠 속에서도 가구의 위치들이 점차 머릿속에 그려질 겁니다. 이런 식으로 6개월을 지낸 뒤에 드디어 그 사람은 전등의 스위치를 발견하고 불을 켭니다. 그러면 갑자기 모든 것이 일목요연하게 드러나면서 자신이 서 있는 위치가 어디쯤이었는지를 정확하게 알게 되겠지요. 그런 뒤에 또다시 옆집으로 들어갔다고 합시다. 역시 칠흑같이 어두운 집입니다. 그는 여기서도 6개월의 시간을 보낸 뒤에 전등의 스위치를 발견합니다. 무언가 극적인 발견이 이루어지는 거죠. 이때 느끼는 흥분감은 아주 순간적일 수도 있고 경우에 따라서는 하루 이틀 정도 지속되기도 합니다. 어쨌거나 이러한 흥분감은 암흑 속에서 긴 시간을 보낸 경험자만이 느낄 수 있습니다. 그것은 지난 세월에 대한 최고의 보상이지요. 겪어 보지 않은 사람은 잘 모를 겁니다."

1990년 와일즈는 지금껏 겪어보지 못했던 가장 어두운 방에 발길을 들여놓았다. 그리고는 2년 가까이 그 안을 더듬으면서 보이지 않는 상황을 머릿속에 그려 보았다. 그런데도 '타원 방정식의 한 조각이 모듈 형태와 일치하면 그 다음 조각도 일치한다.'는 논리를 증명할 만한 아이디어는 좀처럼 떠오르지 않았다. 이미 발표된 논문들을 샅샅이 뒤져보았지만 기존의 방법으로는 원하는 결과를 얻을 수 없었다. "제가 바른 길을 가고 있다는 확신은 있었지만, 그렇다고 제가 반드시 성공한다는 보장은 어디에도 없었습니다. 오늘날의 수학으로는 해결이 불가능할 수도 있지 않겠습니까? 앞으로 100년 동안은 이 특별한 문제를 풀 만한 수학이 개발되지 않을지도 모르는 일이었습니다. 제가 올바른 길을 가고 있다 해도, 시기를 잘못 택했다면 그야말로 아무런 대책이 없겠지요."

와일즈는 포기하지 않고 1년의 시간을 더 보냈다. 그는 '이와자와(岩澤) 이론'을 새로운 도구로 선택했다. 이와자와 이론은 타원 방정식을 분류하는 방법에 관한 이론이었는데, 와일즈는 케임브리지 대학의 학생 시절에 존 코티스 교수에게 이 이론을 배운 적이 있었다. 이것 역시 그의 목적에 걸맞은 도구는 아니었지만, 약간의 수정을 가하면 나머지 도미노들을 모두 쓰러뜨리는 데 유용하게 적용할 수 있을 것 같았다.

갈루아의 군을 이용하여 첫 번째 쾌거를 이룬 뒤로 와일즈는 점점 자신감을 잃어가고 있었다. 그는 중압감을 느낄 때마다 가족과 함께 시간을 보냈다. 1986년, 〈페르마의 마지막 정리〉를 향해 정식으로 선전포고를 한 이후로 와일즈는 이전보다 훨씬 자상한 아버지가 되어 있었다. "아이들과 함께 지내는 것이 제게는 유일한 휴식이었습니다. 아이들은 〈페르마의 마지막 정리〉 따위에 전혀 관심이 없거든요. 아이들은 그저 옛날 이야기를 듣는 것만 좋아하고 제가 다른 일을 하는 것을 결코 내버려두지 않았으니까요."

콜리바긴(Kolyvagin)과 플라흐(Flach)의 방법

1991년 여름, 와일즈는 이와자와 이론을 자신의 목적에 맞게 수정하는 데 실패했다고 생각했다. 그는 임의의 도미노 하나가 쓰러졌을 때 그 다음의 도미노도 쓰러진다는 것을 증명해야 했다. 즉 타원 방정식의 E-급수 중 임의의 한 원소가 모듈 형태의 M-급수 중 하나와 일치한다면 그 다음의 원소도 같은 성질을 만족한다는 것을 증명해야 했다. 또한 이 논리는 모든 종류의 타원 방정식과 모듈 형태에 일률적으로 적용될 수 있어야 했다. 그러나 이와자와 이론은 와일즈의 희망사항을 들어주지 못했다. 그는 기존에 남아 있는 논문들을 거의 싹쓸이하다시피 훑어 보았으나 수학적 귀납법을 완성시켜 줄 만한 테크닉은 어디서도 찾을 수 없었다. 그래서 와일즈는 5년간의 칩거생활 끝에 가장 최근에 출판된 수학 논문을 접하기 위해 '세상 밖으로' 나올 것을 결심했다. 어딘가 와일즈의 성향을 닮은 수학자가 있어서 혁신적인 계산법을 개발해 내고도 무슨 이유건 그것을 세상에 공개하지 않고 있을지도 모를 일이었다. 와일즈는 당장 보스턴으로 달려가 타원 방정식을 주제로 개최된 학술회의에 참석했다. 그곳에 가면 페르마와 전쟁을 치르고 있는 명장들을 만날 수 있으리라 생각했던 것이다.

학술회의에 오랫동안 모습을 보이지 않았던 와일즈가 어느 날 불쑥 나타나자, 전 세계에서 모여든 동료 학자들은 그를 매우 반갑게 맞이해 주었다. 그들은 현재 와일즈가 어떤 연구를 하고 있는지 전혀 알지 못했으며, 와일즈도 옛 동료들 앞에서 굳게 입을 다물었다. 와일즈가 타원 방정식에 관한 학계의 최근 소식을 물었을 때에도 사람들은 그의 연구 목적을 짐작조차 하지 못했다. 와일즈가 얻은 대답은 대부분 그의 관심과 거리가 먼 것들이었는데, 자신의 옛 스승인 존 코티스 교수와의 만남은 그런대로 도움이 되었다. "그 당시 코티스 교수의 제자였던 마티아스 플라흐(Matthias Flach)가 타원 방정식에 관하여 훌륭한 논문을 썼다고 그러더군요. 플라흐는 콜리바긴(Kolyvagin)이 최근에 고안한 방법을 발전시키고 있었는데, 제 문제를 해결하는 데는 안성맞춤이었지요. '콜리바긴-플라흐의 방법'이라고 불리던 이 아이디어를 용도에 맞도록 조금만 수정하면 제 목적을 달성할 수 있을 것 같았습니다. 저는 그동안 사용해 왔던 방법들을 모두 제쳐두고 콜리바긴-플라흐의 아이디어를 확장하는 데 모든 노력을 기울였습니다."

이론적으로, 이 새로운 방법을 사용한다면 타원 방정식의 첫 번째 원소에만 적용되었던 와일즈의 논리는 타원 방정식의 모든 원소에 적용될 수 있으며, 더 나아가 모든 종류의 타원 방정식에 일괄적으로 적용될 가능성도 있었다. 콜리바긴 교수가 고안한 방법은 매우 강력한 수학이었다. 그리고 마티아스 플라흐는 콜리바긴의 아이디어를 보강하여 응용 분야를 더욱 넓혀놓았다. 그러나 이 두 사람은 와일즈가 세계 최고의 난제를 해결하는 데 자신들의 아이디어를 사용하게 될 줄은 꿈에도 생각하지 못했다.

프린스턴으로 돌아온 와일즈는 새로운 아이디어를 습득하면서 수개월을 보낸 뒤에 그것을 자신의 증명에 적용하는 역사적인 작업에 본격적으로 착수했다. 그리고 얼마 지나지 않아 와일즈는 하나의 특정한 타원 방정식에 귀납적 논리를 적용할 수 있었다. 드디어 나머지 도미노가 쓰러지기 시작한 것이다. 그러나 불행히도 어떤 특정한 타원 방정식에 성공적으로 적용된 콜리바긴-플라흐의 방법이 다른 방정식에도 적용된다는 보장이 없었다. 와일즈는 다시 한 번 타원 방정식을 주의 깊게 들여다본 끝에 그것이 몇 가지 패턴으로 분류될 수 있음을 알게 되었다. 그리고 하나의 특정한 타원 방정식에 콜리바긴-플라흐의 방법이 성공적으로 적용되면 그 방정식과 동일한 패턴을 가진 다른 타원 방정식에도 같은 논리가 적용될 수 있음을 알 수 있었다. 따라서 이제 남은 일은 모든 패턴의 타원 방정식에 적용될 수 있도록 콜리바긴-플라흐의 방법을 강화하는 것이었다. 개중에는 매우 다루기 힘든 별난 패턴도 있었지만, 와일즈는 끝장을 볼 때까지 모든 패턴의 타원 방정식을 각개격파하기로 마음먹었으며, 해낼 수 있다는 자신감도 갖게 되었다.

6년에 걸친 각고의 노력 끝에 와일즈는 드디어 마무리 단계에 접어들었다. 매주마다 새로운 패턴의 타원 방정식들이 모듈 형태와 일치해 나갔다. 모든 타원 방정식이 모듈 형태와 일치함을 증명하는 것은 이제 오로지 시간 문제인 것만 같았다. 증명의 마지막 단계에 이르렀을 무렵, 와일즈는 자신이 그동안 전적으로 믿고 사용해 왔던 콜리바긴-플라흐의 방법을 다시한 번 검증해 보기로 했다. 콜리바긴-플라흐의 방법을 응용하면서 혹시 논리상의 오류를 범했다면 모든 것이 한순간에 물거품이 되어버릴 판이었으므로, 와일즈가 의심을 품은 것은 당연한 일이었다.

"그 해 1년 동안 저는 콜리바긴-플라흐의 방법과 살다시피 했습니다. 그러나 거기에는 저 자신도 아직 완전하게 이해하지 못한 복잡한 논리들이 숨어 있었어요. 콜리바긴-플라흐의 아이디어에 들어 있는 대수학을 제대로 이해하려면 새로운 수학 공부를 많이 해야 했습니다. 그러던 중 1993년 1월 초순경, 그동안 사용해 왔던 기하학적 테크닉에 관하여 전문가의 조언을 듣기로 결심했습니다. 비밀을 지켜줄 만한 사람을 찾기 위해 고심도 많이 했지요. 결국 제가 선택한 전문가는 닉 카츠였습니다."

닉 카츠는 와일즈와 함께 프린스턴 대학의 수학과 교수로 재직하면서 친분을 쌓아온 사이였다. 카츠의 연구실은 와일즈의 연구실과 같은 복도에 있었음에도 불구하고 카츠는 와일즈의 연구실 안에서 무슨 일이 진행되고 있는지 전혀 알지 못했다. 그는 와일즈가 비밀을 고백했던 순간을 회상하면서 이런 말을 했다. "어느 날 앤드루가 불쑥 나타나서는 긴히 할 말이 있다면서 자기 연구실로 와줄 수 없겠냐고 묻더군요. 영문도 모른 채 그의 연구실로 들어갔더니 그가 문을 닫으면서 말했어요. 자기가 〈다니야마-시무라의 추론〉을 거의 증명한 것 같다고 말이죠. 저는 거의 기절할 뻔했습니다. 너무나 환상적인 사건이었지요. 앤드루는 자신의 증명과정 중 상당 부분이 콜리바긴-플라흐의 방법에 의존하고 있다고 했습니다. 그것은 기술적으로 매우 미묘한 부분이었는데, 그 친구는 별로 자신 있는 것 같지 않았습니다. 그 분야에 경험이 많은 전문가의 의견이 필요했던 거지요. 자신이 사용했던 논리에 오류가 없다는 것을 확인하고 싶었을 겁니다. 앤드루는 제가 이 분야를 전공했기 때문에 저를 불렀다고 했지만, 그가 저를 선택한 데에는 또 하나의 이유가 있었을 겁니다. 제가 가장 '입이 무거운' 전문가라고 생각했기 때문이겠지요."

와일즈는 6년 만에 처음으로 다른 사람에게 비밀을 공개했다. 이로써 콜리바긴-플라흐의 방법에 기초한 방대한 계산이 카츠의 손에 들어오게 되

닉 카츠(Nick Katz)

었으며 카츠는 계산의 진위 여부를 가려내는 막중한 작업을 떠맡게 되었다. 와일즈의 계산은 가히 혁명적이었다. 카츠는 엄밀한 검증을 위해 모든 가능한 방법들을 철저하게 분석했다. "앤드루의 계산은 너무나 길고 장황했기 때문에 연구실 안에서 곧바로 결론을 내릴 수가 없었습니다. 정식 강의를 몇 주 정도 들어야 감을 잡겠더군요. 그렇지 않으면 가뜩이나 복잡한 문제가 더 얽혀버릴 것 같았지요. 그래서 우리는 정식 강좌를 개설하기로 합의했습니다."

두 사람의 결정에 따라 수학과 대학원생들을 대상으로 하는 강좌가 개설되었다. 강의 담당교수는 와일즈였고 카츠는 학생석에 앉아서 강의를 들었다. 강의 내용은 증명의 타당성을 판별할 수 있을 만큼 자세했지만 영문을 알 리 없는 대학원생들은 꿔다놓은 보릿자루처럼 앉아 있어야 했다. 강의를 '위장한' 와일즈의 설명은 무리없이 진행되었으며, 수학과의 어느 누구도 와일즈와 카츠의 진짜 의도를 눈치채지 못했다. 다른 대학원생들이 볼 때 와일즈의 수업은 그저 평범한 강의에 지나지 않았다.

"앤드루는 강의 제목을 '타원 방정식의 계산법'이라고 붙였습니다." 카츠 교수는 그때를 회상하며 가볍게 웃어 보였다. "물론 그것은 적절한 이름이었지요. 그 이름 안에 모든 것이 들어 있으니까요. 그는 '페르마'나 '다니야마-시무라' 등의 이름을 한 번도 거론하지 않으면서 곧바로 복잡한 계산으로 들어갔습니다. 이 세상 어느 누구도 그 강의를 들으면서 와일즈의 숨은 의도를 알아채지 못했을 겁니다. 강의의 목적을 전혀 모르는 상태에서 듣기에는 너무나 따분하고 지루한 수업이었지요. 수학의 존재 이유를 모르는 사람에게 수학이 먹혀들지 않는 것처럼 말이죠. 사실 강의 목적을 알고 있다 해도 결코 따라가기 쉬운 수업은 아니었습니다. 어쨌거나 강의가 진행되면서 끔찍한 계산에 질려버린 학생들이 수강 신청을 철회하기 시작했습니다. 몇 주가 지난 뒤 강의실 주변을 둘러보니 학생석에 저 혼자 앉아 있더군요."

카츠는 좌석에 앉아 와일즈의 강의에 온 정신을 기울였다. 종강할 무렵이 되자 카츠는 콜리바긴-플라흐의 방법으로 〈다니야마-시무라의 추론〉을 증명할 수 있다는 확신을 갖게 되었다. 강의실 안에서 한 학기 동안 무슨 일이 진행되었는지를 제대로 아는 사람은 와일즈와 카츠뿐이었다. 와일즈가 수학 역사상 가장 위대한 쾌거를 이제 곧 이루게 되리라고는 아무도 짐작하지 못하고 있었다. 두 사람의 계획이 대성공을 거둔 것이다.

강의를 끝낸 뒤 와일즈는 증명을 마무리하는 데 모든 시간을 투자했다. 그는 콜리바긴-플라흐의 방법을 여러 가지 패턴의 타원 방정식 그룹에 성공적으로 적용해 나가던 끝에 마지막 관문에 봉착했다. 콜리바긴-플라흐의 논리가 먹혀들지 않는 방정식 패턴이 하나 남아 있었던 것이다. 와일즈는 증명의 마지막 단추를 끼우던 당시의 상황을 이렇게 회상했다. "3월 말쯤이었을 겁니다. 제 아내 나다는 아침 일찍 아이들과 외출했고 저는 늘 하듯이 책상 앞에 앉아 끝까지 저를 괴롭히던 마지막 타원 방정식의 패턴을 머릿속에 그려보고 있었습니다. 그때 책상 위에는 배리 마주르의 논문이 놓여 있었는데 거기 적힌 문장 하나가 제 눈길을 끌더군요. 19세기식 해결법을 설명하는 문장이었지요. 그 순간, 저는 콜리바긴-플라흐의 방법이 먹혀들지 않는 마지막 남은 타원 방정식에 이 구식 해결법을 사용할 수도 있겠다는 엉뚱한 발상을 떠올렸습니다. 점심도 잊은 채 깊은 생각에 잠겨 있다가 오후 3~4시쯤 되니 드디어 확신이 생기더군요. 정말로 남은 문제를 해결할 수 있을 것 같았어요. 차 마실 시간이 되어 아래층으로 내려갔더니 늦게 왔다고 아내가 잔소리를 하지 뭡니까. 그래서 저는 아내에게 조용히 말했습니다. 이봐 나 말이야, 〈페르마의 마지막 정리〉를 방금 증명했어."

세기의 강연

7년 동안 오로지 한 가지 목표만을 위해 사투를 벌여왔던 와일즈는 드디어 〈다니야마-시무라의 추론〉을 증명하는 데 성공했다. 그 결과, 300년 동안 그렇게도 꿈꿔왔던 〈페르마의 마지막 정리〉도 같이 증명되었다. 이제 남은 일은 증명 결과를 세상에 알리는 것뿐이었다.

와일즈는 그 당시의 상황을 회고하며 말했다. "1993년 3월까지, 저는 〈페르마의 마지막 정리〉를 완전히 정복했다고 믿고 있었습니다. 완벽한 검증을 한 번 더 해본 뒤에 진정한 완성품을 만들려고 했는데, 그 해 6월에 케임브리지 대학에서 학술 강연회가 열린다는 소식을 들었어요. 저는 그 장소야말로 증명 결과를 발표하는 데 더없이 좋은 장소라고 생각했습니다. 그곳은 저의 고향이었고 또 케임브리지 대학은 저의 모교였으니까요."

학술회의가 열린 곳은 아이작 뉴턴 연구소였다. 이번 학술회의 주제는 〈L-함수와 그 연산법〉이라는 다소 생소한 제목이었으며 개최 위원 명단에는 와일즈의 스승이었던 존 코티스 교수도 포함되어 있었다. "그 분야에서 일하고 있는 전 세계 학자들이 모여들었습니다. 물론 와일즈도 우리의 초대를 받고 참석했지요. 일주일에 걸친 강연 일정이 이미 짜여진 상태에서 많은 사람이 자신에게도 강연할 기회를 달라고 우기더군요. 저는 와일즈에게만 두 번에 걸친 강연을 허락했습니다. 그런데 이 친구가 나중에 저를 찾아와서는 한 번의 기회를 더 달라고 하더군요. 그래서 저는 제게 할당된 강연을 그에게 양보하여 세 번의 강연 기회를 주었지요. 그의 태도로 보아 무언가 큰일을 저지를 것 같긴 했지만, 구체적으로 무슨 내용인지는 전혀 알 길이 없었습니다."

와일즈가 케임브리지에 도착했을 때, 그의 강연일은 2주 반 정도 남아 있었다. 그는 남은 기간 동안 준비를 철저히 하여 일생일대의 기회를 십분 활용하겠노라고 굳게 다짐했다. "저는 한두 사람의 전문가와 함께 증명과정, 특히 콜리바긴-플라흐의 아이디어에 관한 부분을 검증하기로 했습니다. 우선 배리 마주르에게 원고를 넘겨주면서 말했지요. '이건 어떤 정리 하나를 증명한 건데요….' 마주르는 잠시 당황하더군요. 저는 계속 말을 이어나갔습니다. '한번 좀 봐주시겠습니까?' 그는 원고를 잠시 읽어 보고는 얼어붙은 사람처럼 아무런 말도 하지 않았습니다. '어쨌거나 저는 거기 적힌 내용으로 강연을 할 계획입니다. 그 전에 한번 검토해 주신다면 정말로 감사하겠습니다.' 마주르는 말없이 원고를 받아주더군요."

　전 세계의 정수론 학계를 주도하고 있는 저명한 학자들이 아이작 뉴턴 연구소로 속속 모여들기 시작했다. 그들 중에는 7년간에 걸친 와일즈의 연구에 결정적인 영감을 불어넣어 준 켄 리벳도 끼어 있었다. "제가 처음 케임브리지에 도착했을 때만 해도 여느 학술회의장의 분위기와 별반 다를 것이 없었습니다. 그런데 며칠이 지난 뒤부터 앤드루 와일즈의 강연 내용과 관련한 심상치 않은 소문이 학자들 사이에 나돌기 시작했습니다. 그가 〈페르마의 정리〉를 증명했다는 거였어요. 저는 말도 안 되는 헛소문일 거라고 일축해 버렸습니다. 그런 일은 불가능하다고 생각했지요. 그동안 이와 비슷한 헛소문이 수학계에 퍼졌던 경우는 헤아릴 수 없을 정도로 많았습니다. 요즈음은 주로 전자우편을 통해 소문이 전달되는데 모두가 한결같이 헛소문이었어요. 몇 번 속아본 사람이라면 아마 두 번 다시 믿지 않으려 할 겁니다. 그런데 이번 소문은 무언가 다른 점이 있었습니다. 소문을 옮기고 다니는 사람들의 말투에서 일종의 확신 같은 것이 느껴지더군요. 게다가 앤드루 와일즈는 쏟아지는 질문에 전혀 대답하지 않아서 호기심만 부풀어가고 있었습니다. 코티스 교수가 그에게 묻더군요. '이봐, 앤드루. 자네가 증명했다는 게 대체 뭔가? 지금 당장 기자들을 불러줄까?' 앤드루는 말없이 고개를 내저었습니다. 아마도 더욱 극적인 드라마를 연출하고 싶었겠지요. 어느 날 오후에 앤드루가 저를 찾아와서는 1986년도에 제가 수행했던 연구 내용과 프라이의 아이디어에 관한 몇 가지 질문을 해왔습니다. 저는 혼자 중얼거렸습니다. '세상에! 이 친구 정말 〈다니야마-시무라의 추론〉을 증명한 거 아냐? 그렇다면 〈페르마의 마지막 정리〉도 증명했겠네? 하느님 맙소사! 정말인가 보군. 그렇지 않다면 나에게 이런 질문을 해올 리가 없지 않은가!' 저는 그에게 소문의 진위 여부를 묻지 않았습니다. 그의 태도가 너무나 겸손해서 차마 물어볼 수가 없었던 거지요. 그리고 만일 물어보았다 해도 즉석에서 대답을 듣지는 못했을 겁니다. 그래서 저는 이렇게 대답했습니다. '글쎄…. 앤드루, 자네가 그 문제에 관한 강연을 한다면 정말로 흥미진진하겠군 그래.' 저는 무언가 알고 있는 듯한 표정으로 그를 바라보았습니다. 하지만 사실은 아무것도 모르고 있었지요. 그저 짐작만 하고 있을 뿐이었습니다."

무성한 소문 속에서 와일즈의 반응은 간단했다. "사람들은 제게 몰려와서 제가 어떤 내용의 강연을 할 것인지 미리 알고 싶어 했습니다. 그때마다 저는 '글쎄요. 강연 당일에 직접 오셔서 들어보시죠.'라고 대답했습니다."

1920년, 당시 58세였던 힐베르트는 괴팅겐에서 열린 공개 강연회에 연사로 초빙되어 〈페르마의 마지막 정리〉에 관한 강의를 한 적이 있었다. 그때누군가가 그에게 이런 질문을 던졌다. "〈페르마의 마지막 정리〉가 과연 증명될까요?" 그의 대답은 이러했다. "제가 살아 있는 동안은 증명되지 못할 것 같습니다. 그러나 좌중에 계신 젊은 분들은 그 역사적인 증명을 생전에볼 수 있을지도 모릅니다." 증명 시기에 관한 힐베르트의 예언은 거의 정확하게 맞아떨어진 셈이다. 와일즈의 강연이 성공리에 끝난다면 그는 〈볼프스켈 상〉을 받게 될 것이다. 파울 볼프스켈은 상금의 효력 만기일을 2007년 9월 13일로 정했었다.

와일즈의 강연 제목은 '모듈 형태, 타원 방정식, 그리고 갈루아 표현

(Modular Forms, Elliptic Curves, and Galois Representations)'이었다. 프린스턴 대학에서 닉 카츠와 대학원생들을 대상으로 행해졌던 강의처럼, 이번 강연 역시 제목이 너무 모호하여 제목만으로는 강연 내용을 도저히 짐작할 수가 없었다. 드디어 강연 첫날, 와일즈는 〈다니야마-시무라의 추론〉에 관한 기초적인 내용만을 언급한 채 싱겁게 강연을 끝냈다. 좌중에 있던 대부분의 학자들은 회의장에 나돌던 소문을 귀담아 듣지 않기 때문에 강연의 핵심을 잡지 못하여 와일즈의 설명에 별 관심이 없는 듯했다. 소문을 들은 몇 사람들만이 진상을 파악할 만한 실마리를 잡기 위해 강의에 귀를 기울였다.

첫 번째 강연이 끝나자마자 소문은 더욱 무성해져서 전자우편을 타고 순식간에 전 세계로 퍼져 나갔다. 와일즈의 제자였던 칼 루빈(Karl Rubin) 교수는 미국에 있는 동료들에게 다음과 같은 내용의 전자우편을 발송했다.

수신일 : 1993년 6월 21일 월요일. 13:33:06
주제 : 와일즈
여러분! 오늘 앤드루 교수가 첫 번째 강연을 했습니다.
〈다니야마-시무라의 추론〉의 증명에 관한 언급은 없었지만 논지를 그쪽 방향으로 몰아가고 있습니다. 그는 아직 두 번의 강연을 남겨놓고 있는데, 최종 결과에 대해서는 여전히 함구하고 있습니다.

제 생각으로는 그가 "E가 Q상의 타원 곡선이고 E상에 있는 3중점에 대한 갈루아의 표현에 어떤 가정을 만족하면, E는 모듈적이다."라는 정리를 증명할 것 같습니다. 지금까지의 강연 내용으로 미루어 볼 때 와일즈가 〈다니야마-시무라의 추론〉을 완전하게 증명한 것 같지는 않습니다. 그런데 그의 강연 내용이 앞으로 어떻게 프라이의 타원 방정식에 적용될 것인지는 저도 잘 모르겠습니다. 페르마와 관계가 있는지도 여전히 오리무중입니다. 다시 연락드리겠습니다.

칼 루빈

오하이오 주립대학

다음날, 소문은 더욱 무성해져서 와일즈의 두 번째 강연에는 첫날보다 훨씬 더 많은 사람이 모여들었다. 와일즈는 〈다니야마-시무라의 추론〉을 증명하기 위한 중간 과정을 설명했고 청중은 과연 그가 증명을 끝냈는지, 그래서 〈페르마의 마지막 정리〉를 증명했는지 너무도 궁금하여 목이 타들어갈 지경이었다. 두 번째 강연이 끝난 뒤 또다시 전자우편이 전 세계를 누비기 시작했다.

수신일 : 1993년 6월 22일, 화요일. 13:10:39

주제 : 와일즈

오늘 강연에서는 새로운 내용이 별로 없었습니다. 앤드루는 갈루아 표현에 관한 일반적인 정리를 어제 제가 예상했던 방식으로 증명했습니다. 모든 타원 방정식에 적용되는 정리는 아니었지만, 분위기상 내일쯤이면 와일즈가 결정타를 날릴 것 같습니다.

와일즈의 강연 의도는 사실 저도 잘 모르겠습니다. 내일 강연할 내용을 제대로 알고 있는 사람은 와일즈밖에 없습니다. 그가 이 분야에 수년간 집중해서 연구를 했다고 하니, 무언가 대단한 일임에는 틀림없을 겁니다. 그 자신도 대단히 자신에 차 있습니다. 자세한 결과는 내일 다시 알려드리겠습니다.

칼 루빈

오하이오 주립대학

6월 23일, 앤드루는 세 번째이자 마지막 강연을 시작했다. 존 코티스 교수는 당시의 상황을 이렇게 회고했다. "좌중에는 앤드루가 인용한 아이디어의 원조들이 거의 모두 앉아 있었습니다. 마주르와 리벳, 콜리바긴 등 그의 강연을 이해할 만한 사람들이 죄다 모여 있었지요. 정말 극적인 장면이었습니다."

셋째 날에는 소문이 퍼질 대로 퍼져서 케임브리지 대학 수학과의 모든 관계자들이 와일즈의 마지막 강연을 듣기 위해 구름처럼 모여들었다. 좌석에 앉는 건 대단한 행운이었고, 대부분의 사람은 복도에서 발뒤꿈치를 세우고 창문을 통해 강연을 들어야 했다. 켄 리벳 역시 역사적인 수학 강연의 현장을 결코 놓칠 수 없었다. "저는 일찍 강연장에 나와 마주르와 함께 맨 앞줄에 자리를 잡았어요. 역사적인 순간을 잡으려고 사진기까지 갖고 나왔습니다. 긴장된 분위기 속에서 사람들은 흥분하기 시작했습니다. 역사적인 사건이 곧 일어날 것 같은 분위기였지요. 강의가 진행되는 동안 사람들은 연신 미소를 짓고 있었습니다. 그러나 〈페르마의 마지막 정리〉 쪽으로 이야기가 옮겨가던 순간 긴장감은 극에 달했습니다."

배리 마주르는 와일즈의 증명과정이 적혀 있는 복사본을 미리 받아보았는데도 강연 현장에서 경악을 금치 못했다. "그토록 멋진 강의는 지금껏 들어본 적이 없었습니다. 훌륭한 아이디어와 적절한 긴장감이 한데 어울려 절묘한 조화를 이루고 있었지요. 문제가 될 만한 부분이 딱 한 군데 있긴 있었지만 말입니다."

7년에 걸친 각고의 노력 끝에 드디어 와일즈는 자신의 증명을 세상에 공개했다. 그런데 이상하게도 와일즈는 훗날 마지막 강연이 끝나갈 무렵에 자신이 했던 말들을 자세하게 기억하지 못했다. 그저 강의실의 분위기가 어렴풋이 기억난다고 했다. "기자들이 거의 강연 내용을 미리 알고 있는 것 같았는데, 다행히도 그들은 강연장에 들어오지 않았습니다. 그런데 청중석에는 사진기를 들고 사진 찍을 준비를 하는 사람들이 눈에 띄었습니다. 아이작 뉴턴 연구소 소장님은 어디서 소문을 들었는지 샴페인까지 들고 오셨더라구요. 증명이 막바지에 접어들었을 때 장내는 쥐죽은 듯이 조용했습니다. 제가 마지막으로 〈페르마의 마지막 정리〉를 칠판에 쓰면서 이렇게 말했지요. '이쯤에서 끝내는 게 좋겠습니다.' 그랬더니 갑자기 우뢰와 같은 박수가 터지더군요."

증명이 끝난 뒤

와일즈는 자신의 강연에 대하여 보통 사람들과는 사뭇 다른 감정을 느끼고 있었다. "분명히 그것은 대단한 광경이었습니다. 하지만 제게는 묘한 감정이 떠오르더군요. 지난 7년 동안 〈페르마의 마지막 정리〉는 제 삶의 일부분이었습니다. 제 인생의 목표이기도 했구요. 이제 그 일을 내 손으로 해치우고 나니 속이 다 후련했습니다. 그런데 이상하게도 마음 한구석이 텅 빈 것 같은 느낌을 지울 수가 없더군요. 제 자신의 일부분이 떨어져 나간 듯한 기분이었습니다."

와일즈의 연구 동료인 켄 리벳의 생각은 조금 달랐다. "그것은 기적과도 같은 사건이었습니다. 학술회의장에 가보면 따분한 강연도 있고 들을 만한 강연도 있지요. 그리고 가끔 매우 특별한 강연을 듣는 경우도 있습니다. 하지만 학술회의 강연장에서 지난 350년간 풀리지 않던 문제를 드디어 풀어내는 강연을 듣는 것은 평생을 통틀어 한 번 겪기도 어려운 일일 겁니다. 와일즈의 강연이 끝난 뒤 사람들은 서로 마주보며 탄성을 질러댔습니다. '세상에! 〈페르마의 마지막 정리〉가 정말 풀렸잖아! 방금 끝난 강연이 그거였지? 그럼 우리가… 역사의 산 증인이 된 거 아냐?' 사람들은 증명에 사용된 수학 테크닉과 다른 응용 분야에 대하여 몇 가지 질문을 해왔습니다. 그리고 잠시 침묵이 흐른 뒤 두 번째 박수갈채가 터져 나왔어요. 그 다음 진행될 강연의 발표자는 켄 리벳, 바로 저였습니다. 저는 강연을 하고 사람들은 판서를 가끔씩 받아적었습니다. 강연이 끝나고 저 역시 박수를 받았지요. 그러나 저를 포함한 모든 사람은 제가 무슨 강연을 했는지 아무런 기억도 하지 못했습니다."

수학자들은 전자우편으로 세기적 특종을 주고받을 수 있었지만 전 세계의 다른 사람들은 저녁 뉴스나 다음날 배달될 신문을 기다려야 했다. 뉴턴 연구소로 급파된 기자들은 앞다투어 '금세기 최고의 수학자'와 인터뷰를 요청했다. 〈가디언(Guardian)〉 지의 머리기사는 '수학 최후의 수수께끼가 풀리다.'였고, 〈르몽드(Le Monde)〉 지의 1면 기사는 '〈페르마의 마지막 정리〉가 드디어 해결되다.'였다. 언론인들은 수학자를 찾아가 와일즈의 업적에 대한 견해를 물어보기 바빴으며 각 대학의 수학과 교수들은 아직 충격에서 깨어나지 못한 채로 역사상 가장 복잡했던 수학 증명을 다시 한 번 설명해달라는 부탁에 시달려야 했다.

시무라 교수는 〈뉴욕 타임스〉를 읽다가 '유서 깊은 수학의 미스터리─마침내 '유레카(Eureka!)'의 함성이 터지다!'라는 기사에 눈을 뗄 수 없었다. 자신이 창안했던 추론이 드디어 증명되었다는 감개무량한 내용이었다. 그의 친구 다니야마가 자살한 지 실로 35년 만에, 〈다니야마-시무라의 추론〉은 진실로 판명된 것이다. 대부분의 수학자는 〈페르마의 마지막 정리〉가 증명된 것보다 〈다니야마-시무라의 추론〉이 증명된 것이 더욱 중요한 사건이라고 생각했다. 왜냐하면 〈다니야마-시무라의 추론〉에서 연쇄적으로 증명될 수 있는 수학정리가 엄청나게 많았기 때문이다. 그러나 기자들은 페르마에 관한 기사를 집중적으로 보도하면서 다니야마-시무라의 이름은 지나가는 말로 잠시 언급하는 정도에 그쳤다.

겸손하고 점잖은 성품의 시무라는 〈페르마의 마지막 정리〉가 증명되었다는 기사 속에 자신의 이름이 과소평가된 것에 대하여 별다른 불만을 표시하지 않았다. 그러나 '다니야마'와 '시무라'라는 이름이 명사에서 형용사로 격하된 것에는 다소 신경이 쓰이는 것 같았다. "정말로 이상한 일입니다. 〈다니야마-시무라의 추론〉이라는 말이 그렇게 무성한데도 정작 그들이 어떤 사람인지는 아무도 관심을 두지 않으니 말이죠."

1988년, 미야오카 요이치가 〈페르마의 마지막 정리〉를 증명했다는 잘못된 기사가 나간 이후로 수학 관련기사가 신문의 머리기사로 실린 것은 이번이 처음이었다. 미야오카의 경우와 다른 점이 있다면, 기사 내용이 두 배로 길어진 것과 와일즈의 증명을 의심하는 사람이 아무도 없다는 것이었다. 하룻밤 사이에 와일즈는 세계에서 가장 유명한 수학자가 되었다. 아니, 사실은 유일하게 유명한 수학자가 되었다. 〈피플(People)〉 지는 '올해의 인물 25인'의 명단에 다이애나 황태자비, 오프라 윈프리와 함께 와일즈의 이름을 집어넣기도 했다. 심지어는 한 의류 제조 회사에서 신사복의 광고 모델로 출연해 달라는 정중한 요청을 받기까지 했다. '단정한 매너의 천재'라는 와일즈의 인상이 그들의 신상품 이미지에 잘 들어맞았기 때문이었다.

신문지상에 연일 떠들썩하고 수학자들이 세상 사람들의 관심거리로 주목받는 동안 한쪽 구석에서는 와일즈의 증명을 검증하는 작업이 진행되었다. 학교에서 학생의 실력을 검증하기 위해 학기말에 시험을 치르듯이, 학계의 업적이 인정되려면 철저한 검증 과정을 거쳐야만 한다. 와일즈의 증명 역시 공식적인 인정을 받으려면 논문의 형식으로 제출되어 심사위원의 동의를 얻어내야 했다. 아이작 뉴턴 연구소에서 이미 증명의 개요를 발표했지만, 그것만으로는 공식 인증을 받을 수 없었던 것이다. 정상적인 검증 절차는 그다지 까다로울 것이 없다. 수학자가 자신의 논문을 유명 학술지

와일즈의 강연이 끝난 뒤, 전 세계 신문들은 〈페르마의 마지막 정리〉가 증명되었음을 앞다투어 보도했다.

에 투고하면 편집자는 그 논문의 구체적인 분야를 파악하여 해당 분야의 석학들로 이루어진 심사위원단에게 심사를 의뢰한다. 심사위원들은 모든 계산 과정을 세밀하게 검토한 뒤 논문의 적합성 여부를 통보하게 된다. 와일즈는 그 해 여름 내내 심사위원의 '합격 통지서'를 기다리며 초조한 나날을 보내야 했다.

7장

사소한 문제

도전할 만한 가치가 있는 문제는 반격을 가해오면서 자신의 가치를 증명한다.

– 피트 헤인(Piet Hein)

아이작 뉴턴 연구소에서 역사적 강연을 마친 뒤 카메라 앞에 선 와일즈와 켄 리벳.

케임브리지에서의 강연이 끝나자, 와일즈의 소식은 즉시 〈볼프스켈 상〉 수상위원회에 전달되었다. 위원회의 규칙에 따르면 다른 수학자들에 의해 증명의 타당성이 입증되고, 또 공식적인 출판물로 발행되어야만 수상 자격이 주어지기 때문에 와일즈에게 곧바로 상을 줄 수는 없었다.

괴팅겐 소재 왕립과학원은 … 정기 간행물이나 학술지, 또는 서점에서 구입 가능한 서적에 수록된 수학 논문에 한하여 실시한다. … 출판 후 적어도 2년 이상이 지난 뒤에 시상식을 거행한다. 이는 논문의 충분한 검증 및 독일 이외의 국가에서 활동하는 학자들에게 자신의 논리가 타당하다는 것을 입증할 만한 충분한 시간을 주기 위한 조치이다.

와일즈는 자신의 논문을 〈Inventiones Mathematicae〉라는 학술지에 제출했다. 그리고 이 학술지의 편집자였던 배리 마주르는 마땅한 심사위원들을 선정하는 작업에 착수했다. 와일즈의 논문에는 고대에서 현대에 이르기까지 무척이나 다양한 수학 테크닉들이 종합적으로 사용되었기 때문에 마주르는 의례 2~3명이었던 심사위원의 수를 6명으로 늘리는 이례적인 결정을 내렸다. 매년 학술지에 게재되는 수학 논문은 전 세계적으로 3,000 여 편에 달했지만 와일즈의 논문은 너무나도 중요하고 또 너무나 길었기 때문에 더욱 세심하게 심사해야 할 필요가 있었던 것이다. 더 효율적인 심사를 위해 200여 쪽에 걸친 증명과정은 여섯 개의 세부 과정으로 나뉘어 졌으며, 6명의 심사위원들이 각각 한 부분씩 맡아 심사를 책임지기로 합의를 보았다.

세 번째 부분의 심사를 맡은 사람은 이미 와일즈와 함께 증명을 검토한 경험이 있는 닉 카츠였다. "그 해 여름에 저는 파리에 있는 〈고등과학연구소(Institut des Hautes Etudes Scientifique)〉 연구를 진행하고 있었지요. 그때 저는 200여 쪽에 달하는 와일즈의 논문을 모두 복사해서 갖고 있었는데, 때마침 제게 심사 의뢰가 들어오더군요. 제가 심사할 부분은 70쪽 정도의 분량이었습니다. 아무래도 혼자 심사하기에는 벅찬 것 같아서 파리에 있는 뤽 일루지에(Luc Illusie)라는 수학자와 공동 심사를 하게 해달라고 마주르에게 요청했습니다. 제 요구는 수용되었고, 우리 두 사람은 매주 수차례씩 만나면서 서로에게 강의를 해주었지요. 우리에게 심사가 할당된 부분을 완전하게 이해하려면 그 수밖에 없었습니다. 뤽과 저는 논리상의 오류가 없는지 확인하기 위해 그 복잡한 계산을 한 줄 한 줄 따라갔습니다. 물론 길을 잃는 경우도 많았지요. 그래서 저는 하루에 한두 번씩 전자우편을 통하여 앤드루에게 물어보았습니다. '이 페이지에서 자네가 무슨 주장을 하고 있는지 이해가 가지 않아. ××번째 줄에서 계산이 틀린 거 아닐까?' 그럴 때마다 앤드루는 당일, 또는 그 다음날 전자우편으로 답장을 보내왔습니다. 물론 저의 의문점을 깨끗하게 풀어주는 내용이었지요. 그러면 우리는 다음 계산으로 넘어가곤 했습니다."(공정한 심사를 위해 논문 저자의 신상은 심사위원에게 통보되지 않는 것이 일반적인 관례이다. 그러나 앤드루 와일즈의 논문은 같은 분야의 학자들 사이에 너무나 잘 알려져 있었기에 이런 식의 심사가 가능했을 것이다. 그렇지 않은 대다수의 논문은 저자의 신상에 대해 전혀 모르는 상태에서 심사가 진행되며, 문제점이 발견되면 출판이 취소되거나 저자가 내용을 수정하여 다시 심사를 의뢰해야 한다: 옮긴이).

와일즈의 증명은 정말로 방대하고 복잡하기 이를 데 없었다. 수백 가지의 계산이 수천 개의 논리로 거미줄처럼 얽혀 있어서, 단 하나의 계산이나 하나의 논리적 연결고리에 오류가 생기면 증명 전체가 한순간에 무용지물이 될 수도 있었다. 와일즈는 프린스턴으로 돌아와 심사가 끝나기를 초조하게 기다렸다. "결과가 나오기 전에는 샴페인을 터뜨리지 않기로 했습니다. 심사가 진행되는 동안에는 심사위원들의 전자우편에 일일이 답하느라 아무런 일도 하지 못했어요. 하지만 어떤 질문이 들어와도 방어해 낼 수 있다는 자신감이 있었습니다." 와일즈는 심사위원들에게 논문을 보내기 전에 이미 두 차례에 걸친 검산을 끝낸 상태였으므로 만일 잘못된 것이 있다면 그것은 계산이나 논리상의 오류가 아니라 오타 내지는 문법상의 사소한 잘못일 거라고 생각했다.

카츠는 이렇게 회고했다. "8월까지 심사는 별다른 문제없이 진행되었습니다. 그러던 어느 날, 저는 아주 사소해 보이는 문제점 하나를 발견했습니다. 8월 23일경에 저는 늘 하던 대로 전자우편을 통해 앤드루에게 물어보았지요. 그런데 내용이 다소 복잡했는지 앤드루는 전자우편이 아닌 팩스로 답장을 보내왔더군요. 내용을 읽어 보니 제가 기대했던 대답이 아니다 싶어 전자우편을 다시 보냈어요. 잠시 후 또 한 장의 팩스가 도착했는데 여전히 만족스러운 대답이 아니었습니다."

와일즈는 카츠가 문제 삼은 부분이 여느 때처럼 그다지 심각한 오류가 아닐 것으로 생각했다. 그러나 카츠의 질문이 반복되자 와일즈는 심각해졌다. "단순한 질문이라고 생각했는데, 즉석에서 해결하기가 어려웠습니다.

그래도 한동안은 그동안 지적받았던 문제들처럼 심각한 오류는 아닐 거라고 믿었지요. 그런데 9월로 접어들면서 그것이 사소한 실수가 아니라 근본적인 오류였다는 사실을 점점 실감하게 되었습니다. 문제의 진원지는 콜리바긴-플라흐의 방법을 확장한 부분이었는데, 너무나 미묘한 부분이어서 그때까지도 잘못을 발견하지 못했던 겁니다. 오류가 발견된 부분은 매우 추상적인 개념이었기 때문에 간단한 수학으로 설명하기가 쉽지 않았습니다. 이 부분을 수학자에게 설명한다 해도 2~3개월간 철저하게 공부를 한 사람만이 제대로 이해할 수 있을 겁니다."

갑자기 상황이 급변하기 시작했다. 오류가 발견된 이상, 콜리바긴-플라흐의 방법을 와일즈의 의도대로 적용했을 때 논문에 적혀 있는 대로 결과가 나온다는 보장이 없었다. 와일즈의 본래 의도는 '모든 타원 방정식과 모듈 형태의 첫 번째 원소들이 서로 일치한다.'는 성질이 모든 원소에 적용되도록 확장해서 수학적 도미노 구조, 즉 귀납법이 적용되는 형태로 만들려는 것이었다. 원래 콜리바긴-플라흐의 방법은 특별히 한정된 조건하에서만 적용할 수 있는 방법이었는데 와일즈는 자신이 이것을 충분히 강화해서 모든 경우에 적용되도록 만들었다고 믿었던 것이다. 그러나 카츠의 지적에 따르면 그렇지 '않을 수도' 있었다. 만일 이것이 사실이라면 와일즈의 논문에 일대 재난이 닥칠지도 모르는 일이었다.

오류가 발견되긴 했지만 그렇다고 해서 와일즈의 논문이 당장 틀렸다고 단정지을 만한 상황은 아니었다. 그러나 어찌 되었건 와일즈는 카츠가 지적한 부분을 강화해야 했다. 완전무결한 수학의 신은 털끝만큼의 의심도 없이 모든 E-급수와 모든 M-급수에 한결같이 적용될 수 있는 완벽한 증명을 와일즈에게 요구하고 있었다.

카펫 재단사

와일즈의 논문에서 중요한 실수를 발견한 카츠는 지난 봄 와일즈의 강의를 들을 때 왜 그것을 진작 찾아내지 못했는지 의문을 품기 시작했다. 더구나 그 강의의 목적은 오류를 찾기 위한 것이 아니었던가! "사실, 강의를 듣는 마음 자세에 따라 긴장의 정도는 많이 달라질 수 있습니다. 강의 내용을 모두 이해하면서 듣는 것과 그저 강사가 설명하는 대로 따라가는 것 사이에는 엄청난 차이가 있지요. 만일 강의를 듣는 사람이 강사의 설명을 수시로 끊으면서 '이 점이 이해가 안 가요. 저것도 다시 설명해 주세요.' 하는 식의 요구를 계속한다면 강의는 정상적으로 진행될 수 없습니다. 또 이와는 반대로 아무런 질문 없이 고개만 끄떡이면서 강의를 듣는 학생이 있다면 그는 강의 내용을 거의 따라가지 못하고 있는 겁니다. 질문은 지나치게 많아도 안 되고 너무 적어서도 안 됩니다. 그런데 지난 봄에 앤드루의 강의를 들을 때, 저는 질문을 너무 안 했던 것 같습니다. 그것이 바로 심각한 오류를 발견하지 못한 이유라고 생각합니다."

바로 몇 주 전만 해도 전 세계의 신문들은 와일즈가 세계에서 가장 뛰어난 수학자이며 정수론 학계는 실로 350년 만에 피에르 드 페르마를 능가하는 천재를 얻었다고 한바탕 난리를 쳤었는데, 지금의 와일즈는 논문에 섞여 있는 오류를 인정할 수밖에 없는 굴욕적인 상황에 놓이게 되었다. 그는 자신의 잘못을 인정하기에 앞서 어떻게 해서든지 논리상의 허점을 보완해 보려고 안간힘을 썼다. "절대 포기할 수 없었습니다. 콜리바긴-플라흐의 방법에 약간의 수정만 가하면 해결될 수 있다고 스스로를 달래면서 이 문제에 필사적으로 매달렸습니다. 조금만 보완하면 모든 게 잘 될거라고 얼마나 중얼거렸는지 모릅니다. 저는 다시 제 논문을 발표하기 이전의 상태로 돌아가 외부와의 접촉을 완전히 끊은 채로 수정 작업에 몰두했습니다. 그러나 상황은 전보다 훨씬 나빠져 있었어요. 한동안 저는 뾰족한 구석을 둥글게 마무리하는 작업처럼, 무언가 아주 단순한 요소를 첨가하면 문제가 곧 해결되리라고 생각했습니다. 하루 만에 해결될 것만 같았지요. 물론 그럴 가능성도 있었습니다. 그러나 시간이 갈수록 문제는 더욱 미궁으로 빠져들더군요. 정말이지 환장할 노릇이었습니다."

와일즈는 자신의 실수가 수학계에 알려지기 전에 그것을 완전히 해결하고 싶었다. 7년 동안의 고행을 줄곧 옆에서 지켜보았던 그의 아내는 이제 남편이 '모든 것을 물거품으로 만들 수도 있는' 단 하나의 실수를 수정하고자 고군분투하는 모습을 안타까운 심정으로 바라보아야 했다. 훗날 와일즈는 그녀의 낙천적인 태도를 회상하며 이렇게 말했다. "9월 어느 날엔가 나다가 제게 이러더군요. 올바른 증명을 끝내서 그것을 자신의 생일선물로 달라고 말입니다. 나다의 생일은 10월 6일이니까, 저는 2주 이내에 완전한 증명을 포장하여 그녀에게 배달해야 했지요. 결국 나다의 소원을 들어주지 못했습니다."

가슴이 답답하기는 닉 카츠도 마찬가지였다. "10월까지 논문의 실수를 알고 있는 사람은 저와 일루지에(그는 닉 카츠와 함께 심사를 하는 것 이외에도 와일즈의 논문 중 다른 부분을 심사 중이었다), 그리고 와일즈뿐이었지요. 제가 알기로는 이렇게 세 사람뿐이었습니다. 저는 논문의 심사위원으로서 비밀을 지켜야 한다고 생각했습니다. 앤드루 이외의 사람들과 이 문제를 논의할 마음이 전혀 없었기 때문에 입을 굳게 다물고 있었던 겁니다. 겉으로 보기에 앤드루는 태연한 것 같았지만 분명히 좋지 않은 감정을 숨기고 있었습니다. 속이 편했을 리가 없지요. 그는 아무런 문제가 없는 것처럼 침착해지려고 무척 애를 썼을 겁니다. 그런데 논문의 복사본이 오랜 시간 동안 배포되지 않았기 때문에 학계에는 '무언가 문제가 있다.'는 소문이 나돌기 시작했습니다."

심사위원 중 한 사람이었던 켄 리벳은 기밀을 유지하는 데 한계를 느끼고 있었다. "저는 본의 아니게 '페르마 정보 서비스 센터' 직원처럼 지내야 했습니다. 〈뉴욕 타임스〉 기자가 처음으로 인터뷰를 요청했을 때, 앤드루는 자기 대신 인터뷰를 해달라고 저에게 부탁했어요. 그래서 대신 기자를 만난 것뿐인데 막상 신문에 실린 기사를 보니 이렇게 적혀 있더군요. '앤드루 와일즈의 대변인 리벳의 말에 따르면…' 이라고 말이죠. 그 뒤로 학계 내부나 외부 사람들은 저를 향해 봇물 같은 질문들을 쏟아부었습니다. 모두가 〈페르마의 마지막 정리〉에 관한 질문들이었지요. 신문기자들을 비롯해 전 세계 호사가들에게서 걸려온 전화를 일일이 받으면서 2~3개월 동안 저는 엄청난 분량의 '강의'를 소화해 내야 했습니다. 앤드루의 업적이 얼마나 위대한 것이며 그 파급효과는 어느 정도인지 열심히 설명해 주었어요. 심지어는 전화로 그의 증명 내용을 설명하기도 했고, 제가 심사 중인 부분을 설명해야 하는 경우도 있었습니다. 그러나 사람들은 그 정도로 성이 안 찼는지 나중에는 대답하기 곤란한 질문으로 저를 괴롭히더군요. 사실, 와일즈가 공식 석상에서 자신의 증명을 발표한 뒤로 상당한 시간이 흘렀음에도 불구하고, 몇 명의 심사위원을 제외하고는 어느 누구도 논문의 복사본을 구할 수 없다는 것은 어느 모로 보나 정상적인 상태가 아니었습니다. 수학자들은 몇 주 뒤에 논문의 복사본을 배포하겠다는 와일즈의 약속을 믿고 목이 빠지게 기다렸겠지요. 사람들은 이렇게 따지고 들었습니다. '일단 증명이 공식적으로 발표되었으니 우리도 알 권리가 있다. 그는 지금 무엇을 하고 있는가? 왜 아무런 소식도 들려오지 않는가?' 사람들은 일종의 소외감 같은 것을 느끼면서 현재의 상황을 애타게 알고 싶어했습니다. 그러나 증명에 드리운 안개는 좀처럼 걷히지 않았고 상황은 더욱 나빠져만 갔습니다. 급기야는 와일즈 논문의 제3장에 오류가 있다는 구체적인 소문이 나돌게 되었습니다. 소문의 진상을 파악하려는 전화가 쇄도해 왔는데, 정말로 해줄 말이 없더군요."

와일즈와 심사위원들이 오류에 관한 일체의 정보를 세상에 알리지 않고, 또 아무런 공식 해명도 없는 상태에서 의혹은 날로 증폭되어 갔다. 실망한 수학자들은 서로 전자우편을 주고받으면서 사태의 진상을 조금이나마 파악해 보려고 안간힘을 썼다.

주제 : 와일즈 증명의 오류?
발신일 : 1993년 11월 18일 21:04:49 GMT

와일즈의 증명에 논리적 틈새가 있다는 소문이 무성합니다.
그런데 여기서 말하는 '틈새'란 무엇을 뜻하는 겁니까?
바위 틈새, 균열, 크레바스, 갈라진 땅, 아니면 해구…
이들 중 하나를 말하는 겁니까? 누구 아시는 분 계시면 연락주시기 바랍니다.

조지프 리프먼

퍼듀 대학

모든 대학의 수학과에서는 매일같이 사람들이 모여앉아 와일즈의 증명을 놓고 설전을 벌였다. 떠도는 소문과 이를 부추기는 전자우편들을 보다 못한 일부 수학자들은 사람들에게 조용히 기다릴 것을 종용하는 전자우편을 발송하기도 했다.

주제 : 와일즈 증명의 오류?—에 대한 응답
발신일 : 1993년 11월 19일 15:42:20 GMT

저는 이 문제에 대해 알고 있는 바가 전혀 없으며 어디선가 전해들은 소식을 마음대로 옮길 수도 없는 입장입니다. 제가 여러분에게 드릴 수 있는 최선의 충고는 심사위원들이 와일즈의 논문에 전념할 수 있도록 당분간 침묵을 지켜달라는 것입니다.

무언가 발표할 내용이 있다면 우리가 가만히 있어도 결국 알려지게 될 것입니다. 과거에 논문을 쓰거나 심사해 본 경험이 있는 사람들은 심사 과정에서 야기될 수 있는 그 다양한 문제점에 대해 잘 알고 계실 것입니다.

와일즈가 제출한 논문의 중요성과 난이도를 생각해 보면, 심사 중에 문제가 생기지 않는 것이 오히려 이상한 일일 것입니다.

레너드 이븐스

노스웨스턴 대학

그러나 아무리 자중해 줄 것을 권유해도 전자우편은 그칠 줄을 몰랐다. 수학자들은 오류에 관한 소문에 만족하지 않고 심사위원의 견해를 1초라도 먼저 입수하기 위해 치열한 경쟁을 벌였다.

주제 : 페르마에 관한 소문

발신일 : 1993년 11월 24일 12:00:34 GMT

〈페르마의 마지막 정리〉를 증명한 와일즈의 논문에 대하여 다른 사람들이 함구해야 한다는 주장은 옳지 않다고 봅니다. 저 자신은 그런 종류의 이야기를 매우 좋아합니다. 다른 사람에게 심각한 피해를 주지 않는 한, 이런 대화야말로 학계의 관심을 유지시키는 원동력이라고 할 수 있을 것입니다. 와일즈의 증명이 옳든 그르든 간에, 그가 세계적인 관심을 끈 것만은 사실입니다. 그래서 저는 오늘 제 앞으로 날아온 전자우편을 공개하고자 합니다.

밥 실버만

주제 : 페르마의 구멍

발신일 : 1993년 11월 22일 20:16 GMT

지난 주에 코티스 교수는 뉴턴 연구소의 한 강연 석상에서 와일즈의 증명에 논리적 결함이 있다고 했다. 문제가 발생한 부분은 "기하학적 오일러 체계(geometric Euler system)"인데, 이 점이 보완되려면 2주가 걸릴 수도 있고 아니면 2년이 걸릴지도 모른다고 한다. 나는 이 문제에 관하여 코티스 교수와 몇 차례 대화를 주고받았는데 그가 무슨 근거로 이런 주장을 하고 있는지 알 수가 없다. 그는 논문의 복사본을 갖고 있지 않다. 내가 알고 있는 한 케임브리지 대학에서 복사본이 있는 사람은 심사위원 중의 한 사람인 리처드 테일러뿐이다.

그는 다른 심사위원들이 일치된 결론을 내릴 때까지 일절 언급을 회피하고 있다. 그래서 상황은 더욱 꼬이고 있다. 이런 상황에서 코티스 교수의 말을 어떻게 신뢰할 수 있는가? 리처드 테일러가 입을 열 때까지 기다리는 수밖에 달리 알아 볼 방법이 없다.

리처드 핀치

자신의 증명을 놓고 사람들이 치열한 공방전을 벌이는 동안 와일즈는 항간에 떠도는 논쟁과 억측들을 애써 무시하려고 노력했다. "저는 외부와 완전히 차단된 상태에서 지냈습니다. 사람들이 저에 대해 하는 말들을 듣고 싶지 않았거든요. 은둔생활이 다시 시작된 거지요. 가끔 제 동료였던 피터 사르낙이 찾아와 이렇게 말했습니다. '바깥 세상은 지금 페르마의 태풍이 휩쓸고 있다네.' 그의 말을 듣고는 있었지만 외부에서 벌어지는 일은 이미 제 관심사가 아니었습니다. 오로지 증명을 완성해야겠다는 생각뿐이었지요."

피터 사르낙은 와일즈와 거의 같은 시기에 프린스턴 대학 수학과에 부임하여 수년 동안 두터운 우정을 쌓아온 와일즈의 절친한 친구였다. 온 수학계가 떠들썩했던 그 시기에 사르낙은 와일즈가 신뢰할 수 있는 몇 안 되는 사람 중 하나였다. "자세한 내용을 알지는 못했지만 와일즈가 무언가 난처한 문제를 해결하려고 노력했던 것만은 분명합니다. 그런데 한 가지 문제가 해결되면 그것 때문에 또 다른 문제가 생기곤 했지요. 마치 방의 면적보다 큰 카펫을 방의 크기에 맞도록 재단하는 작업 같았습니다. 앤드루가 카펫의 한쪽 구석을 잘라내면 다른 구석이 맞지 않았지요. 카펫이 방의 면적에 잘 맞는지의 여부는 그가 판단할 수 있는 일이 아니었습니다. 비록 문제가 있긴 했지만 앤드루가 수학계에 지대한 공헌을 했다는 것은 부인할 수 없는 사실이었습니다. 그가 논문을 발표하기 전까지만 해도 〈다니야마-시무라의 추론〉은 난공불락이었어요. 그런데 그의 새로운 아이디어 덕분에 전 세계 수학계가 술렁이기 시작했습니다. 그의 아이디어는 지금껏 그 누구도 생각해 내지 못했던, 전혀 새로운 것이었습니다. 그러니 문제점을 해결하지 못한다 해도 수학사에 큰 업적을 남긴 것만은 분명했습니다. 물론, 〈페르마의 마지막 정리〉는 여전히 풀리지 않은 채로 남겠지만 말입니다."

시간이 흐르면서 와일즈는 끝까지 침묵을 지키기가 어렵다는 것을 인식하게 되었다. 오류를 수정하는 일은 뾰족한 구석을 다듬는 단순 작업이 결코 아니었기 때문에, 그는 이쯤에서 사람들의 의혹을 풀어줘야겠다고 결심했다. 별다른 소득 없이 가을을 보낸 뒤, 와일즈는 수학학회 전자 게시판에 다음과 같은 전자우편을 올렸다.

주제 : 페르마의 현주소

발신일 : 1993년 12월 4일 01:36:50 GMT

〈다니야마-시무라의 추론〉과 〈페르마의 마지막 정리〉를 다룬 저의 논문에 대하여 여러 가지 소문과 억측이 있는 것 같아 현재의 상황을 간략하게 알려드리고자 합니다. 그동안 논문을 검토하는 과정에서 몇 가지의 문제점이 발견되었습니다. 그들 중 대부분은 해결되었는데 하나의 문제가 아직 해결되지 않은 채로 남아 있습니다. 〈다니야마-시무라의 추론〉으로 셀머 군(Selmer group)을 계산한다는 귀류법적 발상은 문제가 없는 것으로 판명되었습니다. 그러나 준안전 상태(semistable case)에서 셀머 군의 정확한 상한(upper bound)을 계산한 결과는 아직 확실하게 검증되지 않았습니다(모듈 형태를 정방형으로 표현한 경우). 저는 케임브리지에서 발표했던 아이디어에 기초하여 이른 시일 내에 이 문제를 해결할 것입니다.

저의 논문은 아직도 보완해야 할 구석이 많기 때문에 복사본을 배포하는 것은 시기상조라고 생각합니다. 오는 2월에 프린스턴 대학에서 개설되는 저의 강좌에서 자세한 강의를 할 예정입니다.

앤드루 와일즈

와일즈의 희망 어린 발언을 그대로 믿는 사람은 거의 없었다. 처음 오류가 발견된 뒤로 6개월의 시간이 아무런 소득 없이 지나갔고, 앞으로 6개월 이내에 해결된다는 보장도 없었다. 와일즈는 '이른 시일 내에' 해결할 수 있다고 했는데, 그렇다면 왜 번거롭게 전자우편을 보냈단 말인가? 차라리 몇 주간 더 침묵을 지킨 뒤 완성된 논문을 배포하는 게 훨씬 낫지 않았을까? 와일즈가 2월에 하겠다고 약속한 강의는 결국 별다른 내용 없이 밋밋하게 진행되었고, 수학자들은 와일즈가 시간을 벌기 위해 지연 작전을 쓰고 있다고 생각했다.

신문지상에는 페르마의 현 상태에 관한 기사가 보도되었고 수학자들은 지난 1988년에 해프닝으로 끝났던 미야오카의 증명을 다시 한 번 떠올렸다. 역사는 언제나 반복되기 마련이다. 정수론 학자들은 이제 오류의 내용이 자세하게 서술된 또 하나의 전자우편을 애타게 기다리고 있었다. 지난 여름, 소수의 수학자들이 와일즈의 증명에 이의를 제기한 적이 있었는데, 사태가 이쯤 되고 보니 그들의 주장이 설득력을 얻기 시작했다. 전해지는 말에 의하면 케임브리지 대학의 앨런 베이커(Alan Baker) 교수가 와일즈의 증명이 앞으로 1년 내에는 절대로 완성되지 못한다는 쪽에 와인 100병을 걸었다고 했다. 베이커 본인은 이 소문을 부인하면서도 자신이 '건전한 회의론자'임을 자랑스럽게 강조했다.

뉴턴 연구소에서 처음 발표한 이후로 6개월 만에 와일즈의 증명은 거의 넝마가 되었다. 지난 세월 동안 비밀리에 계산을 수행하면서 마음속에 간직해 왔던 기쁨과 열정, 희망도 이제는 거북함과 절망으로 변해 있었다. 어린 시절부터 간직해 왔던 그의 꿈이 어느새 악몽으로 변해버린 것이다. "처음 7년 동안 저는 고독한 전쟁을 즐겼습니다. 아무리 어렵고 난공불락이라 해도 그것은 제가 가장 좋아하는 수학 문제였으니까요. 그것은 어린 시절부터 간직해 온 꿈이었기에 결코 포기할 수 없었습니다. 그 문제에서 잠시도 떠날 수가 없었어요. 그런데 막상 세상에 공개하고 보니 어떤 상실감 같은 것이 느껴지더군요. 정말 묘한 감정이었어요. 다른 사람들이 저의 증명에 탄성을 지르고, 저의 연구에 의해 전체 수학계의 앞길이 결정된다는 것은 정말 보람 있는 일이지요. 하지만 동시에 저는 탐구욕을 잃어버렸습니다. 가장 소중한 것을 온 세상에 공개하고 나니 꿈을 잃어버린 것 같은 느낌이 들더군요. 게다가 거기에 문제가 있다는 사실이 알려지니까 수십, 수백, 수천 명의 사람들이 저를 괴롭히더군요. 공개된 상태에서 연구를 하는 것은 확실히 제 스타일이 아니었습니다. 전혀 즐겁지가 않았어요."

전 세계 정수론 학자들은 와일즈의 처지를 십분 이해하고 있었다. 켄 리벳은 8년 전에 〈다니야마-시무라의 추론〉과 〈페르마의 마지막 정리〉 사이의 관계를 증명하면서 와일즈와 비슷한 악몽을 겪은 경험이 있었다. "언젠가 버클리에 있는 수리과학연구소(Mathematical Sciences Research Institute)에서 강의를 하던 중 이런 질문을 받았습니다. '잠깐만요, 그런 게 사실이라는 걸 어떻게 확신할 수 있습니까?' 그래서 나름대로 이유를 설명했지요. 그랬더니 또 묻더군요. '그래요? 하지만 이 문제는 경우가 다르잖습니까?' 정말 끈질긴 질문자였어요. 몹시 당혹스러워서 땀을 뻘뻘 흘렸던 기억이 납니다. 그때 문득 이런 생각이 들더군요. 무언가를 완전하게 입증하려면 문제의 근본으로 돌아가서 누구나 인정하고 있는 원칙을 확인한 뒤에 다른 유사한 적용 사례를 면밀하게 살펴보는 것뿐이라고 말이죠. 저는 관련 있는 논문을 살펴본 뒤에 그것이 이 문제의 경우에도 타당하게 적용될 수 있음을 확인했습니다. 그래서 하루 동안 계산을 마무리한 뒤 다음 강의 시간에 완벽한 논리로 질문자를 만족하게 할 수 있었습니다. 무언가 아주 중요한 발언을 하고 나면 종종 그 속에서 실수가 발견되곤 하지요.

논문 속에서 오류를 발견했을 때, 상황은 보통 두 가지 종류로 진행됩니다. 우선 '해결할 수 있다.'는 자신감이 처음부터 넘치는 경우가 있지요. 이런 경우라면 별 어려움 없이 오류가 수정되어 논문의 생명력이 유지될 수 있습니다. 그리고 그 반대의 경우가 있을 수 있는데, 말하자면 오류가 발견되는 순간 다리가 후들거릴 정도로 조바심이 나는 경우입니다. 이런 경우에는 그 오류라는 것이 매우 근본적인 오류여서 수정이 불가능할 수도 있습니다. 수학정리의 출발점에서 발생한 오류일수록 수정은 더욱 어려워집니다. 뜯어고치면 고칠수록 더 많은 문제점들이 나타날 테니까요. 그러나 와일즈의 경우, 여섯 편으로 나뉘어진 그의 논문은 모두가 각기 나름대로 훌륭한 논문임에 틀림없습니다. 7년에 걸쳐 작성된 이 논문은 사실 여러 편의 논문들이 한데 묶여 있는 형태입니다. 그리고 각각의 논문들을 따로 취급한다 해도 여전히 훌륭한 논문입니다. 오류가 발견된 곳은 제3장, 그러니까 세 번째 논문이라고 할 수 있는데, 이것을 제외한 다른 부분은 정말로 완벽하고 아름답기까지 합니다.

그러나 제3장이 그의 논문에서 빠진다면 〈다니야마-시무라의 추론〉 및 〈페르마의 마지막 정리〉의 증명은 사라지게 됩니다. 그토록 어렵게 이루어 낸 증명이 잘못된 것으로 판정된다면 전 세계의 수학자들 모두가 크게 실망할 것입니다. 게다가 발표한 지 6개월이 지나도록 와일즈와 심사위원들을 제외하고는 복사본을 받아본 사람이 전혀 없었습니다. 모든 사람이 오류의 진상을 자세히 알 수 있도록 공개심사를 하자는 목소리도 높았습니다. 그렇게 하면 어느 날 누군가가 오류를 완벽하게 수정하여 증명을 마무리할 수도 있을 테니까요. 물론 일리 있는 주장이었지요. 해결될 수 있는 가능성도 높아질 겁니다. 심지어 어떤 수학자는 '그토록 중요한 증명이 단한 사람의 손에 의해 이루어지도록 놔둘 수는 없다.'고 주장하기도 했습니다. 정수론 학자들은 증명의 타당성 여부와 상관없이 다른 수학자들의 놀림거리가 되고 말았습니다. 수학 역사상 가장 자랑스러워야 할 사건이 졸지에 '웃기는 사건'으로 전락한 셈이죠."

여론의 압력에도 불구하고 와일즈는 자신의 논문을 공개하지 않았다. 뒷전에 물러선 채 다른 사람이 증명을 완성하여 온갖 영예를 가로채는 광경을 바라만 보기에는 지난 7년의 세월이 너무도 아까웠던 것이다. 〈페르마의 마지막 정리〉를 증명한 사람이란, 증명의 '대부분'을 완성한 사람이 아니라 증명을 '끝낸' 사람을 뜻한다. 오류를 수정하지 못한 채로 세상에 공개한다면 전 세계의 수학자들이 벌 떼처럼 모여들어 와일즈에게 질문을 퍼부을 것이 뻔했다. 그렇게 되면 와일즈는 사람들을 일일이 상대하느라 문제에 집중할 수 없게 되고 반면에 다른 사람들은 와일즈가 투자했던 7년의 세월을 공짜로 버는 셈이 된다.

와일즈는 예전에 했던 대로 완전히 고립된 상태에서 문제 해결에만 전념했다. 가끔씩 프린스턴 호숫가를 산책하는 것도 예전부터 해오던 습관이었다. 그러나 예전에는 와일즈를 무심코 지나쳤던 사람들―조깅, 자전거, 요트를 즐기는 사람들—이 이제는 가던 길을 멈추고 서서 한마디씩 물었다. 확실히 그는 저명인사가 되어 있었다. 〈피플〉 지에 그의 기사가 사진과 함께 실렸고, CNN과 인터뷰도 했다. 지난 여름만 해도 그는 세계에서 가장 유명한 수학자였다. 그러나 6개월이 지난 뒤 그의 명성에는 어두운 그림자가 드리우기 시작했다.

수학계에서 와일즈의 증명은 여전히 최고의 화젯거리였다. 프린스턴 대학의 수학과 교수 존 콘웨이는 당시 수학과 교수 휴게실의 분위기를 회상하며 이렇게 말했다. "우리는 매일 3시가 되면 휴게실에 모여앉아 커피에 과자를 찍어 먹으면서 대화를 나누었습니다. 수학 얘기를 할 때도 있고 오제이 심슨(O. J. Simpson)에 관한 얘기를 할 때도 있었습니다. 그리고 앤드루의 논문이 화제가 될 때도 종종 있었지요. 하지만 모인 사람들 중 어느 누구도 와일즈에게 직접 물어볼 용기가 없었습니다. 만일 누군가가 우리의 이러한 태도를 눈치챘다면 우리가 비밀 수사관 같아 보였을 겁니다. '오늘 아침에 앤드루를 봤어.' '웃고 있던가?' '그래, 그런데 별로 행복해 보이지는 않더군.' 우리는 이렇게 그의 심중을 얼굴 표정만으로 짐작할 수밖에 없었습니다."

악몽의 전자우편

겨울이 깊어갈수록 문제가 해결될 가능성은 희미해지고 논문을 공개하라는 수학자들의 목소리는 커져갔다. 다양한 소문이 떠도는 가운데 어느 신문에는 와일즈가 증명을 완전히 포기하여 모든 것이 끝장났다는 기사까지 실렸다. 물론 이것은 과장된 오보였지만 와일즈가 문제 해결을 위해 시도했던 수십 가지 방법이 모두 실패하여 아직 마땅한 해결책이 발견되지 않은 것만은 분명했다.

　와일즈는 피터 사르낙에게 현재 상황이 절망적이며 실패를 인정해야 할 것 같다고 솔직하게 털어놓았다. 사르낙은 매일같이 얼굴을 마주대고 토론할 만한 동료가 와일즈에게 없기 때문에 문제가 더욱 어려워진다고 충고했다. 누군가 와일즈의 아이디어를 한층 더 발전시켜서 전면공격을 맡은 와일즈를 도와 측면공격을 지원해 준다면 상황은 훨씬 좋아질 것이 분명했다. 사르낙은 와일즈에게 신뢰할 만한 파트너를 구하여 다시 한 번 시도해 볼 것을 권했다. 와일즈에게 필요한 파트너는 콜리바긴-플라흐의 방법에 아주 능통하면서 하늘이 두 쪽이 나도 비밀을 지켜줄 만한 사람이었다. 와일즈는 오랫동안 심사숙고한 끝에 케임브리지에서 프린스턴 대학으로 옮겨온 리처드 테일러를 영입하기로 결심했다.

　테일러는 와일즈의 논문을 심사하던 여섯 명의 심사위원 중 한 사람이었으며, 한때 와일즈의 제자였으므로 와일즈는 그를 두 배로 신뢰할 수 있었다(제자가 스승의 논문을 심사하는 것은 학계에서 얼마든지 있을 수 있는 일이다. 학술지의 심사위원은 특별한 자격이 필요한 게 아니라 해당 분야의 논문을 많이 저술한 사람이 심사를 맡는 게 보통이다. 심지어는 박사 과정에 재학 중인 똑똑한 학생이 교수의 논문을 심사하는 웃지 못할 사건이 벌어지기도 한다. 물론 불합격 판정이 내려질 수도 있다: 옮긴이). 작년에 와일즈가 아이작 뉴턴 연구소에서 역사적인 강연을 할 때 테일러는 좌중에 앉아 스승이었던 연사의 강연을 감명 깊게 들었다. 이제 그가 할 일은 절체절명의 위기에 처한 역사적인 증명을 다시 살려내는 것이었다.

　1994년 1월, 와일즈는 테일러의 도움을 받으며 문제 해결의 열쇠인 콜리바긴-플라흐의 방법을 다시 한 번 파헤치기 시작했다. 하루 종일 몰두하다 보면 가끔씩 새로운 사실을 발견하는 날도 있었지만 시간이 지나도 결국 원점으로 돌아오는 경우가 대부분이었다. 이전보다 더욱 깊숙이 파고들

리처드 테일러(Richard Taylor)

수록, 그리고 실패가 거듭될수록 그들은 지금껏 어느 누구도 겪어보지 못한 거대한 미로의 한복판에 갇혀 있음을 절감하게 되었다. 만일 이 거대한 미로가 무한히 계속되거나 출구가 없다면 어찌될 것인가? 와일즈와 테일러가 가장 두려워한 것은 바로 이 점이었다. 그렇다면 두 사람은 어둠 속에서 목적도 없고 끝도 없는 여행을 하고 있는 셈이다.

1994년 어느 봄날, 더 이상 나빠질 수 없을 정도로 절망적인 상태에서 다음과 같은 내용의 전자우편이 전 세계 컴퓨터로 배달되었다.

발신일 : 1994년 4월 3일

주제 : 또다시 페르마

오늘, 〈페르마의 마지막 정리〉에 관한 놀라운 사실이 발견되었습니다. 노엄 엘키스는 〈페르마의 마지막 정리〉가 틀렸음을 보여주는 반증(counter-example)을 찾아내고 말았습니다! 그는 이 사실을 오늘 발표했습니다. 그가 찾아낸 해는 엄청나게 큰 정수이지만(10^{20} 이상) 분명히 존재한다고 했습니다. 그가 사용한 주 아이디어는 일종의 히그너 점(Heegner point)으로서, 모듈 곡선에서 페르마 곡선으로 넘어가는 부분에 교묘하게 도입된 것 같습니다. 엘키스의 논리에서 가장 어려웠던 부분은 정수해가 존재하는 영역이 Q영역까지 포함한다는 사실을 증명하는 것이었습니다.

자세한 과정은 너무 복잡하여 여기에 옮길 수가 없습니다…

따라서 〈다니야마-시무라의 추론〉도 성립하지 않게 되었습니다. 이 분야의 전문가들은 아직도 다니야마-시무라를 살릴 수 있는 여지가 있다고 생각하고 있습니다. '보형(automorphic) 표현'의 개념을 확장하고 여기에 '이상 곡선(anomalous curves)'의 개념을 도입하면 가능할지도 모른다고 합니다. 이 경우에는 '준보형(quasi automorphic) 표현'도 도입되어야 할 것입니다.

헨리 다몬

프린스턴 대학교

노엄 엘키스는 하버드 대학 교수로, 1988년에 오일러의 추론이 틀렸음을 증명하는 반증을 찾아낸 사람이었다. 그가 찾아낸 관계식은 다음과 같다.

$$2,682,440^4 + 15,365,639^4 + 18,796,760^4 = 20,615,673^4.$$

그런 그가 이번에는 〈페르마의 마지막 정리〉를 영원히 사장시킬 수 있는 반증을 찾아냈다는 것이다. 이 사건은 실의에 빠져 있는 와일즈에게 비극적인 결정타로 작용했다. 엘키스가 반증을 찾아낸 것이 사실이라면 와일즈의 논문에서 발견된 오류는 수정의 대상이 아니라, 〈페르마의 마지막 정리〉 자체가 잘못된 정리라는 데서 야기된 필연적인 결과일 것이다. 이 하나의 전자우편으로 인해 수학계 전체가 엄청난 혼돈에 빠졌다. 만일 〈페르마의 마지막 정리〉가 거짓이라면 프라이의 논리에 의해 타원 방정식과 모듈 형태의 대응관계도 와해된다. 그리고 이것은 곧 〈다니야마-시무라의 추론〉 역시 거짓이라는 끔찍한 결과를 낳게 되는 것이다. 엘키스는 페르마뿐만 아니라 다니야마-시무라까지도 한꺼번에 날려버린 셈이다.

〈다니야마-시무라의 추론〉이 죽어버린다면 정수론 학계에는 일대 재난이 초래될 것이 분명했다. 왜냐하면 지난 20여 년 동안 수학자들은 〈다니야마-시무라의 추론〉이 사실이라는 가정하에 방대한 분량의 수학을 쌓아왔기 때문이었다. 이 책 5장에서 말한 바와 같이, 수학자들은 '〈다니야마-시무라의 추론〉이 사실이라면…' 으로 시작하는 증명을 수십 개나 이루어냈다. 그런데 엘키스의 발견으로 그들이 내세웠던 가정이 틀렸다는 것이 입증되었고, 따라서 틀린 가정하에 이루어진 모든 증명은 일제히 쓰레기 통으로 직행해야 할 판이었다. 수학자들은 즉각 엘키스의 반증에 관한 구체적 정보를 요구했다. 그러나 엘키스에게 아무런 대답도 얻어낼 수 없었다. 그는 자신이 왜 입을 다물고 있는지 해명조차 하지 않았다. 그가 찾아냈다는 페르마 방정식의 해가 대체 어떤 정수인지, 구체적으로 알고 있는 사람도 없었다.

이 끔찍한 소동이 벌어지고 이틀이 지난 뒤에 어떤 수학자가 문제의 전자우편을 다시 한 번 주도면밀하게 읽어 보고는 무언가 이상한 점을 발견했다. 전자우편의 발신일이 4월 3일로 되어 있었는데, 정확한 시간이 빠져 있는 것으로 보아 이것은 키보드로 직접 입력한 날짜임이 분명했다(정상적인 방법으로 전자우편을 보내면 정확한 발신 시간이 초 단위까지 자동으로 기재된다: 옮긴이). 즉 이 전자우편은 2~3회의 단계를 거쳐서 배달된 것이었다. 원래의 전자우편은 발신일이 4월 1일이었다. 그리하여 우편의 전달 과정을 역추적해 본 결과 문제의 전자우편은 캐나다 출신의 정수론 학자 헨리 다몬(Henri Darmon)의 짓궂은 장난이었음이 밝혀졌다. 전 세계 수학계를 며칠 간 공포에 떨게 했던 다몬의 치기 어린 전자우편은 페르마에 관한 소문을 퍼뜨리고 다니는 호사가들에게 경종을 울리기에 충분했으며 〈페르마의 마지막 정리〉와 와일즈, 테일러, 그리고 수리 중인 와일즈의 증명은 다시 생명을 되찾게 되었다.

와일즈와 테일러는 아무런 소득 없이 여름을 보냈다. 8년 동안 오로지 단 하나의 목표를 이루기 위해 그렇게도 애써왔던 와일즈였지만 아무래도 실패를 인정해야 할 것만 같았다. 그는 테일러에게 "더 이상 계속할 만한 이유가 없다."며 참담한 심정으로 포기를 권유했다. 그러나 테일러는 프린스턴에서 9월까지 머물 계획으로 케임브리지를 떠나왔기 때문에, 딱히 그만 둘 이유가 없었다. 그는 좌절에 빠진 와일즈를 위로하면서 한 달만 더 참아보자고 했다. "9월 말까지도 아무런 소득이 없으면, 그때 포기해도 되잖아요." 테일러의 말에는 일리가 있었다. 그래서 그들은 한 달 동안 수정 작업을 더 해보고 그래도 진전이 없으면 증명에 실패했다는 사실과 자세한 증명과정을 세상에 공개하여 다른 수학자들에게도 검토할 수 있는 기회를 주기로 했다.

생일선물

역사상 최대의 난제와 한판 승부를 벌였던 와일즈는 이제 막다른 골목에서 패배를 인정해야 하는 딱한 처지에 몰렸으나, 지난 7년의 세월을 돌이켜볼 때 그것은 결코 허송세월이 아니었다. 단 하나의 오류 때문에 목표를 달성하지 못한 건 사실이지만 이를 제외한 다른 부분들은 분명히 대단한 업적이었다. 갈루아 군을 이용한다는 와일즈의 아이디어는 다른 수학자들에게 새로운 영감을 불어넣었다. 와일즈는 모든 타원 방정식의 첫 번째 원소가 모듈 형태의 첫 번째 원소와 일치한다는 사실을 증명했다. 이제 남은 일은 '타원 방정식의 한 원소가 모듈적이면 그 다음 원소도 모듈적이다. 따라서 모든 원소는 모듈적이다.'라는 사실을 증명하는 것이었다.

7년의 기간 중 와일즈는 특별한 경우에만 적용되는 증명을 확장하기 위해 상당한 시간을 보냈다. 그리고 결국 그는 귀납법을 선택했다. 또한 하나의 도미노가 쓰러졌을 때 그 효과를 모든 도미노에 전달하는 수단으로 이와자와 이론을 도입했다. 이와자와 이론을 처음 대했을 때에는 그것이 모든 도미노를 쓰러뜨릴 수 있을 만큼 강력한 수단인 것 같았다. 그러나 막상 계산에 적용해 보니 처음 짐작과는 전혀 딴판이었다. 와일즈는 2년 동안 모든 가능한 수단을 다 써보았으나, 이와자와 이론으로는 단 한 개의 도미노도 쓰러뜨릴 수 없었다.

1991년 여름, 콜리바긴-플라흐의 방법을 알게 된 뒤로 와일즈는 이와자와 이론을 미련 없이 포기했다. 그리고는 새로 도입한 콜리바긴-플라흐의 방법과 근 2년간의 사투를 벌인 끝에 드디어 모든 도미노가 쓰러진 것처럼 보였다. 와일즈는 이 결과를 케임브리지에서 공식적으로 발표하여 잠시나마 희대의 영웅이 되었다. 그러나 발표한 지 두 달 만에 콜리바긴-플라흐의 방법에서 오류가 발견되었고 그 이후로 사태는 악화일로로 치달았다. 콜리바긴-플라흐의 방법을 고수하는 한 어떠한 수정도 먹혀들지 않았다.

콜리바긴-플라흐의 방법이 적용된 부분만 제외한다면 와일즈의 논문은 완벽한 것이었다. 물론 이 부분이 빠지면 〈다니야마-시무라의 추론〉 및 〈페르마의 마지막 정리〉는 증명되지 못한 채로 남겠지만, 나머지 부분에 들어 있는 새로운 아이디어와 수학적 테크닉들은 다른 수학정리들을 증명하는 데 필수적인 요소들이었다. 그러므로 와일즈에게는 사실 패배감을 느낄 이유가 전혀 없었다. 그리고 와일즈는 사람들의 의혹 섞인 비난의 소리에 이미 익숙해져 있었다.

와일즈는 마지막으로 자신이 실패한 원인이라도 제대로 알고 싶었다. 그래야만 스스로를 위로할 수 있다고 느꼈던 것이다. 테일러가 다른 방법으로 시도를 계속하는 동안 와일즈는 콜리바긴-플라흐의 방법이 실패한 이유를 철저하게 파고들면서 9월을 보냈다. 그는 자신의 운명을 좌우했던 이 기간을 지금도 생생하게 기억하고 있다. "9월 19일, 월요일 아침이었어요. 저는 책상에 앉아 콜리바긴-플라흐의 방법을 검토하고 있었지요. 저의 증명을 되살려낼 자신은 없었지만 적어도 그것이 '왜' 틀렸는지는 알아낼 수 있다고 믿었습니다. 그야말로 지푸라기라도 잡아보려는 심정이었어요. 그래야만 최소한의 위안이나마 얻을 수 있었으니까요. 그런데 갑자기, 졸지에, 모든 것이 제 눈앞에 확연하게 드러나더군요. 콜리바긴-플라흐의 방법으로 증명을 완성할 수는 없지만, 이 방법을 이용하면 제가 3년 전에 폐기처분했던 이와자와 이론을 다시 살려낼 수 있겠더라구요. 콜리바긴-플라흐의 방법을 연구하면서 얻어낸 정보들이 이와자와 이론으로 귀납법을 완성하는 데 반드시 필요한 요소였던 거지요. 이렇게 해서 제 논문의 최대 걸림돌이었던 콜리바긴-플라흐의 방법은 순식간에 1등 공신으로 돌변하게 되었습니다."

이와자와 이론 자체는 와일즈의 증명에 부적절한 것이었다. 그리고 콜리바긴-플라흐의 방법 역시 부적절하기는 마찬가지였다. 그러나 이 두 가지는 서로 보완하는 성질을 갖고 있었다. 결국 두 가지 방법을 한데 합쳐놓으니 모든 문제점이 기적과도 같이 말끔하게 해결되었다. 와일즈에게는 평생 잊을 수 없는 환희의 순간이었다. 그는 이 기억을 떠올릴 때마다 감정이 격해져서 지금도 눈물이 날 지경이라고 한다. "그것은 말로 표현할 수 없을 정도로 아름다웠습니다. 너무나 간결하면서 또 너무나도 우아했어요. 왜 이 사실을 진작 발견하지 못했는지 이해가 가질 않았습니다. 너무도 기쁘고 어이가 없어서 계산 결과를 한 20분 동안 멍하니 바라보았습니다. 그리고는 밖으로 나가 수학과 건물 내의 복도를 이리저리 거닐다가 다시 자리로 돌아와 제가 발견한 것이 아직 그대로 있는지 확인해 보았습니다. 꿈을 꾼 건지도 모르니까 말이죠. 그런데 그 아름다운 녀석이 여전히 그 자리에 있더군요. 저는 너무 흥분해서 정신을 가눌 수가 없었습니다. 제 연구 인생을 통틀어 가장 중요한 순간이었지요. 앞으로 제가 어떤 발견을 한다 해도 그런 정도의 환희는 두 번 다시 느껴보지 못할 겁니다."

와일즈가 소년 시절부터 간직해 왔던 꿈은 이렇게 이루어졌다. 지난 8년 동안 오직 한곳에 쏟아부었던 그의 열정도 비로소 열매를 맺게 되었다. 마지막 14개월은 수학자로서 진정으로 고통스럽고 절망적인 시간이었지만, 이제 그는 모든 것을 이겨내고 승리의 월계관을 거머쥔 것이다.

"그날 밤, 저는 집으로 돌아와 곧바로 잠에 곯아떨어졌습니다. 그리고 다음날 아침부터 계산과정을 일일이 확인해 보았습니다. 모든 게 완벽했지요. 시계를 보니 11시더군요. 저는 아래층으로 내려와 아내를 향해 소리쳤습니다. '해냈어! 드디어 해냈다구!' 영문을 알 리가 없는 아내는 제가 아이들의 고장난 장난감을 고쳤거나 부서진 의자를 수리한 줄 알았을 겁니다. 저를 멍하니 바라보며 묻더군요. '뭘 해냈다는 거예요?' 저는 더욱 큰소리로 외쳤습니다. '망가진 증명을 고쳤어, 이번엔 진짜야! 내가 해냈다니까!'"

다음 달이 되어, 와일즈는 작년에 지키지 못했던 아내와의 약속을 뒤늦게나마 지킬 수 있게 되었다. "아내의 생일이 다가오고 있었어요. 지난 생일 때는 약속했던 선물을 주지 못했는데, 이번에는 확실하게 줄 수 있었지요. 아내의 생일날 저녁 식사가 준비되고 30초쯤 지났을 때, 저는 기쁜 마음으로 완성된 논문을 아내에게 내밀었습니다. 그동안 아내에게 여러 번 선물을 했지만 그렇게 기뻐하는 모습은 정말 처음이었습니다."

주제 : '페르마의 마지막 정리'에 관한 최신 증명

발신일 : 1994년 10월 25일 11:04:11

오늘 아침을 기하여 다음 두 편의 논문이 공개되었습니다.

1. 모듈적 타원 곡선과 〈페르마의 마지막 정리〉

Modular elliptic curves and Fermat's Last Theorem.

– 앤드루 와일즈

2. 헤케 대수학의 고리이론적 성질

Ring theoretic properties of certain Hecke algebras.

– 리처드 테일러, 앤드루 와일즈

첫 번째 논문(장편)에는 〈페르마의 마지막 정리〉를 증명하는 세부 과정과 그 결과들이 수록되어 있으며, 증명과정에서 가장 중요한 부분은 별도로 작성된 두 번째 논문(단편)에서 집중적으로 다루었습니다.

이미 알고 계신 바와 같이, 케임브리지에서 발표한 와일즈의 증명은 오일러 체계(Euler system)를 구축하는 부분에서 심각한 오류가 있는 것으로 판명되었습니다. 이 점을 수정하기 위해 여러 가지 접근을 시도해 본 결과 와일즈는 몇 년 전에 포기했던 다른 방법을 사용하게 되었습니다. 그는 어떤 특정한 헤케 대수가 국소적으로 완전한 교차점(local complete intersection)을 갖는다는 가정에서 출발하여 증명을 완성했습니다.

이를 비롯한 여러 가지 아이디어가 이미 케임브리지 강연에서 언급된 바 있으며, 자세한 내용은 첫 번째 논문에 수록되어 있습니다. 이와 동시에 테일러와 와일즈는 헤케 대수가 만족해야 할 성질을 모두 규명했는데, 이것은 두 번째 논문에 수록되어 있습니다.

증명의 개요는 와일즈가 케임브리지에서 강의했던 내용과 거의 동일합니다. 새로 도입된 방법에는 오일러 체계의 상당 부분이 제거되었기 때문에 기존의 방법보다 훨씬 간단하며 길이도 짧습니다(이 부분은 팔팅스에 의해 더욱 간결하게 정리되었습니다).

배포된 논문은 몇 사람의 손에 의해 (필요하다면) 약간의 수정이 가해질 수도 있습니다. 이 경우, 여러분은 수주일 이내에 개정판을 받아볼 수 있을 것입니다. 한동안은 새로운 소식에 귀를 기울여야 하겠지만 와일즈의 증명은 지금 상태로 거의 완벽하기 때문에 받아보신 논문을 신뢰해도 좋을 듯합니다.

칼 루빈

오하이오 주립대학

Chapter 1

This chapter is devoted to the study of certain Galois representations. In the first section we introduce and study Mazur's deformation theory and discuss various refinements of it. These refinements will be needed later to make precise the correspondence between the universal deformation rings and the Hecke rings in Chapter 2. The main results needed are Proposition 1.2 which is used to interpret various generalized cotangent spaces as Selmer groups and (1.7) which later will be used to study them. At the end of the section we relate these Selmer groups to ones used in the Bloch-Kato conjecture, but this connection is not needed for the proofs of our main results.

In the second section we extract from the results of Poitou and Tate on Galois cohomology certain general relations between Selmer groups as Σ varies, as well as between Selmer groups and their duals. The most important observation of the third section is Lemma 1.10(i) which guarantees the existence of the special primes used in Chapter 3 and [TW].

1. Deformations of Galois representations

Let p be an odd prime. Let Σ be a finite set of primes including p and let $\mathbf{Q}_\Sigma$ be the maximal extension of $\mathbf{Q}$ unramified outside this set and ∞. Throughout we fix an embedding of $\overline{\mathbf{Q}}$, and so also of $\mathbf{Q}_\Sigma$, in $\mathbf{C}$. We will also fix a choice of decomposition group D_q for all primes q in $\mathbf{Z}$. Suppose that k is a finite field of characteristic p and that

$$(1.1) \qquad \rho_0\colon \operatorname{Gal}(\mathbf{Q}_\Sigma/\mathbf{Q}) \to \operatorname{GL}_2(k)$$

is an irreducible representation. In contrast to the introduction we will assume in the rest of the paper that ρ_0 comes with its field of definition k. Suppose further that $\det \rho_0$ is odd. In particular this implies that the smallest field of definition for ρ_0 is given by the field k_0 generated by the traces but we will not assume that $k = k_0$. It also implies that ρ_0 is absolutely irreducible. We consider the deformations $[\rho]$ to $\operatorname{GL}_2(A)$ of ρ_0 in the sense of Mazur [Ma1]. Thus if $W(k)$ is the ring of Witt vectors of k, A is to be a complete Noetherian local $W(k)$-algebra with residue field k and maximal ideal m, and a deformation $[\rho]$ is just a strict equivalence class of homomorphisms $\rho\colon \operatorname{Gal}(\mathbf{Q}_\Sigma/\mathbf{Q}) \to \operatorname{GL}_2(A)$ such that $\rho \bmod m = \rho_0$, two such homomorphisms being called strictly equivalent if one can be brought to the other by conjugation by an element of $\ker : \operatorname{GL}_2(A) \to \operatorname{GL}_2(k)$. We often simply write ρ instead of $[\rho]$ for the equivalence class.

학술지에 수록된 앤드루 와일즈의 '증명' 첫 페이지. 그의 '증명'은 이런 식으로 1백 쪽이 넘도록 계속된다.

대통일 수학

버마에서 온 한 무모한 젊은이가 〈페르마의 마지막 정리〉를 증명했으나, 단 한 개의 오류 때문에 그는 공포 속에 살았다네. 그러나 역시 그의 짐작대로 와일즈의 증명은 건재했다네!

– 페르난도 고베아(Fernando Gouvea)

앤드루 와일즈(Andrew Wiles)

새로 발표된 증명은 의심의 여지가 없었다. 두 편의 논문은 총 130쪽이 넘는 방대한 분량이었으며 수학 역사상 가장 자세한 내용을 담고 있는 논문이었다. 뒤에 이 논문은 《아날스 오브 매스매틱스(Annals of Mathematics)》(1995년 3월호)를 통해 출판되었다.

와일즈의 사진은 〈뉴욕 타임스〉의 1면을 다시 한 번 장식했다. 그러나 이번에는 '우주의 나이를 연구하다가 새로운 우주적 수수께끼에 직면하다.'라는 다른 내용의 과학 기사에 명당자리를 내주었다. 한 번 김이 빠진 〈페르마의 마지막 정리〉에 기자들은 이전 같은 관심을 보이지 않았던 것이다. 그러나 수학자들은 와일즈의 증명이 얼마나 값진 쾌거인지 너무나도 잘 알고 있었다.

"〈페르마의 마지막 정리〉를 증명한 것은 물리학에서 원자의 세부구조를 규명한 것과 생물학에서 DNA의 구조를 규명한 업적에 비유할 수 있습니다." 코티스 교수의 말이다. "〈페르마의 마지막 정리〉를 정복한 것이야말로 인간 지성의 위대한 승리라고 할 수 있습니다. 이것 하나로 정수론은 혁명적인 변화를 겪게 될 것입니다. 저의 개인적인 입장에서 볼 때 앤드루의 업적이 그토록 아름답게 보이는 이유는 그것이 대수정수론(algebraic number theory) 분야에 엄청난 진보를 가져다줄 것이기 때문입니다." 8년에 걸친 각고의 노력 끝에 와일즈는 20세기 정수론에 새로운 지평을 열었으며 이 모든 것을 하나로 통합하여 하나의 위대한 증명을 이루어냈다. 그는 완전히 새로운 수학 테크닉과 전통적인 수학을 절묘하게 결합했다. 이런 일이 가능하리라고는 일찍이 그 누구도 짐작하지 못했다. 이와 더불어 그의 연구 업적은 다른 문제들을 해결하는 데에도 응용할 수 있다. 켄 리벳의 설명에 따르면 와일즈의 증명은 현대의 수학과 미래의 비전이 완벽하게 조화를 이룬 걸작이라고 했다. "무인도에 혼자 갇혀 있어도 와일즈의 논문만 갖고 있다면 일단 머리가 먹고살 수 있는 식량은 무한정 확보된 셈입니다. 그 안에는 정수론 분야의 최근 아이디어가 총망라되어 있습니다. 거기 등장하는 모든 정리는 각자 나름대로 분명한 역할이 있으며 주어진 역할이 끝나면 곧바로 다음 아이디어가 등장합니다."

과학 분야의 언론인들이 와일즈의 증명을 칭송하는 동안, 일부 기자들은 〈다니야마-시무라의 추론〉에 관심을 두고 있었다. 와일즈의 업적에 주춧돌 역할을 했던 두 사람의 일본인, 1950년대에 수학계를 뒤흔들었던 다니야마 유타카와 시무라 고로에 관한 기사는 그다지 중요하게 취급되지 않았다. 비록 다니야마는 30여 년 전에 스스로 목숨을 끊었지만 그의 동료였던 시무라는 자신들의 추론이 증명되는 것을 살아서 지켜볼 수 있었다. 소감을 물어보았더니 시무라는 말없이 웃으면서 점잖게 입을 열었다. "그렇게 되리라고 생각했습니다."

다른 동료들과 마찬가지로 켄 리벳 역시 〈다니야마-시무라의 추론〉이 증명된 것에 매우 커다란 의미를 두고 있었다. "무엇보다도 심리적으로 자신감을 얻었다는 것이 중요합니다. 과거에는 감히 접근조차 하지 못했던 다른 문제들에 대하여, 지금은 정면 도전을 할 수 있게 되었으니까요. 타원 방정식의 세계와 모듈 형태의 세계는 풍경이 전혀 다른 별개의 세계였는데 다니야마와 시무라가 둘 사이에 다리를 놓았고 와일즈가 공사를 마무리했습니다. 따라서 타원 방정식과 관련된 정리를 증명했다면, 그것은 곧 이에 대응되는 모듈 형태의 정리가 덩달아 증명되었음을 뜻합니다. 물론 반대의 경우도 마찬가지구요. 모듈 형태에 대하여 아는 것이 별로 없다 해도 걱정할 것이 없습니다. 타원 방정식의 세계에서 통했던 진리는 모듈 세계에서도 통하기 때문이죠. 타원 방정식에 관한 논문을 쓸 때, '〈다니야마-시무라의 추론〉이 사실이라는 가정하에 어떤 논리를 펼 수 있는지 살펴보자.'라는 표현은 이제 사라졌습니다. '〈다니야마-시무라의 추론〉이 사실이므로, 이렇고 이런 것들도 성립한다.' 라고 쓰면 그만이지요. 이것은 정말 신나는 일입니다."

〈다니야마-시무라의 추론〉에 기초하여 와일즈는 타원 방정식과 모듈 형태를 하나로 통합했으며, 그 뒤로 수학자들은 다른 정리를 증명할 때 훨씬 빠른 지름길로 논리를 몰고 갈 수 있게 되었다. 한 분야의 미해결 문제는 이와 유사한 분야의 기해결 문제를 모방하여 해결될 수도 있다. 고대 그리스 시대부터 전해져 내려온 타원 방정식의 미해결 문제는 이제 모듈 형태의 문제로 변환해서 해결할 수 있게 되었다.

이보다 더욱 중요한 것은 수학의 통일 작업, 즉 '랭글런즈 프로그램'의 원대한 목표를 향해 와일즈가 첫발을 내디뎠다는 점이다. 그 이후로 수학의 다른 분야들을 추가로 통일시키는 추론들이 속속 탄생하여 많은 수학자가 증명을 시도하고 있다. 1996년 3월에 와일즈는 랭글런즈와 함께 울프상(Wolf Prize)(〈볼프스켈 상〉이 아님)을 수상하여 상금 10만 달러를 나누어 가졌다. 와일즈의 업적이 랭글런즈의 야망에 찬 계획에 생명을 불어넣었음을 울프 협회가 인정한 것이다. 와일즈의 증명으로 인하여 현대 수학은 희망으로 가득 찬 차세대 수학으로 도약했다. 시간이 흘러 더 많은 정리가 증명될수록, 와일즈의 진가는 더욱 분명해질 것이다.

1년 동안 실망과 불안감에 휩싸여 있던 전 세계 수학계는 마침내 환희의 순간을 맞이했다. 학술회의와 세미나, 심포지엄 등 모든 종류의 학술적 모임에서는 예외 없이 와일즈의 증명을 소개하는 강연이 마련되었으며, 보스턴의 수학자들은 역사적 사건을 기념하기 위해 '5행시 경연대회'를 열기도 했다.

해결되지 않은 주요 문제들

가장 위대한 수학적 증명을 이루어냈다는 것은, 한편으로는 수학에서 가장 위대한 수수께끼를 빼앗아 버렸다는 것을 뜻한다. 와일즈는 말한다. "사람들이 그러더군요. 가장 도전해 볼 만한 문제를 제가 빼앗아 갔다고 말이죠. 그러니 다른 문제를 만들어 달라는 거예요. 그 말을 듣고 나니 약간 우울한 기분이 들더군요. 문제를 빼앗긴 사람들도 같은 심정이었을 겁니다. 우리는 오랜 세월 동안 우리 곁에 있으면서 많은 사람의 관심을 수학으로 이끌었던 문제를 잃어버렸습니다. 오랜 옛날부터 수학 문제들은 항상 이런 과정을 거쳐왔겠지요. 이제 우리는 관심을 끌 만한 새로운 문제를 찾아야 할 겁니다."

비록 와일즈가 수학 역사상 가장 유명했던 문제를 해결해 버렸지만, 전세계의 문제해결사들은 아직도 희망을 버리지 않고 있다. 아직 해결되지 않은 수학 문제가 많이 남아 있기 때문이다. 이 문제들은 〈페르마의 마지막 정리〉와 같이 고대 그리스 수학에 그 뿌리를 두고 있으며, 문제 자체는 매우 단순하여 어린아이들도 이해할 수 있다. 일례로 완전수에 관한 미스터리를 살펴보자.

이 책의 1장에서 서술한 바와 같이 완전수란 약수들을 모두 더한 결과가 자기 자신과 일치하는 수를 말한다. 따라서 6과 28은 완전수이다.

$$6의\ 약수 : 1, 2, 3 \qquad 6 = 1 + 2 + 3$$
$$28의\ 약수 : 1, 2, 4, 7, 14 \qquad 28 = 1 + 2 + 4 + 7 + 14$$

데카르트는 "완전한 인간이 드문 것처럼, 완전수도 매우 드물게 나타난다."고 했다. 그리고 실제로 지난 수천 년 세월 동안 인류가 발견한 완전수는 30개뿐이다. 가장 최근에 발견된 완전수는(이것은 또 가장 큰 완전수이기도 하다) 자릿수만도 13만 자리나 되며 이 수를 가장 간단하게 표현하는 방법은 다음과 같다.

$$2^{216,090} \times (2^{216,091} - 1).$$

지금까지 발견된 완전수들은 모두가 '짝수'라는 공통점이 있다. 따라서 (이유는 잘 모르지만) 모든 완전수는 짝수일 것이라는 추측이 가능하다. 그렇다면 당장 떠오르는 문제가 하나 있다. 모든 완전수가 짝수라는 것을 증명할 수 있을까? 이것이 증명되면 이유도 명백해질 것이다.

완전수에 관한 또 하나의 유명한 문제는 완전수의 개수에 관한 것이다. 즉 완전수의 개수는 과연 무한히 많을 것인가? 수백 년 동안 수천 명의 정수론 학자들이 이 문제와 씨름을 벌였지만 아직도 밝혀진 바가 전혀 없다. 이 문제를 해결하는 사람은 수학사의 한 페이지를 장식하게 될 것이다.

소수에 관한 문제도 아직 해결되지 않은 것이 많다. 정수를 순서대로 나열했을 때 소수가 나타나는 위치는 거의 아무런 규칙이 없는 것처럼 보인다. 그래서 수학자들은 소수를 가리켜 '정수의 잔디밭에 제멋대로 자라는 잡초'라고 했다. 정수를 잘 살펴보면 소수가 특히 밀집되어 있는 영역을 발견할 수 있는데, 그 이외의 영역에서 소수가 거의 나타나지 않는 이유는 지금도 알려지지 않고 있다. 지난 수세기 동안 수학자들은 소수가 나타나는 패턴을 설명하기 위해 많은 노력을 기울여왔으나 성공한 사람은 아무도 없다. 그런데 이것은 약간의 위험을 수반하는 문제이다. 소수가 나타나는 '규칙'이라는 것이 애초부터 존재하지 않을 수도 있기 때문이다. 따라서 용기가 없는 사람은 소수에 관한 다른 문제로 관심을 돌리는 것이 좋을 듯하다.

한 가지 전례를 들어보자. 지금으로부터 2,000년 전, 유클리드는 소수의 개수가 무한하다는 사실을 증명했다(2장 참조). 그런데 지난 200년 동안 수학자들은 쌍소수(twin primes)의 개수도 무한하다는 것을 증명하기 위해 무진 애를 써왔다. 쌍소수란 차이가 '2'만큼 나는 두 개의 소수를 말한다. 서로 다른 두 개의 소수는 그 차이가 '2'일 때 가장 가깝다(차이가 '1'이 될 수는 없다. 왜냐하면 이런 경우 두 개의 수들 중에서 하나는 반드시 짝수가 되는데, 모든 짝수는 '2'라는 약수를 갖기 때문에 소수일 수가 없기 때문이다). 비교적 작은 쌍소수로는 (5, 7)과 (17, 19)가 있으며 큰 수 중에는 (22,271, 22,273), 그리고 (1,000,000,000,061, 1,000,000,000,063)이 있다. 쌍소수는 정수 전체의 영역에 걸쳐 존재한다는 심증을 갖고, 야심찬(그리고 조금은 한가로운) 수학자들은 지금도 거대한 쌍소수를 찾고 있다. 쌍소수의 개수가 무한대임을 시사하는 강력한 증거가 있긴 하지만, 아직 증명은 이루어지지 않았다.

흔히 〈쌍소수 추론(twin prime conjecture)〉이라 부르는 이 문제를 가장 비슷하게 풀어낸 사람은 중국 출신의 수학자 첸징룬(陳景潤)이었다. 1966년에 그는 소수와 근사소수(almost prime)로 이루어진 쌍이 무한히 많이 존재한다는 사실을 증명했다. 소수는 1과 자기 자신 이외에 약수를 갖지 않는 반면, 근사소수는 1과 자기 자신 이외에 두 개의 소수를 약수로 갖는 수를 말한다. 즉 근사소수란 '소수가 아닌 수 중에서 가장 소수에 가까운 수이다. 예를 들어, 17은 소수이지만 21(3 × 7)은 근사소수이다. 120(2 × 3 × 4 × 5)은 여러 개의 소수를 약수로 갖기 때문에 근사소수가 아니다. 첸은 [소수, 소수]로 이루어진 쌍의 개수와 [소수, 근사소수]로 이루어진 쌍의 개수를 더한 값이 무한대임을 증명했다(두 가지 경우 모두 두 수의 차이는 2이다). 누군가가 첸의 증명에서 근사소수라는 단어를 빼낼 수만 있다면, 그는 유클리드 이후에 소수론 분야에서 가장 위대한 업적을 남긴 위인으로 기록될 것이다.

소수와 관련된 또 하나의 수수께끼는 1742년, 차르 표트르 2세(당시 그는 10대 소년이었다)의 가정교사였던 크리스티안 골드바흐가 스위스 최고의 수학자 레온하르트 오일러에게 보낸 편지에서 발견되었다. 골드바흐는 짝수들을 나열해 놓고 이런 저런 계산을 하던 중 모든 짝수는 소수 두 개의 합으로 표현될 수 있음을 알게 되었다.

$$4 = 2 + 2,$$
$$6 = 3 + 3,$$
$$8 = 3 + 5,$$
$$10 = 5 + 5,$$
$$50 = 19 + 31,$$
$$100 = 53 + 47,$$
$$21{,}000 = 17 + 20{,}983$$
$$\vdots$$

골드바흐는 이것이 모든 짝수에 대하여 일반적으로 성립하는 성질인지를 오일러에게 물었다. '분석의 화신'이라 불리던 오일러는 이 질문에 답하기 위해 수년 동안 갖은 방법을 다 써보았지만 만족할 만한 답을 찾아내지 못했다. 〈골드바흐의 추론〉이라 불리는 이 문제는 현대의 컴퓨터로 계산해 본 결과 100,000,000 이하의 짝수에 대하여 성립한다고 알려져 있으나, 무한히 많은 짝수가 모두 소수 두 개의 합으로 표현되는지는 아직 증명되지 않았다. 모든 짝수가 800,000개 이내 소수들의 합으로 표현된다는 것이 증명되어 있긴 하지만, 이것으로 〈골드바흐의 추론〉을 증명하기에는 약간의 거리가 있다. 그러나 이 증명은 자체만으로도 소수의 성질에 대하여 깊은 이해를 가져다주었으며, 1941년에 스탈린은 〈골드바흐의 추론〉에 한 걸음 다가선 이반 마트베예비치 비노그라도프(Ivan Matveyevich Vinogradov)에게 10만 루블의 상금을 수여했다.

〈페르마의 마지막 정리〉를 대신할 만한 여러 개의 미해결 문제들 중에서, 가장 관심을 끄는 문제는 단연 '케플러의 공 쌓기(Kepler's sphere-packing)'일 것이다. 1609년, 독일의 과학자 요하네스 케플러(Johannes Kepler)는 태양의 주위를 공전하는 행성의 궤도가 원이 아닌 타원형임을 발견하여 천문학에 일대 혁명을 일으켰으며, 이것은 뉴턴이 만유인력 법칙을 발견할 때에도 중요한 단서가 되었다. 케플러는 다양한 분야의 수학을 모두 섭렵하진 못했지만 자신이 알고 있는 분야에 있어서는 일가견이 있었다. 케플러가 특히 관심을 가졌던 문제는 귤 같은 구형의 물체를 가장 효과적으로 쌓는 문제였다.

이 문제는 1611년에 케플러가 자신의 후원자인 존 와커(John Wacker)에게 신년선물로 헌정한 〈눈의 6각형 결정구조에 관하여(On the six-cornered snowflake)〉라는 제목의 논문에서 처음으로 거론되었다. 케플러는 다음과 같은 논리로 눈의 결정이 6각형인 이유를 설명했다. 모든 눈송이는 애초에 6각 대칭구조를 가진 조그만 덩어리로 탄생하여, 대기를 통과하는 도중에 크기가 커진다. 대기 중에는 바람과 온도, 습도 등이 계속해서 변하고 있으므로 성장 조건에 따라 미세한 부분은 달라질 수도 있지만 눈송이의 원

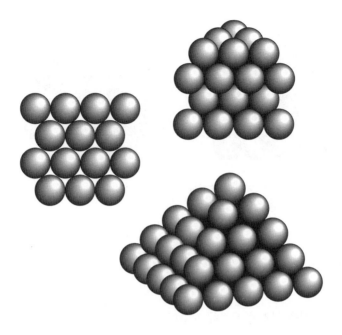

〈그림 24〉 인접입방격자 방식으로 공을 쌓았을 때, 각각의 층은 하나의 공 주변에 여섯 개의 공이 접해 있는 모양을 하게 된다. 바로 위층의 배열은 아래층과 동일하지만 위치가 조금 이동해 있다. 즉 아래층 공과 위층 공의 중심이 같은 수식선상에 있는 것이 아니라, 아래층을 이루는 공들 중 인접한 세 개의 공이 만드는 홈 위에 위층의 공이 놓이는 것이다. 과일 가게에 진열된 귤이나 사과는 흔히 이런 방식으로 쌓여져 있다.

천인 중앙부의 덩어리는 크기가 워낙 작기 때문에 모든 방향으로 균일하게 자라나서 6각 대칭구조가 그대로 보존된다는 것이다. 이 논문에서 케플러는 타고난 그림 솜씨로 눈의 결정구조를 정확하게 그려냄으로써 결정학(crystallography)의 기틀을 마련했다.

케플러는 물질을 구성하는 작은 입자들의 배열 상태에 깊은 관심을 가지고 연구하던 끝에 한 가지 질문을 떠올렸다. '부피를 최소화하려면 입자들을 어떻게 배열해야 하는가?' 모든 입자가 구형(탁구공 모양)이라고 가정한다면 어떻게 쌓는다 해도 사이에는 빈틈이 생기기 마련이다. 문제는 이

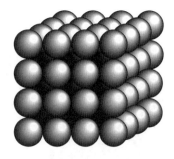

<그림 25> 단순입방격자 방식은 공을 바둑판의 격자 모양대로 쌓아가는 배열을 말한다. 이 경우, 1층과 2층의 공의 중심은 같은 수직선상에 놓이게 된다.

빈틈을 최소한으로 줄여서 쌓인 공이 차지하는 부피를 최소화하는 것이다. 이 문제를 해결하기 위해, 케플러는 여러 가지 다양한 배열 방법에 대하여 그 효율성을 일일이 계산해 보았다.

케플러가 제안했던 첫 번째 배열 방법은 인접입방격자(face-centered cubic lattice) 방식이었다. 인접입방격자 방식이란 제1층을 〈그림 24〉의 왼쪽 그림처럼 하나의 공 주변에 여섯 개의 공이 접하도록 깔아놓은 후, '움푹 들어간 곳'마다 공을 얹어 2층을 쌓는 방식이다. 이렇게 여러 층을 쌓아놓으면 〈그림 24〉의 오른쪽 그림과 같은 형상이 된다. 이 경우, 2층의 배열 상태는 1층과 동일하며, 단지 전체적인 위치만 조금 이동하여 아주 안락한 균형을 이루게 된다. 과일 가게 진열대에 전시된 귤이나 사과는 흔히 이런 방식으로 쌓여져 있는데 이러한 인접입방격자 방식의 효율성은 74%이다. 즉 쌓아놓은 공 전체를 종이로 딱 맞게 포장했을 때, 종이 상자 부피의 74%를 내용물(공)이 점유한다는 뜻이다. 다시 말해서, 공과 공 사이의 빈 공간이 차지하는 부피가 전체 부피의 26%가 된다는 뜻이기도 하다.

이와 대조되는 방법으로는 단순입방격자(simple cubic lattice) 방식이 있다. 이것은 공을 바둑판의 격자 모양대로 쌓아가는 방식을 말한다. 이 경우,

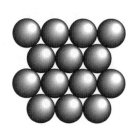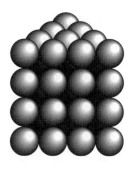

〈**그림 26**〉 6각형격자 방식은 각각의 층을 인접입방격자 방식으로 배열하여 만든 후에 층을 쌓을 때는 단순입방격자 방식에 따라 쌓는 방법이다.

1층과 2층의 공의 중심은 〈그림 25〉에 그려진 것처럼 같은 수직선 상에 놓이게 된다. 단순입방격자 방식의 효율성은 53%밖에 되지 않는다.

이 밖에 6각형격자(hexagonal lattice) 방식이 있는데, 이것은 각각의 층을 인접입방격자 방식에 따라 배열한 뒤에(〈그림 26〉의 왼쪽) 층을 쌓을 때는 단순입방격자 방식으로 쌓는 방법이다(〈그림 26〉의 오른쪽). 6각형격자 방식의 효율성은 60%이다.

케플러는 공을 쌓아올리는 여러 가지 방법을 일일이 계산해 본 뒤, 자신의 논문에 다음과 같은 결론을 내렸다. "가장 효율적으로 공을 쌓아올리는 방법은 인접입방격자 방식이다." 케플러가 시도해 본 방법 중에서는 이것이 가장 효율적이었을 것이다. 그러나 이보다 더 효율적으로 공을 쌓아 올리는 방법은 없을까? 무언가 혁신적인 방법을 케플러가 간과해 버린 것은 아닐까? 이렇게 사소한 의심에서 탄생한 것이 바로 '공 쌓기 문제'이다. 이 수수께끼는 〈페르마의 마지막 정리〉보다 50년 먼저 탄생했으며, 지금까지 알려진 바에 따르면 〈페르마의 마지막 정리〉를 능가하는 복잡하고도 어려운 문제이다. 이 문제를 깨끗하게 해결하려면 인접입방격자 방식으로 공을 쌓는 것이 가장 효율적임을 수학적으로 증명해야 한다.

〈페르마의 마지막 정리〉와 마찬가지로, 케플러의 공 쌓기 문제 역시 쌓는 방법의 수가 무한히 많기 때문에, 그 원수 같은 '무한대'를 정복하는 것이 문제 해결의 열쇠이다. 페르마는 무한히 많은 정수 중에서 자신의 방정식($x^n + y^n = z^n$)을 만족하는 정수가 없다고 주장했다. 이와 비슷하게, 케플러는 공을 쌓아올리는 무한히 많은 방법 중에서 인접입방격자 방식보다 더 효율적인 방법은 없다고 주장한 것이다. 이것을 수학적으로 증명할 때에는 앞에서 서술한 세 가지 방법들처럼 '규칙적인 쌓기'뿐만 아니라 수많은 공이 제멋대로 얽혀져 있는 '불규칙 쌓기'를 모두 포함시켜야 한다.

지난 380년간 케플러의 문제를 해결한 사람은 아무도 없었다. 인접입방격자 방식이 가장 효율적임을 증명하지 못한 것은 물론이고, 이보다 더 효율적으로 공을 쌓는 방법도 알려지지 않았다. 일반인들은 '사태가 그 지경이면 케플러의 주장을 믿을 만도 하지 않을까?'라고 생각할지도 모른다. 그러나 수학자에게 이런 말은 통하지 않는다. 오직 필요한 것은 엄밀한 증명뿐이다. 이 문제의 전문가였던 영국의 로저스(C. A. Rogers)는 이렇게 말했다. "케플러의 주장은 대부분의 수학자가 믿고 있으며 모든 물리학자는 당연하게 여기고 있다."

지난 수백 년간 공 쌓기 문제의 해답은 발견되지 않았으나 몇 차례에 걸쳐 부분적인 진보가 이루어졌다. 1892년, 스칸디나비아의 수학자 악셀 투에(Axel Thue)는 케플러의 문제를 2차원 평면으로 단순화해서 원하는 증명을 완성했다. 즉 3차원의 상자 안에 공을 '쌓는' 것이 아니라, 평면 위에 공을 '배열하는' 문제로 바꾸어놓은 것이다. 이 경우, 케플러의 문제는 다음과 같이 수정된다. "평면 위에 공을 배열할 때, 가장 적은 면적을 차지하는 배열은 무엇인가?" 악셀 투에의 답은 6각형 배열이었다(이것은 인접입방격자의 1층 배열, 또는 단순입방격자의 1층 배열과 일치한다: 옮긴이). 그 뒤 가보르 페이에시 토트(Gabor Fejes Tóth)와 세그르(Segre), 말러(Mahler) 등도 같은 결과를 얻었다. 그러나 이들이 개발한 논리는 3차원 공 쌓기 문제에 적용할 수 없었다.

현대의 수학자들은 조금 색다른 방법으로 이 문제에 접근하고 있다. 그들은 구체적인 배열 상태를 찾지 않고, 일단 효율성의 이론적 최댓값을 계산했다. 1958년, 로저스의 계산 결과는 77.97%였다. 즉 공을 어떻게 쌓든 간에 전체 부피에 대한 공의 부피 비는 77.97%를 넘을 수 없었다. 이 값은 인접입방격자 방식의 효율성인 74.04%와 비교할 때 조금 큰 값이다. 따라서 인접입방격자 방식보다 효율성이 높아지도록 공을 쌓는다 해도 기껏해야 3.93%의 공간이 절약될 뿐이다. 그런데 로저스의 계산은 정확한 것이었을까? 만일 로저스의 계산 결과가 74.04%였다면, 그는 케플러의 주장을 증명해 낸 영웅이 되었을 것이다. 로저스 이후로 수학자들은 효율성의 이론적 최댓값을 더욱 정확하게 계산하여 그가 남긴 3.93%의 차이를 줄이고자 안간힘을 썼다. 그러나 이 값을 줄이는 것은 너무도 어려운 일이어서 30년이 지나도록 거의 진전이 없었다. 1988년에 이르러 효율성의 최댓값은 77.84%로 계산되었는데, 이것은 로저스의 계산에 나타난 차이를 0.13% 줄이는 효과밖에 거두지 못했다.

1990년 여름, 버클리 캘리포니아 대학의 샹우이(项武义) 교수는 지지부진하던 공 쌓기 문제를 해결하여 세상을 떠들썩하게 만들었다. 자신이 케플러의 추론을 증명했다고 주장하고 나선 것이다. 샹의 논문은 와일즈의 논문처럼 심사를 통해 합격 판정을 받아야만 올바른 증명으로 인정받을 수 있었다. 심사가 진행되던 초반만 해도 많은 수학자가 샹의 증명을 그런대로 인정하는 분위기였는데, 수주일이 지난 뒤 그의 논문에서 몇 개의 오류가 발견되어 결국 증명은 누더기가 되고 말았다.

와일즈가 시련을 겪었던 것처럼, 샹도 1년 동안 오류를 수정한 뒤에 처음 발표했던 논문의 수정판을 내놓으면서 1년 전에 문제가 되었던 오류들이 모두 해결되었다고 주장했다. 그러나 학계에서는 개정판에도 논리적 결함이 있다면서 샹의 증명을 인정하지 않았다. 수학자 토머스 헤일즈(Thomas Hales)는 샹에게 보내는 편지에서 자신의 의문점들을 이렇게 적고 있다.

당신의 논문에서 도입한 가정은 증명되기가 매우 어렵습니다. 당신은 "가장 효율적으로 공을 쌓는 방법은 공과 공 사이에 나 있는 틈새들을 가능한 많이 다른 공으로 덮는 것이다."라고 주장했습니다. 전체 논리의 상당 부분은 이 가정에 기초를 두고 있는데, 당신의 논문 어디에도 이 가정은 증명되어 있지 않습니다.

샹이 논문의 개정판을 발표한 뒤로 그와 학계 사이에는 심각한 의견 충돌이 야기되었다. 학계에서는 샹의 증명이 잘못된 것이라고 주장하는 반면, 샹은 자신의 증명이 완벽하다며 끝까지 굴복하지 않고 버틴 것이다. 좋게 보면 그의 증명은 논쟁의 여지가 남아 있는 것이고, 나쁘게 보면 다른 학자들에게 전혀 인정을 받지 못하고 있는 상황이다. 어쨌거나 케플러의 추론은 아직도 증명되지 않았다고 보는 쪽이 타당하다. 1996년에 더그 머더(Doug Muder)는 샹의 증명에 대한 학계의 반응을 다음과 같이 서술했다.

나는 최근에 홀리오크 산(Mount Holyoke)에서 개최된 AMS-IMS-SIAM 학회를 마치고 돌아왔다. 이 학회는 불연속 및 전산기하학(Discrete and Computational Geometry) 분야의 학자들을 위한 하계 학술회의로 10년마다 한 번씩 개최된다. 그래서 이번 학회에서도 지난 10년간의 연구 결과들을 빠짐없이 토론했다. 케플러의 추론을 증명했다고 주장하는 샹의 논문은 이미 6년 전에 발표된 것이므로 역시 토론의 대상이 되었으며 학회에 참석한 사람은 모두가 의견의 일치를 보았다. 아무도 그 결과를 인정하지 않는다는 것이었다.

정규 강연과 비정규 토론을 거쳐 학자들이 합의를 본 의견의 요지는 다음과 같다.

1. 샹의 논문(이 논문은 1993년에 〈인터내셔널 저널 오브 매스매틱스(International Journal of Mathematics)〉를 통해 발표되었다)은 케플러의 추론을 증명한 것으로 볼 수 없다. 그것은 잘해야 증명의 개요를 나열한 논문에 불과하다(그것도 무려 100쪽에 걸친 '개요'이다!).
2. 샹의 논문은 몇 개의 과정에서 반증이 발견되었기 때문에 개요로 인정할 수도 없다.
3. 샹은 자신이 12면체 추론(그리고 아직 해결되지 않은 여러 형태의 공 쌓기 문제들)까지도 증명했다고 주장하고 있으나 이것 역시 인정될 수 없다.
4. 케플러의 추론과 12면체 추론은 샹의 논문과 상관없이 앞으로 계속 연구되어야 한다.

헝가리 학술원에서 온 가보르 페이에시 토트는 자신의 강연에서 샹의 논문에 대해 이렇게 말했다. "이것은 증명으로 간주할 수 없다. 이 문제는 아직 해결되지 않았다." 미시간 대학의 헤일즈도 그의 의견에 동의했다. "이 문제는 아직 미해결 상태이다. 나 역시 아직 해결하지 못했다. 샹도 해결하지 못했다. 내가 아는 한 이 문제를 해결한 사람은 아직 한 명도 없다(헤일즈는 1~2년 이내에 자신이 추진하고 있는 방법으로 증명을 완성할 수 있다고 장담했다)."

그런데 강연장에는 정작 있어야 할 사람이 보이지 않았다. 샹이 강연에 불참한 것이다(그는 이번 학회에 아예 참석하지도 않았다). 그는 자신의 논리를 반박하는 반증이 발견된 것과, 이 분야의 대가들이 자신의 증명을 인정하지 않고 있다는 것을 잘 알고 있다. 그런데도 그는 전 세계를 돌아다니면서 자신의 주장만을 반복하고 있다. 샹을 직접 만나본 사람들의 말에 따르면(헤일즈와 베즈데크(Karoly Bezdek) 등), 그는 결코 자신의 오류를 인정하지 않을 것이라고 한다.

이 문제에 관한 잡음이 가라앉지 않고 있는 것은 바로 이 때문이다. 샹은 6년 전인 1990년에 케플러의 추론을 증명했다고 처음으로 주장했다. 이후로 그는 모호한 주장으로 일관하면서 사람들의 판단력을 흐려놓았다. 몇 달 뒤에는 논문의 복사본이 배포되자마자 논리상의 오류가 발견되었고 곧 이어 반증들이 속속 발견되었음에도 불구하고, 그가 계속해서 자신의 주장을 퍼뜨리고 다니는 것을 보면, 그가 상황을 잘 모르는 사람들에게 학계의 반대 의견을 은폐하고 있다는 느낌이 든다. 그의 논문이 100쪽이나 되는 데다가 심사 과정 중 수정을 여러 차례 겪으면서 논지가 흐려졌기 때문에 그의 이런 행각이 통하고 있는 것 같다.

우리는 샹의 태도를 보면서 일부 수학자들이 자신의 명예욕에 얼마나 매여 살고 있는지를 다시 한 번 확인하고 있다. 수학계는 세계 유수 대학의 종신교수의 발언을 대체로 신뢰하는 편이다. 만일 그런 위치에 있는 사람이 잘못된 주장을 했다면 오류가 발견되는 즉시 자신의 발언을 취소하거나 최소한 수정이라도 해야 한다. 누군가가 이 불문율을 지키지 않는다면 장시간 대단한 혼란이 야기될 것이다. 그의 행적을 일일이 따라다니면서 그가 잘못된 주장을 할 때마다 옆에서 진상을 규명해 줄 수 있을 만큼 한가한 사람은 어디에도 없기 때문이다(1993년에 헤일즈는 〈매스매디컬 인텔리전서(Mathematical Intelligencer)〉라는 학술지에 샹의 잘못을 지적하는 폭로성 기사를 기고했다. 이 기사는 헤일즈의 연구경력에 전혀 도움될 것이 없는 내용이었다. 그의 기사를 읽어 보면 문제가 명료해질 것이다. 샹은 헤일즈의 기사에 대응하는 기사를 발표했지만 말도 안 되는 건 여전했다. 헤일즈는 샹의 변명을 다시 한 번 공격하고 싶었으나 쓸데없는 소모전을 피하기 위해 그만두었다).

샹은 자신의 오류를 끝까지 인정하지 않을 것이다. 그러나 그의 논문을 출판한 〈인터내셔널 저널 오브 매스매틱스〉에도 문제가 있다. 샹의 논문에 오류가 있다는 것은 수학계에 널리 알려진 사실임에도 불구하고, 그의 논문은 이 학술지에 버젓이 실렸다. 그 이유는 무엇일까? 〈저널〉의 편집인들이 바로 샹의 옛 연구 동료였기 때문이다. 이 학술지는 그동안 '공 쌓기 문제'에 전혀 관심을 보이지 않았었다. 따라서 샹이 자신의 논문을 게재하는 학술지로 이곳을 택한 이유는 편집의 취지가 일치했기 때문이 아니라, 편집자들의 동료애를 자극하면 잘못으로 판정된 논문도 게재할 수 있다고 생각했기 때문일 것이다.

샹이 논문의 오류를 수정할 때 1년 이상 그를 도와 논리의 허점을 보완했던 카로이 베즈데크는 샹의 논리가 틀렸음을 명백하게 보여주는 반증을 발견하여 〈저널〉에 투고한 적이 있었다. 그 당시 학술지 심사위원들은 샹의 논문을 심사하고 있었음에도 불구하고 베즈데크의 반론을 뒷전으로 밀어두었다가 샹의 논문이 출판되고 한참이 지나서야 마지못해 공개하는 촌극을 벌였다.

– 더그 머더(Doug Muder)

실리콘 증명

와일즈가 〈페르마의 마지막 정리〉와 한바탕 전쟁을 벌이면서 그가 사용했던 무기는 연필과 종이, 그리고 수학적 논리뿐이었다. 그의 증명에는 정수론 분야의 최신 테크닉이 총동원되었지만, 문제 자체는 피타고라스와 유클리드의 흔적이 짙게 배어 있는 매우 고전적인 문제였다. 그러나 최근 들어 수학계에서는 '와일즈의 증명은 인류가 이루어 낸 '최후의' 위대한 증명이다. 미래에 탄생할 증명들은 우아한 논리가 아닌 마구잡이식 접근 방법으로 이루어질 것이다.'라는 우려의 목소리가 높아지고 있다.

수학계에 이러한 풍조를 몰고 온 문제 중 하나는 1852년 10월에 영국의 아마추어 수학자였던 프랜시스 구트리에(Francis Guthrie)가 발견했다. 어느 날 오후, 구트리에는 가벼운 마음으로 영국 지도를 색칠해 나가다가 단순한 듯하면서도 해결할 수 없는 묘한 수수께끼에 직면하게 되었다. 임의의 구획으로 나뉘어져 있는 지도를 칠할 때, 인접한 구획들이 같은 색으

프랜시스 구트리에는 영국 지도상의 각 주(州)들을 색칠해 나가면서 인접한 주들을 같은 색으로 칠하지 않으려면 최소한 네 가지 색이 필요하다는 것을 알게 되었다. 그렇다면 이보다 더욱 복잡한 경계로 되어 있는 지도를 같은 방식으로 칠할 때는 네 가지 이상의 색이 필요할 것인가?

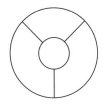

<mark>〈그림 27〉</mark> 이 간단한 도형은 지도를 칠할 때 네 가지의 색이 필요하다는 것을 보여준다. 그러나 모든 형태의 지도가 이 조건을 만족할 것인가?

로 칠해지는 경우가 하나도 없게 하려면 최소한 몇 가지의 색이 필요한지 궁금했던 것이다.

예를 들어, 〈그림 27〉에 그려진 도형을 세 종류의 색으로 칠하면 '인접한 구획들이 같은 색으로 칠해지면 안 된다.'는 조건을 만족시킬 방법이 없다. 따라서 대부분의 지도를 칠할 때는 네 개의 색이 필요하다. 그러나 구트리에는 더욱 복잡한 지도들도 네 개의 색상만으로 충분한지 확신을 가질 수가 없었다. 다섯 개, 여섯 개, 또는 그 이상의 색상들을 사용해야만 조건에 맞게 칠할 수 있는, 그런 지도가 과연 존재할 것인가?

당혹감을 느끼면서도 묘한 호기심에 끌린 구트리에는 런던 대학의 학생이었던 남동생 프레더릭에게 이 문제를 물어보았고, 프레더릭은 다시 이 문제를 스승인 모건(Augustus de Morgan)에게 물어보았다. 당대에 명성을 날렸던 모건은 아일랜드의 수학자이자 위대한 물리학자였던 해밀턴(William Rowan Hamilton)에게 다음과 같은 편지를 썼다.

제가 가르치고 있는 한 학생이 오늘 저조차도 답을 알 수 없는 질문을 해왔습니다. 임의의 구획들로 나뉘어져 있는 도형을 칠해나갈 때, 인접한 구획들이 동일한 색상으로 칠해지는 경우가 하나도 없도록 칠하려면 네 종류의 색상만 갖고도 충분

<mark>8장 대통일 수학 393</mark>

한가? 그 학생의 질문은 이런 내용이었습니다. 몇 가지 도형을 그려 놓고 테스트를 해 보았더니, 두 개, 세 개, 혹은 네 개의 색상으로 목적을 달성할 수 있는 경우들뿐이었습니다. 그런데 다섯 개 이상의 색을 사용해야만 목적을 이룰 수 있는, 그런 도형이 과연 존재할까요? 만일 당신이 아주 간단한 방법으로 이런 도형을 찾아낸다면 저는 그 자리에서 멍청한 바보였음이 판명되는 셈입니다. 그렇게 되면 저는 스핑크스가 했던 것처럼….

해밀턴 역시 다섯 종류의 색이 필요한 도형을 찾아내지 못했으며, 그런 도형이 존재하지 않는다는 것을 수학적으로 증명할 수도 없었다. 그 뒤 이 문제는 빠른 속도로 전 유럽에 전파되어 수많은 사람의 도전을 받았지만, 증명이 너무도 어려워서 내로라하는 수학자들의 자존심을 여지없이 구겨 놓았다. 헤르만 민코프스키는 '이 문제가 해결되지 않는 이유는 3류 수학자들만이 관심을 가지기 때문이다.'라고 큰소리쳤다가 자신도 해결하지 못하는 수모를 겪어야 했다. "제가 너무 오만하게 굴어서 하늘이 노했나 봅니다. 아니면 저도 3류 수학자 중 한 사람이겠지요."

흔히 '4색 문제(four-colour problem)'로 불리는 수학 최대의 난제를 처음으로 발견했던 프랜시스 구트리에는 그 후 영국을 떠나 남아프리카공화국에서 변호사 공부를 했다. 나중에 다시 수학계로 돌아와 케이프타운 대학의 교수로 재직하면서도 그는 수학과 교수들보다 식물학과 교수들과 더욱 친밀한 관계를 유지했다. 그래서 그가 창안해 낸 4색 문제는 히스 식물의 학명을 따서 '에리카 쿠트리에이(Erica gutbriei)'라고 불려지기도 했다.

25년 동안 미해결 상태로 남아 있던 4색 문제는 1879년 영국의 수학자 켐프(Alfred Bray Kempe)에 의해 새로운 국면을 맞이하게 된다. 켐프는 〈아메리칸 저널 오브 매스매틱스(American Journal of Mathematics)〉에 발표한 논문에서 자신이 구트리에의 수수께끼를 풀었다고 주장했다. 그의 논문은 네 가지 색만으로 모든 종류의 지도를 칠할 수 있음을 증명한 것처럼 보였다. 이 한 편의 논문으로 켐프는 영국 학술원의 회원으로 선출되었으며 영국 왕실은 수학계에 기여한 공로를 인정하여 그에게 작위를 수여했다.

1890년, 더럼 대학의 강사였던 존 히우드(Percy John Heawood)는 수학계를 깜짝 놀라게 하는 한 편의 논문을 발표했다. 켐프가 문제를 해결한 것으로 알려진 지 10여 년 만에, 히우드는 켐프의 논문에서 결정적인 오류를 찾아냈던 것이다. 이로써 켐프의 증명은 거의 무용지물이 되어버렸다. 잘못된 부분을 수정한 뒤에 '네 종류 아니면 다섯 종류'의 색으로 모든 지도를 칠할 수 있다는 결론을 얻은 것은 그런대로 다행스런 일이었다.

켐프와 히우드를 비롯한 많은 수학자는 4색 문제를 완벽하게 해결하지 못했지만 연구 과정에서 위상수학(topology)이라는 새로운 분야의 수학을 크게 발전시켰다. 도형의 정확한 모양과 크기에 관심을 갖는 기하학과는 달리 위상수학은 도형이 지닌 가장 근본적인 성질을 연구하는 학문이다. 예를 들어, 기하학자가 정사각형 도형을 연구할 때 그는 길이가 모두 같은 네 개의 변과 모두 직각인 네 개의 각에 관심을 갖지만, 위상수학자는 사각형을 이루고 있는 네 개의 변이 원에서 만들어질 수 있다는 점에 관심을 갖는다. 즉 위상수학자는 원과 정사각형을 동일한 대상으로 취급하는 것이다. 수학자 존 켈리(John Kelley)는 농담삼아 이런 말을 한 적이 있다. "위상수학자들은 도넛과 커피 잔의 차이점을 모르고 사는 사람들이다."

원과 사각형이 위상수학적 관점에서 볼 때 동일하다는 이 황당한 말을 이해하는 방법으로, 고무판에 그려진 도형을 상상해 볼 수 있다. 고무판에 사각형을 그린 뒤에 고무판을 당기고, 누르고, 구부리고, 비틀다 보면(이때, 고무판을 찢는 것은 반칙이다) 사각형을 원의 형태로 바꿀 수 있을 것이다. 그러나 고무판을 아무리 변형해도 사각형을 십자 모양(+)으로 바꿀 수는 없다. 따라서 사각형과 십자 모양은 위상수학적으로 볼 때에도 다른 도형이다. 이런 식의 관점으로 도형을 바라보기 때문에 위상수학은 흔히 '고무판 기하학'이라 불리기도 한다.

위상수학은 길이와 각도 등의 개념을 포기하고 도형에 들어 있는 '교차점의 수'를 근거로 도형을 분류하는 방법을 택했다. 이런 분류에 의하면 숫자 '8'은 원과 근본적으로 다른 도형이 된다. 8의 중심부에는 네 개의 선이 한 곳에서 만나는 4분기점이 하나 있는 반면, 원에는 교차점이 하나도 없기 때문이다. 숫자 8을 아무리 잡아 늘이고 뒤튼다 해도, 그것을 원형으로 바꾸어 놓을 수는 없다. 위상수학자들은 구멍과 고리, 매듭 등을 중요하게 취급하는 3차원 입체도형(또는 더욱 고차원의 도형)에도 깊은 관심이 있다.

수학자들은 복잡한 구획들로 나뉘어진 지도를 '위상수학'이라는 안경을 통해 봄으로써, 4색 문제의 근본 원리를 찾아내고자 했다. 1922년, 필립 프랭클린(Philip Franklin)은 25개 이하의 구획으로 나뉘어진 도형은 각 구획의 위치나 모양에 상관없이 항상 네 개 이하의 색상으로 목적에 맞게 칠할 수 있음을 증명하여 첫 번째 쾌거를 올렸다. 그 뒤 프랭클린의 방법을 받아들인 수학자들은 앞다투어 증명의 범위를 넓혀나갔다. 1926년, 레이놀즈(Reynolds)는 증명의 대상을 27개 구획으로 늘이는 데 성공했고 1940년에 빈(Winn)은 이것을 다시 35개로 늘려놓았다. 그리고 1970년에 오르(Ore)와 스템플(Stemple)은 39개 영역까지 네 종류의 색으로 칠할 수 있음을 증명했다. 이쯤되고 보니, 문제가 풀려가는 형국은 마치 〈페르마의 마지막 정리〉가 풀려가던 상황과 매우 비슷해져 가고 있었다. 무한대를 향한 거북이 마라톤이 시작된 것이다. 구트리에의 추론은 누가 보기에도 맞는 것 같았지만 일반적인 증명이 이루어지지 않는 한 다섯 가지 이상의 색이 필요한 도형이 존재할 가능성을 결코 배제할 수 없다. 실제로 1975년에 수학 저널리스트이자 작가였던 마틴 가드너는 〈사이언티픽 아메리칸(Scientific American)〉이라는 잡지에 하나의 도형을 발표했는데, 그는 이 도형을 4색 문제의 조건

〈그림 28〉 1975년 4월 1일, 마틴 가드너는 이 그림을 〈사이언티픽 아메리칸〉에 기고했다. 그는 이 그림을 4색 문제의 조건에 맞게 칠하려면 최소한 다섯 종류의 색이 필요하다고 주장했다. 물론 이것은 만우절을 기념하는 짓궂은 장난이었다.

에 맞게 칠하려면 다섯 종류의 색상이 필요하다고 주장했다. 이 책이 출판된 날은 4월 1일(만우절)로, 가드너는 자신의 도형을 네 종류의 색으로 칠하는 방법은 단지 찾아내기가 어려울 뿐, 불가능하지는 않다는 사실을 잘 알고 있었다. 문제의 도형은 〈그림 28〉에 그려져 있다.

4색 문제의 답을 향한 진보가 갈수록 점점 지지부진해지면서, 39개 이하의 영역에 한정된 오르와 스템플의 증명을 무한개의 영역으로 확장하려면 아무래도 기존의 방법들을 포기하고 새로운 방법을 찾아야 할 것 같았다. 그러던 중 1976년에 일리노이 대학의 볼프강 하켄(Wolfgang Haken)과 케네스 아펠(Kenneth Appel)은 수학적 증명에 일대 혁명을 가져올 새로운 테크닉을 개발했다.

하켄과 아펠은 하인리히 히슈(Heinrich Heesch)의 업적을 줄곧 연구해왔었다. 히슈는 유한한 구획으로 나뉘어져 있는 유한한 개수의 지도에서 무한히 많은 구획으로 나뉘어진 무한개의 지도를 유추해 낼 수 있다고 주장했던 사람이다. 다시 말해 히슈는 유한한 개수의 지도만으로 일반적인 경우를 다룰 수 있는 방법을 개발해 낸 것이다. 그의 기본 지도들은 만물을 이루는 기본 요소인 전자와 양성자, 중성자 등과 같은 역할을 했다. 그러나 불행히도 상황은 그리 만만치가 않았다. 하켄과 아펠은 4색 문제를 히슈의 아이디어로 단순화하긴 했지만 그들이 얻은 결과는 '무한히 많은 모든 지도가 4색으로 칠해질 수 있음을 증명하려면 1,482가지의 '유한한' 지도들만 고려하면 된다.'는 조금 난처한 주문이었다. 다시 말해서, 1,482가지의 지도들이 모두 네 가지 색으로 칠해질 수 있음을 증명한다면 그것은 곧 모든 종류의 지도에 대해서도 성립한다는 결론이었다.

1,482개의 지도들이 4색으로 칠해질 수 있다는 것을 일일이 증명하는 것은 도저히 엄두가 나지 않는 일이었다. 이런 일을 해낼 수 있는 연구진은 이 세상 어디에도 없다. 대형 컴퓨터를 동원하여 모든 가능한 경우를 마구잡이로 확인해 나간다 해도 족히 100년은 걸릴 것이다. 그러나 하켄과 아펠은 굴복하지 않았다. 그들은 컴퓨터의 계산량을 최소한으로 줄이는 방법을 집중적으로 연구했다. 1975년, 그러니까 두 사람이 4색 문제를 연구하기 시작한 지 5년 만에 그들은 컴퓨터가 단순 계산 이외에 얼마나 큰일을 할 수 있는지를 두 눈으로 확인했다. 물론 그것은 두 사람의 아이디어가 이루어낸 쾌거였다. 그들은 자신들의 연구에 획기적인 전환을 가져왔던 당시의

일들을 이렇게 회고하고 있다.

어느 순간부터인가, 컴퓨터가 우리를 놀라게 하기 시작했습니다. 처음에 우리는 계산에 필요한 변수들을 일일이 손으로 입력하면서 작업을 했기 때문에 어떤 상황에서든 컴퓨터의 모든 동작을 미리 예견할 수 있었습니다. 그런데 갑자기 컴퓨터가 체스를 두는 로봇처럼 혼자서 돌아가기 시작한 것입니다. 컴퓨터는 자신이 '학습했던' 모든 방법을 하나씩 적용해 나가면서 계산을 했고, 어떤 때는 사람보다도 현명한 판단을 내리곤 했습니다. 그 이후로 우리는 계산을 어떻게 진행해야 할지 컴퓨터에게 배우는 신세가 되었습니다. 어떤 면에서 볼 때 컴퓨터는 계산 능력뿐만 아니라 지적인 능력까지도 자신의 창조주인 인간을 능가하고 있었습니다.

1976년 6월, 하켄과 아펠은 컴퓨터를 1,200시간 동안 쉬지 않고 돌린 끝에 1,482가지의 지도를 4색 문제의 조건에 맞게 칠하려면 네 종류의 색상만으로 가능하다는 극적인 결론을 얻을 수 있었다. 구트리에의 4색 문제가 드디어 해결되는 순간이었다. 더욱 중요한 사실은 이것이 컴퓨터의 계산만으로 얻어낸 최초의 수학적 증명이라는 점이었다. 그리고 컴퓨터는 이 문제를 해결할 수 있는 유일한 수단이었다. 이들이 얻어낸 결과는 실로 대단한 업적이었다. 그러나 이와 동시에 수학계는 무언가 불편한 마음을 떨쳐버릴 수가 없었다. 인간의 손으로는 컴퓨터의 증명을 검증할 방법이 전혀 없기 때문이었다.

이들의 증명 결과가 〈일리노이 저널 오브 매스매틱스(Illinois Journal of Mathematics)〉라는 학술지에 발표되기 전에 학술지의 편집인들은 논문의 타당성을 자세하게 검증해야만 했다. 사람의 손이나 머리만으로는 검증이 불가능했으므로 그들은 하켄과 아펠의 프로그램을 다른 컴퓨터에서 실행하여 같은 결과가 나오는지를 확인하기로 했다.

일부 수학자들은 컴퓨터가 실행한 계산을 컴퓨터가 검증하게 하는 것이 어불성설이라며 강력한 반대 의사를 표명했다. 컴퓨터의 심장부에 순간적인 과전류가 조금만 흘러도 논리상의 오류가 발생할 수 있다는 것이 그들의 주장이었다. 스윈턴 다이어(H. P. F. Swinnerton-Dyer)는 컴퓨터 증명에 관하여 다음과 같은 지적을 했다.

컴퓨터의 도움으로 수학정리를 증명했을 경우, 기존의 전통적인 방법으로 그 결과를 검증하는 일은 불가능하다. 컴퓨터가 행한 모든 계산과정을 사람이 일일이 검산한다면 얼마나 시간이 걸릴지 짐작조차 하기 어렵다. 프로그램을 프린트하고 계산에 사용된 모든 데이터를 테이프에 저장한다 해도 거기에는 얼마든지 오류가 발생할 수 있다(데이터 읽기 오류나 입력 오류 등). 게다가 현재 사용하고 있는 모든 컴퓨터의 소프트웨어나 하드웨어에는 그 원인조차 불분명한 오류들이 내재되어 있다(이런 오류들을 흔히 버그(bug)라고 부른다: 옮긴이). 이런 오류들은 수년 동안 고쳐지지 않은 채 그대로 방치되는 경우가 대부분이다. 따라서 모든 컴퓨터는 잘못된 결론을 내릴 가능성을 항상 지니고 있는 것이다.

어찌보면 이런 걱정들은 컴퓨터를 기피하려는 수학계의 신경과민적인 반응처럼 보이기도 한다. 스탠퍼드 대학의 켈러 교수는 자신이 재직하고 있는 대학의 수학과에 비치되어 있는 컴퓨터의 수가 불문학과를 비롯한 다른 어떤 과보다도 적다고 했다. 하켄과 아펠의 업적을 수용하지 않으려는 일부 수학자들은, 대다수의 수학자가 하켄과 아펠의 증명을 개인적으로 확인해 보지도 않은 상태에서 사실로 받아들이고 있다고 했다. 와일즈가 〈페르마의 마지막 정리〉를 증명했을 때에도 그의 논리를 제대로 이해한 사람은 10%도 되지 않았지만 100%의 사람들이 그의 증명을 액면 그대로 믿었다. 증명과정을 제대로 이해하지 못했던 사람들이 신뢰감을 가질 수 있었던 것은 증명을 완전히 이해한 사람들이 그것을 검증했기 때문이었다.

이보다 더 극단적인 예로서 유한단순군(finite simple group)의 분류법에 관한 증명을 들 수 있다. 이것은 지난 수백 년에 걸쳐 발표된 500여 편의 논문들에 걸쳐 서서히 증명되었다. 전체 분량이 15,000페이지에 달하는 방대한 분량의 증명을 완전하게 이해하는 사람은 대니얼 고렌스타인(Daniel Gorenstein)뿐이었는데, 그는 1992년에 세상을 떠났다. 그러나 수학자들은 전혀 걱정하지 않았다. 증명의 모든 과정이 전문가들에 의해 이미 수십 번에 걸쳐 확인에 재확인을 거듭해 왔기 때문이었다. 4색 문제가 수학자들을 불안하게 만드는 이유는 아무도 그것을 검증하지 못했고, 또 앞으로도 검증하지 못할 것이기 때문이다.

컴퓨터가 4색 문제를 해결한 이후로 20여 년이 지난 지금까지, 컴퓨터는 다른 중요한 문제들을 해결하는 데 요긴하게 사용되어 왔다. 현대의 컴퓨터 기술에 오염되지 않은 채 고고하게 남아 있던 문제들을 어떻게든 해결하기 위해, 더욱 많은 수의 수학자가 실리콘 논리(컴퓨터식 논리)를 마지못해 사용하고 있으며 볼프강 하켄의 말에 귀를 기울이고 있다.

사람이 평생을 걸려도 하지 못할 계산을 컴퓨터가 몇 시간 만에 해낼 수 있다 해도, 이것 때문에 수학적 증명의 개념이 바뀌지는 않는다. 이론 자체가 변하는 것이 아니라 수학을 실천하는 방법이 달라지는 것이다.

최근 들어 일부 수학자들은 이른바 유전학적 알고리즘(genetic algorithm)을 도입하여 컴퓨터의 능력을 더욱 강화시켰다. 이것은 일종의 컴퓨터 프로그램으로, 전체적인 구조는 사람의 손으로 만들어지지만 세부구조 및 변수의 값 등은 컴퓨터가 스스로 만들어가는 '살아 있는 프로그램'이다. 프로그램의 어느 특정한 부분들은 마치 생명체의 DNA 유전자처럼 스스로 변하면서 진화해 갈 수 있다. 맨 처음 만들어진 모체 프로그램(mother program)에서, 컴퓨터는 무작위의 변환 과정을 통해 수백 개의 자손 프로그램(daughter program)을 만들어내고, 이렇게 만들어진 자손 프로그램들은 주어진 문제를 풀어내는 데 사용된다. 이들 중 대부분의 프로그램들은 만족할 만한 답을 얻어내지 못하겠지만 개중에는 문제 해결에 가장 근접한 답을 주는 자손 프로그램도 있을 수 있다. 그러면 이 자손 프로그램을 모체 프로그램으로 채택하여 여기에서 수백 가지의 자손 프로그램(엄밀히 말하면 손자프로그램)들을 다시 양산해 내는 것이다. 이 중에서 문제의 해답에 가장 근접한 프로그램은 또다시 모체 프로그램으로 선발되어 전술한 과정을 반복하게 된다. 수학자들은 이러한 반복 과정을 통하여 스스로 자라난 프로그램이 문제를 해결해 주리라 믿고 있으며, 실제로 대단한 성공을 거둔 사례도 있다.

컴퓨터 과학자인 에드워드 프렌킨(Edward Frenkin)은 앞으로 컴퓨터가 수학의 도움 없이 무언가를 증명할 수 있는 날이 오게 될 것이라고 했다. 지금부터 10여 년 전에 그는 '수학계에 커다란 영향을 끼칠 만한' 수학정리를 컴퓨터 프로그램으로 찾아내는 첫 번째 사람에게 주겠다며 미화 10만 달러를 상금으로 내걸었다. 이런 상금이 어떤 가치가 있는가를 따지고 드는 것은 별로 중요한 일이 아니다. 분명한 것은 컴퓨터로 이루어낸 증명이 사람의 손으로 이루어진 증명보다 학계의 관심을 끌지 못할 뿐만 아니라 대체로 과소평가되는 경향이 있다는 점이다. 수학적 증명이란, 단순히 질문에 대한 해답을 찾는 것이 아니라 해답이 왜 그것이어야만 하는지를 우리에게 이해시킬 수 있어야 한다. 블랙박스의 입구에 질문을 입력하고 반대쪽 출구에서 답을 얻어낸다면 지식은 쌓이겠지만 거기에 이해란 있을 수 없다. 〈페르마의 마지막 정리〉를 증명한 와일즈는 페르마의 방정식에 정수해가 존재한다면 〈다니야마-시무라의 추론〉과 상치되기 때문에 페르마의 방정식에는 정수해가 없어야만 한다는 논리를 폈다. 그는 타원 방정식과 모듈 형태 사이의 근본적인 관계가 유지되려면 그렇게 될 수밖에 없다는 필연적인 이유를 제시함으로써 증명을 완성했던 것이다.

수학자인 로널드 그레이엄(Ronald Graham)은 아직 증명되지는 않았지만 수학계에서 매우 중요하게 취급하는 리만의 가설을 예로 들면서 컴퓨터를 이용한 증명은 신뢰하기 어렵다고 강조했다. "리만의 가설이 맞는 것인지 컴퓨터에게 물어보았다고 합시다. 그런데 컴퓨터가 '네, 맞습니다. 그런데 그 이유를 설명한다 해도 당신은 이해하지 못할 겁니다.'라고 대답했다면 이 얼마나 황당하고 기죽는 일이겠습니까?" 수학자 필립 데이비스(Philip Davis)가 루벤 허쉬(Reuben Hersh)에게 보낸 편지 속에는 4색 문제에 대한 당혹감이 잘 표현되어 있다.

4색 문제가 풀렸다기에 저는 흥분했습니다. "굉장해! 대체 무슨 수로 그걸 증명했지?" 저는 그들이 천재적인 영감과 아름다운 논리로 증명했을 거라고 생각했습니다. 그런데 실상은 저의 예상과 전혀 딴판이었습니다. "그들은 무한히 많은 종류의 지도를 수천 개로 줄인 뒤에 50일 동안 쉬지 않고 컴퓨터를 돌리면서 수천 개의 지도들을 하나씩 각개격파했다." 저는 무척 실망스러웠습니다. 그들의 증명에 대한 저의 반응은 이렇습니다. "단답형으로 결과만 알 수 있는 문제였군. 그렇다면 그건 애초부터 전혀 좋은 문제가 아니었다는 뜻이잖아?"

시상식

와일즈는 1950년대에 탄생했던 하나의 추론을 증명함으로써 〈페르마의 마지막 정리〉를 정복했다. 그는 지난 10년 사이에 개발된 일련의 새로운 수학 테크닉을 십분 활용했으며 이들 중에는 와일즈 자신이 직접 고안해 낸 것도 있다. 그의 증명은 한마디로 말해 '현대 수학의 야심작'이라고 할 수 있다. 따라서 와일즈의 증명은 그 옛날 페르마가 해냈다는 증명과는 판이하게 다른 것이다. 페르마는 디오판토스의 저서인 《아리스메티카》의 여백이 증명과정을 적어놓기에는 너무 좁다고 했었다. 와일즈의 논문은 100쪽이 넘으니까 일단 이 조건은 만족한 셈이다. 그러나 모듈 형태와 〈다니야마-시무라의 추론〉, 갈루아 군, 그리고 콜리바긴-플라흐의 방법 등을 300여 년 전의 페르마가 알았을 리는 없다.

그렇다면 페르마는 어떤 방법으로 그것을 증명했을까? 이 점에 대하여 수학자들 사이에서는 상반된 의견이 양립하고 있다. 냉정하고 실제적인 수학자들은 페르마 역시 잘못된 증명을 해놓고는 그것을 그냥 믿어버렸을 거라고 생각한다. 페르마는 "경이적인 방법으로 증명했다."고 주장했지만, 그 안에는 분명히 오류가 들어 있을 거라는 이야기이다. 그것이 정확히 어떤 오류였는지는 알 길이 없지만 코시와 라메가 범했던 오류와 비슷할 가능성이 있다.

이보다 다소 낭만적이고 낙천적인 기질의 수학자들은 페르마가 정말로 영감 어린 방법으로 증명했을 거라 믿는다. 증명의 자세한 내용은 역시 알 길이 없지만 분명 그것은 17세기의 수학만으로 이루어진 천재적인 증명이었을 것이다. 그리고 그 안에는 오일러부터 와일즈에 이르는 모든 수학자가 한결같이 놓쳐버린 경이로운 논리가 숨어 있을 것이다. 와일즈의 논문은 이미 출판되었지만, 많은 수의 수학자가 소실된 페르마의 진짜 증명을 재현하는 영예를 누리기 위해 지금도 페르마와 전쟁을 벌이고 있다.

17세기의 수수께끼를 풀기 위해 20세기의 방법을 동원하긴 했지만 〈볼프스켈 상〉 수상위원회의 내규에 의하면 와일즈는 분명 수상 자격이 있었다. 1997년 6월 27일, 앤드루 와일즈는 〈볼프스켈 상〉의 주인이 되어 상금

5만 달러를 받았다. 페르마와 와일즈는 다시 한 번 신문의 1면에 보도되었으며, 이로써 〈페르마의 마지막 정리〉는 공식적으로 증명되었다.

수상위원회 위원장이었던 하인츠 바그너(Heinz Wagner) 교수는 〈볼프스켈 상〉이야말로 노벨 상보다 훨씬 값진 세계 최고영예의 상임을 강조했다. 노벨 상 수상자는 매년 여러 명씩 탄생하지만 〈볼프스켈 상〉은 제정된 지 90년 만에 단 한 명의 수상자를 배출해 내고 폐지되었기 때문이다.

와일즈의 다음 관심사는 무엇일까? 그는 7년 동안 은거해 온 학자답게 앞으로의 연구 계획에 대해서도 굳게 입을 다물었다. 그러나 그가 어떤 일을 한다 해도 〈페르마의 마지막 정리〉를 증명할 때처럼 열성적으로 매달리지는 못할 것 같다. "〈페르마의 마지막 정리〉를 대신해 줄 만한 문제는 없습니다. 그것은 어린 시절부터 저의 꿈이었고, 이제 저는 그 문제를 풀었습니다. 앞으로는 다른 문제를 풀어야겠지요. 개중에는 너무나 어려워서 풀고 난 뒤에 커다란 성취감을 느낄 수 있는 문제도 있겠지만, 〈페르마의 마지막 정리〉와 비교할 수는 없을 겁니다. 저는 어린 시절의 꿈을 어른이 되어서도 추구할 수 있는 아주 귀한 특권을 누린 행운아입니다. 그러나 성인이 된 뒤에 어떤 문제에 도전을 시작한다면 그 의미는 더욱 클 것이고 성취감도 그만큼 깊을 것입니다. 무언가 문제를 해결하고 난 뒤에는 일종의 상실감을 느끼게 됩니다. 그러나 동시에 이루 말할 수 없는 자유로움을 느끼기도 합니다. 저는 8년 동안 한 가지 문제만 생각했습니다. 아침에 일어나서 잠자리에 들 때까지 단 한시도 그 문제를 잊은 적이 없었습니다. 한 가지 생각만으로 보낸 시간치고는 꽤 긴 시간이었지요. 저의 여행은 이제 끝났습니다. 마음이 아주 편안하군요."

〈부록 1〉 피타고라스 정리의 증명

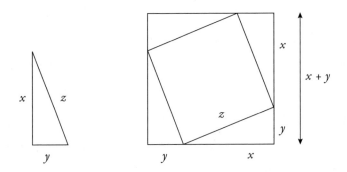

이 증명의 목적은 〈피타고라스의 정리〉가 모든 직각삼각형에 대하여 항상 성립한다는 사실을 보이는 것이다. 위에 제시된 직각삼각형은 각 변의 길이(x, y, z)가 정확하게 명시되어 있지 않기 때문에 어떤 직각삼각형이라도 증명에는 아무런 상관이 없다.

오른쪽 그림에는 네 개의 직각삼각형을 적절하게 배열해서 만든 커다란 정사각형이 그려져 있다. 증명의 열쇠는 이 정사각형의 면적을 구하는 것이다.

정사각형의 면적은 다음과 같이 두 가지 방법으로 구할 수 있다.

방법 1 : 정사각형의 가로변과 세로변을 곱하여 면적을 구한다. 각각의 변은 길이가 $x+y$이므로 전체 면적은 $(x+y)^2$이 된다.

방법 2 : 네 개의 직각삼각형과 중앙부의 기울어진 정사각형의 면적을 각각 구하여 더한다. 직각삼각형 한 개의 면적은 $\frac{1}{2}xy$이고($\frac{1}{2} \times$ 밑변 $\times$ 높이), 기울어진 정사각형의 면적은 z^2이다. 따라서,

전체 정사각형의 면적 $= 4 \times$ (직각삼각형의 면적) $+$ 기울어진 정사각형의 면적
$$= 4\left(\frac{1}{2}xy\right) + z^2$$

방법 1과 방법 2의 결과는 다른 모습을 하고 있다. 그러나 이 두 가지의 값은 모두가 동일한 도형의 면적을 나타내는 값이므로 서로 같아야만 한다. 즉,

방법 1에 의한 면적 = 방법 2에 의한 면적
$$(x+y)^2 = 4\left(\frac{1}{2}xy\right) + z^2$$

괄호를 전개하여 계산하면,

$$x^2 + y^2 + 2xy = 2xy + z^2$$

양변에 공통적으로 들어 있는 $2xy$는 서로 상쇄되므로,

$$x^2 + y^2 = z^2$$

이라는 결과를 얻는다. 바로 〈피타고라스의 정리〉이다!

이 증명에 사용된 논리는 "임의의 도형 면적을 여러 가지 다른 방법으로 계산했다 해도 그 결과는 모두 같아야 한다."는 지극히 단순한 논리이다. 우리는 이러한 논리에 따라 정사각형의 면적을 두 가지 방법으로 계산했으며 두 개의 결과가 같아야만 한다는 조건을 부여함으로써 최종적으로 $x^2 + y^2 = z^2$, 즉 삼각형의 빗변 길이의 제곱(z^2)은 다른 두 변의 제곱의 합($x^2 + y^2$)과 같다는 결론을 얻어내었다.

이 논리는 모든 종류의 직각삼각형에 적용할 수 있다. 증명에 사용된 직각삼각형의 각 변의 길이는 x, y, z인데, 우리가 사용한 논리는 x, y, z의 값과 아무런 상관이 없기 때문에 세 개의 각 중에서 하나의 각(여기서는 x와 y 사이의 각)이 직각인 삼각형은 모두 〈피타고라스의 정리〉를 만족한다는 결론을 내릴 수 있다.

〈부록 2〉 "√2 는 무리수이다."라는 유클리드의 증명

유클리드는 $\sqrt{2}$가 분수로 표현될 수 없음을 보임으로써 이것이 무리수임을 증명했다. 그의 증명은 귀류법을 사용하여 이루어졌으므로 우선 그 반대의 경우를 참이라고 가정한 뒤, 전개된 논리의 모순점을 찾아야 한다. 따라서 이 증명은 "$\sqrt{2}$는 유리수이다."라는 가정에서 출발한다. 모든 유리수는 분수로 표현될 수 있으므로, $\sqrt{2}$를 나타내는 분수를 $\frac{p}{q}$라고 하자. 여기서 p와 q는 정수이다.

증명으로 들어가기 전에, 증명에 필요한 몇 가지 기본적 사실들을 확인하고 넘어가기로 하자. 이것은 분수와 짝수들이 만족해야 할 일반적인 성질이다.

(1) 임의의 정수에 2를 곱하여 얻은 수는 항상 짝수이다. 이것은 짝수를 정의하는 방법이기도 하다.

(2) 어떤 수를 제곱하여 얻은 결과가 짝수였다면, 제곱하기 전의 수 역시 짝수이다.

(3) 끝으로, 분수는 약분될 수 있다. 즉 분자와 분모를 동일한 수로 나누어도 분수 자체의 값은 변하지 않는다. 따라서 $\frac{16}{24}$과 $\frac{8}{12}$은 동일한 분수이다.

$\frac{8}{12}$은 다시 $\frac{4}{6}$로 약분되며 이것은 또 $\frac{2}{3}$로 약분된다. 그러나 $\frac{2}{3}$는 더 이상 약분될 수 없다. 2와 3은 공약수가 없기 때문이다. 그러므로 임의의 분수를 무한정 약분하는 것은 불가능하다.

이 증명의 목적은 $\sqrt{2}$가 분수로 표현될 수 없음을 보이는 것이다. 그러나 증명의 방법으로 귀류법을 채택했기 때문에 일단은 $\sqrt{2}$가 $\frac{p}{q}$라는 분수로 표현된다고 다음과 같이 가정한 뒤, 여기에서 유도되는 결과를 살펴보기로 하자.

$$\sqrt{2} = \frac{p}{q}$$

양변을 제곱하면,

$$2 = \frac{p^2}{q^2}$$

을 얻는다. 여기서 q^2을 등호의 왼쪽으로 이항하면,

$$2q^2 = p^2$$

이 된다. 그런데 (1)에서 확인한 사실에 의하면 p^2은 짝수여야 한다. 그리고 (2)에 의하면 p 역시 짝수이다. 따라서 p는 어떤 정수 m에 2를 곱한 $2m$의 형태로 표현될 수 있다. 이 결과를 위의 식에 대입하면 다음의 결과를 얻는다.

$$2q^2 = (2m)^2 = 4m^2$$

양변을 2로 나누면,

$$q^2 = 2m^2$$

이다. 그런데 앞서 사용했던 논리에 따르면 q^2도 짝수여야 한다(m^2앞에 '2'

가 곱해져 있으므로). 따라서 q는 짝수이다. 그러므로 q는 어떤 정수 n에 2를 곱한 $2n$의 형태로 표현될 수 있다. 이 결과를 첫 번째 식에 대입하면 우리는 다음과 같은 결과를 얻는다.

$$\sqrt{2} = \frac{p}{q} = \frac{2m}{2n}$$

$\frac{2m}{2n}$은 $\frac{m}{n}$으로 약분될 수 있으므로, 결국 $\sqrt{2}$는,

$$\sqrt{2} = \frac{m}{n}$$

이 되어, 애초에 표현했던 $\frac{p}{q}$보다 간단한 형태(약분된)의 분수로 표현될 수 있게 된다.

이제 $\sqrt{2} = \frac{m}{n}$이라는 표현에서 시작하여, 앞에서 했던 계산 과정을 다시 반복하면 $\frac{m}{n}$이라는 분수는 더욱 간단한 분수 $(\frac{g}{h})$로 약분될 것이다. 여기서 시작하여 또다시 같은 과정을 반복하면 $\frac{g}{h}$는 $\frac{e}{f}$라는 분수로 약분되며, 이 과정은 무한히 반복될 수 있다. 그러나 앞서 확인했던 바와 같이 임의의 분수를 무한정 약분하는 것은 불가능하다. 약분을 하다 보면 분자와 분모가 더 이상의 공약수를 갖지 않는 '기약분수'가 되기 때문이다. 그런데 이 증명에서 사용된 $\frac{p}{q}$라는 분수는 무한정 약분될 수 있다는 비정상적인 성질을 갖고 있다. 즉, 이것은 명백한 모순이다. 그리고 이 모순은 $\sqrt{2}$를 분수로 표현한 데서부터 비롯되었다. 따라서 $\sqrt{2}$는 분수로 표현될 수 없으며, 이것으로 $\sqrt{2}$가 무리수라는 증명이 완성된다.

〈부록 3〉 디오판토스의 나이

디오판토스가 살다간 햇수를 L이라고 하자. 우리는 그의 묘비에 적힌 서술에 따라 그의 인생 역정을 다음과 같이 세분할 수 있다.

생의 $\frac{1}{6}$, 즉 $\frac{L}{6}$ 동안 그는 소년이었다.

$\frac{L}{12}$ 동안은 청년이었으며,

그 후 $\frac{L}{7}$ 을 더 보낸 뒤에 결혼했다.

결혼 후 5년 만에 아들을 낳았으나,

아들은 아버지의 반, 즉 $\frac{L}{2}$ 밖에 살지 못했다.

아들을 먼저 보낸 후 슬픔 속에서 4년을 더 살다가

그의 생을 마감했다.

디오판토스의 나이(L)는 위의 기간을 모두 더한 것이므로

$$L = \frac{L}{6} + \frac{L}{12} + \frac{L}{7} + 5 + \frac{L}{2} + 4$$

라는 방정식을 얻게 된다. 이 식의 우변을 계산하면,

$$L = \frac{25}{28}L + 9$$

이 되고 동류항('L'이 들어 있는 항)을 정리하여 L을 구하면,

$$\frac{3}{28}L = 9$$
$$L = \frac{28}{3} \times 9 = 84$$

를 얻는다. 따라서 디오판토스가 죽었을 때, 그의 나이는 향년 84세였다.

〈부록 4〉 바셰의 '저울 추 문제'

1kg부터 40kg까지, 모든 정수 kg을 젤 수 있으려면 얼핏 생각하기에 여섯 종류의 저울추(1, 2, 4, 8, 16, 32kg)가 필요할 것 같다. 그러면 다음과 같은 방법으로 1kg~40kg의 무게를 달 수 있다.

$$1kg = 1,$$
$$2kg = 2,$$
$$3kg = 2+1,$$
$$4kg = 4,$$
$$5kg = 4+1,$$
$$\vdots$$
$$40kg = 32+8.$$

그러나 추를 양팔 저울의 양쪽 접시에 나누어 놓으면 이보다 적은 수의 추만으로도 목적을 달성할 수 있다. 바셰는 단 네 종류의 저울 추(1, 3, 9, 27kg)만으로 1~40kg 사이의 모든 무게를 측정할 수 있음을 알아냈다. 방법은 다음과 같은데, '－' 부호가 붙은 추는 양팔 저울의 반대편에 올라간다는 뜻이다.

$$1kg = 1,$$
$$2kg = 3-1,$$
$$3kg = 3,$$
$$4kg = 3+1,$$
$$5kg = 9-3-1,$$

$$\vdots$$

$$40\text{kg} = 27 + 9 + 3 + 1.$$

〈부록 5〉 '피타고라스의 3중수(Pythagorean Triple)는 무수히 많다'는 유클리드의 증명

피타고라스의 3중수란, 세 개의 정수들로 이루어진 집합으로서 이들 중 한 수를 제곱한 값이 나머지 두 개의 수를 각각 제곱하여 더한 값과 일치하는 수들을 말한다(예를 들어, {3, 4, 5}는 피타고라스의 3중수이다).

유클리드는 이러한 3중수가 무한히 많이 존재한다는 것을 증명했다.

유클리드의 증명은 이웃한 완전제곱수 간의 차이가 항상 홀수라는 데서 출발한다.

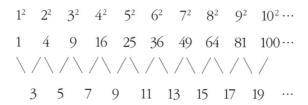

$$1^2 \quad 2^2 \quad 3^2 \quad 4^2 \quad 5^2 \quad 6^2 \quad 7^2 \quad 8^2 \quad 9^2 \quad 10^2 \cdots$$
$$1 \quad 4 \quad 9 \quad 16 \quad 25 \quad 36 \quad 49 \quad 64 \quad 81 \quad 100 \cdots$$
$$3 \quad 5 \quad 7 \quad 9 \quad 11 \quad 13 \quad 15 \quad 17 \quad 19 \quad \cdots$$

즉, 어떤 특정한 완전제곱수에 적당한 홀수를 더하면 또 다른 완전제곱수를 만들어낼 수 있다. 이들 홀수 중에는 완전제곱수가 포함되어 있는데(9, 25, 49, …), 원래 정수 자체가 무한개이므로 이들의 개수 또한 무한개이다.

따라서 하나의 완전제곱수에 '완전제곱 홀수'(9, 25, 49, …)를 더하여 다른 완전제곱수를 만들 수 있는 경우는 무한히 많다. 즉, 피타고라스의 3중수는 무한히 존재한다.

〈부록 6〉 3점선 추론(dot conjecture)의 증명

3점선 추론은 '임의의 도형에 포함된 모든 선들이 적어도 세 개 이상의 점을 지나가도록 만드는 것은 불가능하다.'는 수학명제이다(단, 도형에 그려진 점들은 예외 없이 선으로 연결되어야 한다). 이 증명은 수학적으로 어려운 지식이 필요하지는 않지만 약간의 기하학적인 이해력이 필요하므로 각각의 증명과정들을 세심하게 읽어 보기 바란다.

맨 먼저 모든 점이 선으로 연결되어 있는 하나의 도형을 생각해 보자. 임의의 한 점에는 그 점과 가장 가까운 거리에 있는 직선이 반드시 하나가 존재한다(문제의 점을 지나가는 직선들은 제외한다). 지금부터 할 일은 하나의 직선에서 가장 가까운 거리에 있는 점을 찾아내는 일이다.

아래의 그림은 직선 L에 가장 가까운 점 D를 확대하여 그린 그림이다 (즉, 임의의 도형 속에서 서로 가장 가까운 거리에 있는 직선과 점을 확대한 그림이다). 직선 L과 점 D 사이의 거리는 그림에서 점선으로 표시되어 있는데, 이 길이는 임의의 다른 선들과 그 선에서 가장 가까운 점 사이의 어떤 거리보다도 짧다.

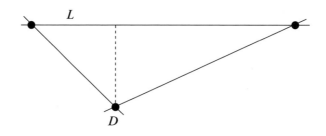

이제 그림과 같은 배열 상태에서 직선 L 위에는 항상 두 개의 점들만이 존재할 수 있음을 증명할 차례이다. 이것이 증명되면 3점선 추론이 증

명된다.

　직선 L 위에는 두 개의 점만이 놓일 수 있다는 것을 증명하기 위해 아래의 그림과 같이 직선 L 위에 제3의 점(D_A)이 위치하고 있다고 가정해보자. 제3의 점이 원래의 오른쪽 점보다 더 오른쪽에 놓인 경우, 아래의 그림에서 작은 점선으로 표시된 거리는 점과 선 사이의 최단거리로서 직선 L과 점 D 사이의 거리(큰 점선)보다 분명히 짧다. 그런데 앞에서 확인한 대로 주어진 도형에서 점과 선 사이의 최단거리는 큰 점선으로 표현된 거리이므로 D_A라는 점은 존재할 수 없다.

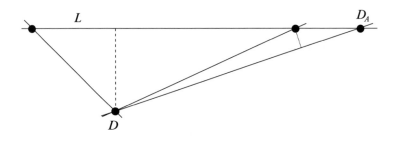

　제3의 점이 다음 그림처럼 원래 있던 두 개의 점 사이에 위치한 경우에도 이와 비슷한 논리를 전개할 수 있다. 즉, 그림에서 작은 점선으로 표시한 거리는 제3의 점(D_B)과 여기에 가장 가까운 직선 사이의 거리를 나타내고 있다. 그런데 이 거리는 점과 선 사이의 거리들 중에서 가장 짧다고 했던 큰 점선의 길이보다 분명히 짧다. 따라서 이 경우 역시 D_B는 존재할 수 없다.

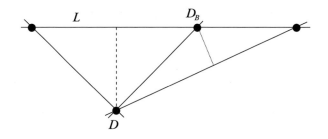

  결론적으로, 점과 선들로 이루어진 임의의 도형에는 점과 선 사이의 거리가 여러 개 존재하는데 그중에는 가장 짧은 거리가 반드시 하나 존재하며, 이 선 위에는 두 개의 점만이 놓일 수 있다. 따라서 임의의 도형에 포함된 모든 선들이 적어도 세 개 이상의 점을 지나갈 수는 없다. 즉, 3점선 추론은 참이다.

〈부록 7〉 아마추어 수학자들이 흔히 범하기 쉬운 오류

다음은 아마추어 수학자들이 흔히 범하는 오류의 대표적인 사례를 소개한 것이다. 아무리 단순한 명제에서 출발했다 해도 논리의 전개과정에서 오류가 발생하면 그 결과는 얼마든지 황당무계해질 수 있다. 여기 소개한 일례에서도 사소한 실수 하나가 $2 = 1$이라는 어이없는 결과를 초래하고 있다.

먼저, 다음과 같이 단순 명료한 등식에서 출발해 보자.

$$a = b$$

양변에 a를 곱하면

$$a^2 = ab$$

를 얻는다. 다시 양변에 $a^2 - 2ab$를 더하면

$$a^2 + a^2 - 2ab = ab + a^2 - 2ab$$

가 된다. 양변을 정리하여 간단히 하면

$$2(a^2 - ab) = a^2 - ab$$

를 얻는다. 끝으로 양변을 $a^2 - ab$로 나누면 다음과 같이 황당한 결과가 초래된다.

$$2 = 1$$

처음에 우리는 아무런 문제가 없는 단순한 등식에서 출발했다. 그러나 논리의 전개과정에서 아주 간단한, 그러나 치명적인 오류를 범했기 때문에 모순된 결과에 봉착한 것이다.

이 예제에서 치명적 오류는 바로 마지막 단계, 즉 양변을 $a^2 - ab$로 나누는 과정에서 초래되었다. 애초에 $a = b$라는 명제에서 출발했으므로 $a^2 - ab$로 양변을 나누었다는 것은 양변을 '0'으로 나눈 것과 마찬가지이다.

무언가를 0으로 나누면 무한대가 되기 때문에, 이럴 때에는 매우 세심한 주의를 요한다. 위의 경우, 네 번째 단계에서 이미 $0 = 0$이었던 등식을 0으로 나누었기 때문에 이러한 결과가 초래된 것이다.

〈볼프스켈 상〉에 응모했던 증명들 중, 상당수의 아마추어들이 이와 비슷한 오류를 범하여 심사 대상에서 제외되었다.

〈부록 8〉 공리(Axiom)

다음에 열거한 성질들은 대수학의 근본 구조를 유지하는 데 반드시 필요한 수학적 공식들이다.

1. 임의의 수 m과 n은 다음의 성질을 만족한다(교환법칙).

$$m + n = n + m, \quad mn = nm$$

2. 임의의 수 m, n, k는 다음의 관계를 만족한다(결합법칙).

$$(m + n) + k = m + (n + k), \quad (mn)k = m(nk)$$

3. 임의의 수 m, n, k는 다음의 관계를 만족한다(배분법칙).

$$m(n + k) = mn + mk$$

4. 모든 수 n에 대하여 다음의 관계를 만족하는 0이 존재한다(덧셈의 항등원).

$$n + 0 = n$$

5. 모든 수 n에 대하여 다음의 관계를 만족하는 1이 존재한다(곱셈의 항등원).

$$n \times 1 = n$$

6. 모든 수 n에 대하여 다음의 관계를 만족하는 k가 존재한다(덧셈의 역원).

$$n + k = 0$$

7. 임의의 수 m, n, k에 대하여 $k \neq 0$이고, $kn = km$이면 $m = n$이다.

이 공리들에서 다른 대수법칙들을 증명할 수 있다. 일례로서 다음과 같은 명제는 다른 가정을 전혀 세우지 않고 공리만을 이용하여 증명할 수 있다.

$$m + k = n + k$$이면 $m = n$이다.

이것을 공리만으로 증명해 보자. 우선 첫 번째 조건에서 출발한다.

$$m + k = n + k$$

공리 6에 의해 $k + l = 0$인 l이 존재한다. 이 l을 양변에 더하면,

$$(m + k) + l = (n + k) + l$$

을 얻는다. 다시 공리 2에 의해 위의 식은,

$$m + (k + l) = n + (k + l)$$

이 되며, $k + l = 0$이므로

$$m + 0 = n + 0$$

이 된다. 여기에 공리 4를 적용하면 우리가 원했던 다음의 결과를 얻는다.

$$m = n$$

〈부록 9〉 게임 이론과 3인 결투

미스터 블랙의 선택은 몇 가지가 있을 수 있다. 첫째, 미스터 블랙은 미스터 그레이에게 총을 발사할 수 있다. 만일 이것이 명중한다면 미스터 블랙은 이미 죽은 목숨이다. 왜냐하면 미스터 그레이가 죽었으므로 다음 순서는 미스터 화이트가 쏠 차례인데, 그는 100% 명사수인 데다가 총구를 겨눌 대상이 미스터 블랙밖에 없기 때문이다.

미스터 블랙이 미스터 화이트를 향해 총을 발사한다면 상황은 조금 나아진다. 만일 총알이 명중한다면 다음 순서는 미스터 그레이가 쏠 차례이고 그의 명중률은 $\frac{2}{3}$이므로 미스터 블랙은 운 좋게 살아남아 다시 반격을 가할 수 있는 가능성이 있다.

얼핏 보기에는 두 번째 선택이 미스터 블랙에게 가장 유리한 것처럼 보인다. 그러나 이보다 더 유리한 제3의 선택이 있다. 즉, 미스터 블랙이 허공을 향해 첫발을 발사하는 것이다. 그러면 다음 순서인 미스터 그레이는 미스터 화이트를 쏠 것이 분명하다. 왜냐하면 그가 더 위험한 적이기 때문이다. 만일 총알이 빗나간다면 살아남은 미스터 화이트 역시 미스터 블랙이 아닌 미스터 그레이를 향해 총알을 발사할 것이다. 미스터 그레이가 더 위험한 적이기 때문이다. 따라서 미스터 블랙이 첫발을 허공에 대고 발사한다면 그 후에는 미스터 그레이와 미스터 화이트의 2인 결투 양상이 벌어질 것이다.

이것이 바로 미스터 블랙이 취할 수 있는 최선의 선택이다. 순서가 한 바퀴 돌고 나면 미스터 블랙은 나머지 두 사람 중 살아 있는 한 사람에게 총을 쏠 수 있는 기회를 잡게 된다. 결국 허공을 향해 첫발을 발사함으로써 미스터 블랙은 3인 결투를 2인 결투의 상황으로 바꾸고, 게다가 우선 발사권까지 지킬 수 있게 되는 것이다.

〈부록 10〉 수학적 귀납법의 예

수학자들은 규칙적으로 나열된 수들을 모두 더할 때 일일이 덧셈을 하지 않고 쉽게 답을 구할 수 있는 일련의 공식들을 만들어냈다. 이 예제에서는 1부터 n까지의 양의 정수(자연수)를 더한 결과를 알려주는 공식을 찾아보기로 한다.

$n = 1$인 경우, 즉 1부터 1까지 더한 결과는 1 그 자체이다. $n = 2$인 경우는 $1 + 2 = 3$이며 $n = 3$인 경우에는 $1 + 2 + 3 = 6$이다. $n = 4$이면 $1 + 2 + 3 + 4 = 10$이다.

그러나 n이 큰 경우에는 이런 식으로 구하는 것이 너무나 번거롭다. 이러한 번거로움을 덜어주는 공식은 다음과 같다.

$$\mathrm{Sum}(n) = \frac{1}{2}n(n+1)$$

다시 말해, 1부터 1,000까지 더한 결과는 위의 공식에서 $n = 1,000$을 대입하여 얻을 수 있다는 뜻이다.

그런데 이 공식이 맞는다는 것을 어떻게 증명할 수 있을까? n에 1, 2, 3, 4, …를 대입해 보면 1, 3, 6, 10, …이 되니 대충 맞는 것 같긴 하지만 1부터 무한대까지 모든 n에 대하여 이 공식이 적용된다는 것을 확신하려면 수학적으로 증명하는 수밖에 없다. 그리고 이런 경우에 적용되는 법칙이 바로 귀납법이다.

귀납법의 첫 번째 단계는 이 공식이 $n = 1$일 때 성립함을 보이는 것이다. 이것은 앞서 말한대로 '1부터 1까지'의 합이므로 결과는 당연히 1이다. 위의 공식에서, $n = 1$을 대입하면 다음과 같이 예상했던 결과를 얻는다.

$$\text{Sum}(n) = \frac{1}{2}n(n+1),$$
$$\text{Sum}(1) = \frac{1}{2} \times 1 \times (1+1)$$
$$= \frac{1}{2} \times 1 \times 2$$
$$= 1$$

따라서 위의 공식은 $n = 1$일 때 성립한다는 것이 증명되었으며, 이것으로 첫 번째 도미노가 쓰러진 셈이다.

귀납법의 다음 단계는 '이 공식이 n일 때 성립한다면 $n + 1$일 때도 성립한다.'는 사실을 증명하는 것이다. 즉,

$$\text{Sum}(n) = \frac{1}{2}n(n+1)$$

이 맞는다면,

$$\text{Sum}(n+1) = \text{Sum}(n) + (n+1),$$
$$= \frac{1}{2}n(n+1) + (n+1)$$
$$= \frac{1}{2}(n+1)\left[(n+1)+1\right]$$

이 되는데, 이것은 $\text{Sum}(n)$의 n이 들어 있는 자리가 $n + 1$로 대치된 형태이므로 우리가 원하는 결과가 얻어졌음을 알 수 있다. 즉, 합의 공식이 n일 때 성립한다면 $n + 1$일 때에도 성립한다는 사실이 증명된 것이다. 앞에서 $n = 1$일 때 성립한다는 것이 확인되었으므로 이제 이 공식은 $n = 2$일 때에도 성립함을 확신할 수 있게 되었다. 또, $n = 2$일 때 성립하므로 $n = 3$일 때에도 성립하며, … $n = 1,000$일 때 성립하므로 $n = 1,001$일 때에도 성립하고… $n = $ 무한대일 때에도 여전히 성립한다. 이로써 우리는 첫 번째 도미노

를 쓰러뜨린 뒤에 그 효과를 파급시켜 무한히 많은 도미노를 모두 쓰러뜨리는 데 성공했다.

이 책을 쓰면서 나는 여러 권의 책을 참고했다. 그들 중 중요한 책들은 본문에서 이미 소개한 바 있다. 자신의 관심을 더 확장하고자 하는 독자들은 아래의 참고 문헌을 참고하기 바라며, 아울러 아래의 책들은 본문에서 다룬 주제와 직접적인 관련이 없을 수도 있다.

1. "이쯤에서 끝내는 게 좋겠습니다."

The Last Problem, by E. T. Bell, 1990, Mathematical Association of America. A popular account of the origins of Fermat's Last Theorem.

Pythagoras–A Short Account of His Life and Philosophy, by Leslie Ralph, 1961, Krikos.

Pythagoras–A Life, by Peter Gorman, 1979, Routledge and Kegan Paul.

A History of Greek Mathematics, Vols. 1 and 2, by Sir Thomas Heath, 1981, Dover.

Mathematical Magic Show, by Martin Gardner, 1977, Knopf. A collection of mathematical puzzles and riddles.

River meandering as a self-organization process, by Hans-Henrik Støllum, *Science* **271** (1996), 1710-1713.

2. 수수께끼의 대가

The Mathematical career of Pierre de Fermat, by Michael Mahoney, 1994, Princeton University Press. A detailed investigation into the life and work of Pierre de Fermat.

Archimedes' Revenge, by Paul Hoffman, 1988, Penguin. Fascinating tales which describe the joys and perils of mathematics.

3. 수학적 불명예

Men of Mathematics, by E. T. Bell, Simon and Schuster, 1937. Biographies of history's greatest mathematicians, including Euler, Fermat, Gauss, Cauchy, and Kummer.

The periodical cicada problem, by Monte Lloyd and Henry S. Dybas, *Evolution* **20** (1966), 466-505.

Women in Mathematics, by Lynn M. Osen, 1994, MIT Press. A largely nonmathematical text containing the biographies of many of the foremost female mathematicians in history, including Sophie Germain.

Math Equals:Biographies of Women mathematicians+Related Activities, by Teri Perl, 1978, Addison-Wesley.

Women in Science, by H. J. Mozans, 1913, D. Appleton and Co.

Sophie Germain, by Amy Dahan Daalmédico, *Scientific American*, December 1991. A short article describing the life and work of Sophie Germain.

Fermat's Last Theorem—A Genetic Introduction to Algebraic Number Theory; by Harold M. Edwards, 1977, Springer. A mathematical discussion of Fermat's Last Theorem, including detailed outlines of some of the early attempts at a proof.

Elementary Number Theory, by David Burton, 1980, Allyn & Bacon.

Various communications, by A. Cauchy, *C. R. Acad. Sci. Paris* **24** (1847), 407-416, 469-483.

Note au sujet de la demonstration du theoreme de Fermat, by G. Lamé, *C. R. Acad. Sci. Paris* **24** (1847), 352.

Extrait d'une lettre de M. Kummer à M. Liouville, by E. E. Kummer, *J. Math. Pures et Appl.* **12** (1847), 136. Reprinted in *Collected Papers*, Vol. I, edited by A. Weil, 1975, Springer.

A Number for Your Thoughts, by Malcolm E. Lines, 1986, Adam Hilger. Facts and speculations about number from Duclid to the latest computers, including a slightly more detailed description of the dot conjecture.

4. 추상의 세계로

3.1416 and All That, by P. J. Davis and W. G. Chinn. 1985, Birkhäuser. A series of stories about mathematicians and mathematics, including a chapter about Paul Wolfskehl.

The Penguin Dictionary of Curious and Interesting Number, by David Wells, 1986, Penguin.

The Penguin Dictionary of Curious and Interesting Puzzles, by David Wells, 1992, Penguin.

Sam Loyd and his Puzzles, by Sam Loyd(II), 1928, Barse and Co.

Mathematical Puzzles of Sam Loyd, by Sam Loyd, edited by Martin Gardner, 1959, Dover.

Riddles in Mathematics, by Eugene P. Northropp. 1944, Van Nostrand.

The Picturegoers, by David Lodge, 1993. Penguin.

13 Lectures on Fermat's Last Theorem, by Paulo Rienboim, 1980, Springer. An account of Fermat's Last Theorem, written prior to the work of Andrew Wiles, aimed at graduate students.

Mathematics: The Science of Patterns, by Keith Devlin, 1994, Scientific American Library. A beautifully illustrated book which conveys the concepts of mathematics through striking images.

Mathematics: The New Golden Age, by Keith Devlin, 1990, Penguin. A popular and detailed overview of modern mathematics, including a discussion on the axioms of mathematics.

The Concepts of Modern Mathematics, by Ian Stewart, 1995, Penguin.

Principia Mathematica, by Bertrand Russell and Alfred North Whitehead, 3 vols, 1910, 1912, 1913, Cambridge University Press.

Kurt Gödel, by G. Kreisel, Biographical Memoirs of the Fellows of the Royal Society, 1980.

A Mathematician's Apology, by G. H. Hardy, 1940, Cambridge University Press. One of the great figures of twentieth-century mathematics gives a personal account of what motivates him and other mathematicians.

Alan Turing: The Enigma of Intelligence, by Andrew Hodges, 1983, Unwin Paperbacks. An account of the life of Alan Turing, including his contribution to breaking the Enigma code.

5. 귀류법

Yutaka Taniyama and his time, by Goro Shimura, *Bulletin of the London Mathematical Society* **21** (1989), 186-196. A very personal account of the life and work of Yutaka Taniyama.

Links between stable elliptic curves and certain diophantine equations, by Gerhard Frey, *Ann. Univ. Sarav. Math. Ser.* **1** (1986), 1-40. The crucial paper which suggested a link between the Taniyama-Shimura conjecture and Fermat's Last Theorem.

6. 비밀리에 수행된 계산

Genius and Biographers: the Fictionalization of Evariste Galois, by T. Rothman, *Amer. Math. Monthly* **89** (1982), 84-106. Contains a detailed list of the historical sources behind Galois's biographies, and discusses the validity of the various interpretations.

La vie d'Evariste Galois, by Paul Depuy, *Annales Scientifiques de l'Ecole Normale Supérieure* **13** (1896), 197-266.

Mes Memoirs, by Alexandre Dumas, 1967, Editions Gallimard.

Notes on Fermat's last Theorem, by Alf van der Poorten, 1996, Wiley. A technical description of Wiles's proof aimed at mathematics undergraduates and above.

7. 사소한 문제

An elementary introduction to the Langlands program, by Stephen Gelbart, *Bulletin of the American Mathematical Society* **10** (1984), 177-219. A technical explanation of the Langlands program aimed at mathematical researchers.

Modular elliptic curves and Fermat's last Theorem, by Andrew Wiles, *Annals of Mathematics* **142** (1995), 443-551. This paper includes the bulk of Wiles's proof of the Taniyama-Shimura conjecture and Fermat's Last Theorem.

Ring-theoretic properties of certain Hecke algebras, by Richard Taylor and Andrew Wilels, *Annals of Mathematics* **142** (1995), 553-572. This pater describes the mathematics which was used to overcome the flaws in Wiles's 1993 proof.

8. 대통일 수학

How to succeed in stacking, by Ian Stewart, *New Scientist*, 13 July 1991, pp.29-32.

The death of proof, by John Horgan, *Scientific American*, October 1993, pp.74-82.

The solution of the four-color-map problem, by Kenneth Appel and Wolfgang Haken,

Scientific American, October 1997, pp.108-21.

The Four-Color Problem: Assaults and Conquest, by T. L. Saaty and P. C. Kainen, McGraw-Hill, 1997.

The Mathematical Experience, by P. J. Davis and R. Hersh, 1990, Penguin.

"그 누구도 풀지 못한 역사상 최대의 난제!"

이 말을 듣는 사람들은 흔히 난해한 기호와 수식으로 점철된 수학 문제를 떠올릴 것이다. 그러나 이것은 350여 년 전에 탄생한 〈페르마의 마지막 정리〉, 즉 '$x^n + y^n = z^n$; (n은 3 이상의 정수)을 만족하는 정수해 x, y, z는 존재하지 않는다.'는 지극히 단순명료한 수학정리에 줄곧 따라다녔던 수식어이다. 〈페르마의 마지막 정리〉는 그동안 수학계에 찬란한 업적을 남겼던 석학들의 자존심을 여지없이 구겨놓으면서 난공불락의 악명을 떨쳐왔다.

학계에서는 흔히 있는 일이지만, 오랜 시간 동안 해결되지 않는 문제는 사람들의 기억에서 서서히 사라지기 마련이다. 그것이 아무리 중요한 문제라 해도 인간의 지적 인내력은 다분히 유한한 것이어서, 인간에 의해 완전히 정복되지 못하면 흐르는 세월과 함께 서서히 잊힌다. 이런 점에서 볼 때, 7년간의 악전고투 끝에 〈페르마의 마지막 정리〉를 증명해 낸 앤드루 와일즈의 업적은 칭송받을 만하다.

수학은 과학 분야 중에서도 가장 순수한 학문이다. 수학의 기본 목적은 수학 그 자체일 뿐, 타 분야에 유용하게 적용되기 위해 존재하는 학문이 아니다. 물론 물리학이나 화학, 천문학 등의 분야에서 현대 수학을 부분적으로 사용하고 있기는 하지만, 그것은 단순히 빌려다 쓰는 작업에 불과하며 수학 자체의 발전에는 별다른 기여를 하지 못하고 있다.

이 책을 옮기면서 역자는 순수과학의 존재 가치를 다시 한 번 생각해보게 되었다. 과학기술이 곧 국가경쟁력의 척도로 부각되고 있는 요즈음, 우리나라에서는 너나 할 것 없이 순수과학, 또는 기초과학의 중요성을 부르짖고 있지만 거기에는 하나의 단서가 붙어 있다. 즉, '일상생활에 적용했을 때 상품가치가 있는 무언가를 만들어낼 수 있는' 기초과학의 특정 분야에만 관심을 갖고 있는 것이다. 그러나 학문이란 다분히 집단적이고 유기적인 성질을 갖기 때문에 특정 분야만을 장기간 집중 육성한다면 기형적인 모습을 띠게 된다. 기초과학의 육성으로 인간이 혜택을 누리는 것은 한 그루의 사과나무를 심는 것과 비슷하다. 사과를 따먹기에 급급하여 성장 촉진제를 주사하고 유전자를 조작하여 만들어낸, 커다란 열매만 주렁주렁 달린 빈약한 사과나무는 자생력이 없다. 열매가 크려면 그만큼 나무는 오래 자라야 하고, 열매를 먹으려면 우리는 기다려야만 한다.

우주선이 화성 표면을 탐사하고 유전자를 조작하여 생명체를 복제하는 요즈음에 350년 전의 고리타분한 수학정리 하나가 증명되었다고 해서 크게 달라질 일은 아무것도 없다. 그것은 거의 완전했던 수학을 더욱 완전하게 만들었을 뿐이다. 그러나 순수과학은 바로 이 '완전함'을 위해 존재한다. 〈페르마의 마지막 정리〉가 증명된 것은 당장 눈앞에 보이는 결과물을 놓고 그 가치를 판단하려고 하는 우리의 성급한 마음에 잠시나마 제동을 걸고 순수과학의 존재 이유를 다시 한 번 되돌아보게 했던 역사적인 사건이었다. 〈페르마의 마지막 정리〉는 수학의 순수함과 고결함, 그리고 그것을 추구하는 순수한 인간 지성을 대표하는 상징으로 인류 역사에 영원히 기억될 것이다.

1998년 4월
박병철

Wiles, Modular elliptic curves and Fermat's Last Theorem. Annals of mathematics, **141**, 443(1995). The Johns Hopkins University Press. p.374, Princeton University. p.397, © 1975 by Scientific American, inc. All rights reserved.